一流学科教材
计算机类

数字逻辑电路设计实践

DIGITAL LOGIC CIRCUIT DESIGN AND PRACTICE

卢建良　吴骏东　编著

中国科学技术大学出版社

内 容 简 介

本书是基于作者在中国科学技术大学计算机学院多年的教学经验，针对“模拟与数字电路实验”课程的特点和教学需求编写而成的。共9章，主要介绍数字电路实验开发环境、基础知识及课程设计要求。开发环境部分包含Logisim软件使用、Verilog语法、Vivado集成开发工具及两款自研平台（Vlab、FPGAOL）。基础知识部分主要包括组合逻辑电路设计和时序逻辑电路设计两个方面。课程设计部分包含ALU、乘法器与除法器、串口设计及综合设计案例等内容。

本书可作为信息、微电子、计算机等专业本科数字电路实验课程的教材或参考书，也可作为相关教师和爱好者的参考资料，助力深入理解数字电路实验的原理与技巧。

图书在版编目（CIP）数据

数字逻辑电路设计实践/卢建良，吴骏东编著．--合肥：中国科学技术大学出版社，2024.6．--（中国科学技术大学一流规划教材）．--ISBN 978-7-312-06003-8

Ⅰ．TN790.2

中国国家版本馆CIP数据核字第2024FU5515号

数字逻辑电路设计实践

SHUZI LUOJI DIANLU SHEJI SHIJIAN

出版 中国科学技术大学出版社
安徽省合肥市金寨路96号，230026
http://press.ustc.edu.cn
https://zgkxjsdxcbs.tmall.com

印刷 安徽国文彩印有限公司

发行 中国科学技术大学出版社

开本 787 mm×1092 mm 1/16

印张 19

字数 448千

版次 2024年6月第1版

印次 2024年6月第1次印刷

定价 65.00元

前　言

在数字化浪潮席卷全球的今天，数字电路与逻辑设计作为电子工程、计算机科学及相关领域的核心基础，对于培养学生理论与实践相结合的能力至关重要。本书旨在为读者提供一个全面而深入的数字电路实验开发环境、基础知识及课程设计要求的指南，使读者能够系统地掌握数字电路设计的各个环节，提升解决实际问题的能力。

全书共 9 章，内容涵盖从基础到进阶的各个方面。在开发环境部分，详细介绍了 Logisim 软件的使用，这是一款功能强大的数字电路仿真软件，能够帮助读者直观地理解电路的工作原理。同时，还深入讲解了 Verilog 语法，这是一种硬件描述语言，广泛应用于 FPGA、ASIC 等数字系统的设计与仿真。此外，Vivado 集成开发工具的使用也被详细介绍，它为读者提供了一个完整的 FPGA 开发流程。特别值得一提的是，本书还介绍了两款自研平台——Vlab 和 FPGAOL，它们是我们团队多年研发成果的结晶，为读者提供了更加便捷、高效的实验环境。在基础知识部分，本书从组合逻辑电路设计和时序逻辑电路设计两个方面进行了详细讲解。组合逻辑电路是数字电路中最基本的组成部分，它根据输入信号直接产生输出信号，无须记忆功能。而时序逻辑电路则具有记忆功能，能够根据输入信号和电路当前的状态产生输出信号。通过这两个方面的学习，读者将能够深入理解数字电路的基本原理和设计方法。在课程设计部分，本书包含了 ALU（算术逻辑单元）、乘法器与除法器、串口设计及综合设计案例等内容。这些设计案例不仅涵盖了数字电路设计的各个方面，而且具有一定的实用性和挑战性。通过完成这些设计案例，读者将能够巩固所学知识，提升实践能力，为未来的学习和工作打下坚实的基础。

本书内容全面、讲解透彻、实践性强。在编写过程中，我们参考了大量的文献资料，并结合了多年的教学经验和实践经验。同时，也充分考虑了读者的学习需求和兴趣点，力求使本书成为一本易于理解、易于操作的学习资料。最后，希望本书能够为读者提供有益的帮助和支持，使读者在数字电路与逻辑设计的道路上走得更远、更稳。同时，也期待与读者一起探讨和交流数字电路设计的最新进展和趋势，共同推动数字电路技术的发展和应用。

限于作者学识和经验，书中错误在所难免，敬请读者批评指正。

编　者
2024 年 4 月

目　　录

第 1 章　Logisim 仿真器

数字电路的知识是琐碎而抽象的。在正式学习数字电路的相关知识之前，我们可以借助特定的工具对其产生一些基础的认识。本章将介绍 Logisim 仿真器的使用，并进行一些简单的实验练习。从此刻开始，Logisim 也将贯穿我们今后的实验内容，成为学习硬件领域的新手工具。

1.1　背景知识

1.1.1　Logisim 简介

Logisim 是一款具有教育性质的数字逻辑电路设计和模拟工具，在数字电路实验学习中占据着举足轻重的地位。从使用者的层面来说，它具有以下特点：

- **直观的图形化界面**。Logisim 为我们提供了直观的图形用户界面，而不是命令行形式的调试器或单纯的逻辑表达式计算器。这种“所见即所得”的设计允许我们通过简单的拖拽和连接操作来设计数字逻辑电路，并且让电路的创建和修改操作变得非常直观和方便。因此，使用 Logisim 有利于初学者对数字电路建立起直观的第一印象。
- **丰富的组件库**。作为一款通用的数字电路工具，Logisim 本身提供了丰富的组件库，包括逻辑门、多路选择器、运算器、存储器等最为常用的数字逻辑电路组件。这些组件囊括了数字电路设计中常见的功能元件，使得我们能够在此基础上轻松地构建复杂的电路。此外，也可以依据元件的结果验证自己设计的正确性，进而搭建属于自己的组件库。
- **便捷的仿真和调试功能**。Logisim 内置了一个功能强大的仿真器，可以对设计的电路进行模拟和调试。也就是说，在完成电路结构的设计后，我们可以通过 Logisim 内置的模拟器验证电路的功能正确性，并查看信号的变化和传播路径。此外，Logisim 还提供了单步执行的功能，可以让信号在电路中逐步传播，允许我们观察每一步的结果，这对于理解电路的工作原理非常有帮助。
- **支持子电路的封装与复用**。Logisim 支持对电路的封装与复用，即将自己设计的子电路包装成可以被其他项目或用户直接调用的组件，这使得复杂电路的设计过程变得更加模块化、系统化。我们可以将自己的设计封装成子电路，然后在其他电路中重复使用，从而提高电路设计的效率和可重用性。

- **支持导出和导入功能**。除了对子电路的封装与复用，Logisim 还允许将设计好的电路导出为可执行文件，并分享在其他计算机上运行。这样，我们就可以实现多人合作的 Logisim 项目开发。
- **软件开源和跨平台**。Logisim 是一个开源程序，这意味着任何使用者都可以免费使用并修改 Logisim。此外，Logisim 具有良好的跨平台特性，它可以在多种操作系统上运行，包括 Windows、MacOS 和 Linux 等。多平台支持与开发也为 Logisim 带来了良好的软件生态。

简而言之，Logisim 是一款功能强大且易于使用的数字逻辑电路设计和模拟工具，特别适合初学者在学习数字电路的相关知识时使用。它具备的图形化设计界面、仿真和调试功能以及封装和子电路支持等特性，可以帮助用户更好地理解和实践数字电路的设计原理与方法。目前，国内外不少高校在数字逻辑电路、计算机系统概论、计算机组成原理、计算机体系结构等课程中都设计了基于 Logisim 的相关实验，我们也选择 Logisim 作为首先介绍的实验工具。

1.1.2 下载与安装

Logisim 是一款基于 Java[1] 虚拟机运行的电路仿真软件，因此在使用 Logisim 之前，我们首先需要配置 Java 环境。关于 Java 的环境配置请大家自行查阅相关教程，或是直接在 Vlab 平台[2]提供的软件资源处下载。

提示 Vlab 平台的网址为 https://vlab.ustc.edu.cn/。同学们可以在这里找到本教材对应的实验环境及其他工具，具体使用方式可以参考第 3.2.1 小节的内容。

我们建议各位同学在自己的电脑上搭建 Logisim 实验环境。在配置好 Java 运行环境后，可以从 Logisim 的官方网站（http://www.cburch.com/logisim/）下载适合自己操作系统的 Logisim 软件，安装完成后即可启动 Logisim 应用程序。此外，也可以在 Vlab 平台下载与自己操作系统相匹配的 Logisim，对应的操作步骤如下：进入 Vlab 首页后，依次点击使用文档 → 资源下载，即可进入如图 1.1 所示的下载界面。

- Git for Windows 最新版本：GitHub Releases / 清华大学 TUNA 镜像站
- Java 8 运行环境：Windows 64 位 / Mac OS X 10.7.3+
- Logisim (v2.7.1, 需要 Java): Windows / macOS 10.12+ / Java JAR
- TigerVNC 客户端 (v1.11.0) Windows (64 位) / macOS / Java JAR
- RealVNC 客户端 (v6.20.113): Windows / macOS 10.12+
- Vivado Design Suite - HLx Editions 2016.3: 全平台 (tar.gz 压缩包，大小 21 GB)
- Vivado Design Suite - HLx Editions 2019.1: 全平台 (tar.gz 压缩包，大小 21 GB)

图 1.1 Vlab 上的 Logisim 环境下载

在下载界面里，单击下载与自己的操作系统相适应的 Logisim 程序，等待下载并安装完

① Java 是 Sun Microsystems 于 1995 年首次发布的一种编程语言和计算平台。在使用时，我们只需要在硬件或操作系统上先安装一个 Java 平台，之后就可以正常运行 Java 应用程序。

② 远程教学云桌面项目（Vlab 项目）是由中国科学技术大学计算机实验教学中心提供的、基于互联网的用于远程进行硬件、系统和软件教学的实验平台。我们将在后面的章节中对其进行详细的介绍。

成后即可正常运行 Logisim。如果先前的步骤没有出现问题,我们将打开如图 1.2 所示的主界面。

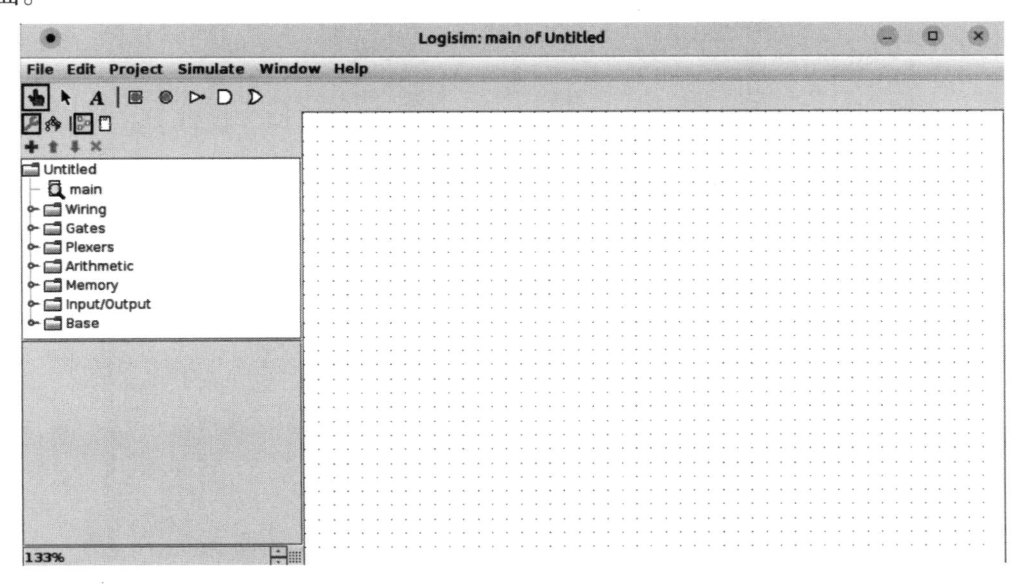

图 1.2　Logisim 主界面

接下来,我们将学习如何使用 Logisim,创建并运行属于自己的项目。

1.2　运行 Logisim 程序

1.2.1　界面布局

本节将介绍 Logisim 应用程序基本的使用方法。在首次启动 Logisim 时,我们已经看到了如图 1.3 所示的主界面①。

从功能上划分,Logisim 的界面包括五个部分:画布区域、管理窗口、属性表、菜单栏以及工具栏。下面将一一进行介绍。

1. 画布区域

画布区域是绘制电路的窗口,也是最经常使用的区域。画布区域的背景是浅色点阵,可以在绘制电路时进行辅助定位。我们可以在界面左下角修改画布的显示缩放比例,在图 1.3 的示例中,该数值为 100%。

2. 管理窗口

管理窗口提供所有的基本组件,以文件夹目录形式显示。其中最外层的为项目目录,用户所设计的电路都显示在这一级目录下。在默认情况下,项目目录下仅包含一个名为 main 的电路文件。用户可以在项目目录(注意不是 main 文件)上单击鼠标右键,选择 Add

① 由于不同用户具体使用的操作系统不同,看到的界面也可能略有不同。

Circuit 以添加新的电路设计，如图 1.4 所示。

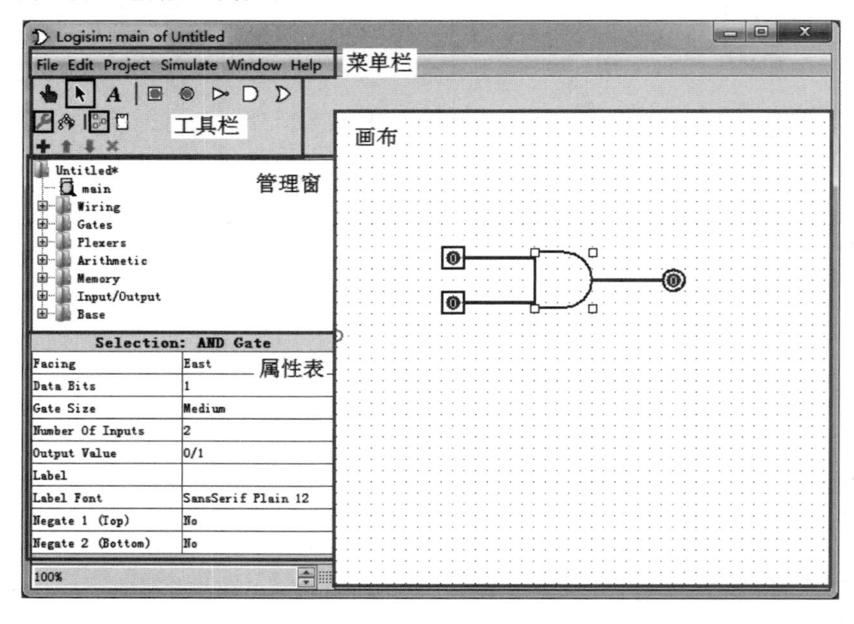

图 1.3 Logisim 主界面

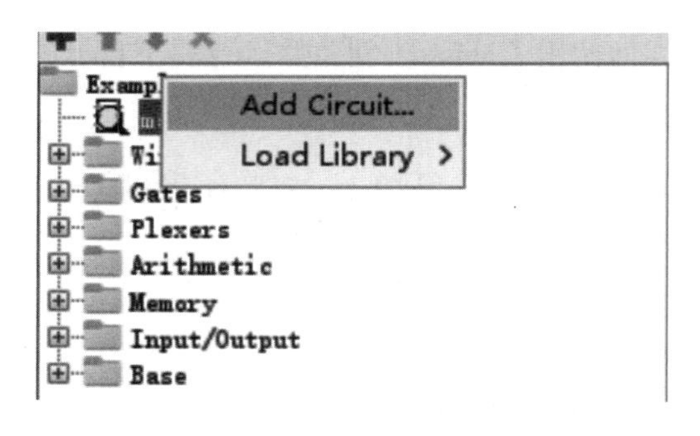

图 1.4 添加新电路

对于当前画布上正在显示的电路，管理窗口对应的电路文件名称前会用一个放大镜图标进行标识。

3. 属性表

属性表显示的内容是当前选中组件的基本属性，用户可以根据需要修改组件的属性参数，如大小、端口数目、方向等。该操作为电路设计提供了更高的自由度。

4. 菜单栏

菜单栏中除打开、关闭文件等基本操作外，其他功能我们可以暂不了解，等需要用到的时候再深入研究。

5. 工具栏

工具栏是最为常用的部分，因此我们单独进行介绍。图 1.3 中的工具栏包括四大类组件。其中：

（1）第一排左侧包含三种工具：左侧的手形工具为操作模式按钮，用于改变电路中选定组件的值；中间的箭头工具为编辑模式按钮，用于编辑组件或者修改电路结构；右侧的文本工具（字母 A）用于在电路中添加文字描述。

（2）第一排右侧为几种常用基本电路组件的快捷方式：从左到右分别为输入引脚、输出引脚、非门、与门和或门。这几种组件也可以在管理窗口内找到。

（3）第二排左侧的按钮用于切换左侧管理窗的显示内容：其中扳手工具用于显示工程电路和库文件，树状结构用于显示仿真电路的层次结构。

（4）第二排右侧的按钮用于切换查看电路结构和模块封装结构：电路结构为电路内部的设计细节，而模块封装结构则是电路对外界封装后展示的细节。

提示　对于一款刚刚接触的应用程序，要想尽快熟悉它，最好的办法就是勤加练习、熟能生巧。熟悉 Logisim 界面可以让我们更好地进行数字逻辑电路的设计、仿真和调试。这将为我们在学习和实践中节省时间和精力，并帮助我们更好地理解和应用数字电路的原理和概念。因此，花一些时间来熟悉 Logisim 界面是非常值得的。

1.2.2　第一个 Logisim 项目

在 Logisim 中，项目以电路库的形式呈现。“电路库”是一个抽象的概念，它表示具有特定功能的电路资源的集合。

提示　为了便于大家理解，我们可以用 C 语言的项目结构类比 Logisim 中的项目结构。整个类比关系如表 1.1 所示，一般来说，每个 Logisim 项目都对应一个.circ 文件，包含了整个项目中所用到的电路文件。每个电路文件对应一种特定的模块功能，由若干不同的电路元件构成，而电路文件本身也可以被封装成一个电路元件。除了用户自定义的电路文件，Logisim 项目中还会提供一些自带的组件，用户也可以自行添加相应的内部组件与外部组件。

表 1.1　Logisim 部件类比关系

Logisim 项目部件	C 项目部件
.circ 文件	文件夹
电路文件	.c 文件
电路元件	函数或.c 文件
逻辑门	变量
内外部组件	.h 文件与其他引用文件

对于某一个特定的 Logisim 项目，其结构关系如图 1.5 所示。

可以看到，项目中包含了许多不同的电路文件，如 main、Add、Sub 等。此时画布上显示的电路文件为 Add，内部包含了四个相同的电路元件 FA。Add 本身也可以被打包形成一个电路元件，并供其他电路文件使用。

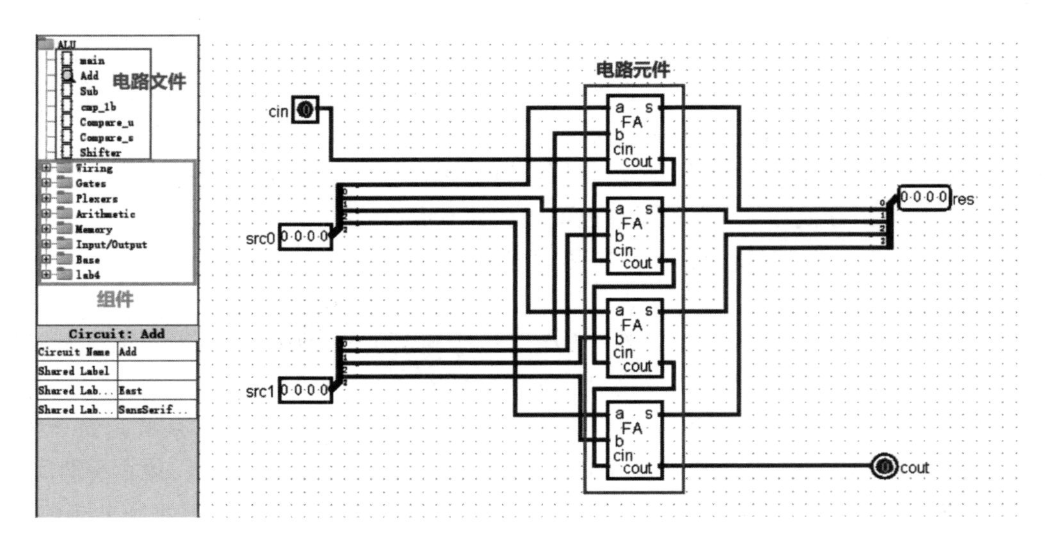

图 1.5 Logisim 项目结构示例

下面,我们来看这样一个问题。

场景 某场比赛的规则如下:二人同时回答某道题目,如果有一人答对,另一人答错,则答对者胜出;如果都答对或都答错则继续回答下一道题目,直至决出胜负。

我们不妨假定每一道题目都是判断题,此时二人给出的结果可以各用一个位宽①为 1 的信号表示。现在,我们需要在 Logisim 中搭建一个电路,用于判断两个输入的逻辑信号是否相同。当且仅当输入信号不同时,该电路的输出结果为高电平(或逻辑值 1),表明此时决出了胜负。

上述电路可以使用"二输入异或门"实现。二输入异或门是一种十分基础的数字逻辑电路,其电路结构如图 1.6 所示。

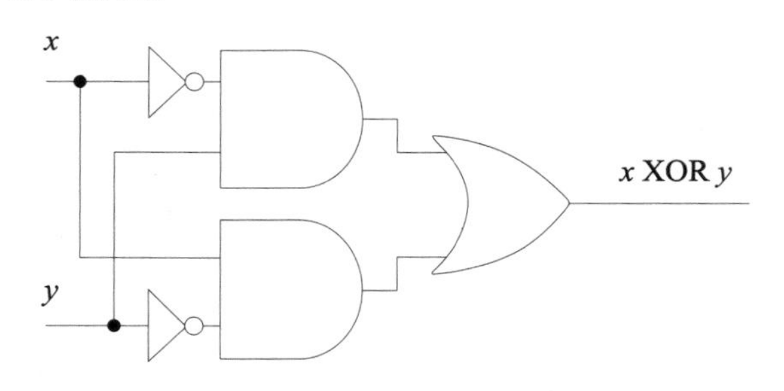

图 1.6 二输入异或门

可以看到,电路中包含两个非门,两个与门和一个或门。接下来,我们需要在画布窗口中放置这些电路元件,并将其正确连接。

首先,我们在上方的工具栏中单击"与门"工具,随后在下方的绘制窗口中再次单击,放置第一个与门。完成后的效果如图 1.7 所示。出于美观的考虑,建议在左侧空出一些空间,便于后续添加其他的电路元件。

① 位宽即比特位的宽度,也就是组成信号的比特位数目。

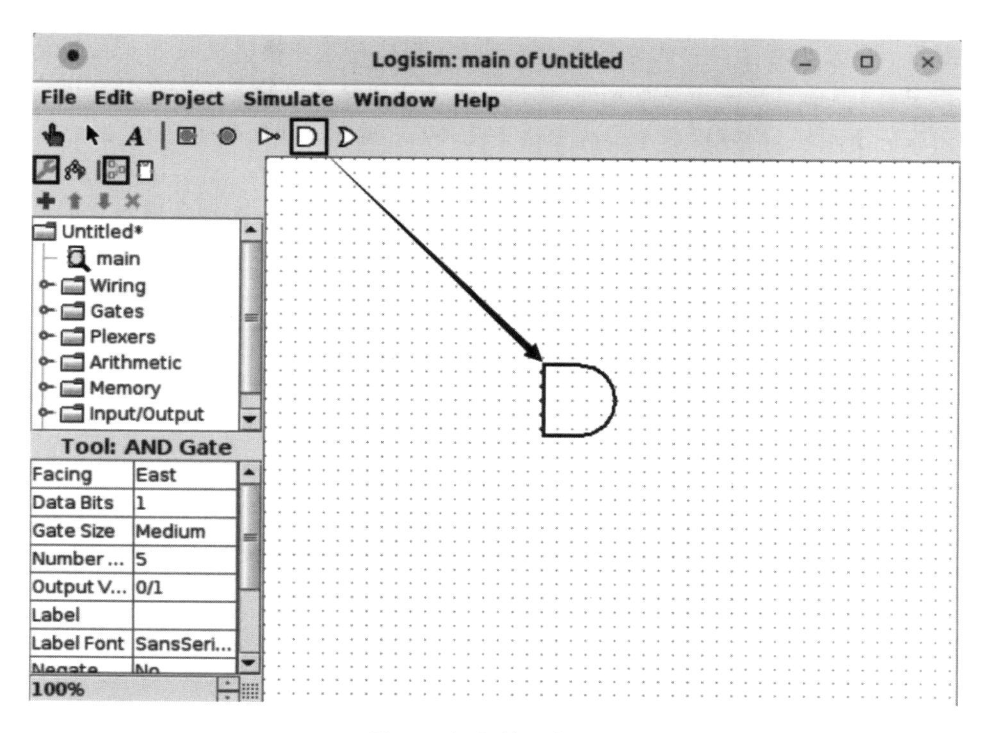

图 1.7 添加第一个与门

接下来,再次单击“与门”工具,并将第二个与门置于第一个与门的下方,完成后的效果如图 1.8 所示。

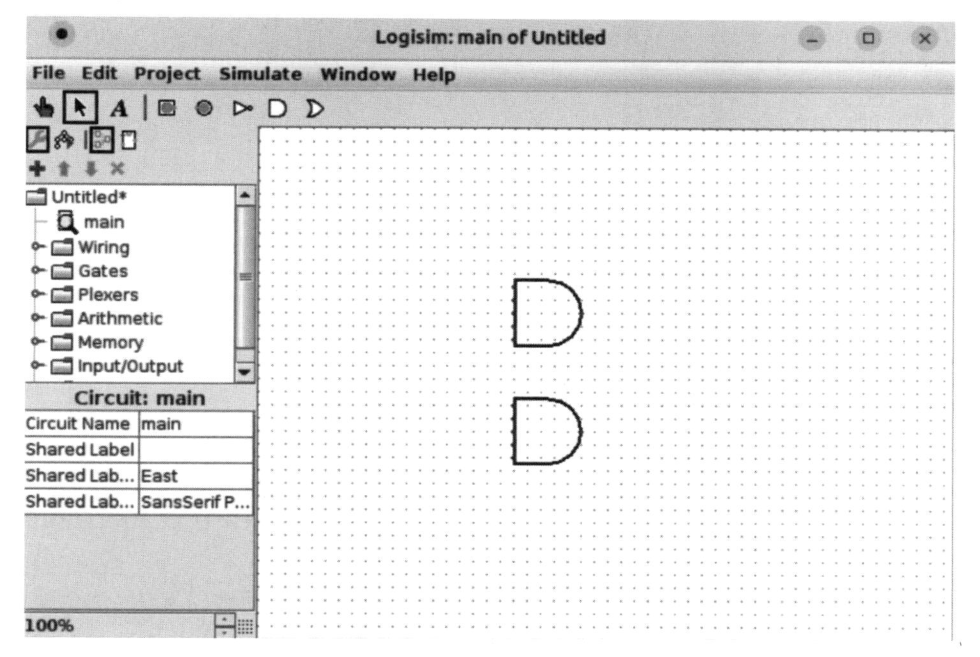

图 1.8 添加第二个与门

提示 如果你对于当前的电路布局不满意，那么可以在编辑模式下（左上角选中箭头而不是手型）单击选中一个电路元件，按住左键并拖拽就可以对其进行位置的调整。如果你想要删除一个元件，则可以在单击选中这个元件后，按下键盘上的 Delete 键或者在编辑菜单中选择“删除”。

在放置电路的每个组件时，你会注意到一个对用户十分用户友好的细节：只要放置组件，Logisim 就会恢复到编辑模式，以便于我们移动最近放置的组件或将其连接到先前放置的组件。此外，也可以通过使用 Ctrl+C 与 Ctrl+V 快捷键实现对于电路元件的“复制”与“粘贴”工作；通过使用 Ctrl+Z 快捷键“撤销”上一步的操作。

你可能已经注意到了，上面放置的与门左侧有五个小点，这些可以连接导线的输入端口。在默认情况下，Logisim 会为每个逻辑门设置五个输入端口。对于二输入异或门，只需要使用到其中的两个输入端口；对于其他的电路，也可能会使用更多的输入端口。此时，可以根据自己的需要，使用下面的操作设置组件的输入端口数目：单击选中上方的与门，在左下方显示的属性窗口中，将 Number Of Inputs 一栏中的数值调整为 2。完成后单击画布的任意区域，如图 1.9 所示，此时上方与门的输入端口数目变成了两个。

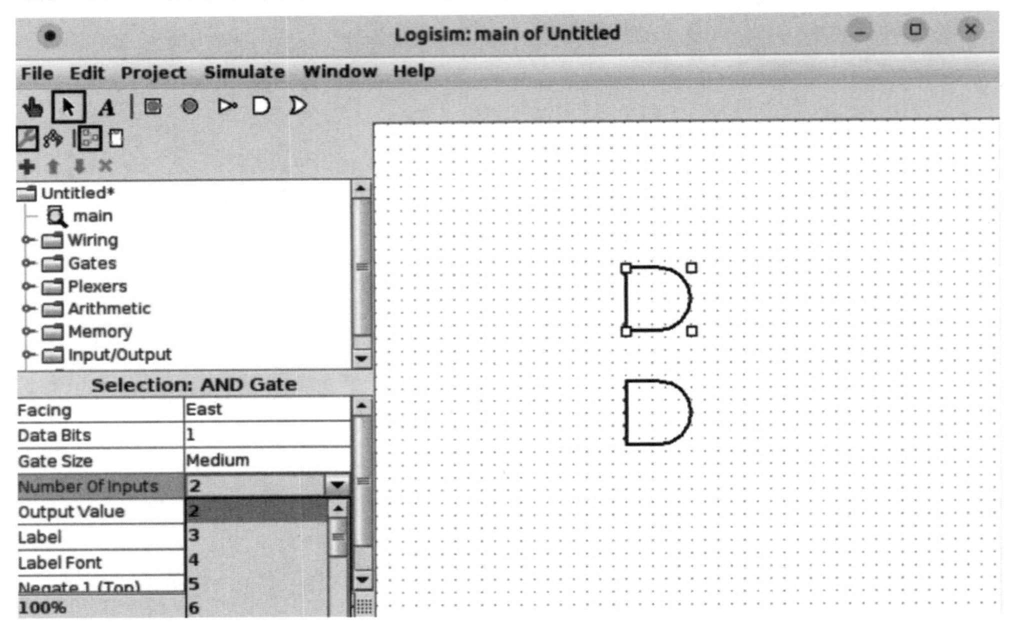

图 1.9 更改与门端口数

除了端口数目，我们还可以修改与门的其他属性，例如输入数据的位宽、门的大小、门的朝向、命名标签等。现在，我们将两个与门的 Number Of Inputs 数值设置为 2，Gate Size 属性设置为 Narrow。重新布局得到的电路如图 1.10 所示。

提示 组件的每个输入和输出都有一个与之对应的位宽。通常情况下，该位宽值为 1，正如前面的异或门的例子那样。但 Logisim 的许多内置组件都支持自定义输入和输出的位宽。图 1.11 展示了一个简单的电路，该电路包含一个输入输出位宽均为 3 的与门。需要注

意的是，这里的与操作是按位运算而不是逻辑运算。因此图中的运算过程为

$$011 \ \& \ 101 = 001$$

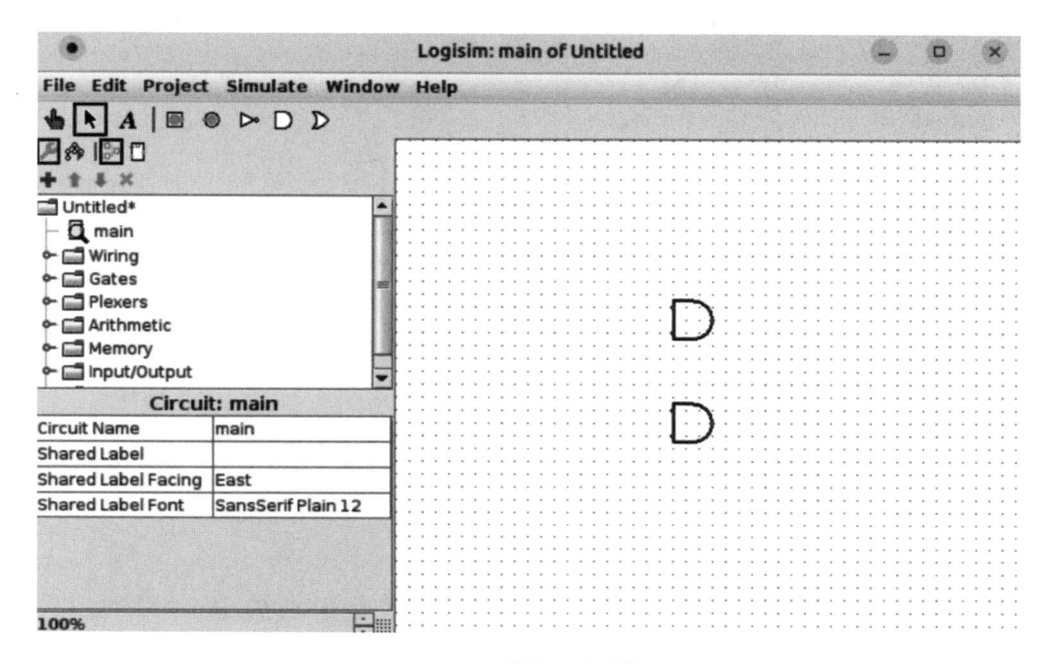

图 1.10 调整与门设置

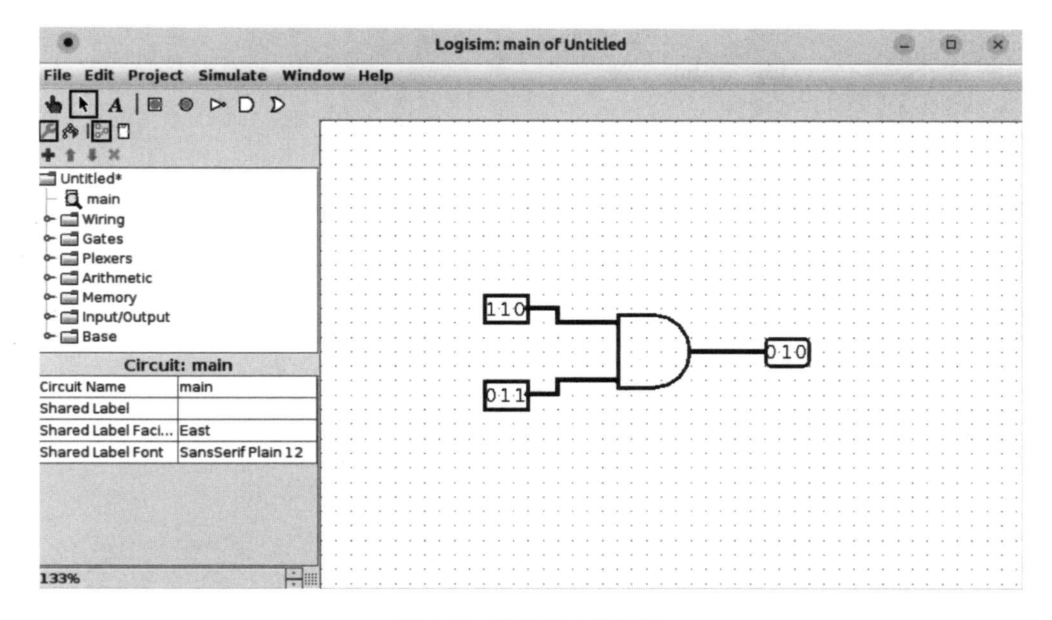

图 1.11 位宽为 3 的与门

回到二输入异或门的例子，我们按照相同的步骤，向电路中增加非门和或门，并修改或门的输入端口数目与大小。重新布局后的电路如图 1.12 所示。

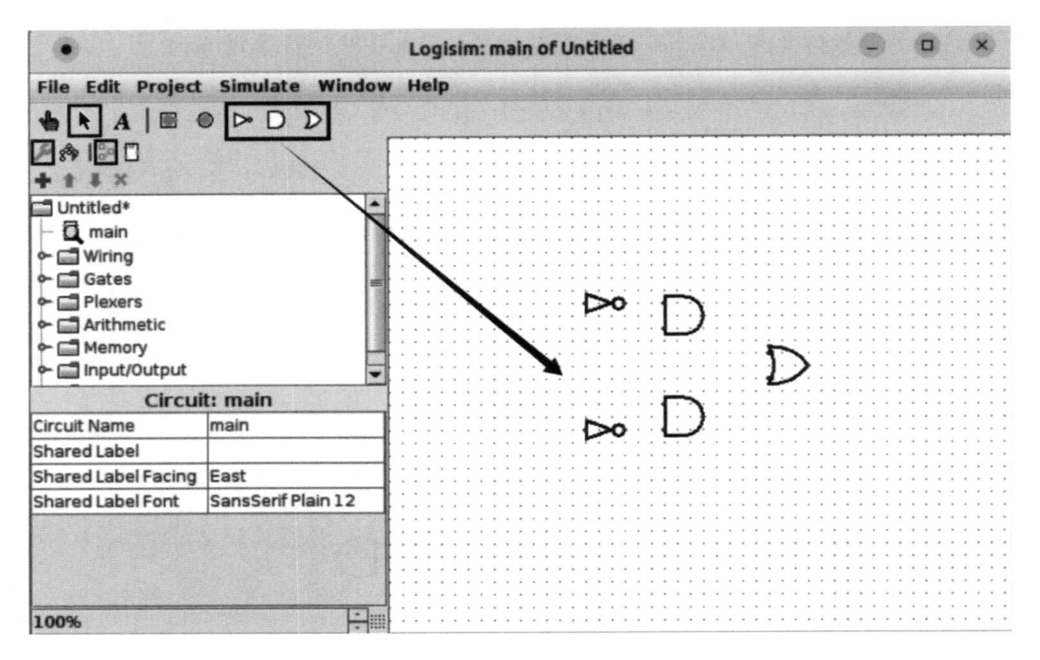

图 1.12 添加或门、非门

下面,我们为这个电路添加真正的输入输出端口。如图 1.13 所示,在非门左侧放置两个输入引脚,在或门右侧放置一个输出引脚。为美观起见,让引脚的放置位置与逻辑门的端口对齐。

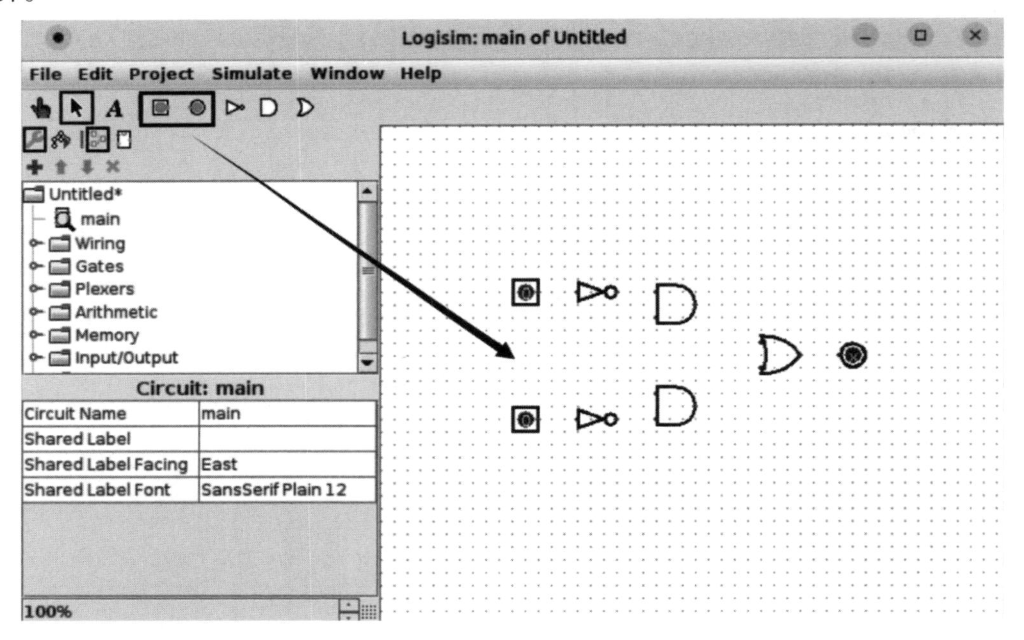

图 1.13 添加输入输出

至此，二输入异或门的组件已经添加完毕了。接下来，我们为电路中增加连线。在编辑模式下，当鼠标光标位于组件的输出端口上方时，可以在其周围看到一个小的圆圈，如图 1.14 所示。在圆圈处按下并拖动鼠标，就可以绘制一根导线。Logisim 非常智能：它可以根据鼠标的路径自动使导线转弯；如果鼠标松开则会停止绘制导线。当导线在另一根导线或模块的输入端口上结束时，Logisim 会自动连接它们。我们还可以通过拖动导线的其中一个端点来"扩展"或"缩短"它们。唯一的限制是，Logisim 中的电线必须是水平或垂直方向上的，而无法 45° 斜向连接。

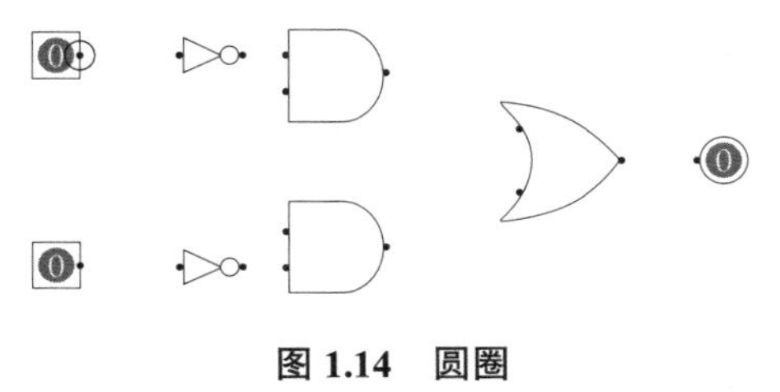

图 1.14　圆圈

为了实现二输入异或门的逻辑功能，我们在图 1.13 所示电路的基础上添加了如图 1.15 所示的导线。

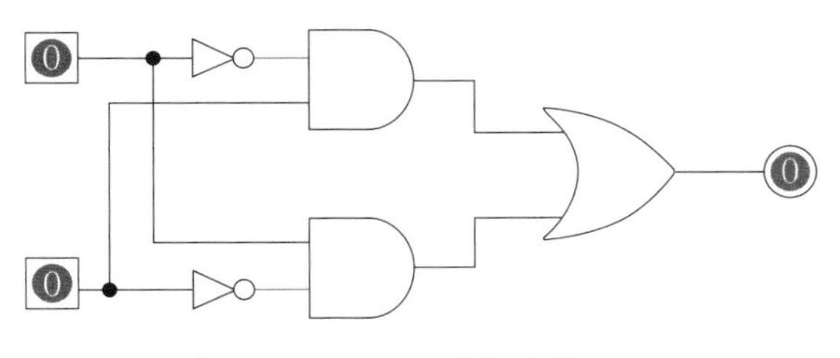

图 1.15　异或门连线

提示　在绘制导线的过程中，你可能会看到一些蓝色或灰色的导线。在 Logisim 中，蓝色表示这条导线上的值为"未知"，灰色表示这条导线未连接任何端口。在搭建电路时，这些情况都是常见的，但在完成全部的连线工作之后，如果电路中还有蓝色、灰色或其他颜色的导线，这就意味着我们的电路出现了问题。在正确连接好所有导线后，电路中的所有导线都应呈现浅绿色或深绿色，代表着对应导线上的值为低电平（0）或高电平（1）。

正如之前介绍的那样，Logisim 会在组件上绘制不同颜色的端点，以指示导线应该连接到的端口。在完成设计后，需要及时检查导线是否已经正确连接到这些端口，以及是否有端口没有与导线相连。

场景　比赛的负责人很感谢我们的工作。现在，他希望我们能够验证该电路的正确性，即对于每一种答题情况，电路都能给出正确的判断结果。

在完成电路的设计之后，我们要对二输入异或门电路进行正确性测试，以确保它能实现我们想要的功能。现在的两个输入端口值均为 0，而输出端口给出的结果也是 0，这是正确的，因为 $0 \wedge 0 = 0$，即两名选手都回答错误的情况下无法决出胜负。现在，我们更改输入端口输入的数值，以验证其他情况下电路的正确性。在操作模式（选择手型而不是箭头）下，单击输入端口即可实现输入的更改。例如，可以先让下方的输入端口数值为 1，如图 1.16 所示。

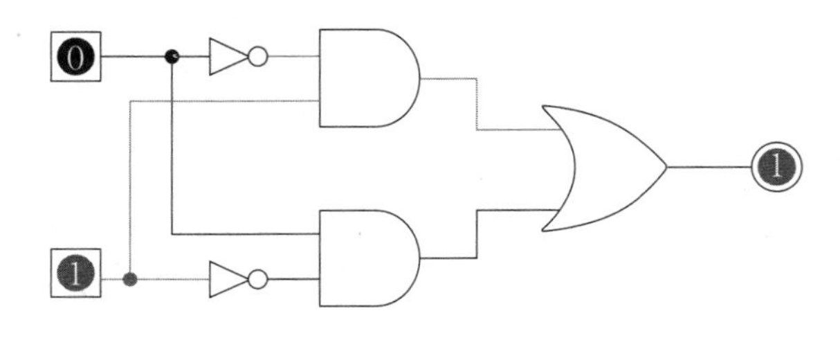

图 1.16 更改输入端口的值

由计算可知 0 ^ 1 = 1，而电路的输出管脚也为 1，因此结果正确。到目前为止，我们已经测试了如图 1.17 所示真值表的前两行，并验证了此时电路输出与真值表中对应的输出相匹配。通过不同的输入组合，可以验证真值表的剩下两行。如果它们都匹配，那么就表明我们已经正确完成了二输入异或门的电路设计。

x	y	x XOR y
0	0	0
0	1	1
1	0	1
1	1	0

图 1.17 异或门真值表

1.2.3 模块封装与复用

介绍完基本的 Logisim 使用后，我们将目光转向 Logisim 的模块封装与复用。如果说设计过程是对功能的“编程”实现，那么模块封装与复用就是将自己的“代码”打包并在别处使用的过程。

在电路处于打开状态时（画布区域显示该电路结构，且管理窗口中该电路图标上有一个放大镜标志），点击工具栏中的编辑电路封装图标（工具栏第二排最右侧）即可进入电路封装编辑页面。在该界面中，我们可以修改电路的边框形状及大小、端口位置、名称、标签等属性。其中，最常用的两个元素为锚点和端口。

- **锚点**是连着一根线的圆圈。它对应着我们放置子电路时十字准星与电路的相对位置与朝向。
- **端口**是模块上的点。它对应着电路的输入和输出引脚。我们可以通过点击端口查看端口与引脚的对应情况。

图 1.18 展示了一个电路封装图标。该电路包括了三个输入端口（左侧方形端口）和两个输出端口（右侧圆形端口），锚点位于电路内部，默认状态下的放置方向为向右。为了增强可读性，该电路添加了对于端口以及模块的文字描述。

封装编辑界面的工具栏如图 1.19 所示，此时第一行的工具从左至右依次为：

（1）**选择工具**。选中后，可以自由选择、移动、复制和粘贴形状；

（2）**文本工具**。选中后，单击画布的任意位置即可在该位置上添加或编辑文本；

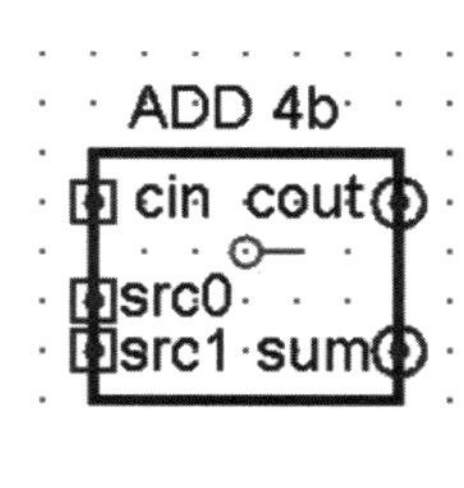

图 1.18　锚点与端口

图 1.19　封装编辑工具栏

（3）**线段工具**。选中后可用于创建线段。按住 Shift 键并拖动将使线的角度保持为 45° 的倍数；

（4）**曲线工具**。选中后可用于创建二次贝塞尔曲线。对于指定曲线端点的第一次拖动，按住 Shift 键并拖动会使端点保持为 45° 的倍数，然后单击以选定控制点的位置；按住 Shift 键并单击可确保曲线对称，而按住 Alt 键并单击则可通过控制点绘制曲线；

（5）**顶点连线工具**。选中后可以创建一系列连接线段，其顶点由连续的单击操作指定。按住 Shift 键单击可确保上一个顶点与当前顶点之间的角度是 45° 的倍数，双击或按回车键以完成形状的绘制；

（6）**矩形工具**。通过从一个顶点拖动到另一个顶点来创建矩形。按住 Shift 键并拖动可以创建正方形，按住 Alt 键并拖动可从中心开始创建矩形；

（7）**圆角矩形工具**。通过从一个顶点拖动到另一个顶点来创建圆角矩形。按住 Shift 键并拖动以创建正方形，其余操作与矩形工具类似；

（8）**椭圆工具**。通过从边界框的一个顶点拖动到另一个顶点来创建椭圆形。按住 Shift 键并拖动可以创建圆，按住 Alt 键并拖动可从中心开始创建椭圆；

（9）**多边形工具**。创建任意多边形，其顶点由连续的单击指示。多边形工具与顶点连线工具的操作基本一致，只是最终多边形工具将保证绘制的图形为闭合图形，而顶点连线工具则可以自由连线。

接下来，我们以一个例子向大家介绍模块封装与复用的操作过程。在这个例子里，将使用先前的二输入异或门搭建功能更为完善的电路结构。

场景　比赛的负责人提出了一个新的比赛规则：两名选手同时作答四道题目，对二人给出的四道回答逐一判断。如果一人正确一人错误，则答对者积 1 分；如果二人都回答正确或都回答错误，则双方均不得分。最终，得分高者胜出；如果得分一致则进入加赛。

针对这一新的规则，我们需要设计数字电路，以判断哪几道题目有人可以得分，哪几道题目二人均不得分。同样地，我们假定题目均为判断题，以 0、1 表示二人是否答对了某道题目。如果某道题目有人可以得分，则电路会在该位上输出 1。例如：当二人的回答结果为 0011 和 1011 时，电路应当输出 1000。

不难发现，该电路依然是一个二输入异或门，只是此时的输入和输出位宽均变成了四位。我们新建一个 Logisim 项目，并将其命名为 XOR。在项目中新建一个电路文件，将其命名为 2-1bXOR，表明这是一个 2 输入、位宽为 1 的异或门。将我们之前搭建的电路结构复制到该文件里，并保存。此时你的项目结构应当如图 1.20 所示。

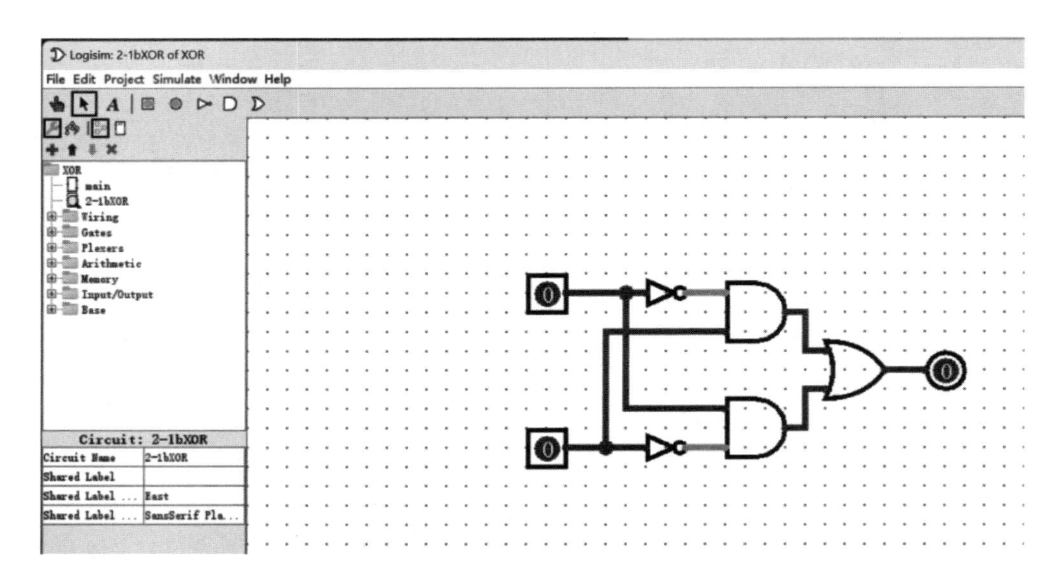

图 1.20　XOR 项目

为了便于标识，我们为每个输入、输出端口增加一个标签，用于指示当前端口的作用。在编辑模式下单击输入端口，在左侧属性框的 Label 栏中添加特定的标签。例如，将上面的输入端口记作 x，下面的输入端口记作 y，输出端口记作 o。完成后的效果如图 1.21 所示。

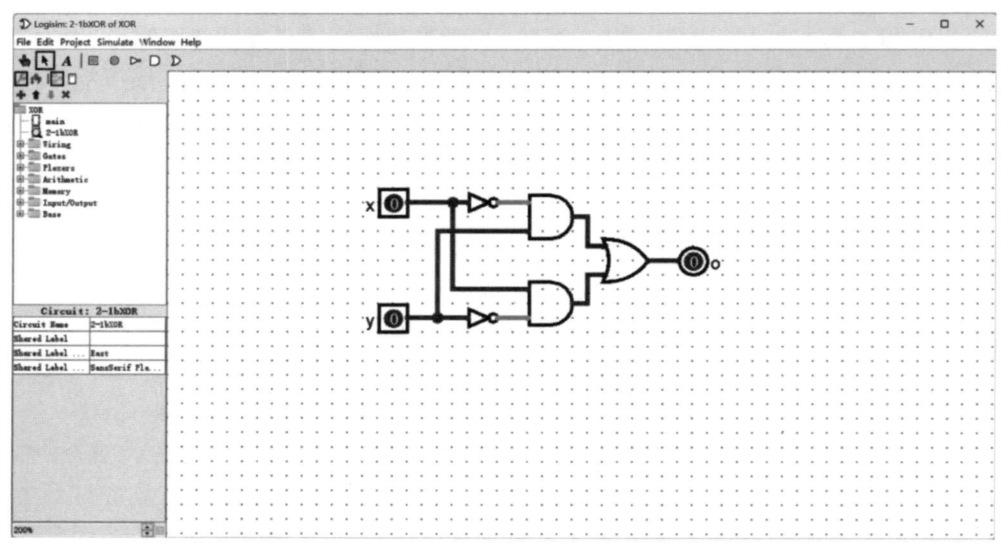

图 1.21　添加标签

接下来，我们进入模块封装的过程。在电路封装编辑界面调整模块图标的大小、形状、位置等参数，并使用文字工具添加必要的描述。你可以参考如图 1.22 所示的样子进行设计，在图中我们为输入、输出端口增加了文字描述，同时为整个电路添加了标题。

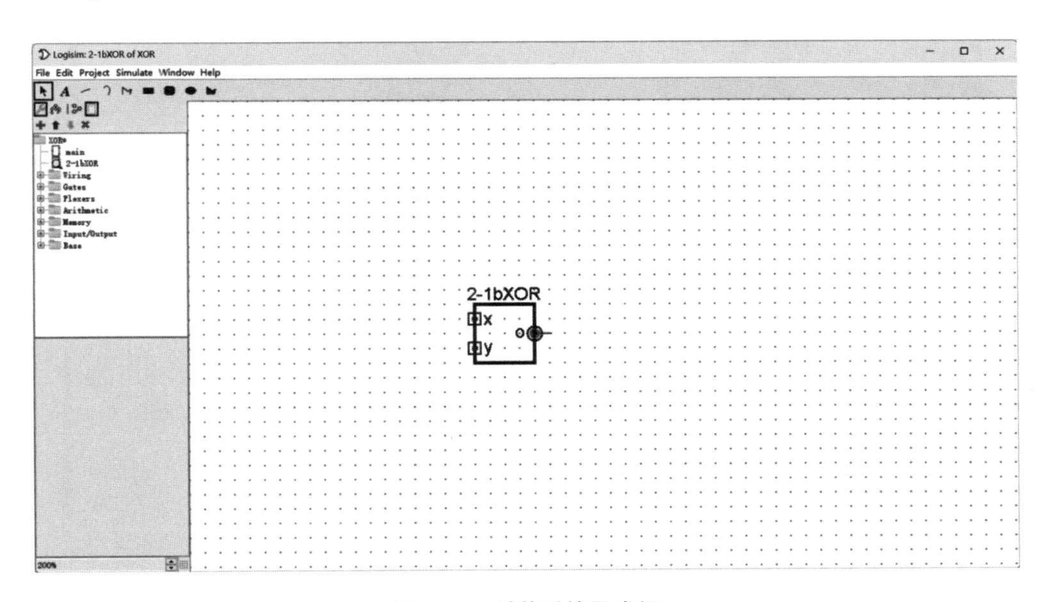

图 1.22 封装后的异或门

现在，我们的异或门支持两个位宽为 1 的输入信号，并给出位宽为 1 的输出结果。接下来，首先对其进行位宽扩展，使其支持两个位宽为 4 的输入信号。在项目中新建一个电路文件，并将其命名为 2-4bXOR。最后，在电路中增加两个输入端口和一个输出端口，如图 1.23 所示。

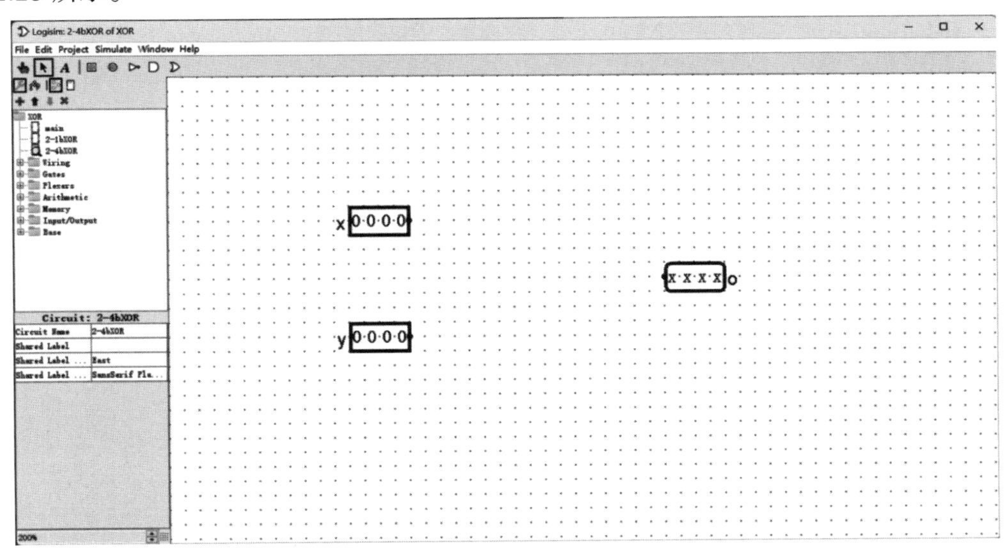

图 1.23 四位输入输出

提示 这里的输入、输出端口位宽均为 4。

那么，如何在一位异或门的基础上实现位宽的扩展呢？我们知道，按位异或运算的每一位之间是独立的。因此，我们可以将每一位单独拆出来，分别进行异或运算后再合并，从而得到最终的结果。为此，可以在电路中使用四个 2-1bXOR 模块，如图 1.24 所示。

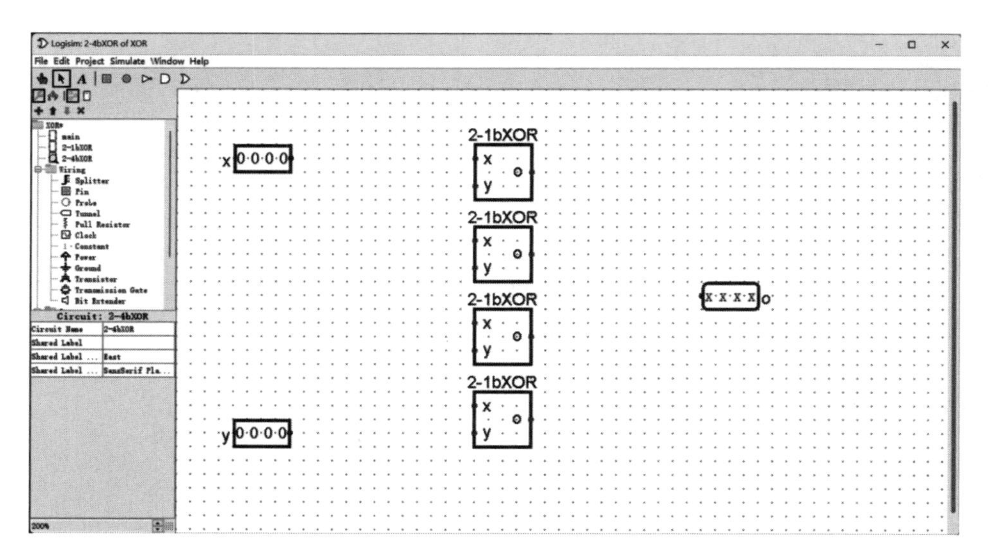

图 1.24 例化四个异或门

对于四位的数据输入，我们需要将其拆分成 4 个一位的数据输入。Wiring 组件库中的分线器 Splitter 可以实现多位宽和单位宽之间的转换操作。在这个例子里，我们将分线器的 Fan Out 和 Bit Width In 两个参数设定为 4，将 Appearance 参数设定为 Right-handed。随后，调整 Facing 参数，搭建如图 1.25 所示的电路结构。

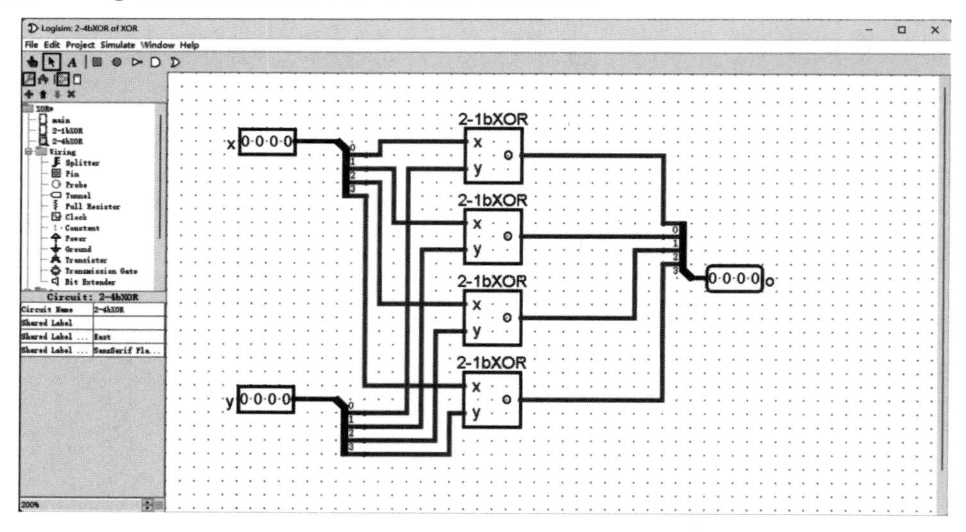

图 1.25 使用分线器连线

✍ 练习 1.1

请参考先前的过程，验证该电路功能的正确性。例如：如图 1.26 所示设定 x=0011，y=1010，则电路的输出结果为

$$0011 \text{ ^ } 1010 = 1001$$

这符合我们的预期。你需要验证其余情况下二输入四位异或门的正确性。

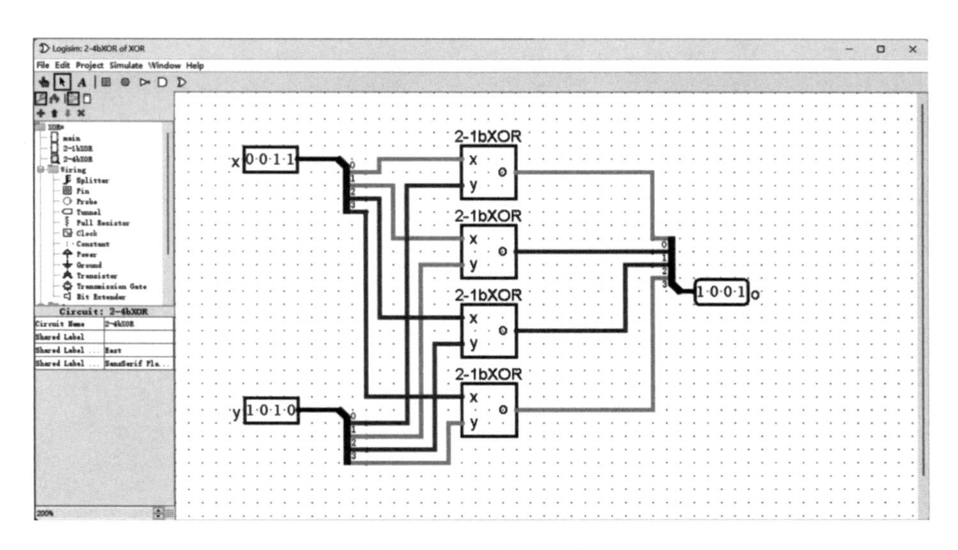

图 1.26　结果验证示例

同样地，我们对该电路文件进行封装。在电路封装编辑界面修改电路的外观，并加上适当的文字标识。如图 1.27 所示，在端口处标记端口的名字，并为模块本身添加命名。

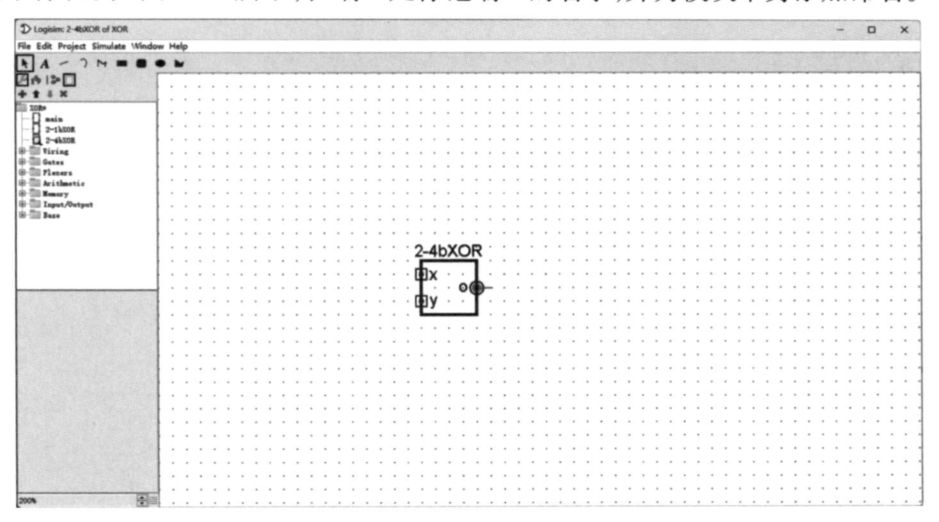

图 1.27　四位异或门封装

场景　我们设计的数字电路得到了比赛负责人的认可。小麦同学希望将二输入异或门拓展成五输入异或门，并保证输入输出的位宽依然为四位。

在完成位宽的扩展后，可以进行输入数目的扩展。现在我们的输入数目有五个，不妨分别记作 v，w，x，y，z，其位宽都是 4。由于异或运算满足交换律和结合律，因此可以任意两两组合，使用先前的 2-4bXOR 模块进行运算后得到最终的结果。

下面，在项目中新建一个电路文件，命名为 5-4bXOR。在电路中添加对应的输入和输出端口，并正确修改位宽、增加相应的标记。此时得到的项目结构如图 1.28 所示。

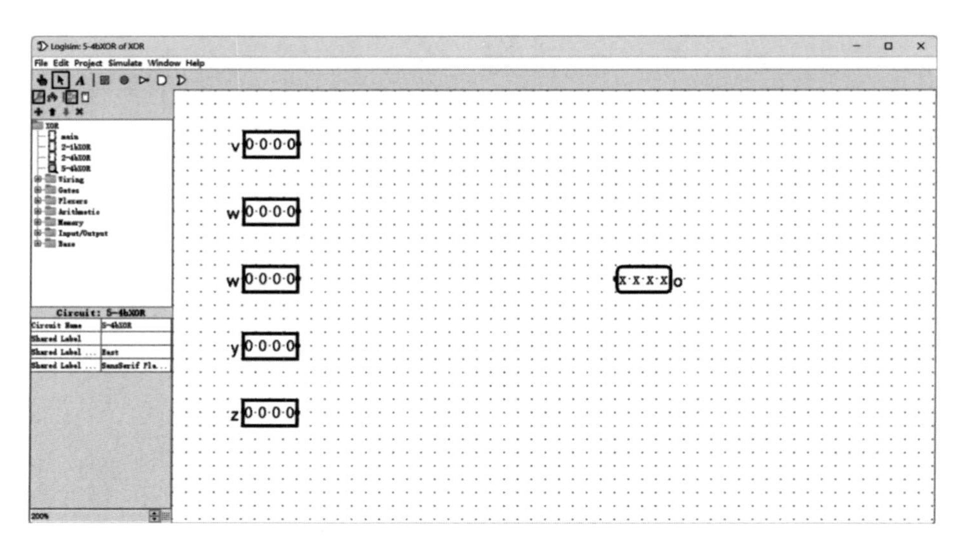

图 1.28 5-4 异或门的输入输出

在电路中增加 4 个 2-4bXOR 模块，并按照顺序进行连线。完成后的电路结构如图 1.29 所示。

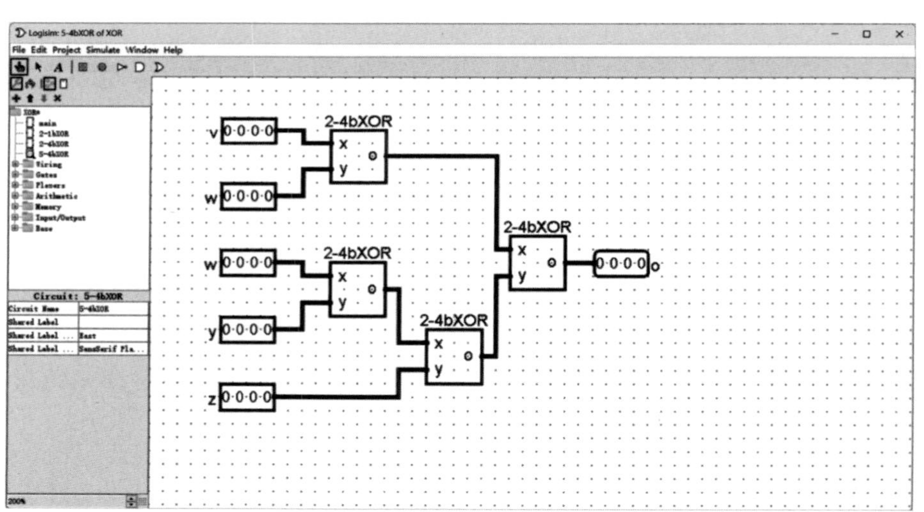

图 1.29 5-4 异或门

✍ 练习 1.2

请参考先前的过程，验证该电路功能的正确性。例如，如图 1.30 所示，我们验证了

$$0011 \ \hat{}\ 0011 \ \hat{}\ 1100 \ \hat{}\ 1100 \ \hat{}\ 0101 = 0101$$

的结果，这符合我们的预期。你可以选择部分测试输入，验证其余情况下五输入四位异或门的正确性。

提示 对输入的测试应尽量深入、全面，在这个例子中，为了保证结果的正确性，原则上我们需要对每一种可能的输入进行测试，以保证电路逻辑上的正确性。

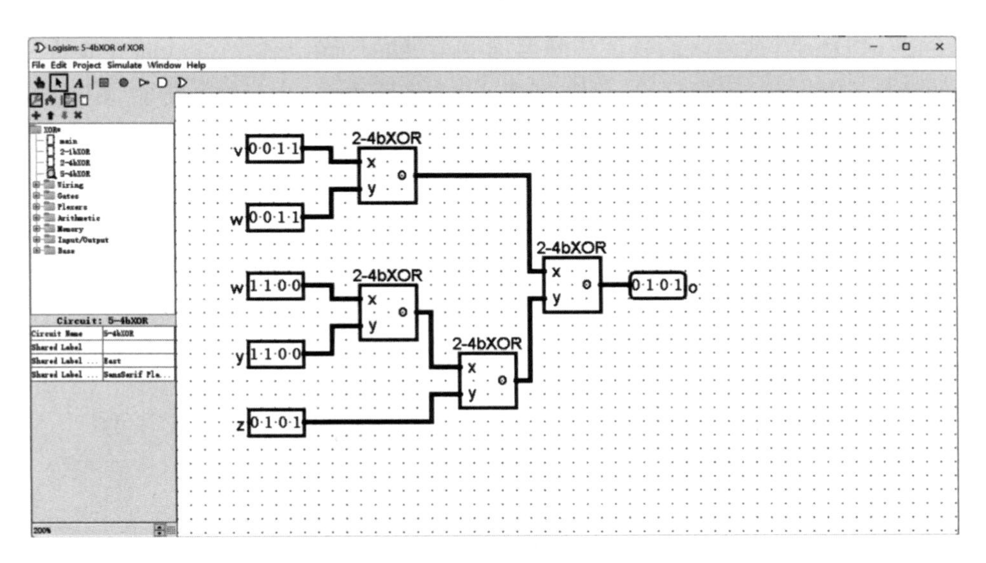

图 1.30　5-4 异或门结果验证示例

1.2.4 时钟

场景　小麦同学遇到了这样一个问题：他希望得到一个循环变化的信号。该信号首先保持 1 秒的高电平，接下来保持 1 秒的低电平，随后在保持 1 秒的高电平和低电平之间不断循环。我们如何在 Logisim 中产生这样的特殊信号呢?

上面提到的信号实际上是"时钟信号"。时钟信号是数字电路中构建时序逻辑的基础。它有着固定的、与模块本身无关的变化周期，以恒定的速度进行着高电平和低电平之间的转换，因而可用于决定逻辑单元中的状态何时更新。

硬件电路中的时钟信号一般是由时钟发生器产生的。它只有两个稳定的电平：一个是低电平，另一个是高电平。高电平的具体电压值可以根据电路的要求而不同。例如，理想情况（图 1.31）下标准的高电平电压是 5 V，而低电平电压一般默认为 0 V。

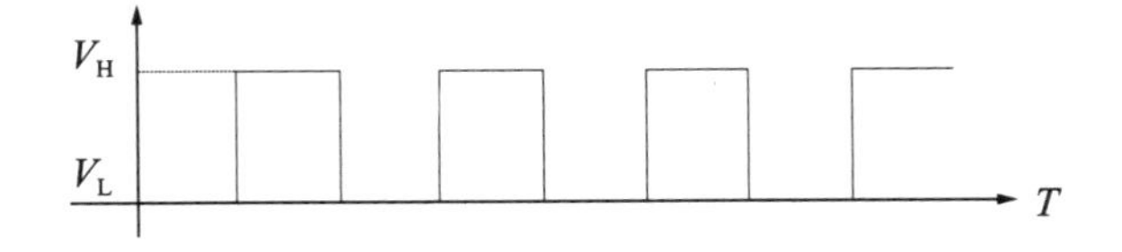

图 1.31　理想的时钟信号

在实际设计中，数字系统使用时钟信号的上升沿、下降沿或者双边沿作为同步驱动的参考，进而实现不同模块之间的协同运作，确保了整个系统的正确性与可靠性。

除了周期 T、频率 f 之外，时钟另一个重要的属性是占空比（duty ratio）。对于周期恒定的时钟信号，占空比的定义为**周期信号中，有电信号输出的时间与整个信号周期之比**。也就是

$$D = \frac{\tau}{T} = \frac{\text{电信号不为 0 的时间}}{\text{时钟周期}}$$

最常见的时钟信号占空比为 50%，这种信号的高电平和低电平的持续时间是一样的。

在上面的讨论中，所有的时钟信号都是理想的，即时钟的翻转是在瞬间完成的，模块之间的时钟沿都是对齐的，没有延迟，没有抖动。但在实际电路中，时钟在传输、翻转时都会有延迟。一个较好的数字设计也应该考虑这些不完美的时钟特性，否则会造成潜在的设计时序不满足的状况。目前我们尚不需要考虑如此精细的设计因素，可以将遇到的时钟信号均当作理想的进行处理。

现在，将在 Logisim 中使用 Wiring 目录下的 Clock 组件实现一个基础的时钟。图 1.32 展示了将在第 1.5 节中介绍的 D 触发器的结构示意图。

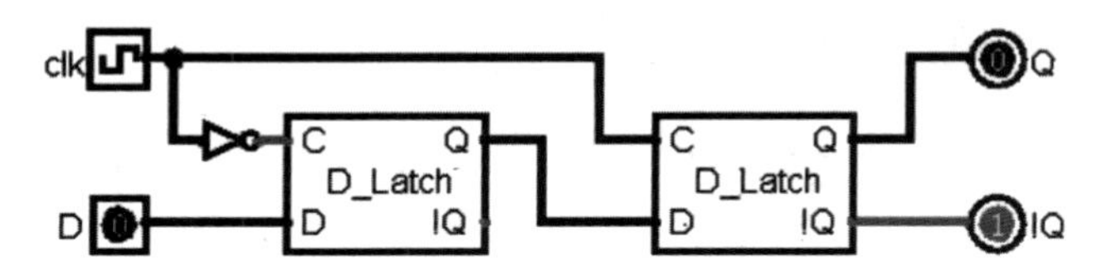

图 1.32 D 触发器

图 1.32 中左上角的 clk 信号对应的是时钟端口。这个端口与输入端口在外形上很相似，但并不是真正的输入端口，在模块封装界面也不会显示为蓝色矩形。

提示 在设计内部的子模块时，一般将 clk 设置成输入端口而不是时钟 Clock。这样一来，自外层模块的 clk 信号就可以被接入内层模块。如果在内部模块和外部模块均设置 Clock 信号，一方面不利于连线时的理解，另一方面也可能带来潜在的错位问题。

时钟端口可以由 Logisim 内部的程序触发。我们可以单击菜单栏的 Simulate 项，其中的 Tick Frequency 一栏可以让我们自由选择时间刻[1]对应的频率（图 1.33）。

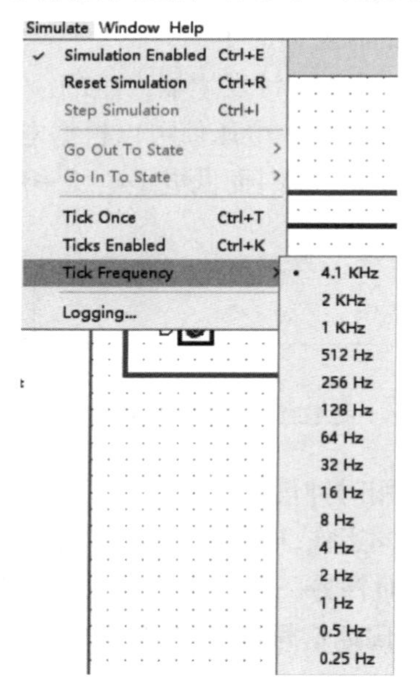

图 1.33 设置 Tick Frequency

[1] Logisim 中的最小时间单位，也被称为 Tick。

对于时钟端口本身，我们也可以自定义其属性。详细的属性列表如图 1.34 所示，其中比较特殊的是 High Duration 和 Low Duration 两项，它们分别对应了时钟的高电平和低电平持续的时间刻数，也就是时钟的占空比。例如，图 1.34 所示的属性在 Tick Frequency 为 1 Hz 时，就可以产生高电平持续 2 秒，低电平持续 1 秒的时钟信号。

Clock	
Facing	East
High Duration	2 Ticks
Low Duration	1 Tick
Label	clk
Label Loca...	West
Label Font	SansSerif...

图 1.34　自定义时钟属性

完成时钟属性的设置后，同样是在菜单栏的 Simulate 项，单击 Ticks Enabled 即可开启或关闭时钟信号。

✍ **练习 1.3**

如果想要产生高电平持续 0.5 秒，低电平持续 2 秒的时钟信号，我们应当如何设置相关的时钟属性呢？

1.3　其他知识

1.3.1　项目与组件

现在，我们已经完成了电路设计的相关工作。那么应当怎样安全地退出 Logisim 呢？可以通过 Ctrl+S 快捷键快速保存当前的项目内容，也可以在左上角的菜单栏中，选择 File→Save 进行保存。保存完成后，就可以安全退出 Logisim 了。Logisim 会将我们设计的电路保存为一个特殊的.circ 文件。

再次打开 Logisim 时，我们可以在左上角的菜单栏中选择 File→Open，即可打开想要的.circ 文件，继续先前的电路设计过程。此外，也可以将需要打开的.circ 文件拖动到 Logisim 的应用程序上，这样可以直接用 Logisim 打开对应的项目。

在 1.2.2 小节中，我们编写了一系列基础的异或门电路。实际上，Logisim 内置的组件库中已经包含了许多可用的电路组件，其中就包括了异或门。这些组件在项目创建时会自动添加到左侧的管理窗口中，供用户按照自己的需求进行使用。目前，Logisim 中提供的组件库（图 1.35）包括：

- **导线库 Wiring**：与导线直接交互的元件，包括分线器、时钟、物理电平和 MOS 管等。
- **逻辑门库 Gates**：用于执行简单逻辑功能的部件，包括基础逻辑门、三态门等。

- **复用器库 Plexers**:更复杂的组合组件,如多路选择和解码器。
- **运算器库 Arithmetic**:执行算术的组件,包括四则运算器、比较器、位选择器等。
- **存储器库 Memory**:用于记忆数据的组件,如触发器、寄存器、RAM 和 ROM 等。
- **输入输出库 Input/Output**:为与用户交互而存在的组件,包括 LED、数码管、键盘等。
- **基础库 Base**:是使用 Logisim 不可或缺的工具,包括编辑工具、选择工具、导线工具等。但这些工具大多已放置在工具栏中,因此我们并不需要经常深入研究这个库。

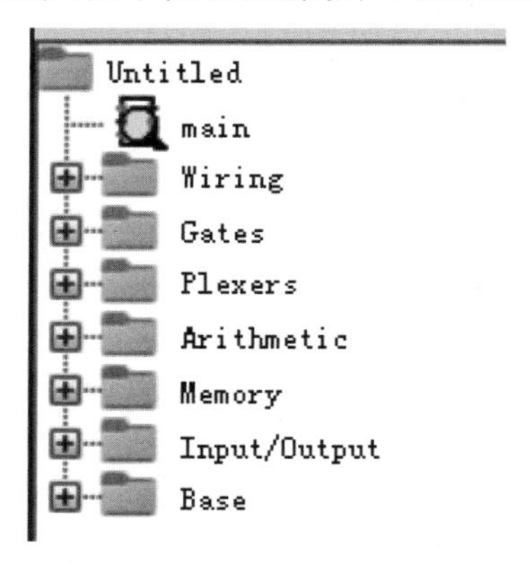

图 1.35 Logisim 的内置组件

有一些基础组件在电路设计时十分常用,我们将逐一进行简单的介绍。

1.3.1.1 分线器 Splitter

分线器位于 Wiring 目录下,可以实现对信号位宽的修改操作。如图 1.36 所示,我们将一个位宽为 4 的输入信号拆分成了两个位宽为 2 的信号,并将其中的高两位零扩展到了 5 位。

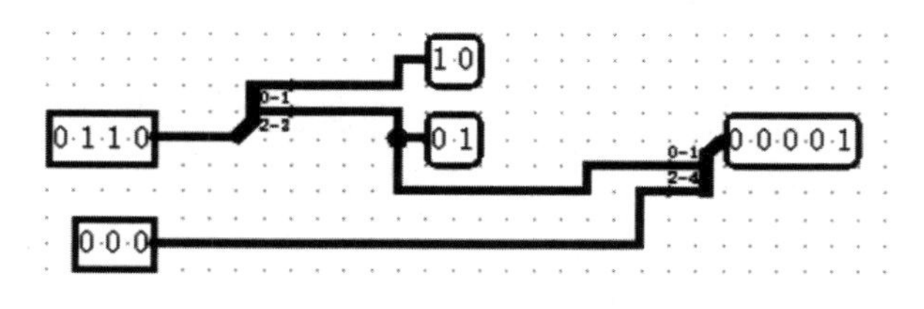

图 1.36 分线器示例

在左下角的参数窗格中,分线器可供设置的特殊内容包括:

- Fan Out:分线的股数,即将原始的信号输入拆分成多少股输出信号;或将多少股输入信号合并成一个输出信号。
- Bit Width In:总线的位宽,对应着单股端口的信号位宽。
- Bit i:每一比特位对应的输出线位置。

图 1.37 展示了图 1.36 中左侧的分线器设置。可以发现,该分线器将一个 4 位信号拆成两个 2 位信号,其中低两位从 0 号端口输出,高两位从 1 号端口输出。

Selection : Splitter	
Facing	East
Fan Out	2
Bit Width In	4
Appearance	Left-handed
Bit 0	0 (Top)
Bit 1	0 (Top)
Bit 2	1 (Bottom)
Bit 3	1 (Bottom)

图 1.37　分线器参数

✍ **练习 1.4**

图 1.36 中右侧的分线器应当如何设置参数呢?

1.3.1.2　隧道 Tunnel

隧道位于 Wiring 目录下,可以极大地简化连线的过程。简单来说,隧道就是对导线的标签:具有相同标签的导线可以在暗处被连在一起,从而减少画布上的电路结构。图 1.38 展示了三条不同位宽的隧道,它们实现了对于信号的正确连接。

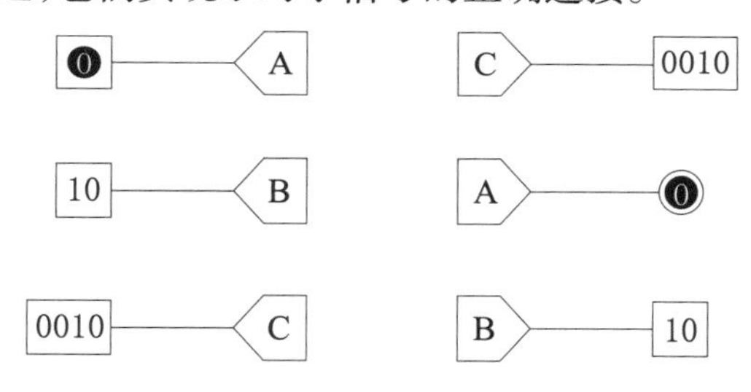

图 1.38　隧道示例

需要注意的是,隧道等价于导线的连接,因此依然可能出现位宽冲突、数值冲突等,我们在使用的时候需要避免这些问题的发生。

1.3.1.3　常量与高低电平

常量(constant)、高电平(power)和低电平(ground)是 Logisim 中三种常数的表示方式。其中,高电平、低电平可以被视作特殊的常量。在电路中,我们只需要正确设置常量的位宽以及数值,即可将其接入其他的电路元件并正常使用(图 1.39)。

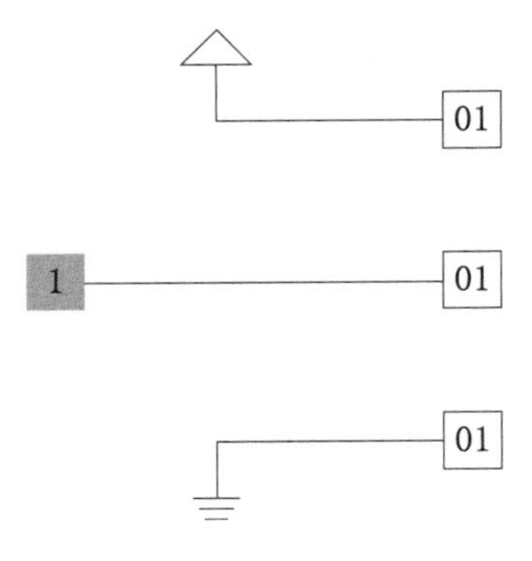

图 1.39　常量示例

一般而言，我们使用常量而不是高低电平作为常数的来源。这是因为常量的表示范围包含了高低电平，同时也可以直观看到当前表示的常量数值。

除了内置的电路组件，Logisim 也允许我们制作与分享自己编写的库文件。这部分库文件包括最为基础的子电路组件与.circ 文件，以及使用 Java 编写的 JAR 库。后者在开发层面上更为困难，包括的组件也更加复杂，这里就不再展开介绍。

1.3.2　导线信息

Logisim 中的导线包含着许多不同的颜色，之前的教程中我们也提到了电路搭建完成时，导线应当为浅绿色、深绿色或黑色。由于印刷限制，无法直接在图中展示颜色信息，在下面的介绍中，将使用图 1.40 中不同线的位置加以区分。

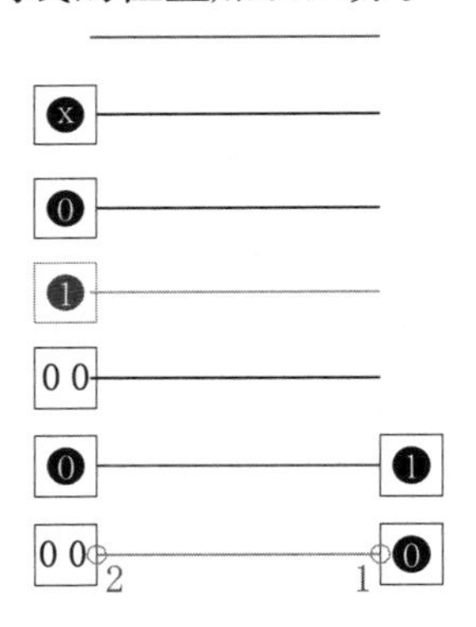

图 1.40　导线颜色

• 第一条线（灰色）代表导线的信息未知。在正常情况下，所有的输入和输出端口都有自己确定的状态。如果导线未连接到任何组件的输入和输出端口，那自然也就不包含任何有用的信息。换句话说，这里的导线没有任何的实际作用，仅仅是一根纯粹的线而已。

• 第二条线（蓝色，左侧为 X）代表导线携带 1 位的值，但没有任何东西将特定值驱动到导线上。这种情况下的值我们称之为浮动值，或**高阻**值。高阻值表明当前电路状态不确定，并非传统意义上的逻辑高低电平。在图 1.40 中，第二条导线连接到的输入端口被设定成了三态端口（three state port），而此时的输入端口恰好位于高组态，因此导线最终输出的结果为浮动值。

• 第三条线(深绿色,左侧为 1)代表导线携带 1 位的逻辑 0 值,对应电路中的低电平。

• 第四条线(浅绿色,左侧为 0)代表导线携带 1 位的逻辑 1 值,对应电路中的高电平。

• 第五条线(黑色,左侧为 00)代表导线带有多位值。需要注意的是,其中部分或全部位可能为未指定状态。也就是说,第五条导线并不代表其内部的每一条导线都有着确定的结果。

• 第六条线(红色)代表导线带有错误值,这通常是因为导线无法确定此时正确的状态。这种情况可能是因为它没有输入,也可能是因为两个组件试图向导线发送不同的值。图 1.40 中展示的便是后者对应的情况,左侧的输入引脚试图向导线输出逻辑 0,而右侧的输入引脚试图向导线输出逻辑 1,这导致了导线上的冲突。此外,当携带的某些位为错误值时,多位宽的导线也将从黑色变为红色。

• 最后一条线(橙色)代表连接到导线的组件在位宽度上不一致。在图 1.40 的示例中,将一个 2 位的输出引脚连接到了另一个 1 位的输出引脚上,因此它们是不兼容的。可以看到,Logisim 用数字标识出了每一侧端口对应的正确数据位宽。

提示 高阻态是一种电路分析时的特殊情况。简单来说,它可以被看作是具有极高的输入(输出)电阻,在极限状态下就成为了断路。高阻态(high impedance state)、高输出态(high output state)和低输出态(low output state)共同组成了三态逻辑。

在真实环境下,电路中电平信号是连续变化的。我们定义 VCC① 代表电路电压(也就是电压上限值),而数字电路则对 0~1.0 VCC 之间的范围进行了区间划分。例如:将 0 ~ 0.3 VCC 视作低电平(0),0.7 VCC~1.0 VCC 视作高电平(1),0.3 VCC ~ 0.7 VCC 则不属于工作电压区间,而高阻态往往被认为是理想的 0 电压。因此,低输出态不等于没有输出;高阻则在行为上更接近于没有输出。

在开发的过程中,我们可以使用操作模式工具(即手形工具)单击导线,以获取当前导线上的数据信息。图 1.41 为该操作的效果演示。

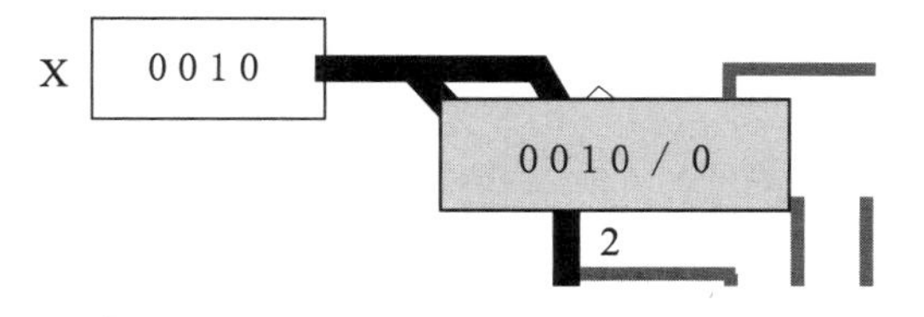

图 1.41 查看导线信息

1.3.3 自动电路生成

在进行了异或门的设计后,你是否已经有些厌烦了一个一个选择逻辑门并连线的过程?好消息是,对于组合逻辑电路②,Logisim 提供了一系列方便的工具用来搭建电路,包括通过**真值表**生成、通过**表达式**生成两种方式。

① VCC(voltage collector collector),集电极电源电压。

② 组合逻辑电路是一种特殊的电路。你可以简单地将其理解为不包括时钟信号的电路。

假定我们要生成表 1.2 所示的真值表对 达式；应的电路：

表 1.2 目标真值表

输入	输出
0001	1010
0011	0111
1010	0011
1011	0110
1111	0101

在数字电路领域，通过真值表设计组合逻辑电路一般分为三个步骤：

（1）根据真值表画出各输出项的卡诺图；

（2）通过卡诺图写出各输出项的逻辑表

（3）根据逻辑表达式画出电路图，完成电路设计。

幸运的是，Logisim 能够帮我们完成上述步骤中大部分的工作。首先，我们在 Logisim 中新建一个项目，将其命名为“生成电路”（电路名可以任取）。接下来，在电路图中放置所需数目的输入引脚，并按同样的方式放置输出引脚。放置完毕后，给所有引脚标上标号，并按从高位到低位的顺序排列，完成的效果如图 1.42 所示。

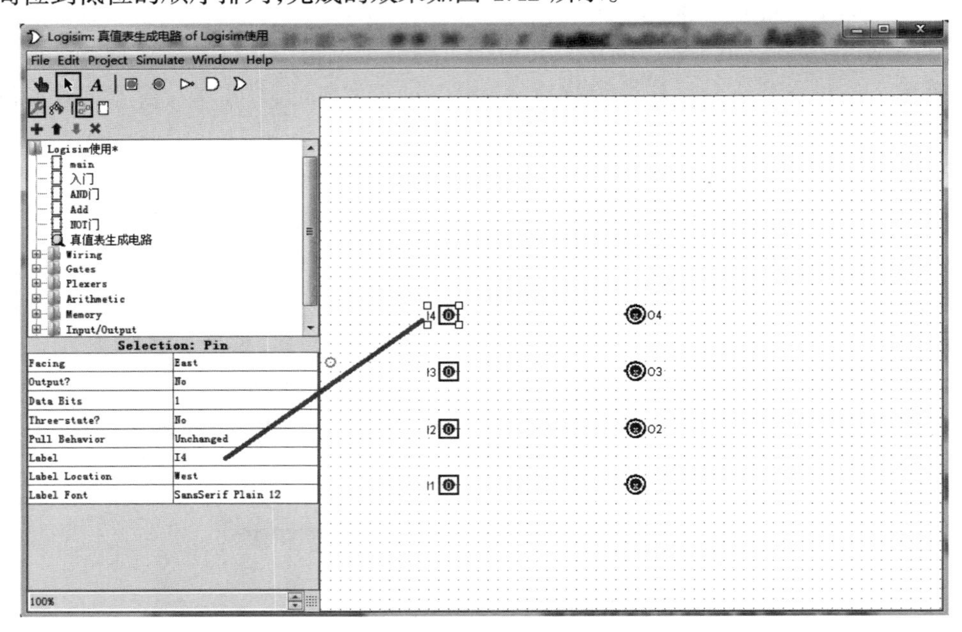

图 1.42 输入输出设置

提示 尽管可以将输入端口和输出端口的位宽都设置为 4，但 Logisim 的自动生成逻辑只能识别到 1 位的端口。因此需要将 4 位的端口输入拆分成 4 个 1 位的端口输入，这也是该功能的一点局限性。

接下来，在菜单栏的 Project 选项卡中找到 Analyze Circuit 选项，单击选中，在弹出的窗口中选择 Table 选项，并按照表 1.2 所示的真值表修改特定输入下的输出值。我们可以使用鼠标点击输出信号对应的叉号修改表项。完成后，点击 Build Circuit 便可生成电路（在弹出的对话框中都选择“是”）。操作过程如图 1.43 所示。

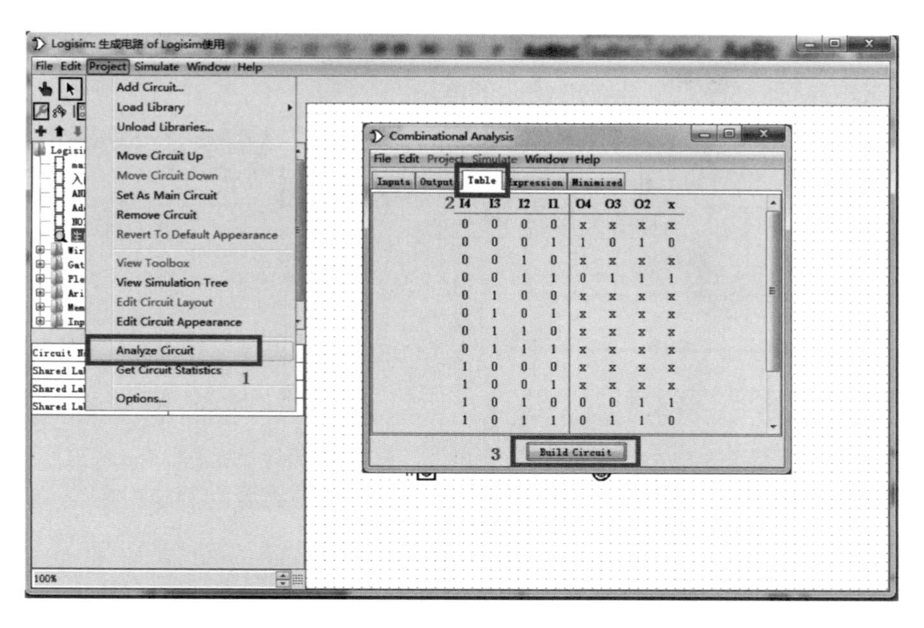

图 1.43　使用真值表建立电路

通过真值表生成电路确实能为我们减少工作量，但也存在不足之处。我们知道，真值表的条目数与输入项个数呈指数相关，当输入信号数量较多时，编辑真值表也是一项非常繁重的工作。例如，图 1.44 是一个 8 位的优先编码器电路的简化真值表，假设输入全为 0 时其输出也为 000。

输　入								输　出		
i7	i6	i5	i4	i3	i2	i1	i0	y2	y1	y0
1	x	x	x	x	x	x	x	1	1	1
0	1	x	x	x	x	x	x	1	1	0
0	0	1	x	x	x	x	x	1	0	1
0	0	0	1	x	x	x	x	1	0	0
0	0	0	0	1	x	x	x	0	1	1
0	0	0	0	0	1	x	x	0	1	0
0	0	0	0	0	0	1	x	0	0	1
0	0	0	0	0	0	0	1	0	0	0

图 1.44　8 位优先编码器

对于该电路，完整的真值表有 256 项之多，难以直接生成。不过，根据真值表，我们可以很快写出各输出信号的表达式：

$$y_2 = i_7 \mid {\sim}i_7 i_6 \mid {\sim}i_7 \ {\sim}i_6 i_5 \mid {\sim}i_7 \ {\sim}i_6 \ {\sim}i_5 i_4$$
$$y_1 = i_7 \mid {\sim}i_7 i_6 \mid {\sim}i_7 \ {\sim}i_6 \ {\sim}i_5 \ {\sim}i_4 i_3 \mid {\sim}i_7 \ {\sim}i_6 \ {\sim}i_5 \ {\sim}i_4 \ {\sim}i_3 i_2$$
$$y_0 = i_7 \mid {\sim}i_7 \ {\sim}i_6 i_5 \mid {\sim}i_7 \ {\sim}i_6 \ {\sim}i_5 \ {\sim}i_4 i_3 \mid {\sim}i_7 \ {\sim}i_6 \ {\sim}i_5 \ {\sim}i_4 \ {\sim}i_3 \ {\sim}i_2 i_1$$

基于上面的逻辑表达式，可以在 Logisim 中直接输入表达式生成电路。在 Project→ Analyze

Circuit 的弹出窗口中选择 Expression 选项，填入每个输出信号的表达式。最后点击 Build Circuit 生成电路，即可得到如图 1.45 所示的电路。

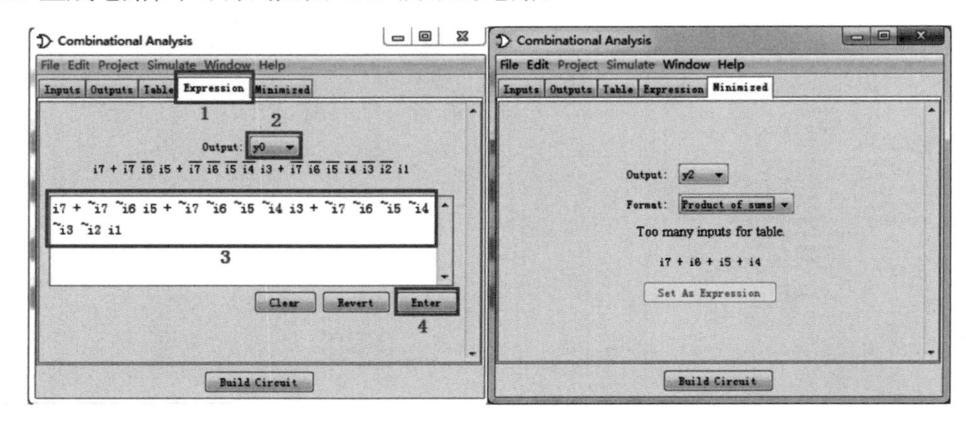

图 1.45　基于表达式建立电路

有时候手动输入的表达式并不是最简形式，最终生成的电路也会占用较多的逻辑门，我们可以借助“Minimized”选项卡对表达式进行简化，进而减少电路使用的逻辑门数量，在电路输入信号不多的情况下，该窗口还能显示卡诺图。图 1.46 对比了优先编码器电路未化简的电路结构和化简后的与或式、或与式结构，可以看出占用逻辑门数量有明显差异。

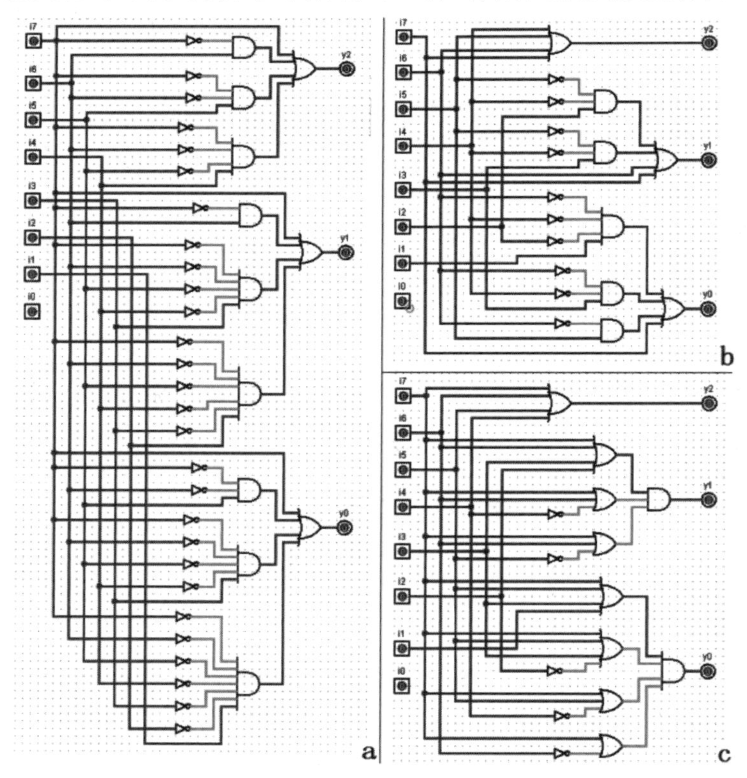

图 1.46　化简前后对比

提示 我们可以通过 Project→Get Circuit Statistics 选项统计电路的基本信息，如图 1.47 所示。

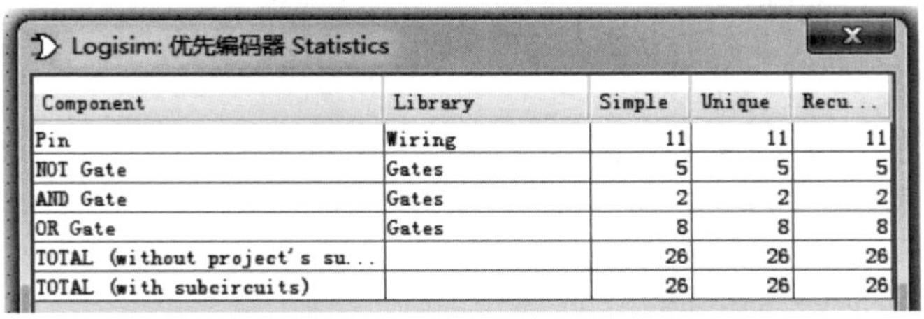

Logisim: 优先编码器 Statistics

Component	Library	Simple	Unique	Recu...
Pin	Wiring	11	11	11
NOT Gate	Gates	5	5	5
AND Gate	Gates	2	2	2
OR Gate	Gates	8	8	8
TOTAL (without project's su...		26	26	26
TOTAL (with subcircuits)		26	26	26

图 1.47 电路信息统计

Logisim 的自动生成电路功能能为用户带来便利，节省大量时间，但也有一点小小的不足，其输入输出信号必须是单比特位宽，对于多比特位宽的输入信号并不支持，需要将其拆分成多个单比特信号才可以。

1.3.4 菜单介绍

提示 本节是工具性质的菜单介绍，初次学习时可先跳过，若在操作中不清楚某些菜单选项的含义，可以在这里查看对应的作用。

文件菜单 [File]:

- **New** 在新窗口中打开新项目，项目最初将是当前选定模板的副本。
- **Open...** 在新窗口中将现有文件作为项目打开。
- **Open Recent** 在新窗口中打开最近打开的项目，而不提示用户浏览文件选择对话框。
- **Close** 关闭与当前查看的项目关联的所有窗口。
- **Save** 保存当前查看的项目，覆盖文件中以前的内容。
- **Save As...** 保存当前查看的项目，提示用户保存到与以前不同的文件中。
- **Export Image...** 创建与电路对应的图像文件。
- **Print...** 将电路发送到打印机打印。
- **Preferences...** 显示应用程序首选项窗口。
- **Exit** 关闭所有当前打开的项目并退出 Logisim 程序。

编辑菜单 [Edit]:

- **Undo XX** 撤消最近完成的影响线路在文件中保存方式的操作。请注意，这不包括对电路状态的更改（与 Poke Tool 执行的操作一样）。
- **Cut** 将当前选定的元件从电路中删除到 Logisim 的剪贴板上。

提示 需要注意的是，Logisim 的剪贴板与其他应用程序的剪贴板是分开维护的；因此，剪切/复制/粘贴无法在不同的应用程序之间工作，甚至包括打开的 Logisim 的其他运行窗口。但是，如果在同一个 Logisim 程序窗口下打开了多个项目，那么就能够在不同的项目之间进行电流的剪切/复制/粘贴操作。

- **Copy** 将电路中当前选定的元件复制到 Logisim 的剪贴板上。
- **Paste** 将 Logisim 剪贴板上的组件粘贴到当前选择中。

💡**提示** 粘贴组件时，它们不会立即连接入电路，而是以浅灰色绘制，游离于其他电路连线之外。直到用户移动或更改以使组件不再位于原位的时候，它们才会真的接入到电路中。这种奇怪行为的原因是 Logisim 必须在任何导线接入电路后立即合并它们，而此合并过程会更改电路中的现有导线。然而，当从剪贴板粘贴导线时，我们可能希望它们出现在不同的位置，因此合并过程中带来的更改将不利于操作。

- **Delete** 从电路中删除当前选择中的所有元件，而不修改剪贴板。
- **Duplicate** 创建当前选择中所有零部件的副本。这类似于选择“复制”，然后选择“粘贴”，但“复制”不会修改或使用剪贴板。
- **Select All** 选择当前电路中的所有元件。
- **Raise Selection** 此菜单项仅在编辑电路外观时可用。它将提升当前选定的对象，以便在当前与选择重叠的对象上绘制（或绘制）该对象。如果选择被多个对象重叠，则只会将其提升到最低的对象之上；反复选择菜单项，直到它达到应有的顺序。

💡**提示** 确定两个任意对象是否重叠是很困难的。Logisim 使用一种算法，在两个对象中的每一个中选择几个随机点，并查看另一个对象中是否也有其中的点。如果重叠的比例很小（例如，小于任一对象的 5%），则视作没有重叠。因此，有时 Logisim 也将无法检测到组件的重叠。

- **Lower Selection** 此菜单项仅在编辑电路外观时可用。它会降低当前选定的对象，以便在当前选择重叠的对象下方绘制（或绘制）该对象。如果选择的对象与多个对象重叠，则只会降低到最高对象的下方；反复选择菜单项，直到它达到应有的顺序。
- **Raise To Top** 仅当编辑电路的外观时，此菜单项才可用，它会将当前选定的对象提升到所有其他对象之上（锚点和端口是例外：它们总是在顶部）。
- **Lower To Botto** 仅当编辑电路的外观时，此菜单项才可用，它会降低当前选定的对象，以便在其上绘制所有其他对象。
- **Add Vertex** 仅当编辑电路的外观并且在直线、多段线或多边形上选择了点时，此菜单项才可用，它会在图形上插入一个新顶点。在插入之前，选定点绘制为菱形。
- **Remove Vertex** 仅当编辑电路的外观并且在多段线或多边形上选择了现有顶点时，此菜单项才可用，它会删除选定的顶点。在删除之前，选定顶点在表示顶点的正方形内绘制为菱形。Logisim 不允许删除只有三个顶点的多边形或只有两个顶点的折线上的顶点。

项目菜单 [Project]：

- **Add Circuit...** 将新电路添加到当前项目中。Logisim 将坚持让您为新电路命名。名称不得与项目中的任何现有电路匹配。
- **Load Library** 将库加载到项目中。您可以加载三种类型的库，如前文所述。
- **Unload Libraries...** 从项目中卸载当前库。

💡**提示** Logisim 将不允许我们卸载当前正在使用的任何库，包括包含出现在任何项目电路中的元件的库，以及那些带有出现在工具栏中的工具或映射到鼠标的工具的库。

- **Move Circuit Up** 将当前显示的电路在项目中的电路列表上移一步，如资源管理器窗格中所示。

• **Move Circuit Down** 将当前显示的电路在项目中的电路列表中下移一步，如资源管理器窗格中所示。

• **Set As Main Circuit** 将当前显示的电路设置为项目的主电路（如果当前电路已经是项目的主电路，则此菜单项将无法点击）。主电路的唯一意义在于，它是打开项目文件时第一个出现的电路。

• **Revert To Default Appearance** 如果编辑了电路的外观，此菜单项会将外观恢复为具有凹口外观的默认矩形。仅当编辑电路的外观时，才会启用此菜单项。

• **View Toolbox** 将资源管理器窗格更改为显示已加载的项目电路和库的列表。

• **View Simulation Tree** 将资源管理器窗格更改为显示当前仿真中的子电路层次。

• **Edit Circuit Layout** 用于编辑元件布局的开关，该布局决定电路的工作方式。此菜单项通常被禁用，因为您通常会编辑布局。

• **Edit Circuit Appearance** 用于编辑将电路用作另一个电路中的子电路时该电路的外观。默认情况下，电路表示为一个上端带有灰色凹口的矩形，但此菜单选项允许您为子电路绘制不同的外观。

• **Remove Circuit** 从项目中删除当前显示的电路。Logisim 将阻止您删除用作子电路的电路，并阻止您删除项目中的最终电路。

• **Analyze Circuit** 计算与当前电路对应的真值表和布尔表达式，并在"组合分析"窗口中显示它们。分析过程仅对组合电路有效。组合分析部分对分析过程进行了全面描述。

• **Get Circuit Statistics** 显示一个对话框，其中包含有关当前查看的电路使用的元件的统计信息。该对话框包括一个包含五列的表格：

∗ 组件：组件的名称；

∗ 库：组件所在库的名称；

∗ 简单：元件直接出现在查看的电路中的次数；

∗ 唯一：元件在电路层次中出现的次数，其中层次中的每个子电路仅计数一次；

∗ 递归：元件在电路层次结构中出现的次数，其中我们将每个子电路计数为它在层次结构中显示的次数。

如果使用的是加载的 Logisim 库中的电路，则这些元件将被视为黑盒：库中电路的内容不包含在唯一计数和递归计数中。

提示 *以子电路部分使用三个 2:1 复用器构建的 4:1 复用器为例。2:1 多路复用器包含 2 个 AND 门，因此 AND 门的唯一计数为 2；但以此构建 4:1 多路复用器后，三个 2:1 多路复用器中的每一个实际上都需要 2 个 AND 门（而 4:1 多路复用器不额外需要），因此递归计数为 6。*

• **Options...** 打开"项目选项"窗口。

模拟菜单 [Simulate]：

• **Simulation Enabled** 如果选中，则查看的电路将是"活动"的：即通过电路传播的值将随着电路的每次插入或更改而更新。如果检测到电路振荡，菜单选项将自动取消选中。

• **Reset Simulation** 清除有关当前电路状态的所有内容，使其看起来就像刚刚再次打开文件一样。如果正在查看子电路的状态,则会清除整个层次。

- **Step Simulation** 将模拟向前推进一步。例如，信号可能在某步中最终进入一个门，但门在下一步前显示的信号不会更改。为了帮助识别整个电路中的哪些点发生了变化，任何值发生变化的点都用蓝色圆圈表示；如果子电路或子电路的任何子电路中包含任何已更改的点,那么它将被绘制为蓝色轮廓。
- **Go Out To State** 当您通过子电路的弹出菜单深入研究其状态时,此子菜单将列出当前查看的电路上方的电路,选择一个后将显示相应的电路。
- **Go In To State** 如果您深入研究了一个子电路的状态,然后又移出,则此子菜单将列出当前电路下方的子电路,选择一个后将显示相应的电路。
- **Tick Once** 在模拟中向前移动一个周期。当您想要手动步进时钟时，尤其是当时钟不在当前查看的同一电路中时,这将非常有用。
- **Ticks Enabled** 开始自动驱动时钟。只有当电路包含任何时钟设备（在布线库中）时才有效,默认情况下,该选项处于禁用状态。
- **Tick Frequency** 允许您选择驱动频率。例如,8 Hz 意味着该时钟每秒产生 8 个 tick（时间刻）。

提示 时间刻是计量时钟频率的基本单位,而时钟频率将慢于时间刻频率:如果时间刻频率为 8 Hz,这样的时钟将具有 4 Hz 的上升/下降频率,即时钟频率为 4 Hz。

- **Logging...** 进入日志模块,该模块有助于在模拟过程中自动记录和保存电路中的值。

窗口菜单 [Window]:

- **Minimize** 最小化（图标化）当前窗口。
- **Maximize** 将当前窗口调整为其首选大小。
- **Close** 关闭当前窗口。
- **Combinational Analysis** 显示当前的组合分析窗口,而不更改其任何内容。
- **Preferences** 显示"应用程序首选项"窗口。
- **Individual Window Title** 将相应的窗口向前移动。

帮助菜单 [Help]:

- **Tutorial** 打开帮助系统至《成为 Logisim 用户指南》的"初学者教程"部分。
- **User's Guide** 打开 Logisim 用户指南的帮助系统。
- **Library Reference** 打开"库参考"的帮助系统。
- **About...** 在启动屏幕背景中显示一个包含版本号的窗口。

练　　习

1. 半加器是一种常用的数字逻辑电路。表 1.3 展示了半加器的真值表,其中左侧的 A、B 为加数,右侧的 Sum 表示该位的加法结果,Cout 表示进位。

请据此完成下面的练习。

（1）请根据表 1.3 所示的真值表，写出变量 Sum 与 Cout 的逻辑表达式。

（2）在 Logisim 中新建一个项目，基于上面的逻辑表达式实现半加器电路，并将其命名为 Halfadder。

提示 我们可以将半加器封装成如图 1.48 所示的模块。你可以据此设计 Logisim 中的输入输出端口。

表 1.3 半加器真值表

A	B	Sum	Cout
0	0	0	0
0	1	1	0
1	0	1	0
1	1	0	1

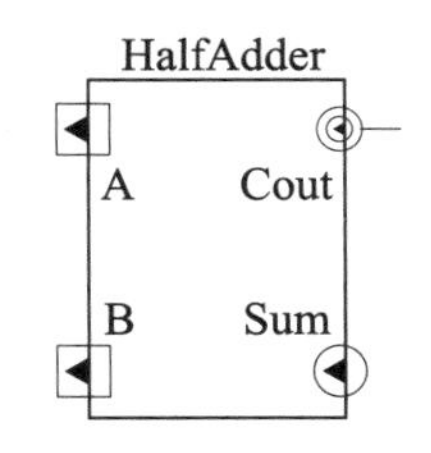

图 1.48 半加器的封装

2. 半加器只适合用于多位二进制加法中最低位的加法运算，其他位的运算必须要考虑来自低位的进位信号。因此，当需要考虑对于多位数据的加法运算时，半加器就很难发挥完整的功效了。

表 1.4 是全加器的真值表。此时模块的输入个数增加到了三个，我们令 A，B 表示当前位的两个加数，Cin 表示来自低位的进位。模块的输出也增加到了两个，其中 Sum 表示当前位的求和结果，Cout 表示向高位的进位。

请据此完成下面的练习：

（1）请根据 1.5 所示的真值表，写出变量 Sum 与 Cout 的逻辑表达式。

（2）在 Logisim 中新建一个项目，基于上面的逻辑表达式实现全加器电路，并将其命名为 Fulladder。

表 1.4 全加器真值表

A	B	Cin	Sum	Cout
0	0	0	0	0
0	0	1	1	0
0	1	0	1	0
0	1	1	0	1
1	0	0	1	0
1	0	1	0	1
1	1	0	0	1
1	1	1	1	1

表 1.5 真值表

A	B	C	O_1	O_2
0	0	0	0	1
0	0	1	0	1
0	1	0	1	0
0	1	1	1	1
1	0	0	1	0
1	0	1	1	1
1	1	0	0	1
1	1	1	1	0

3. 请根据下面的真值表，在 Logisim 中新建一个项目，搭建电路，以实现对应的输入输出。

4. 不难发现，我们通过真值表得到的全加器逻辑表达式十分繁琐。为此，可以借助半加器的功能实现一个全加器。注意到全加器的功能可以写为

$$A + B + Cin = \{Cout, Sum\}$$

将加法拆成三步，即

$$A + B = \{Temp\_c1, Temp\_s\}$$

$$Temp\_s + Cin = \{Temp\_c2, Sum\}$$

$$Temp\_c1 + Temp\_c2 = Cout$$

每一步都可以使用一个半加器实现。请据此完成下面的练习：

（1）为什么最后一步计算 Cout 的加法不需要考虑进位操作？

（2）在 Logisim 中，新建一个项目，并将其命名为 Fulladder。接下来，使用如图 1.49 所示的方式例化在问题（1）中搭建的半加器模块。请完成连线以实现全加器功能，并验证你的结果。

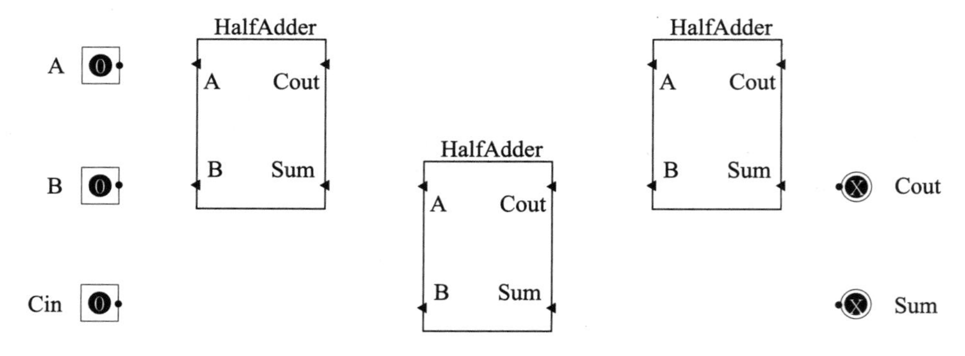

图 1.49 基于半加器的全加器

5. 下面是一个实现了大小比较功能的 C 语言函数。

```
int min(int a, int b) {
    return a < b ? a : b;
}
int max(int a, int b) {
    return a > b ? a : b;
}
```

本题中我们将据此实现一个简易的大小比较模块。

（1）假定我们的输入信号为 A、B，输出信号为 O。所有的信号位宽均为 1。请据此绘制 Min 模块、Max 模块的真值表。本题遵循的大小比较关系为 $0=0, 1=1, 0<1$。

（2）请根据上一小问的真值表，在 Logisim 中实现对应的电路结构。

提示 封装后的项目结构应当如图 1.50 所示。

（3）某同学希望使用 1 位最小值选择器实现 2 位最小值选择器。图 1.51 是该同学设计的一个 2 位最小值选择器。请评价该同学的设计是否正确。

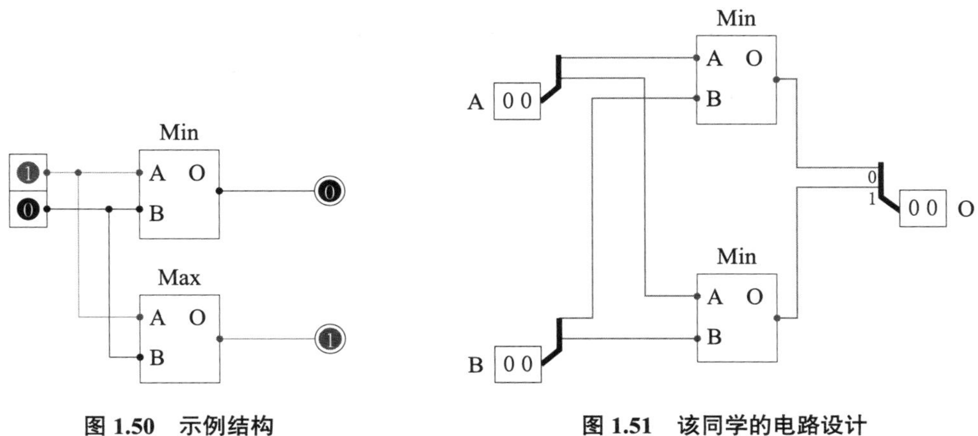

图 1.50　示例结构　　图 1.51　该同学的电路设计

（4）假定输入信号变为 A,B,C,D 四个，输出信号依然为 O，所有的信号位宽均为 1。其中 O 的输出结果为 min(A, B, C, D) 和 max(A, B, C, D)。**请使用第（2）小问实现的模块作为子模块**在 Logisim 中实现对应的功能。

（5）假定我们的输入信号为 A,B，输出信号为 O，但此时所有的信号位宽均为 2。请据此绘制 Min 模块、Max 模块的真值表。在这里，我们的比较是基于无符号二进制数进行的。

6. 请在相同的比例下绘制下面的时钟信号波形。要求每个信号至少绘制出两个周期的波形。

- f_1:周期为 10 ns，占空比为 50%；
- f_2:周期为 10 ns，占空比为 25%；
- f_3:周期为 5 ns，占空比为 50%；
- f_4:周期为 5 ns，占空比为 75%。

7. 请在 Logisim 中实现一个时钟信号，要求该信号的频率为 2 Hz，占空比为 25%。

8. 目前实现的半加器和全加器只能支持 1 位数据的运算。我们可以将全加器进行组合，从而实现带进位的多位加法器。请在 Logisim 中实现一个 3 位加法器，其中输入为两个位宽为 3 的加数 A,B 和一个 1 位的低位进位信号 Cin；输出为一个位宽为 3 的结果 Sum 和一个 1 位的高位进位信号 Cout。你可以使用分线器完成输入、输出的位宽转换。

9. 为了说明选择器的作用，我们首先考虑如图 1.52 所示的电路。

该电路由三条支路组成，每条支路上有特定的信号（电源）和特定的电路元件（电阻）。现在，需要在干路里选择特定的信号进行输出，然而，在开关闭合时，三条支路同时连通，干路的电流并不是简单的叠加关系。使用基尔霍夫定律可以计算得到，三条支路对彼此均会产生影响。

在图 1.53 所示的电路中，我们使用了单刀三掷开关，保证同一时刻至多只有一条电路是连通的，不同支路之间不会产生其他的影响。这就是选择器的基本原理。

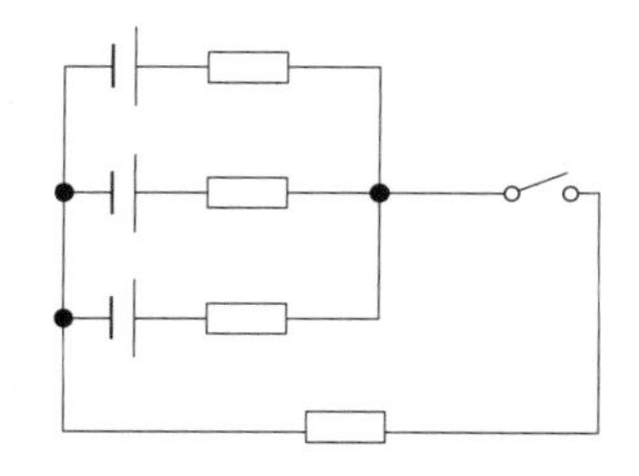

图 1.52 无选择器的电路

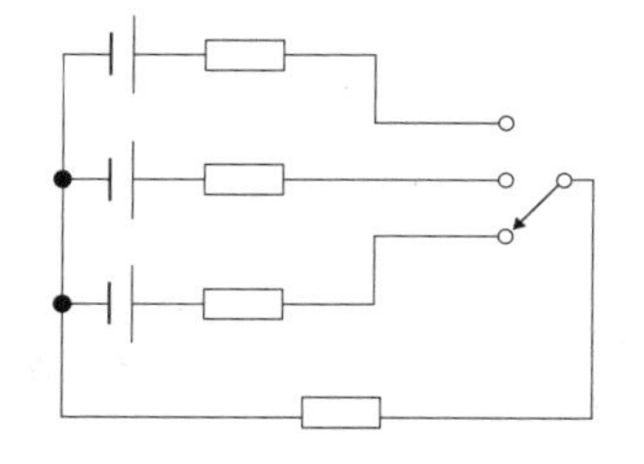

图 1.53 单刀三掷开关

现在,假定有两个位宽为 1 的输入信号 A 和 B,需要根据控制信号 sel 的内容选择其中的一个信号输出到 out 端口。我们约定:sel 为 0 时选择 A,sel 为 1 时选择 B。此时电路的真值表如表 1.6 所示。

表 1.6 选择器真值表

A	B	sel	out
0	0	0	0
0	0	1	0
0	1	0	0
0	1	1	1
1	0	0	1
1	0	1	0
1	1	0	1
1	1	1	1

请根据真值表,利用 Logisim 的自动生成工具生成电路。验证你的结果。

提示 回顾 1.3.3 小节中介绍的流程,我们首先需要如图 1.54 所示搭建输入输出,再进入组合逻辑分析窗口,并如图 1.55 所示输入真值表,以生成最终的选择器电路。

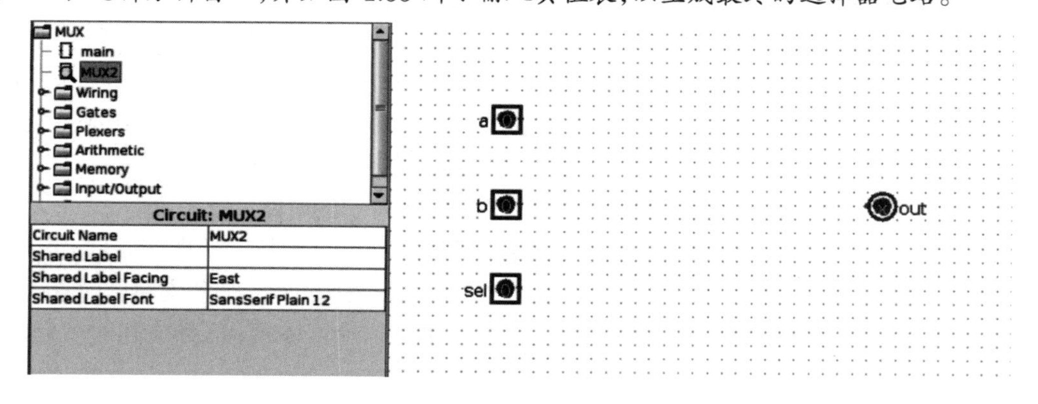

图 1.54 选择器输入输出

10. 目前我们的选择器仅支持两个一位的数据选择。接下来,需要对其进行扩展。首先,希望设计支持两个四位数据选择的选择器。对之前的 MUX2 进行封装得到图 1.56 所示的模块。

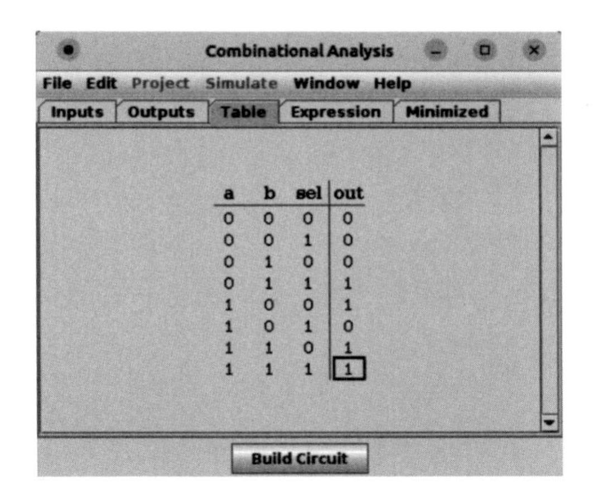

a	b	sel	out
0	0	0	0
0	0	1	0
0	1	0	0
0	1	1	1
1	0	0	1
1	0	1	0
1	1	0	1
1	1	1	1

图 1.55 输入真值表

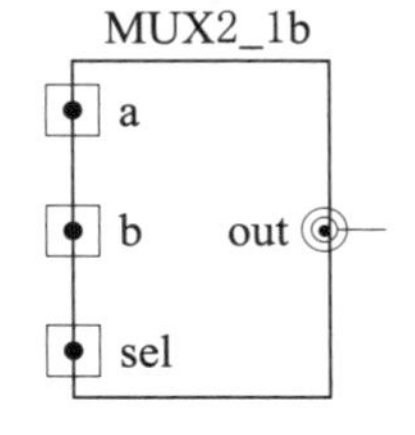

图 1.56 选择器封装

最后,在项目中新建一个电路文件 MUX2_4b。在电路中添加如图 1.57 所示的结构。请在图中正确连线,以实现四位二选一选择器的功能。验证你的结果。

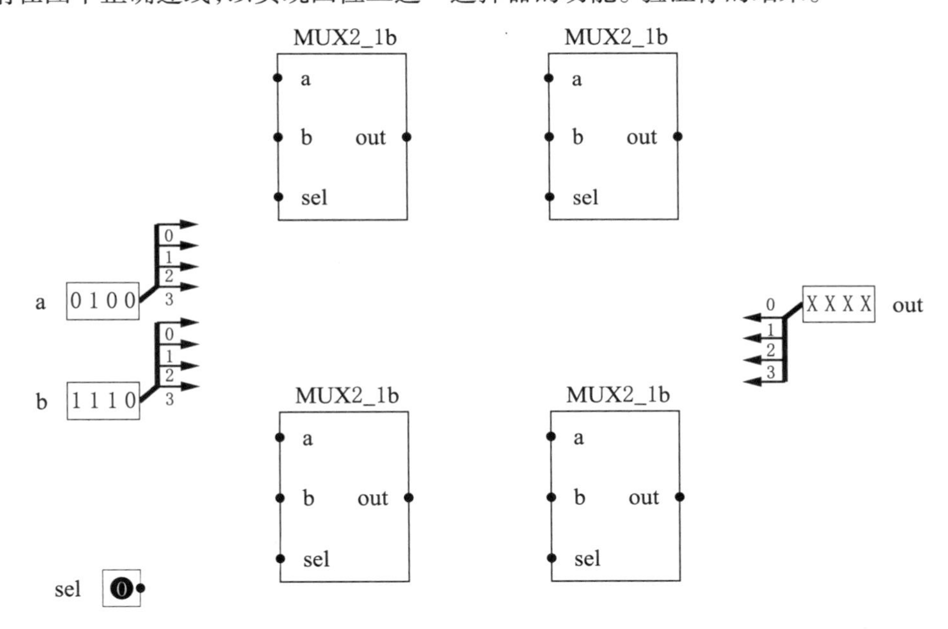

图 1.57 四位选择器

11. 需要将输入增加到四个四位数据。我们约定:输入信号为 a,b,c,d 和 sel,输出信号为 out。sel 在 00,01,10,11 时分别选择 a,b,c,d。

在项目中新建一个电路文件 MUX4_4b。在电路中添加如图 1.58 所示的元件。

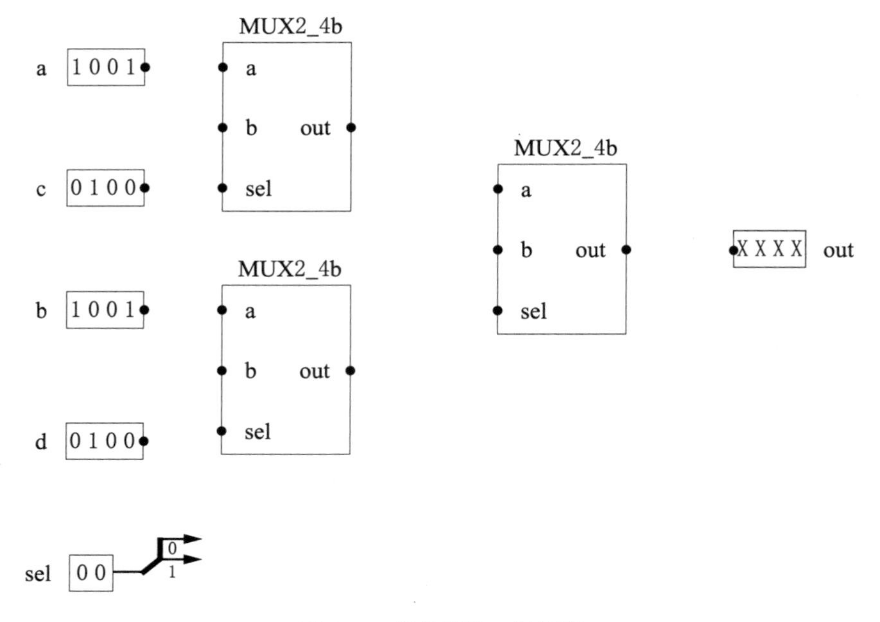

图 1.58 四位四选一选择器

请在图中正确连线，以实现四位四选一选择器的功能。验证你的结果。

12. 我们已在前文看到了各种电路的真值表，现在针对其进行一些理论分析：已知组合逻辑电路有 m 个输入，n 个输出，试求其行数、列数、总数据个数。根据数字电路知识思考：假设只有一位两输入与门、或门，一位非门，至少多少个逻辑门可以保证实现组合电路的功能？

第 2 章　硬件描述语言 Verilog

2.1　背 景 知 识

2.1.1　Verilog 发展历史

1983 年，Gateway Design Automation（GDA）公司的 Phil Moorby 为了满足公司内部的逻辑建模和仿真验证需要，创建了一门新的语言 Verilog。这位富有远见的先驱者并未满足于他的伟大创新，在之后的 1984 年，他设计出了首个用于 Verilog 仿真的 EDA 工具，极大地推动了 Verilog 的发展和普及。随着公司模拟、仿真器产品的广泛使用，Verilog 逐渐崭露头角，并作为一种实用的开发语言逐渐为众多硬件设计者接受，成为了电子设计自动化领域的重要语言。

到了 1987 年，Synopsys 公司开始采用 Verilog 作为综合工具的使用语言，这一举措无疑提升了 Verilog 在电子设计领域的地位。仅仅两年后的 1989 年，Cadence 公司成功收购了 GDA 公司，获得了 Verilog 的所有权。这一事件对于 Verilog 的发展具有深远的影响，它标志着 Verilog 成为了一个强大而全面的 EDA 工具。

1990 年是 Verilog 发展的重要转折点。这一年，Cadence 公司决定将 Verilog 公之于众，推动了 Verilog 的广泛应用和发展。为了更好地推动 Verilog 的标准化和规范化，Cadence 公司与众多业界领袖共同发起成立了 OVI（openverilog HDL international）组织。这个组织致力于推动 Verilog 语言的持续发展和标准化，为电子设计领域带来了重要的变革。

1995 年，Cadence 放弃独家拥有的 Verilog HDL 专利，Verilog 正式成为 IEEE 标准，这标志着它已经步入了发展的快车道。在随后的岁月里，Verilog 逐步扩展，不仅在数字电路设计领域占据了一席之地，更在模拟电路、系统级设计、嵌入式代码等多个方面大放异彩。

进入 21 世纪，Verilog 更是如鱼得水，迅速发展。2000 年，Verilog 开始支持嵌入式 C 代码的编写，这一创新的功能使其在嵌入式系统设计领域也取得了显著的成果。2005 年，Verilog 增加了随机测试功能，使得电路测试更加真实、全面。

随着技术的不断进步，Verilog 也在不断追求卓越。2012 年，Verilog 对 Quartus Ⅱ编译器的支持使得 FPGA 和 ASIC 设计的编译更加高效。而在 2016 年，Verilog 对 VHDL 的支持则进一步提高了设计的灵活性和可读性。

直到 2020 年，Verilog 再次实现了技术突破，它开始支持 OpenVINO，这一开源工具套件用于加速深度学习推理。这一创新的功能使得设计师可以使用 OpenVINO 来加速他们的

Verilog 设计，从而提高了设计的性能和效率。

Verilog 语言自诞生以来历经不断的发展和完善，其每一次突破都为电子设计领域开创了新的可能性。经过一路的艰辛与成长，Verilog 逐渐走向成熟，每一个进步都映衬着其不断追求卓越的坚定步伐。Verilog 的强大功能和灵活性使其成为电子设计领域的首选语言之一。其严谨、稳重、理性和官方的语言风格及不断地更新发展与完善，不仅彰显了其强大的适应能力和创新能力，更凸显了其在电子设计领域的重要地位，为整个电子设计领域带来了巨大的贡献。

2.1.2 日常使用

Verilog 这一强大的硬件描述语言已经渗透到日常生活中的各个领域，为电子设计行业注入了无限的活力。无论是在通信、嵌入式系统、人工智能、医疗设备、汽车电子还是物联网，Verilog 都以其独特的魅力发挥着重要的作用。

在通信的世界里，Verilog 扮演着核心的角色。它被用来设计和模拟数字信号处理器、数字频率合成器等关键组件，成为软件无线电技术的核心工具。同时，在高速串行接口的应用中，Verilog 也发挥着不可或缺的作用，确保数据传输准确无误。

在嵌入式系统领域，Verilog 的实用性和灵活性得到了充分的展现。通过将 Verilog 模块嵌入到 C/C++ 代码中，硬件设计和软件设计能够更好地集成，从而提高整体系统的效率和质量。

在人工智能和机器学习领域，Verilog 也展现出了强大的实力。这些算法需要大量的计算资源，而使用 Verilog 来描述和优化硬件结构，可以显著提高运行效率，降低功耗，同时加速这些算法的实现。

在医疗设备领域，Verilog 以其高可靠性和严格的安全标准而受到重视。它在心脏起搏器、植入式除颤器和人工呼吸机的设计中发挥着重要作用，为患者的生命安全提供了坚实的保障。

在汽车电子领域，随着汽车功能的日益复杂化，使用 Verilog 进行硬件设计和模拟的需求也在不断增加。Verilog 被用于实现汽车控制系统、安全系统、娱乐系统和动力系统等各种模块，让驾驶更加智能、便捷。

在物联网领域，Verilog 也发挥着关键的作用。物联网设备需要处理大量的数据并进行实时的决策，而使用 Verilog 来设计和验证这些设备的硬件部分则显得至关重要。

展望未来，Verilog 将在更多领域大放异彩。无论是在通信、嵌入式系统、人工智能、医疗设备、汽车电子还是物联网领域，Verilog 都将以其独特的优势为我们的生活带来更多的便利和惊喜。特别是随着 5G、物联网、人工智能等技术的快速发展，对高性能硬件的需求将不断增加。这将为 Verilog 的发展提供更多的机会。同时，随着开源硬件的兴起，Verilog 的社区也将更加活跃，更多的人将有机会参与到 Verilog 的开发和应用中来。

2.2　编写 Verilog 程序

2.2.1　基本语法

Verilog 是一种大小写敏感的编程语言。例如，变量 my_variable 和 my_Variable 会被视为两个完全不同的变量。与 C 语言类似，Verilog 的每条语句可以写在一行内，也可以跨行编写。然而，无论如何编写，它的每条语句都必须以分号结尾。例如：

程序 2.1　单行编写

```
assign X = A;   assign Y = A;
```

程序 2.2　跨行编写

```
assign X = A;
assign Y = A;
```

程序 2.1 中的两条语句是在一行内编写的，而程序 2.2 中的两条语句则是跨行编写的。尽管编写方式不同，但这两段代码的功能完全相同，都是将 A 的值赋给变量 X 和 Y。

Verilog 代码中的空白符（例如换行符、制表符以及空格）在编译阶段都会被视为无意义的字符并被忽略。这些空白符并不会对代码的执行或输出产生任何实际影响，因为它们仅仅是为了增加代码的可读性和可维护性而存在的。编译器或解释器在处理代码时，会直接忽略这些空白符，将代码视为一系列复杂的词汇和语法结构。因此，即使我们在代码中添加了额外的空白符，也不会改变代码的功能或行为。

在注释方面，Verilog 不仅支持单行注释，还支持多行注释，这允许我们更加方便地注释和理解代码。对这两种注释的介绍如下：

- **单行注释**：Verilog 中的单行注释以 // 开头，这种注释方式只能注释一行代码。任何紧随 // 后面的内容都会被视为注释，不会被编译器执行。在这种注释方式中，可以在代码中添加自己对某一部分代码的解释或者说明，以便于其他开发者或者自己回顾代码时快速理解代码的含义。
- **多行注释**：Verilog 还支持以 /* 开头，以 */ 结尾作为标记的多行注释。在这种注释方式中，可以注释一个或多个连续的代码行，使得多行代码的注释更加简便明了。在更多的情况下，这种注释方式允许在代码中添加对复杂代码块或者算法的解释和说明，使得代码更加易于理解和维护。

上述两种注释方式的使用范例如下：

程序 2.3　注释用例

```
// 这里是单行注释
assign A = B;
/*
    多行注释可以
    这样跨越多行
```

```
    开发者可以在这里添加对于模块代码的描述或简单介绍
*/
```

2.2.2 数值系统

我们知道,C 语言具有多种数值类型。这些类型可以归为如下的几大类:

- 整数类型。
- 浮点数类型。
- 字符类型。
- 其他自定义类型。

但在硬件设计领域,由于硬件描述语言的一切都是建立在硬件逻辑之上的,因此 Verilog 具有一套独特的、基于电平逻辑的数值系统。概括地说,Verilog 通常使用下面四种基本数值表示电平逻辑:

(1)0,表示低电平或逻辑 False;

(2)1,表示高电平或逻辑 True;

(3)x 或 X,表示电平未知。也就是说电路的实际情况可能为高电平,也可能为低电平,甚至二者都不属于;

(4)z 与 Z,表示高阻态。这种情况常常源于信号没有驱动,具体的内容可以参考 1.3.2 小节中的解释。

提示 对高阻态而言,我们往往将其认为是理想的 0 电压。因此,高阻态在行为上更接近于没有输出,而不是输出为 0。

现在,如果将两个输出端口被导线直接相连,且二者一个处于高电平状态,另一个处于低电平状态,那么相连的导线上电平就会出现混乱,即

$$1 + 0 = ?$$

在 1.3.2 小节中,这种状态对应 Logisim 中的红色导线。然而,处于高阻态的端口不会影响另一个端口的输出结果,即

$$Z + 0 = 0, \quad Z + 1 = 1$$

这一特性使得三态门被广泛应用于总线(Bus)结构之中。

除了电平逻辑,我们在编写 Verilog 程序时也经常用到整数。Verilog 中的整数可以简单地使用十进制表示,例如 25、−7 等,也可以使用下面的基数格式进行表示:

<bits>'<radix><value>

其中:

- bits 代表二进制位宽,是一个正整数。如果空缺不填则会由编译器根据后面填写的数值自动分配;
- radix 代表进制,包括四种:十进制(d 或 D)、十六进制(h 或 H)、二进制(b 或 B)以及八进制(o 或 O);

- value 代表实际数值。有时会插入下画线 _ 以保证更好的可读性。例如，从数值上来说，

$$-4'\mathrm{hf} = -4'\mathrm{d}15 = -15$$

$$9'\mathrm{o}210 = 9'\mathrm{b}010\_001\_000 = '\mathrm{b}0\_1000\_1000 = 136$$

特别地，十六进制中的 A 到 F 字符是不区分大小写的，例如 4'ha = 4'hA。

提示 在整数表示中，如果填写的二进制位宽小于实际位宽，则编译器会根据填写的位宽对实际数据进行截断。例如：3'hfff 填写的二进制位宽为 3，但最终会被截断为 3'b111。需要注意的是，这种操作极有可能会触发 Warning。

除此以外，Verilog 还支持对于浮点数和字符串的操作，但由于我们日常使用较少，这里就不详细展开介绍了。

2.2.3 标识符与变量

标识符是我们在编程过程中为变量所赋予的「名称」。在 Verilog 编程语言中，标识符可由任意一组字母、数字以及美元符号 $ 和下画线 _ 组合而成。Verilog 中的标识符对大小写敏感，且其首个字符必须是字母或下画线。例如，reg_2 和 _Add_input 均为有效的标识符，而 5Reg_in 和“_ustc-123 则不符合标识符的合法命名规则。

关键字是 Verilog 语法中保留下来用于端口定义、数据类型定义、赋值标识、进程处理等操作的特殊标识符，例如，语句 input a 中的 input 就是一个关键字，该关键字将信号 a 定义为输入端口。Verilog 中的关键字都由小写字母构成，在 Verilog2001 标准中一共定义了 123 个关键字，其具体内容如表 2.1 所示。

表 2.1 Verilog2001 关键字表

always	defparam	for	instance	notif0	realtime	strong1	use
and	design	force	integer	notif1	reg	supply0	vectored
assign	disable	forever	join	or	release	supply1	wait
automatic	edge	fork	large	output	repeat	table	wand
begin	else	function	liblist	parameter	rnmos	task	weak0
buf	end	generate	library	pmos	rpmos	time	weak1
bufif0	endcase	genvar	localparam	posedge	rtran	tran	while
bufif1	endconfig	highz0	macromodule	primitive	rtranif0	tranif0	wire
case	endfunction	highz1	medium	pull0	rtranif1	tranif1	wor
casex	endgenerate	if	module	pull1	scalared	tri	xnor
casez	endmodule	ifnone	nand	pulldown	showcancelled	tri0	xor
cell	endprimitive	incdir	negedge	pullup	signed	tri1	
cmos	endspecify	include	nmos	pulsestyle_onevent	small	triand	
config	endtable	initial	nor	pulsestyle_ondetect	specify	trior	
deassign	endtask	inout	noshowcancelled	rcmos	specparam	trireg	
default	event	input	not	real	strong0	unsigned	

变量是程序运行过程中值可以发生改变的量。C 语言的变量类型很多，如 int，char，float 等。而在 Verilog 中，变量主要有两种类型：wire 型和 reg 型。其余类型可以理解为这两种数据类型的扩展。

wire 关键字用于声明线网型数据。wire 本质上对应着一根没有任何其他逻辑的导线，仅仅将输入自身的信号原封不动地传递到输出端。该类型的数据一般对应着 assign 语句内赋值的组合逻辑信号，其默认初始值是 z（高阻态）。wire 是 Verilog 的默认数据类型。也就是说，对于没有显式声明类型的信号，Verilog 一律将其默认为 wire 类型。

reg 关键字用于声明在 always 语句内部进行赋值操作的信号。一般而言，reg 型变量对应着一种存储单元，其默认初始值是 x（未知状态）。为了避免错误，凡是在 always 语句内部被赋值的信号，都应该被定义成 reg 类型。

提示 实际上，reg 作为 Verilog 的类型关键字是具有误导性的。与 wire 类型代表线网不同，一个 reg 类型的变量不一定对应一个寄存器（register）。reg 关键字只是声明了一个在 always 语句中进行赋值的信号，如果 always 描述的是组合逻辑，那么 reg 就会被综合成一段线网；如果 always 描述的是时序逻辑，那么 reg 才会综合成一个寄存器。因此，为了便于区分，在使用时只需要遵循以下规则即可：

- 凡是通过连续赋值语句 assign 赋值的，一定是组合逻辑赋值信号，都应被定义成 wire 类型；
- 凡是通过过程赋值语句 initial 或 always 赋值的信号，可能是组合逻辑赋值信号，也可能是时序逻辑赋值信号，都应定义成 reg 类型。

其中，assign，initial 以及 always 关键字的意义及用法将在之后的教程中介绍。

在定义变量时，我们需要使用如下的格式：

wire/reg [width-1:0] (<var_name>,...);

其中，width 是我们声明的信号的位宽。例如 reg [3:0] ans; 声明了一个 reg 类型、位宽为 4 的变量 ans。如果省略 width 不写，则默认变量的位宽为 1（等价于 [0:0]）。无论是 wire 型变量还是 reg 型变量，Verilog 统一将位宽为 1 的变量称作标量（scalar），位宽大于 1 的变量称作向量（vector）。

在表达式中，我们可任意选择向量中的一位或相邻几位，分别称为位选择（bit-select）和域选择（part-select），例如：

程序 2.4 位选择与域选择

```
wire [4:0] my_vec; // 定义了一个位宽为 5 的wire类型向量，位范围为 0 ~ 4
// 假定 my_vec 此时的值是 5'b01011
my_vec[0];  // 位选择，表示最低位，值为 1'b1
my_vec[3:2]; // 域选择，表示第四、三位，值为 2'b10
my_vec[4]; // 位选择，表示最高位，值为 1'b0
```

提示 我们可以参考 Python，使用形如 my_vec[-1] 的语法表示最高位吗？答案是不行。如果选中的位宽超出了实际范围，那么不同的编译器会给出不同的处理策略。例如，部分编译器会报错，部分编译器则会自动将信号接地（接 0）。以下面这段代码为例：

```
wire [1:0] a;
wire [3:0] my_vec;
assign a = my_vec[4:3];
```

报错信息为

```
[Synth 8-524] part-select [4:3] out of range of prefix 'my_vec'
```

而下面这段代码会产生 Warning，并将信号 a 直接接地。

```
wire a;
wire [4:0] my_vec;
assign a = my_vec[-1];
```

警告信息为

```
[Synth 8-324] index -1 out of range
```

因此，在使用位选择和域选择操作时，需要格外小心位宽的范围，避免出现越界的数据访问。

除了普通的变量，Verilog 中也是存在数组的概念的。可以按照如下的格式初始化一个数组：

wire/reg [width1-1:0] <var_name> [0:width2-1];

例如：

```
    reg [7:0] my_regs [0:31];
```

这句 Verilog 代码声明了一个数组，该数组由 32 个位宽为 8 的 reg 型变量组成。

2.2.4 运算符

为了实现变量之间的操作，我们需要使用运算符连接变量得到表达式。Verilog2001 中共定义了 36 个运算符，可以分为 10 类，整体的概览如表 2.2 所示。下面将逐一进行介绍。

表 2.2　Verilog2001 运算符表

<table>
<tr><th>运算符种类</th><th>运算符符号列表</th><th>示　例（假设 a=4'b1001，b=4'b0011）</th></tr>
<tr><td>算术运算符</td><td>+、-、*、/、%、**</td><td>a + b = 4'b1100</td></tr>
<tr><td>按位运算符</td><td>~、&、|、^、^~ 或 ~^</td><td>a & b = 4'b0001</td></tr>
<tr><td>缩位运算符</td><td>&、~&、|、~|、^、^~ 或 ~^</td><td>&a = 1'b0</td></tr>
<tr><td>逻辑运算符</td><td>!、&&、||</td><td>a&&b = 1'b1</td></tr>
<tr><td>等式运算符</td><td>==、!=、===、!==</td><td>(a==b) = 1'b0</td></tr>
<tr><td>关系运算符</td><td><、<=、>、>=</td><td>(a > b) = 1'b1</td></tr>
<tr><td>移位运算符</td><td><<、>>、<<<、>>></td><td>(a << 2) = 6'b100100</td></tr>
<tr><td>条件运算符</td><td>? :</td><td>((a > b) ? a : b) = a</td></tr>
<tr><td>拼位运算符</td><td>{}、{{}}</td><td>{a,b}=8'b10010011、{3{a[1:0]}}= 6'b101010</td></tr>
<tr><td>事件运算符</td><td>or</td><td>always@(a or b) ...，a 或 b 发生变化时触发 always 过程块</td></tr>
</table>

2.2.4.1 算术运算符

算术运算符又称为二进制运算符，一共有 6 种，均为双目运算符，如表 2.3 所示。

表 2.3 算术运算符

运算符	含义	说明
+	加	对 2 个操作数相加
-	减	对 2 个操作数相减或取 1 个操作数的负数(二进制补码表示)
*	乘	对 2 个操作数相乘
/	除	对 2 个操作数相除,结果取商,余数舍弃
%	取模	对 2 个操作数求模,前一个操作数为被除数,后一个操作数为除数,结果取余数
**	求幂	对 2 个操作数求幂,前一个操作数为底数,后一个操作数为指数。例如,a ** b = a^b

提示 a + 3'b101 表示两个数 a 和 3'b101 相加。除了表示加法和减法运算,+ 和 − 运算符也可以作为单目操作符使用,用于表示操作数的正负性。此类操作符优先级最高。

2.2.4.2 按位运算符

按位操作符实现了变量的按位逻辑运算。Verilog 一共定义了 5 种按位操作符,如表 2.4 所示。

表 2.4 按位运算符

运算符	含义	说明
~	按位取反	对 1 个操作数按位取反,各位运算的结果按顺序组成一个新的结果
&	按位与	对 2 个操作数按位进行与运算,各位运算的结果按顺序组成一个新的结果
|	按位或	对 2 个操作数按位进行或运算,各位运算的结果按顺序组成一个新的结果
^	按位异或	对 2 个操作数按位进行异或运算,各位运算的结果按顺序组成一个新的结果
^~ 或 ~^	按位同或	对 2 个操作数按位进行同或运算,各位运算的结果按顺序组成一个新的结果

按位运算符对 2 个操作数的每一比特上的数据进行按位操作。如果 2 个操作数位宽不相等,则用 0 向左扩展补充较短的操作数,最终使得二者位宽相同。其中,按位非是单目运算符,它对操作数的每一位数据进行取反操作。例如:

程序 2.5 按位运算符使用例

```
A = 4'b0101;
B = 4'b1001;

~A; // 4'b1010
A & B; // 4'b0001
A | B // 4'b1101
A ^ B // 4'b1100
```

2.2.4.3 缩位运算符

缩位运算符又叫归约运算符,其符号与按位运算符的符号相同,但规约运算符都是单目运算符。它主要用于对多位操作数逐位进行操作,最终产生一个标量结果。Verilog 中的缩位运算符共有 6 种,如表 2.5 所示。

表 2.5　缩位运算符

运算符	含　义	说　　　　明
&	缩位与	对一个多位操作数进行缩位与操作。从最高位依次进行位运算,直到最低位
~&	缩位与非	对一个多位操作数进行缩位与非操作。从最高位依次进行位运算,直到最低位
|	缩位或	对一个多位操作数进行缩位或操作。从最高位依次进行位运算,直到最低位
~|	缩位或非	对一个多位操作数进行缩位或非操作。从最高位依次进行位运算,直到最低位
^	缩位异或	对一个多位操作数进行缩位异或操作。从最高位依次进行位运算,直到最低位
^~ 或 ~^	缩位同或	对一个多位操作数进行缩位同或操作。从最高位依次进行位运算,直到最低位

例 2.1 (缩位运算)　假定两个变量 A 和 B 的值为 A = 8'B0001_0100, B = 8'B1101_0011, 那么

```
&A = 0 & 0 & 0 & 1 & 0 & 1 & 0 & 0 = 0;
|B = 1 | 1 | 0 | 1 | 0 | 0 | 1 | 1 = 1;
^B = 1 ^ 1 ^ 0 ^ 1 ^ 0 ^ 0 ^ 1 ^ 1 = 1;
```

提示　缩位与运算通常用于判断变量是否每一位都为 1(即补码意义下表示 −1),仅在变量的所有位全部为 1 时,缩位与的输出结果为 1。

缩位或运算通常用于判断变量是否每一位都为 0(补码意义下表示 0),仅在变量的所有位全部为 0 时,缩位或的输出结果为 0。

缩位异或运算通常用于判断变量含 1 个数的奇偶性,当操作数包含有奇数个为 1 的位时,缩位异或的输出结果为 1。

2.2.4.4　逻辑运算符

逻辑运算符包括逻辑与 &&、逻辑或 ||、逻辑非! 三种,如表 2.6 所示。逻辑运算对单个或两个操作数进行逻辑关系的运算,最后返回 1 位的逻辑值。如果一个操作数的值不为 0,则这个操作数等价于逻辑 1(真);如果一个操作数的值为 0,则这个操作数等价于逻辑 0(假);如果一个操作数的任意某一位为 X 或 Z,则这个操作数等价于 X(不确定)。仿真器通常会将 X 作为逻辑 0 来处理。

例如,以下两条语句的含义完全相同,其中 if 语句将在之后介绍:

```
if (a != 0) o = 1;
if (a) o = 1;
```

表 2.6　逻辑运算符

运算符	含　义	说　　　　明
&&	逻辑与	对 2 个操作数进行逻辑与:当且仅当这两个操作数同不为 0 时运算结果为 1
||	逻辑或	对 2 个操作数进行逻辑或:当且仅当这两个操作数同为 0 时运算结果为 0
!	逻辑非	对 1 个操作数进行逻辑取反:当且仅当这个操作数值为 0 时运算结果为 1

2.2.4.5 等式与关系运算符

等式运算符与关系运算符包括 8 种(见表 2.7),得到的结果是 1 位的逻辑值。如果得到的结果为 1,说明表达式的结果为真;如果得到的结果为 0,说明表达式的结果为假。对于全等、非全等之外的运算符来说,如果任何一个操作数包含 X 或 Z,则运算结果为不确定,返回值为 X。

表 2.7 等式运算符与关系运算符

运算符	含　义	说　　明
<	小于	2 个操作数比较,如果前者小于后者,结果为真
<=	小于或等于	2 个操作数比较,如果前者小于或等于后者,结果为真
>	大于	2 个操作数比较,如果前者大于后者,结果为真
>=	大于或等于	2 个操作数比较,如果前者大于或等于后者,结果为真
==	相等	2 个操作数比较,如果各 bit 均相等,则结果为真,否则为假。如果其中任何一个操作数中含有 X 或 Z,则结果为 X
!=	不等	2 个操作数比较,如果各 bit 不完全相等,则结果为真,否则为假。如果其中任何一个操作数中含有 X 或 Z,则结果为 X
===	全等	2 个操作数比较,如果各 bit(包括 X 和 Z)均相等,则结果为真,否则为假
!==	非全等	2 个操作数比较,如果各 bit(包括 X 和 Z)不完全相等,则结果为真,否则为假

提示 最后两种全等操作符则需要对输入数据中包括 X 和 Z 的所有位进行逐位的精确比较,只有在两者"完全相同"的情况下,比较的结果才会为 1,否则结果为 0。例如:

```
4'b1010 == 4'b101x; // x
4'b101z == 4'b1010; // x
4'b1010 === 4'b101x; // 0
4'b101z === 4'b1010; // 0
4'b101z === 4'b101z; // 1
```

因此,这两个操作符产生的结果一定不会为 X。

2.2.4.6 移位运算符

移位运算符共有 4 种,都属于双目运算符,如表 2.8 所示。

表 2.8 移位运算符

运算符	含　义	说　　明
<<	逻辑左移	第一个操作数向左移位,移位次数由第 2 个操作数确定,产生的空位用 0 填充
>>	逻辑右移	第一个操作数向右移位,移位次数由第 2 个操作数确定,产生的空位用 0 填充
<<<	算术左移	第一个操作数向左移位,移位次数由第 2 个操作数确定,产生的空位用 0 填充
>>>	算术右移	第一个操作数向右移位,移位次数由第 2 个操作数确定。如果第一个操作数为无符号数,则产生的空位用 0 填充,否则用原符号位填充

2.2.4.7 条件运算符

条件运算符只有一个,是一个三目操作符,其一般形式为

条件表达式? 真分支: 假分支

计算时,如果条件表达式为真(逻辑值为 1),则运算结果为真分支的结果;如果条件表达式为假(逻辑值为 0),则计算结果为假分支的结果。条件运算符也可以嵌套使用,以进行更为复杂的逻辑选择。

2.2.4.8 拼接运算符

拼接运算符是将多个信号按顺序并列拼接起来的运算,其操作符为大括号。拼接运算可以用来进行位扩展运算,还可以通过嵌套使用实现重复操作。例如:

程序 2.6 拼接运算符使用例

```
a[7:4]={a[0], a[1] ,a[2], a[3]}; // 将 a 信号的低 4 位颠倒并赋值给高 4 位
b[31:0]={{24{a[7]}}, a[7:0]}; // 将 a 信号低 8 位符号扩展到 32 位后赋值给 b 信号
```

2.2.4.9 事件运算符

事件运算符 or 实际上也可以看作是一个关键字,它往往用于连接两个事件,表示二者发生其一即可。“事件”这一概念将在 2.3 节中介绍。

2.3 语句结构

赋值是将数值放入 wire 和 reg 变量的基本操作。Verilog 中的赋值操作有两种,分别由 = 或 <= 符号分隔赋值操作左右的内容。符号的右边可以是任何求值的表达式,符号的左侧为被赋值的变量,变量的类型取决于赋值类型。赋值操作的基本格式如下:

变量 = 表达式;一般用于组合逻辑信号的赋值操作
变量 <= 表达式;一般用于时序逻辑信号的赋值操作

赋值操作可以出现在连续赋值(continuous assignment)和过程赋值(procedural assignment)两种语句中,下面进行具体介绍。

2.3.1 连续赋值

连续赋值(continuous assignment)语句必须以关键字 assign 开始,其通用格式如下:

assign 待赋值变量 = 值表达式

例如:

```
assign variable1 = value1; // 每条连续赋值语句只能对一个 wire 型信号赋值
assign variable2 = value2; // 不允许在多个连续赋值语句中对同一 wire 型信号赋值
```

每个 assign 关键字后只能跟随一条赋值操作,且无法使用 begin/end 语句包裹成代码段。也就是说,下面的 Verilog 代码是**不合法**的。

```
assign begin
    variable1 = value1;
    variable2 = value2;
end
```

如果需要对多个 wire 型信号赋值,则需要使用多条连续赋值语句。连续赋值语句中的语法细节包括:

- 待赋值变量必须是一个 wire 型变量,而不能是 reg 类型的变量;
- 值的类型没有要求,可以是数值,也可以是表达式;
- 只要值表达式包含的操作数有事件发生(即产生值的变化)时,值表达式就会立刻重新计算,同时赋值给待赋值变量。这体现了 Verilog 语言的硬件特征:assign 语句实际上是构建了一段门电路,会长期存在于数字系统之中。

提示 wire 类型的变量不能够像 reg 类型变量那样储存当前数值,而是需要驱动提供信号,且这种驱动必须是连续不断的,因此这种赋值操作被称为连续赋值。

Verilog 还提供了另一种对 wire 型赋值的简单方法,即在 wire 型变量声明的时候同时对其赋值。例如:

```
wire A, B;
wire Cout = A & B; // 等价于 wire Cout; assign Cout = A & B;
```

2.3.2 过程赋值

过程赋值语句用于对 reg 型变量进行赋值,由两种关键字引导,分别为 initial 与 always。这两种语句不可嵌套使用,彼此间并行执行(执行的顺序与其在模块中的前后顺序没有关系)。如果 initial 或 always 语句内包含多个语句,则需要搭配关键字 begin 和 end 组成一个块语句。

提示 begin,end 的用法与 C 语言中的大括号完全类似,之后介绍条件与循环时会有更多例子。

每个 initial 语句或 always 语句都会产生一个独立的控制流,执行时间都是从 0 时刻开始。二者的区别在于 initial 仅在 0 时刻开始执行一次内部的语句,而 always 语句块从 0 时刻开始执行,当执行完最后一条语句后,便再次执行语句块中的第一条语句,如此循环反复。此外,initial 语句一般用于仿真时的初始化,**无法被综合成对应的电路结构**。

以下面的 verilog 代码为例:

```
reg [3:0] a, b, c, d;
always begin
    a = 1;
    a = 2;
end
initial begin
    b = 3;
    b = 4;
end
```

```
initial c = 5;
always d = 6;
```

运行后变量 a,b,c,d 会被**同时**赋值。

提示　需要注意的是,上面的代码实际上是存在时序错误的。以 always d = 6; 语句为例,按照 always 的逻辑,电路将无限循环执行 d = 6 的赋值过程,且不存在任何延迟。这将导致严重的时序问题,并报出错误提示:A runtime infinite loop will occur。

实践证明:没有任何条件限制的 always 并不是那么好用。因此,always 引入了敏感变量的概念。我们常常以下面的格式使用 always 语句:

always @(敏感变量列表) 过程语句

敏感变量就是触发 always 块内部语句的条件。加入敏感变量后,always 语句仅在列表中的变量发生变化时才执行内部的过程语句,如:

```
// 每当 a 或 b 的值发生变化时就执行内部的语句
always @(a or b) begin
   c = a | b;
   d = a & b;
end
```

有的时候,敏感列表过多,一个一个地加入太麻烦,且容易遗漏。为了解决这个问题,Verilog 2001 标准允许我们使用符号 * 在敏感列表中表示缺省,编译器会根据 always 块内部的内容自动识别敏感变量。因此,上面的代码等价于下面这段代码:

```
always @(*) begin
   c = a | b;
   d = a & b;
end
```

除了直接使用信号作为敏感变量,Verilog 还支持通过使用 posedge 和 negedge 关键字将电平变化作为敏感变量,其中 posedge 对应上升沿,negedge 对应下降沿。数字电路中,我们把电平从低电平(0)变为高电平(1)的一瞬间(时刻)称为**上升沿**;从高电平(1)变为低电平(0)的一瞬间(时刻)称为**下降沿**。

2.3.3 阻塞赋值与非阻塞赋值

前面已经介绍过,赋值运算符一共有两种,分别称为**阻塞赋值**(=)与**非阻塞赋值**(<=)。这两种赋值操作的区别介绍如下:

- 阻塞赋值是**顺序执行**的,即下一条语句执行前,当前语句一定会执行完毕。这与 C 语言的赋值思想是一致的。阻塞赋值语句使用等号(=)作为赋值符。
- 非阻塞赋值属于**并行执行**语句,即下一条语句的执行和当前语句的执行是同时进行的,它不会阻塞位于同一个语句块中后面语句的执行。非阻塞赋值语句使用小于等于号(<=)作为赋值符。

一般而言,在设计电路时,always 引导的时序逻辑块中多用非阻塞赋值,always 引导的组合逻辑块中多用阻塞赋值，assign 语句使用阻塞赋值。在仿真电路时，initial 块中一般多用阻塞赋值。

💡**提示** 在实际的 Verilog 代码设计时，不要在一个过程结构中混合使用阻塞赋值与非阻塞赋值。两种赋值方式混用时，时序不容易控制，很容易得到意外的结果。

我们以一个例子进行分析。大家在学习 C 语言的时候，一定编写过这样一个函数：

程序 2.7 两数交换

```
void swap (int *p1,int *p2) {
    int temp;
    temp = *p1;
    *p1 = *p2;
    *p2 = temp;
}
```

该函数实现了对两个 int 型数据的交换。那么，如何用 Verilog 实现这一功能呢？假定现在有两个 reg 型变量 a 和 b，以及一个以一定周期进行电平翻转的信号 clk。我们希望在 clk 的上升沿交换 a 和 b 中的数值。由于 Verilog 中没有类似 C 语言中函数的概念（其实有，但我们尚未学习到），凭借着编程的直觉，不难写出下面的代码：

```
reg temp;
always @(posedge clk) begin
    temp = a;
    a = b;
    b = temp;
end
```

很幸运，这个代码是正确的。阻塞赋值保证了这三条语句是从上到下顺次执行的，因此实现了值的交换。但实际上，我们并不需要使用中间变量 temp。下面的代码依然可以实现变量交换的功能：

```
always @(posedge clk) begin
    a <= b;
    b <= a;
end
```

这段代码可能让你感到费解，但只要记住非阻塞赋值对应着同时执行，因此这两条语句不会有先后的差异，也就实现了值的交换。你也可以这样考虑：在时钟上升沿到来后的极短时间内（此时 clk 已经变为高电平），b 的旧值（clk 为低电平时的值）被赋值给了 a，同时 a 的旧值被赋值给了 b。此时 a <= b 与 b <= a 就可以互不干扰地同时执行，达到交换值的目的。简单来说，等号右边是上一个时钟周期的状态，这个值会在下一个时钟周期到来时赋给等号左边。

💡**提示** 如果对于同一个变量进行连续的两次非阻塞赋值会怎样呢？Verilog 给出的答案是：忽略前一次的赋值，仅保留最后一次的结果。因此，这种写法是无效的，实际编程中一般应避免出现。

2.3.4 条件语句

条件语句用于根据条件表达式的真假判断运行的模块，判断条件通常是表达式或位宽为 1 的变量。如果表达式的结果为 0，X，Z 则按照“假”处理；如果表达式的结果为 1，则按“真”处理。

if-else 语句用于实现带有优先级的条件分支，一般出现在 always 语句中，而**不能直接在模块内部单独出现**。其用法为

if (条件) 过程语句

[else 过程语句]

在 if-else 语句在嵌套使用时，需要特别注意 else 部分缺省的情况，可能会造成逻辑混乱。如果出现这种情况，编译器通常将 else 与最接近的前一个 if 部分关联。例如，在下面的代码中，else 是与内层的 if（第 2 个 if）关联的：

```
if (index > 0)
   if (rega > regb)
      result = rega;
   else
      result = regb;
```

如果需要将 else 与第一个 if 部分关联，则必须要使用 begin/end 语句来强制改变这个关联，如下面的代码所示：

```
if (index > 0) begin
   if (rega > regb)
      result = rega;
end
else
   result = regb;
```

除了 if 语句，Verilog 还提供了 case 语句用于具有相同优先级的条件分支。case 和 endcase 两个关键字必须成对出现。与 if-else 语句一样，case 语句出现在 always 中，而不能在模块内部单独出现。其用法如下：

case（case 表达式）

case 条目表达式 1:过程语句

case 条目表达式 2:过程语句

...

[default: 过程语句]

endcase

default 语句是可选的。在一个 case 语句中不能有多个 default 语句。过程语句可以是一条语句，也可以是多条。如果是多条语句，则需要用 begin 与 end 关键字进行说明。

case 语句与 if-else-if 结构存在如下的区别：

- if-else-if 结构中的表达式比 case 语句的表达式更灵活通用；
- 当表达式的值包含有 x 和 z 值时，case 语句提供确定的结果。

在 case 表达式比较时，只有两个表达式中每个 bit 的值（0，1，X，Z）完全匹配，比较才成功。因此，case 语句中表达式值的位宽必须相等，这样才可以进行精确的按位匹配。让 case 语句能够精确地处理 X 和 Z 的原因是，在设计数字逻辑电路时可能出现的 X 和 Z 的情况，这种情况需要有效的检测并排除。通过使用 case 语句就可以在仿真中发现并定位问题的原因，从而优化电路的设计。

2.3.5 循环语句

Verilog HDL 有四种循环语句，用于控制语句执行的次数。这四种循环语句分别为：

- **forever** 连续执行语句。
- **repeat** 连续执行语句 n 次。
- **while** 执行语句直到表达式变为假。从表达式为假开始，该语句将不再执行。
- **for** 条件循环语句。

这四种语句一般仅用在仿真之中，**仅在少数情况下作为可综合电路的描述语言**。它们的详细介绍如下：

forever 循环语句用于持续不断的执行语句块，通常来产生周期性的波形，用于仿真激励信号。使用方法如 forever [语句块]。

repeat 循环语句执行指定循环数，如果循环计数表达式的值不确定，即表达式的值为 X 或 Z 时，循环次数为 0。使用方法如 repeat(循环次数) [语句块]。循环次数表达式用于指定循环次数，可以是一个常量、变量或者数值表达式。如果是变量或者数值表达式，其数值只在第一次循环时得到计算，从而确定循环次数。语句块是重复执行的循环体。在可综合设计中，循环次数表达式必须在编译过程中保持确定不变。

while 循环语句执行语句直到循环条件表达式变为假。从表达式为假开始，该语句将不再执行。使用方法如 while(条件表达式) [语句块]。

for 循环语句用于条件循环，通过三个过程控制其关联语句的执行，使用方法如

for(循环变量赋初始值; 循环结束条件; 循环变量步进值) [语句块]

具体过程如下：

- 初始化循环变量，该变量控制循环数数；
- 判断循环结束条件，如果为真，则执行其关联的语句，然后进入第三个过程；如果为假，则退出 for 循环语句；
- 按照循环变量步进值修改循环控制变量值，然后重复第二个过程。

for 循环语句是比较常用的一条循环语句，在仿真时经常用来产生一些周期性的激励信号。for 循环语句是可综合的，但是在实体硬件描述时很少使用，这主要是因为 for 循环会被综合为所有变量情况的并行结构，每个变量独立占用寄存器资源，不能有效地复用硬件逻辑资源。简言之，for 循环语句循环几次，就是需要将相同的电路**复制**几次，因此循环次数越多，占用面积越大。

2.4 模块与例化

接下来,我们来学习 Verilog 的基本单元:模块。

模块是具有输入和输出端口的逻辑块。它可以代表一个物理器件,也可以代表一个复杂的逻辑系统,例如基础逻辑门器件(三态门,与或非门等)或通用的逻辑单元(寄存器、计数器等)。

一个数字电路系统一般由一个或多个模块构成,每个模块实现某一部分的逻辑功能,而模块之间又需要按一定方式连接在一起实现所需求的系统功能。因此,数字电路设计也是使用硬件描述语言对数字电路/系统的基本模块以及模块之间的互连关系进行描述的过程。

2.4.1 模块结构

所有的模块以关键字 module 开始,以关键字 endmodule 结束。从 module 开始到第一个分号之间的部分是模块声明,它包括了模块名称与输入输出端口列表。模块内部由可选的若干部分组成,分别是内部变量声明、数据流赋值语句(assign)、过程赋值语句(always)以及底层模块例化。这些部分出现顺序、出现位置都是任意的。变量声明的位置没有严格的要求,但必须保证在使用之前进行声明。

端口是模块与外界交互的接口。对于外部环境来说,模块内部的信号与逻辑都是不可见的,对模块的调用只能通过端口进行。端口列表是用于指定端口性质的集合,它包含了一系列端口信号变量。根据端口的方向,端口类型有三种:输入端口(input)、输出端口(output)和双向端口(inout)。

下面是一个输入输出端口的声明示例:

```
module FA ( a, b, cin, cout, s );
// 端口类型声明
input a, b, cin; // 可以声明多个
output cout;
output s; // 也可以只声明一个

// 数据类型声明
wire a, b, cin;
wire cout;
reg s;
```

提示 input,inout 类型的端口不能声明为 reg 数据类型,因为 reg 类型常用于保存数值,而输入端口只反映与其相连的外部信号的变化,不应保存这些信号的值。output 类型的端口则可以声明为 wire 或 reg 数据类型。

我们先前提到过,在 Verilog 中,wire 型为默认数据类型,因此当端口为 wire 型时,不用再次声明端口类型为 wire;但是当端口为 reg 型时,对应的 reg 声明不可省略。此外,端口类型和数据类型可以同时指定。实际编程时,更简洁且更常用的方法是在模块声明时就陈列出端口及其类型。基于此,上面的例子可以简化为

```
module FA (
   input                 [ 0 : 0]          a, b, cin,
   output                [ 0 : 0]          cout,
   output     reg        [ 0 : 0]          s
);
```

一个 Verilog 模块的基本结构为

程序 2.8 模块基本结构

```
module 模块名 (
   // 端口定义之间用英文逗号 , 分隔开
   输入端口定义,        // 输入端口只能是 wire 类型
   输出端口定义         // 输出端口可以根据需要定义为 wire 或 reg 类型
);                    // 不要忘记这里的分号


   内部信号定义语句      // 内部信号可以根据需要定义为 wire 或 reg 类型
   模块实例化语句        // 将其他模块接入电路
   assign 数据流赋值语句
   always 过程赋值语句
endmodule
```

我们进行几点补充说明:

(1) 每个模块都是由关键字 module 开头,由 endmodule 结束;

(2) 每个模块都应该有一个唯一的模块名,模块名不能使用 Verilog 语法的关键字;

(3) 模块名后面的括号内是对输入输出信号的定义,除后面实验中要讲到的仿真文件外,任何能实际工作的模块都应该有输入和输出信号;

(4) 模块主体部分只能出现四类语句(仿真文件中会用到的 initial 语句等暂不考虑):内部信号定义、模块实例化、assign 语句、always 语句,每类语句的数量与顺序不受限制,但要遵循变量先定义后使用的原则。

2.4.2 模块例化

模块例化是指在一个模块中引用另一个模块,对其端口进行相关连接的过程。例化的基本形式为

$$< 模块名 >< 例化标识符 >(端口连接)$$

这里例化标识符可以任取,代表对此处例化出的模块的命名。你可以简单地认为:模块例化就是在电路中放入了一个具有特定功能的集成电路。模块声明可以对标函数的声明,模块例化可以对标函数的调用。假定我们已经写好了一个模块,其模块定义部分如下:

```
module FA (
   input                 [ 7 : 0]          a, b,
   input                 [ 0 : 0]          cin,
   output     reg        [ 7 : 0]          s,
   output                [ 0 : 0]          cout
```

```
);
```

在顶层模块中,我们定义如下的变量:

```
wire [7:0] num1, num2, sum;
wire cin, cout;
```

此时有两种可行的方式进行模块例化:

1. 基于位置的端口关联

```
FA fa (num1, num2, cin, sum, cout);
```

这种方法将需要例化的模块端口按照模块声明时端口的顺序与外部信号进行匹配,因此二者的位置要严格保持一致。虽然代码从书写上可能会占用相对较少的空间,但代码可读性低,也不易于调试。

2. 基于名称的端口关联

```
FA fa (.a(num1), .b(num2), .s(sum), .cin(cin), .cout(cout));
```

这种方法将需要例化的模块端口与外部信号按照其名字进行连接,端口顺序可以与引用 module 的声明端口顺序不一致,只要保证端口名字与外部信号匹配即可。为了便于调试、保持良好的可读性,我们希望大家在例化时统一使用名称关联,编写代码时每一行对应一个端口。

提示 模块例化时,如果某些信号不需要与外部信号进行连接交互,我们可以将其悬空,即端口例化处保持空白。当 output 端口悬空时,甚至可以在例化时将其省略。input 端口悬空时,模块内部输入的逻辑功能表现为高阻状态(逻辑值为 z),一般来说,input 端口在例化时不能删除,否则编译报错。

在名称例化方式中,我们需要额外介绍端口的连接规则:

- 模块例化时,input 端口可以连接 wire 或 reg 型变量;模块声明时,input 端口必须是 wire 型变量。
- 模块例化时, output 端口必须连接 wire 型变量;模块声明时, output 端口可以是 wire 或 reg 型变量。
- 模块例化和模块声明时,inout 端口都必须连接 wire 型变量。

此外,许多同学在初学 Verilog 的时候会写出下面的代码:

```
always @(*) begin
   My_module my_module(a,b,c);
end
```

这是由于没有弄清楚 always 语句的意义而造成的。always 作为过程赋值语句,其与模块例化的关系是平等的,都是模块实现中的组成部分。我们不能将模块例化放入过程赋值语句中,因为这样做没有任何的道理。这也是模块例化与函数调用不同的地方。

2.4.3 参数传递

模块例化功能大大提升了 Verilog 的代码复用能力。假定有如下所示的模块代码:

程序 2.9 一位二选一选择器

```
module MUX2 (
    input               [ 0 : 0]        num1, num2,
    input               [ 0 : 0]        sel,
    output    reg       [ 0 : 0]        ans
);
always @(*) begin
    if (sel) ans = num1;
    else ans = num2;
end
endmodule
```

不难看出,该模块接收三个 1bit 位宽数据的输入,输出一个一位数据。但如果现在顶层模块的输入 num1、num2 是两个四位数据,我们应该怎么办呢?自然,使用四个选择器分别选择每一位是一个可行的方案:

程序 2.10 四位二选一选择器

```
module MUX2_4 (
    input               [ 3 : 0]        num1, num2,
    input               [ 0 : 0]        sel,
    output              [ 3 : 0]        ans
);

MUX2 mux_b0 (
    .num1(num1[0]),
    .num2(num2[0]),
    .sel(sel),
    .ans(ans[0])
)

MUX2 mux_b1 (
    .num1(num1[1]),
    .num2(num2[1]),
    .sel(sel),
    .ans(ans[1])
)

MUX2 mux_b2 (
    .num1(num1[2]),
    .num2(num2[2]),
    .sel(sel),
    .ans(ans[2])
)
```

```
MUX2 mux_b3 (
    .num1(num1[3]),
    .num2(num2[3]),
    .sel(sel),
    .ans(ans[3])
)
endmodule
```

这种方法固然可行，但在数据位宽较大时便会十分繁琐。一种新的思路是：在编写子模块时并不预先指定位宽，而是在例化的时候根据需要确定位宽。此时可以使用 Verilog 的带参数例化功能：模块声明时使用 parameter 关键字指定参数，例化时将新的参数值写入模块例化语句，以此来改写子模块的参数值，如下：

程序 2.11 带参数二选一选择器

```
module MUX2 #(parameter WIDTH = 8)(
    input               [WIDTH-1:0]     num1, num2,
    input               [ 0 : 0]        sel,
    output     reg      [WIDTH-1:0]     ans
);

always @(*) begin
    if (sel) ans = num1;
    else ans = num2;
end

endmodule
```

此时，子模块中的变量 num1、num2 和 ans 都是位宽为 WIDTH 的信号变量，参数 WIDTH 的默认值为 8。这时再需要四位二选一选择器，就只需：

程序 2.12 例化带参选择器

```
wire [3:0] num1, num2, ans;
wire sel;
MUX2 #(4) mux(
    .num1(num1),
    .num2(num2),
    .sel(sel),
    .ans(ans)
)
```

在顶层模块中，我们指定子模块的参数值为 4，便可以正常输入四位宽的数据。

2.5 仿真语句

在 Logisim 中，为了检验设计的正确性，我们需要改变不同的输入情况，观察输出结果是否符合我们的预期。而为了检测 Verilog 代码的正确性，需要进行**仿真**操作，用于仿真的文件被称为 Testbench。

2.5.1 Testbench

Testbench 由不可综合的 Verilog 语句组成，这些语句用于生成待测模块的输入，并验证待测模块的输出是否正确（是否符合预期）。简单来说，Testbench 的基本架构分为三个部分（图 2.1）：

- 激励输入（stimulus block）是专门为待测模块生成的输入。我们需要尽可能产生全面的测试输入，包括合法的和不合法的。
- 输出校验（output checker）用于检查被测模块的输出是否符合预期。
- 被测模块（design under test, DUT 或 Unit Under Test, UUT）是我们编写的 Verilog 模块，Testbench 的主要目的就是对其进行验证，以确保在特定输入下 DUT 的输出均与预期一致。

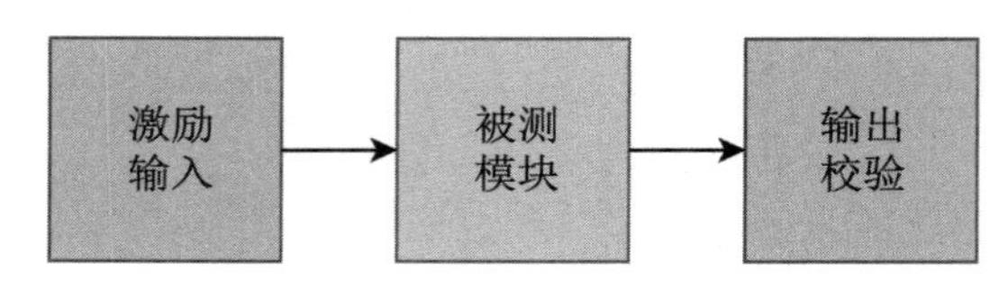

图 2.1 Testbench 基本结构

编写 Testbench 的第一步是创建一个 Verilog 模块作为测试的顶层模块。与正常设计时的模块不同，用于测试的模块应当没有输入和输出端口，这是因为 Testbench 模块应当是完全独立的，不受外部信号的干扰。

```
module Module_tb ();
```

接下来，我们需要在顶层模块中例化待测模块，将产生的输入信号连接到待测模块以允许激励代码运行。这些信号包括时钟信号和复位信号，以及传入 Testbench 的测试数据。程序 2.13 所示的代码片段展示了一个 Testbench 的基本框架。

程序 2.13 仿真文件框架

```
module Module_tb ();
// 定义并产生激励信号
// ......
Test_module #(
    // 参数接口
) test (
    // 待测模块端口
);
```

```
endmodule
```

2.5.2 时序控制

场景　某同学想要实现下面的效果：让某信号先保持为高电平，保持 10 秒之后再变为低电平。他希望设计一个硬件电路实现上述效果。

如何实现硬件层面的延迟操作呢？如果你先前玩过 Minecraft 这款游戏，那么很容易联想到游戏中的“红石中继器”，它是一种可以产生延迟的电路元件。遗憾的是，在现实世界中，并没有类似的纯延迟组件。如果使用超长的导线实现 10 秒的延迟，那么导线的长度 l 应当满足

$$c \times 10 = l$$

取光速 $c = 3 \times 10^8$，可得 $l = 3 \times 10^9 = 75 \times 4 \times 10^7$，即导线的长度需要为 75 倍的赤道周长，这是我们完全无法接受的。为了实现硬件延迟，如果让信号通过多个逻辑门，一方面会带来巨量的资源开销，另一方面在综合时也极有可能被优化掉。目前比较好的办法是使用计数器搭配时钟，在每个时钟周期的上升沿更新计数器，直到其达到一定数值后再进行信号传递。

然而，如果不考虑与实际电路的对应关系，仅仅是为了仿真测试，我们可以直接使用 Verilog 中的延时语句实现所需的效果。目前可模拟的延时包括惯性延时和传输延时。其中，惯性延迟是逻辑门或电路由于其物理特性而可能经历的延迟，而传输延迟是电路中信号的“飞行”时间。

提示　需要注意的是，延时语句“仅能”在仿真语句中使用。如果在设计文件中使用了延时语句，最终根据代码生成的电路并不会有任何延时效果，这是因为我们没有合适的硬件元件与“延时”的效果对应。

Verilog 使用 # 字符加上时间单位来模拟普通的延时。例如：

```
a = 1;
#10;
a = 0;
```

表示延迟 10 个时间单位后再执行之后的语句，即对应着电路的传输延迟。惯性延迟将延时语句写在与赋值相同的代码行中，这代表信号在延迟的时间之后再开始变化。例如：

```
wire C, A, B;
assign #10 C = A & B;
// 将 A & B 的计算结果延时 10 个时间单位之后赋值给 C
```

在上面的代码中，A 或 B 中的任意一个变量发生变化，都会让 C 在经过 10 个时间单位的延迟后得到新的计算结果。值得注意的是，如果在这 10 个时间单位内，A 或 B 中的任意一个又发生了变化，那么最终 C 的结果为以 A 或 B 当前的新值参与运算得到的计算结果。

为了明确在仿真期间所使用的时间单位，我们需要使用`timescale 指令。其格式为

`timescale <unit_time> / <resolution>

提示　反引号“`”在键盘上数字 1 的左侧。

<unit_time> 用于指定时间的单位，<resolution> 用于指定时间的精度。例如，我们常常使用的

```
\textasciigrave timescale 1ns / 1ps
```

代表仿真的一个时间单位是 1 ns，最小的时间精度为 1 ps。如果在仿真模块中使用了 #1.1111; 指令,则最终的延迟为 1.111 ns（四舍五入）。

对于包含多个模块或多个设计文件的大型项目，我们建议大家在每个文件的开头都添加相同的 timescale 语句,这将有助于建立统一的仿真体系,避免出现仿真时的时序冲突。

除了直接控制延迟的时间外，Verilog 还支持基于“事件”的时间控制，其中“事件”是指某一个 reg 或 wire 型变量发生了值的变化,包括从 0 变为 1 和从 1 变为 0 的两种情况。事件控制用符号 @ 表示。

基于事件的控制有以下的三种情况：

- @ + 信号名，表示当信号发生任何逻辑变化时执行后面的内容。例如 @ (in) out = in。
- @ + posedge + 信号名，表示当信号从低电平变化到高电平时执行后面的内容。例如 @ (podedge in) out = in。
- @ + negedge + 信号名，表示当信号从高电平变化到低电平时执行后面的内容。例如 @ (negedge in) out = in。

不难发现，always 中的敏感变量语法与事件控制完全一致。

当多个信号或事件中的任意一个发生变化都能够触发语句的执行时，Verilog 允许我们使用“或”表达式来描述这种情况，即用关键字 or 连接多个事件或信号，这些事件或信号组成的列表称为“敏感列表”。此外，or 也可以用逗号（，）来代替。例如：

```
always @(posedge clk or negedge rstn) begin
    if ( !rstn ) begin
        dout1 <= 1'b0;
    end
    else begin
        dout1 <= din;
    end
end
always @(posedge clk, negedge rstn) begin
    if ( !rstn ) begin
        dout2 <= 1'b0;
    end
    else begin
        dout2 <= din;
    end
end
```

对于组合逻辑电路，在输入变量很多时，填写敏感列表的过程会很繁琐。此时，更为简洁的写法是使用 @* 或 @(*)，表示 always 语句对块中的所有输入变量的变化都是敏感的。

例如：

```
always @(*) begin
   {cout, sum} = a + b + cin;
end
always @(a, b, cin) begin
   {cout, sum} = a + b + cin;
end
```

基于时序控制语句,我们可以在仿真文件中生成任何需要的输入信号。

例 2.2 (仿真波形)　假定我们需要生成如图 2.2 所示的波形。

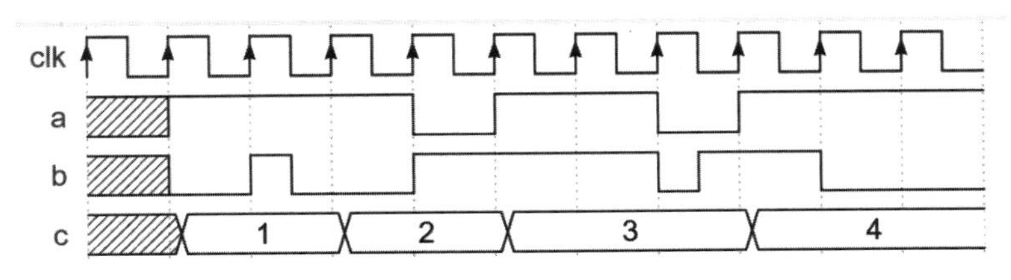

图 2.2　示例波形

图 2.2 中阴影部分代表电路状态不确定,仿真的时钟周期设定为 10 ns。首先,我们需要生成一个符合需求的时钟信号。对于周期为 10 ns 的时钟,其高电平持续 5 ns,低电平持续 5 ns。为此,可以如下编写代码:

```
`timescale 1ns / 1ps
module example_tb ();
reg clk;
always begin
   clk = 1;
   #5;
   clk = 0;
   #5;
end
endmodule
```

当然,可以使用一种更为简单的方式:

```
reg clk;
initial clk = 1;
always #5 clk = ~clk;
```

上面的语句等价于

```
reg clk;
initial begin
   clk = 1;
   forever #5 clk = ~clk;
end
```

接下来,需要生成其他波形。按照时间间隔推算信号的持续时间,最终可以写出如程序

2.14 所示的 Verilog 代码。

程序 2.14　波形生成

```
module example_tb();
reg clk, a, b;
reg [2:0] c;
initial begin
   clk = 1;
   forever #5 clk = ~clk;
end
initial begin
   #10; a = 1;
   #30; a = 0;
   #10; a = 1;
   #20; a = 0;
   #10; a = 1;
end
initial begin
   #10; b = 0;
   #10; b = 1;
   #5; b = 0;
   #15; b = 1;
   #30; b = 0;
   #5; b = 1;
   #15; b = 0;
end
initial begin
   #10; c = 3'd1;
   #20; c = 3'd2;
   #20; c = 3'd3;
   #30; c = 3'd4;
end
endmodule
```

图 2.3 是对应的波形结果,与图 2.2 所示的波形基本一致。

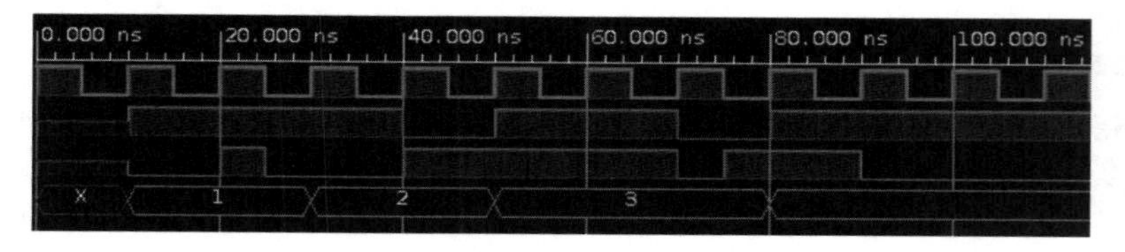

图 2.3　产生的波形

2.5.3　系统调用

在 Verilog 中编写仿真文件时,有一些内置的任务和函数可以为我们提供帮助。它们以美元符号 $ 开头,统称为“系统调用”或“系统函数”。其中,下面三个是最常用的系统函数:$display,$monitor 和 $time。

2.5.3.1　$display

$display 允许我们在控制台上输出一条消息。该函数的使用方式与 C 语言中的 printf 函数非常类似,这意味着我们可以轻松地在 Testbench 中输出文本,并使用它们来显示有关仿真状态的信息。

此外,我们还可以在字符串中使用特殊字符“%”来规范化显示信号数值。与 C 语言一致,我们需要使用一个格式代码来决定以何种格式显示变量数值,在格式代码前面加上一个数字来确定要显示的位数。最常用的格式是 b(二进制)、d(十进制)和 h(十六进制),完整的列表如图 2.4 所示。

%b 或 %B	显示为二进制
%d 或 %D	显示为十进制
%h 或 %H	显示为十六进制
%o 或 %O	显示为八进制格式
%c 或 %C	显示为 ASCII 字符
%m 或 %M	显示模块的层级名称
%s 或 %S	显示为字符串
%t 或 %T	显示为时间
在格式字母前加 0	根据实际位宽显示，不输出多余空格

图 2.4　可使用的显示方式

程序 2.15 展示了使用 $display 函数的一个例子。

程序 2.15　$display 函数示例

```
reg [4:0] x;
initial begin
   x = 0;
   repeat (10) begin
      // 分别用 2 进制、16 进制和 10 进制来打印 x 的值
      $display("x(bin) = %b, x(hex) = %h, x(decimal) = %d\n", x, x, x);
      #10;
      x = x + 2;
   end
end
```

这段代码的输出结果为

```
x(bin) = 00000, x(hex) = 00, x(decimal) =  0
x(bin) = 00010, x(hex) = 02, x(decimal) =  2
```

```
x(bin) = 00100, x(hex) = 04, x(decimal) =  4
x(bin) = 00110, x(hex) = 06, x(decimal) =  6
x(bin) = 01000, x(hex) = 08, x(decimal) =  8
x(bin) = 01010, x(hex) = 0a, x(decimal) = 10
x(bin) = 01100, x(hex) = 0c, x(decimal) = 12
x(bin) = 01110, x(hex) = 0e, x(decimal) = 14
x(bin) = 10000, x(hex) = 10, x(decimal) = 16
x(bin) = 10010, x(hex) = 12, x(decimal) = 18
```

2.5.3.2 $monitor

$monitor 函数与 $display 函数非常相似,但它一般被用来监视 Testbench 中的特定信号。被监视信号中的任何一个改变状态,都会在终端打印一条消息。下面是使用 $monitor 函数的一个例子:

```
reg [4:0] a, b;
initial begin
   a = 0;
   b = 20;
   repeat (10) begin
      #10; a = a + 2; b = b - 2;
   end
end
initial begin
   $monitor("now a = %d, b = %d\n", a, b);
end
```

这段代码的输出结果为

```
now a = 0, b = 20
now a = 2, b = 18
now a = 4, b = 16
now a = 6, b = 14
now a = 8, b = 12
now a = 10, b = 10
now a = 12, b = 8
now a = 14, b = 6
now a = 16, b = 4
now a = 18, b = 2
now a = 20, b = 0
```

2.5.3.3 $time

最后一个常用的系统调用是 $time,它可以用来获取当前的仿真时间。在 Testbench 中,通常将 $time 与 $display 或 $monitor 一起使用,以便在打印的消息中显示具体仿真时间。

下面是使用 $monitor 函数结合 $time 打印信息的一个例子：

```
`timescale 1ns / 1ps // 注意时间参数的设定
reg [4:0] a, b;
initial begin
   a = 0; b = 20;
   repeat (10) begin
      #10; a = a + 2; b = b - 2;
   end
end
initial begin
   $monitor("Time %0t: a = %d, b = %d\n", $time, a, b);
end
```

这段代码的输出结果为

```
Time 0: a =  0, b = 20
Time 10000: a = 2, b = 18
Time 20000: a = 4, b = 16
Time 30000: a = 6, b = 14
Time 40000: a = 8, b = 12
Time 50000: a = 10, b = 10
Time 60000: a = 12, b = 8
Time 70000: a = 14, b = 6
Time 80000: a = 16, b = 4
Time 90000: a = 18, b = 2
Time 100000: a = 20, b = 0
```

2.5.3.4 其他

除了上面介绍的三种系统调用外，还可能使用下面的一些语句：

- $finish 与 $finish(n)：退出仿真过程。该语句可以携带参数，默认为 1。因此，可以在不同的情况下为 $finish 语句设置不同的参数进行标识。
- $random：产生一个 32 位的有符号随机整数。如果想要生成在限定范围内的随机数，则需要搭配取模运算符 % 使用。例如：

```
temp = $random %10; // 范围在 -10 ~ 10 之间
```

- $fopen、$fclose、$fscanf：实现对于文件的访问。这些函数的用法与 C 语言高度相似，可以极大地方便我们仿真的过程。

最后，我们需要再次强调：系统调用仅仅是为了便利我们的仿真过程，无法被综合生成现实中的电路结构。

2.6 高级思想

2.6.1 描述层次

Verilog 可以使用三种不同的方式描述模块实现的逻辑功能。它们分别是：

• 结构化描述方式：调用其他已经定义过的低层次模块对整个电路的功能进行描述，或者直接调用 Verilog 内部预先定义的基本门级元件描述电路的结构进行描述。

• 数据流描述方式：使用连续赋值语句 assign 对电路的逻辑功能进行描述。该方式特别适合对组合逻辑电路建模。

• 行为级描述方式：使用过程块语句结构 always 和比较抽象的高级程序语句对电路的逻辑功能进行描述。

我们用一个例子展示这三者的区别。考虑如图 2.5 所示的电路：

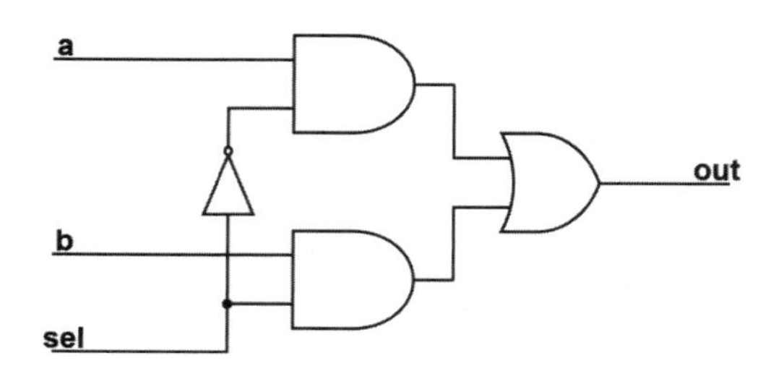

图 2.5 选择器电路

如果从结构化层面来描述电路，我们需要刻画与门、或门和非门，并将其正确连接。Verilog 常用的内置逻辑门包括与门（and）、与非门（nand）、或门（or）、或非门（nor）、异或门（xor）及同或门（xnor）。我们可以通过类似模块例化的方式使用这些逻辑门，进而实现一些简单的逻辑功能。

由于不知道输入信号的数目，门级单元无法采用基于名字的端口关联方式，只能基于位置进行端口关联。一般来说，门级单元的第一个端口是输出，后面其余的端口是输入。在例化调用的时候，也可以不指定门级单元实例的名字，从而为代码编写提供了方便（毕竟逻辑门的数目可能很多）。当输入端口超过 2 个时，只需要将输入信号在端口列表中继续排列即可，Verilog 可以自动识别输入和输出信号。

下面是使用门级单元结构化描述该电路的 Verilog 代码：

程序 2.16 门级描述选择器

```
module MUX2(
    input           [ 0 : 0]        a, b,
    input           [ 0 : 0]        sel,
    output          [ 0 : 0]        out
);
wire and1, and2, sel_not;
```

```
and (and1, a, sel_not);
and (and2, b, sel);
not (sel_not, sel);
or (out, and1, and2);
endmodule
```

数据流描述方式需要我们已经得到了逻辑表达式。对于选择器电路，可以将门电路转换为对应的逻辑表达式,化简后得到

$$\text{out} = (\text{a} \ \& \ \ \tilde{}\text{sel}) \mid (\text{b} \ \& \ \text{sel})$$

由此可以得到基于 assign 语句的数据流描述:

程序 2.17　数据流描述选择器

```
module MUX2 (
   input                [ 0 : 0]        a, b,
   input                [ 0 : 0]        sel,
   output               [ 0 : 0]        out
);
wire sel_not = ~sel;
wire and1 = a & sel_not;
wire and2 = b & sel;
assign out = and1 | and2;
// 或直接写成 assign out = (a & ~sel) | (b & sel);
endmodule
```

很多时候,我们难以得到模块的电路结构,或者得到的结构十分繁琐,这时就可以使用行为级描述，以类似于高级语言的抽象层次进行硬件结构开发。这一层面的描述过程更看重功能需求与算法实现,也是对于我们最为友好的描述方式:

程序 2.18　行为级描述选择器

```
module MUX2(
   input                [ 0 : 0]        a, b,
   input                [ 0 : 0]        sel,
   output    reg        [ 0 : 0]        out
);
always @(*) begin
   if (!sel) out = a;
   else out = b;
end
endmodule
```

我们可以简单分析一下:在 always 语句内部,当输入信号 sel 为 0 时,out 输出 a 的内容;当 sel 为 1 时,out 输出 b 的内容。其对应的逻辑表达式与之前得到的相同,因此为我们想要的结果。

在实际的硬件开发过程中,更多采用的是将三种描述方式结合起来,根据需要选择相应

的描述方式，从而实现自己的预期设计。

2.6.2 与硬件的对应

需要反复强调：Verilog 编程语言得到的是**电路**，而不是顺序执行的代码。因此，每一段代码都有着与之对应的电路结构。理解这种对应关系有助于更好地进行 Verilog 编程开发。本节以 Logisim 为工具解释 Verilog 与硬件的对应。

wire 型变量对应普通的导线，例如：

```
wire A, out;
assign out = A;
```

对应的电路结构如图 2.6 所示。

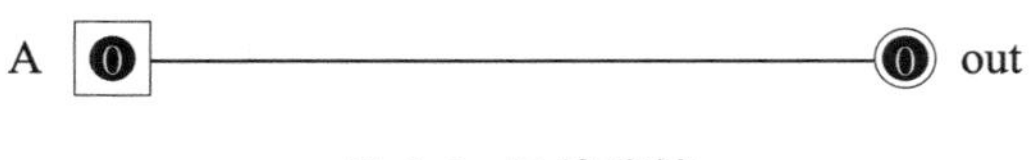

图 2.6 导线连接

除了直接赋值，assign 里面也可以使用逻辑表达式，例如：

```
wire A, B, out;
assign out = A & B;
```

对应的电路结构如图 2.7 所示。

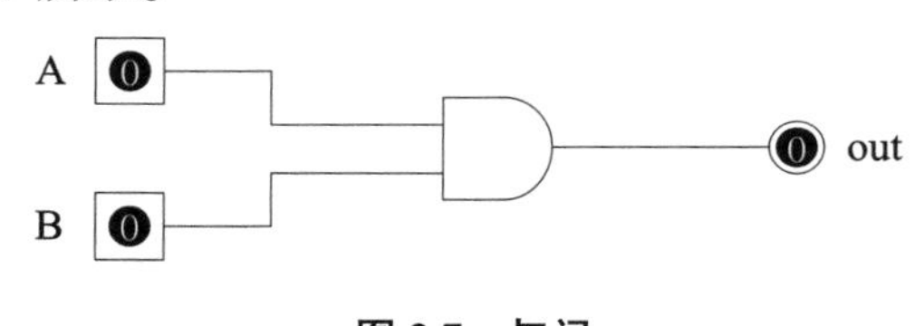

图 2.7 与门

我们也可以使用一些更复杂的表达式，例如：

```
wire A, B, out;
assign out = (~A & B) | (A & ~B);
```

对应的电路结构如图 2.8 所示。

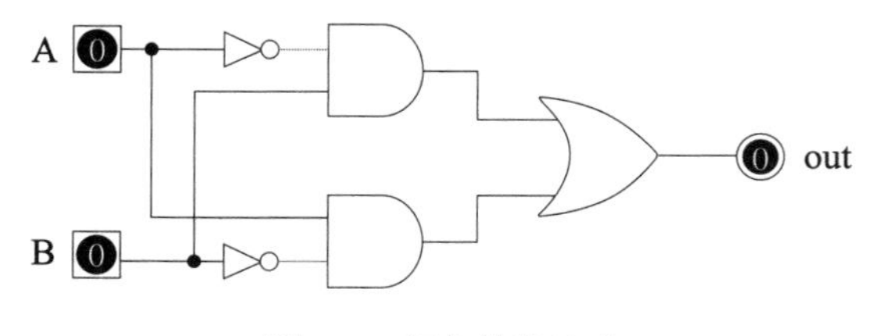

图 2.8 复杂的表达式

当然，这实际上是异或门的逻辑表达式，因此也可以直接使用下面的 Verilog 代码描述：

```
wire A, B, out;
assign out = A ^ B;
```

对应的电路结构如图 2.9 所示，即为 Logisim 中相应的异或门结构。

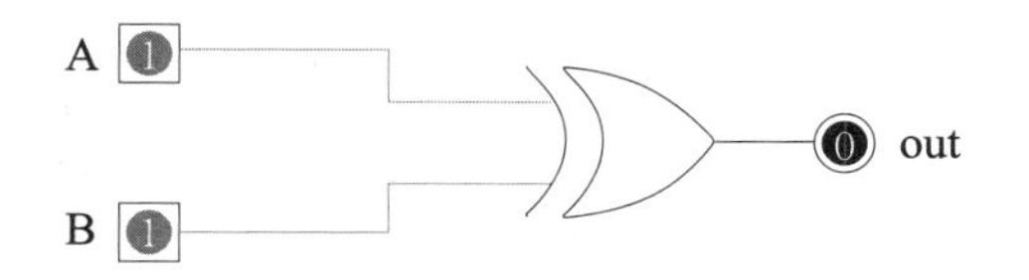

图 2.9 异或门

从 C 语言的逻辑上来看，if 实现了分支逻辑，即根据条件选择某一分支继续执行。在硬件电路中，实现选择功能的电路被称为选择器，其一般用于从多个输入中选择一个进行输出：

```
wire A, B, sel;
reg out;
always @(*) begin
   if (sel)out = A;
   else out = B;
end
```

对应的电路结构如图 2.10 所示，选择器在图中以一个梯形结构作为示意。

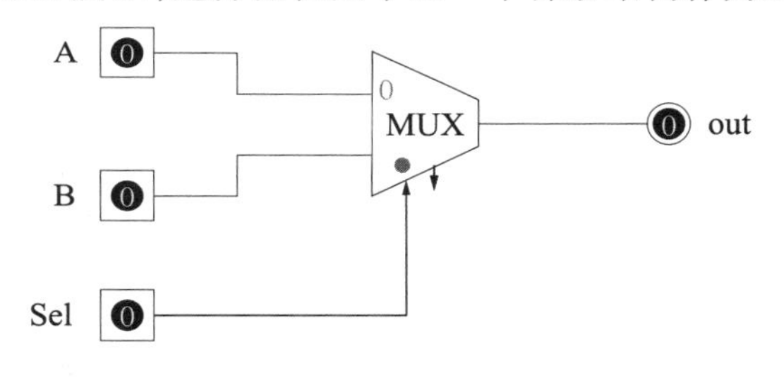

图 2.10 选择器

当然，我们也可以使用条件运算符实现相同的功能。即

```
wire A, B, sel, out;
assign out = (sel) ? A : B;
```

以 always @(posedge clk) 为代表的语句对应的是寄存器结构，该结构可以保存电路中的信息，实现存储功能：

```
wire clk, en, din;
reg dout;
always @(posedge clk) begin
   if (en) dout <= din;
end
```

这段代码对应的电路结构如图 2.11 所示，寄存器以一个矩形结构作为示意。我们将在后续的章节中介绍其详细结构。

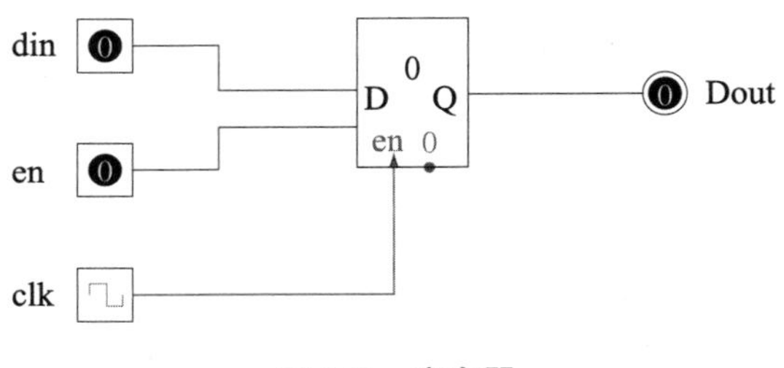

图 2.11 寄存器

练 习

1. 下面的 Verilog 代码有什么语法错误？请指出并修改。

```
assign begin
   X = A;
   Y = B;
end
```

2. 下面的 Verilog 代码有什么语法错误？请指出并修改。

```
assign A = B = C;
```

3. 本题我们将讨论高阻态在总线中的作用。

（1）计算下面表达式的值。如果表达式的结果不确定，则可以用符号“?”标注。

- $Z+Z+0+Z$
- $Z+1+Z+Z$
- $Z+1+0+Z$
- $Z+1+1+Z$
- $0+0+Z+0$
- $1+0+1+0$

（2）假定某总线上有四个数据输入端口，分别记为 A~D；同时还有一个数据输出端口，记为 O。假定任何时刻至多只有一个输出端口的输出**不是**高阻态，讨论数据输出端口 O 的变化情况。如果任何时刻至多有两个端口的输出不是高阻态呢？

4. 请解释下面的 Verilog 代码的含义。

```
wire [3:0] var1;
reg [0:0] var2;
wire [1:0] var3, var4;
reg [3:2] var5;
```

5. 请给出下面每一行 Verilog 表达式的值。其中变量 my_number 的值为 8'B0101_0011。

```
// 1.
my_number
// 2.
my_number[3]
```

```
// 3.
my_number[7:2]
// 4.
my_number[0]
```

6. 请计算下面的 Verilog 表达式的值。

```
// A = 4'D7,  B = 4'D11
// 1.
A+B
// 2.
A-B
// 3.
A*B
// 4.
A/B
// 5.
A**B
```

7. 请计算下面的 Verilog 表达式的值。

```
// A = 8'B0011_0011, B = 8'B1100_1001
// 1.
~A
// 2.
A&B
// 3.
A|B
// 4.
A ^ B
// 5.
A ^~ B
```

8. 实际上,我们仅使用与非运算(符号定义为 ~&)就可以实现所有的逻辑运算。与非运算的真值表如表 2.9 所示。

请**仅使用**与非运算实现下面的逻辑表达式。

(1) ~A;

(2) A | B;

(3) A ^ B。

9. 请计算下面的 Verilog 表达式的值。

```
// A = 8'B1111_0011, B = 8'B1100_1101
// 1.
|A
// 2.
~B
// 3.
```

```
|B
// 4.
&A
```

表 2.9 与非门真值表

A	B	O
0	0	1
0	1	1
1	0	1
1	1	1
0	0	1
0	1	1
1	0	1
1	1	0

10. 请计算下面的 Verilog 表达式的值。

```
// A = 8'B1111_0011, B = 8'B0011_1010
// 1.
A >> 'D2
// 2.
A >>> 'D3
// 3.
B <<< 'D1
// 4.
B >> A
```

11. 下面的 Verilog 代码有什么语法错误?

```
reg A, B;
assign A = 1'b1;
assign B = !A;
```

12. 下面的 Verilog 语句执行的效果如何?

```
reg A;
always @(*)
   A = 0;
```

13. 下面的 Verilog 语句执行的效果如何?

```
reg [7:0] A;
initial
   A = 0;
always @(posedge clk)
   A <= A + 1;
```

14. 下面的 Verilog 语句执行的效果如何?

```
reg [7:0] A, B;
```

```
initial begin
   A = 0;
   B = 0;
end
always @(posedge clk)
   A <= B + 1;
always @(posedge clk)
   B <= A + 1;
```

15. 使用合适的仿真语句生成一个周期为 10 ns,占空比为 50% 的时钟信号 clk。

16. 基于下面的 Verilog 代码,编写一段 Testbench。其中信号 n 在每个时钟周期的上升沿自增 1。

```
reg clk;
reg [3:0] n;
initial begin
   n = 0;
   clk = 0;
end
always #5 clk <= ~clk;
```

第 3 章　开 发 工 具

“工欲善其事，必先利其器。”本章介绍了一些在实验中常用的软件或网站，以便于我们更为高效地进行硬件电路的设计与验证工作。

3.1　FPGA 开发概述

3.1.1　FPGA 介绍

FPGA 的全称是 Field Programmable Gate Array，即现场可编程门阵列，是一种灵活的、可编程、可定制的硬件设备。它由大量的可编程逻辑单元组成，可以用于实现各种不同的数字电路功能，例如逻辑运算、算术运算、时序控制等。

简单来说，FPGA 主要由以下几个部分组成：

• 可编程逻辑单元。这是 FPGA 的核心单元，可以完成各种逻辑功能。每个逻辑单元都可以被配置为 AND、OR、XOR 等基本逻辑门，或者更为复杂的逻辑电路。

• 输入/输出单元。这些单元用于连接 FPGA 和其他外部设备。每个输入/输出单元都有一个可配置的缓冲器，用于控制数据的输入和输出。

• 内部存储器。FPGA 内部通常包含了一些片上存储器单元，用于存储配置数据和其他信息。这些单元也可以作为逻辑电路的组件参与到项目的构建之中。

• 配置接口。这个接口用于外部设备对 FPGA 进行配置。通过这个接口，我们可以将设计好的配置数据下载到 FPGA 中，进而控制 FPGA 的行为逻辑。

提示　在 FPGA 中，大部分的逻辑单元实际上都由查找表（LUT）组成，表中包含了该逻辑单元所有可能的输入对应的输出结果。当外部信号输入到该逻辑单元，FPGA 会根据查找表确定对应的输出，并将结果输出到相应的缓冲区。通过这种方式，FPGA 可以实现各种复杂的逻辑功能。

相较于传统的 CPU 芯片，FPGA 具有许多独特的优势。

（1）FPGA 可以根据需求进行配置，满足不同的应用需求。用户可以通过配置接口将设计好的配置数据下载到 FPGA 中，实现所需的功能。而 CPU 则只能采用固定的电路结构，执行特定指令集下的机器代码。如果想要修改指令集或 CPU 的架构，则需要重新制作芯片，这将带来较大的开销。

（2）FPGA 芯片的功耗显著低于传统的 CPU 和 GPU 等计算设备，具有更好的节能性能。因此，在一些特定的环境，例如嵌入式设备上有着得天独厚的使用优势。

（3）FPGA 往往具有较高的性能。FPGA 内部由大量的逻辑单元组成，可以并行处理多个任务，提高系统的处理速度。同时，FPGA 还支持高速接口和协议，可以满足高速数据传输的需求。而通用的 CPU 需要支持其他一系列复杂的功能，因而在特定问题上的处理速度有所下降。

FPGA 的应用场景十分广泛。在通信领域，FPGA 主要用于信号处理、协议处理等方面。例如在 5G 网络的建设中，FPGA 被大量应用于物理层和逻辑层的信号处理中。在嵌入式领域，FPGA 主要应用于如视频编解码、图像处理等场景。在汽车领域，FPGA 被用于实现各种复杂的逻辑控制和运算加速功能。此外，由于 FPGA 的可靠性较高，因而在军工以及航天领域也有着广泛的应用。

3.1.2 硬件开发流程

FPGA 是一种特定的硬件，其开发流程和我们熟悉的软件开发流程截然不同。硬件开发是一个涉及多个复杂阶段的过程，每个阶段都需要专业的技能和精细的操作。简单来说，一款硬件项目的开发包括以下几个关键阶段：

（1）前期分析。这个阶段主要是对项目进行全面的评估，包括技术的可行性、所需资源、成本、开发周期等。硬件开发团队需要对市场趋势、技术要求、用户体验需求、制造成本、项目计划等方面进行深入的研究和分析。这些研究和分析的目的是确定项目的可行性，为后续的开发工作提供决策依据。在这一点上，软件和硬件设计的策略是基本一致的。

（2）代码编写。在硬件开发过程中，代码编写是至关重要的一环。为了编写高质量的代码，开发团队需要遵循一些设计原则和最佳实践。首先需要确保代码的模块化设计，以便于后期的维护和升级。其次，采用合适的编码风格和注释方式可以提高代码的可读性。此外，部分团队还需要进行代码审查，以确保代码的质量和正确性。在编写代码时，开发团队还需要考虑代码的性能和优化，以便在满足设计要求的同时，提高代码的执行效率。对于长期的大型项目，团队还需要定期进行代码的维护和更新，以确保代码的稳定性和可扩展性。

（3）仿真测试。在硬件设计领域，仿真测试是一个重要的环节。完善的仿真测试可以帮助开发团队在早期发现和解决问题，从而减少后期设计和生产的风险和成本。在进行仿真测试时，开发团队需要确保仿真工具的准确性和可靠性。仿真测试的结果应该被记录和分析，以便开发团队可以评估硬件模块的性能和功能是否满足设计要求。如果仿真测试中发现任何问题，开发团队需要及时修复并重新进行测试，以确保设计的正确性。

（4）综合。综合是硬件开发的另一个重要阶段，其目标是生成一个可用的硬件设计。在这个阶段，开发团队将使用综合工具将 Verilog 代码转换为门级网表（gate-level netlist）。门级网表是一个描述电路组件及其连接关系的表格，可以用于后续的布局和布线阶段。综合阶段需要对设计进行优化，以满足面积、性能和可靠性的要求。

（5）上板运行。在完成仿真测试和综合后，我们将进行上板运行测试。在这个阶段，开发团队将把硬件模块安装烧写目标板上，并进行实际的运行测试。上板运行测试包括功能测试、性能测试、热测试等，以确保硬件模块能够在实际环境中正常工作。如果测试结果显示硬件模块存在问题或不满足要求，开发团队需要及时进行修复和重新测试。

提示 为什么在硬件设计领域会需要仿真测试呢？我们引用这篇文章（https://vhdlwhiz.com/why-you-always-need-a-testbench/）中的一些内容作为答案。

首先，我们需要区分测试和 Debug 的概念。Debug 是程序开发阶段中消除逻辑错误的过程，它的侧重点在于让程序能够正常运行；测试是编程完成后，测试程序正确性的过程，它侧重于模拟尽可能多的输入情况，保证不同情况下程序都可以输出正确的结果。

例如：现在我们想用 C 语言编写一个冒泡排序程序，可能会写出下面的代码：

```c
void Bubble_Sort (int *arr, int len) {
    int t;
    for (int i = 0; i < len - 1; ++i) {
        for (int j = 0; j < len - 1 - i; ++j) {
            if (arr[j] > arr[j + 1]) {
                t = arr[j + 1];
                arr[j + 1] = arr[j];
                arr[j] = t;
            }
        }
    }
}
```

写代码并保证其能正确排序的过程就是 Debug，而测试过程则对应着如下的思考：

- len 的值为 -1 时能否正常运行；
- 传入的 arr 大小和 len 不匹配时能否正常运行；
- 传入的 arr 是空指针时能否正常运行；

然而，在软件开发的过程中，我们很少涉及测试的过程。一方面，我们可以增加输入的限制，从而避免考虑这些奇奇怪怪的输入情况；另一方面，便捷高效的调试过程可以让我们立即发现并修复程序中可能的漏洞，把漏洞留给用户去上报再进行修复也是一种可接受的选择。

但是在硬件设计领域，一切都不同了。“你只能编写出自己能测试的模块”，一个自己设计但无力进行测试的复杂模块，往往也很难按照自己的预期进行工作。此外，硬件电路的工作状态是很难被我们获知的，因为芯片上没有 printf 函数，而为每一个元件连接一个显示器也不是什么好的选择。尽管一些芯片有内置的信息输出单元，但一方面其成本高昂，另一方面传输效率也十分低下。大多数情况下，摆在你面前的只有一个小小的、内部状态未知的、工作不正常的芯片。

所以，我们选择在设计完成后引入特定的仿真单元进行测试，尽管编写仿真单元的代价往往大于（甚至远大于）编写对应的待测试模块。如何编写高效的仿真单元也成为了硬件开发中的重要一环。

除了上述几个阶段外，硬件开发还涉及其他一些重要环节，例如布局、布线、制板、焊接、调试等。在这些环节中，开发团队需要关注细节和质量，以确保最终的硬件产品能够满足设计要求并具有良好的用户体验。

总的来说,FPGA 开发以及硬件开发是一个复杂而严谨的过程,每个阶段都需要专业的技能和精细的操作。通过遵循一定的流程和最佳实践,开发团队可以确保硬件产品的质量和可靠性,并满足市场需求和技术要求。

3.2　Vlab

远程教学云桌面项目(Vlab 项目)是由中国科学技术大学计算机实验教学中心提供的、基于互联网的 7×24 远程进行硬件、系统和软件教学的实验平台,可供用户校外登录使用,且支持 SSH、浏览器和 VNC 远程桌面等多种方式访问。该平台通过虚拟机的方式进行软件和系统方面的实验,其基于 Linux 容器的方式使得用户的线上体验和线下机房一致,还能够远程操作我们部署好的 FPGA 集群进行硬件实验。

3.2.1　远程虚拟机

提示　由于容量限制,目前 Vlab 的虚拟机功能仅对中国科学技术大学校内学生开放。未来我们将不断更新,并面向所有用户开放虚拟机使用的功能。

对于本教程后续安排的实验内容,我们推荐在 Windows 或 Linux 系统上完成,因为 MacOS 及其他系统会在后续实验软件使用的过程中遇到一些麻烦。你可以选择使用自己的电脑,也可以选择 Vlab 提供的虚拟机完成实验。二者各自的特点如下:

- 自己的电脑:方便,运行速度快,但需要占据较大的存储空间(50 G 以上),且相关的环境需要自己配置;
- 云虚拟机:耐用(出故障了删掉重开即可),基本环境已经配置完成,但运行速度较慢,且交互不便。

如果你选择使用 Vlab,可以在网站,https://vlab.ustc.edu.cn/vm/上创建一台自己的虚拟机。

进入如图 3.1 所示的主界面后,单击“新虚拟机”按钮,此时便会出现如图 3.2 所示的镜像选择界面。

图 3.1　Vlab 的主界面

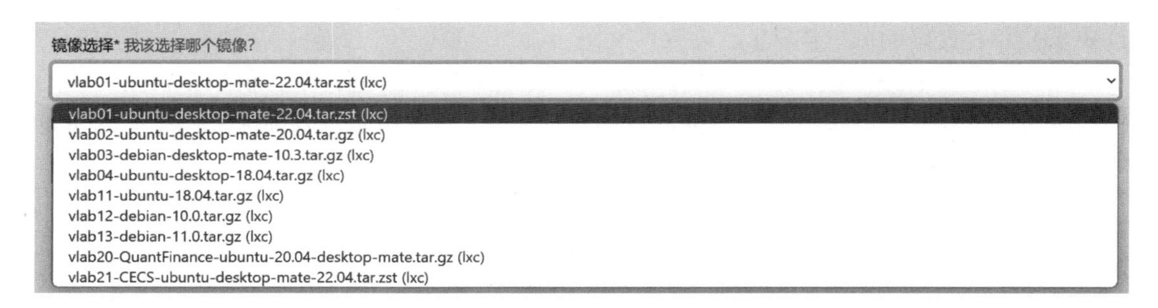

图 3.2 镜像选择

镜像是虚拟机的模板，包含了完整的虚拟机操作系统。不同的镜像包含不同的操作系统配置（例如 Ubuntu, Debian 或者 CentOS），而不同的操作系统在使用过程中也会有一些不同。在这里，我们选择 Vlab01 的虚拟机镜像即可。该镜像提供了计算机系实验所需要的必备软件（如 Xilinx Vivado），可以为我们省去自己安装与配置这些软件的负担。此外，这些软件不占用自己的虚拟机存储空间，而是被存储在实验平台的一个特定容器中。

选好镜像后，等待一段时间即可完成虚拟机的创建工作。现在，虚拟机上已经配置好了完整的实验环境。使用远程桌面登录后，即可在左上角的应用程序 →Vlab 实验软件目录下找到我们需要的实验资源，如图 3.3 所示。

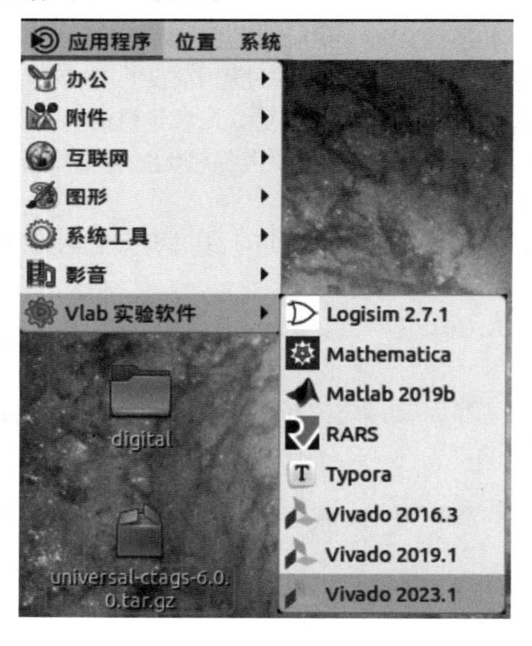

图 3.3 Vlab 实验软件

可以看到，其中也包含了我们之前介绍的 Logisim。接下来，将介绍另一款常用的开发程序：Vivado。

3.2.2　其他工具

除了远程虚拟机项目，Vlab 还提供了一系列配套的工具，以便于我们的实验流程。

3.2.2.1　文件传输

Vlab 支持虚拟机与本地的物理机之间的文件传输，我们在首页上可以看到有“文件传输”选项，也可以在“虚拟机管理”界面里找到文件传输的入口，如图 3.4 所示。

(a) 首页入口

(b) 虚拟机入口

图 3.4　文件传输入口

点击之后，即可进入图 3.5 所示的登录界面。对于大部分用户，直接点击“连接”（CONNECT）即可登录。若你有多个虚拟机，则需要额外输入虚拟机 ID；若你的 Linux 用户名不为 ubuntu，需要额外输入登录的用户名。默认情况下可以不输入 Linux 密码登录，如果此方法无法登录，可以勾选对应选项输入 Linux 密码。

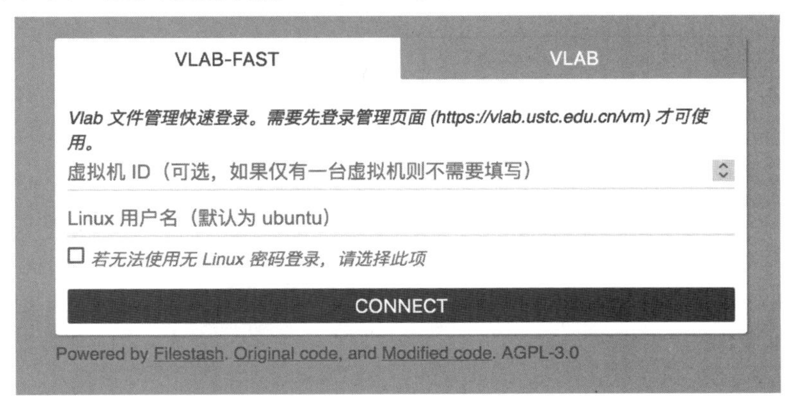

图 3.5　文件传输登录

文件管理器提供新建文件、新建文件夹、更改目录、修改文件名、删除文件、快速访问、文件上传、文件下载、文件编辑等功能（图 3.6）。

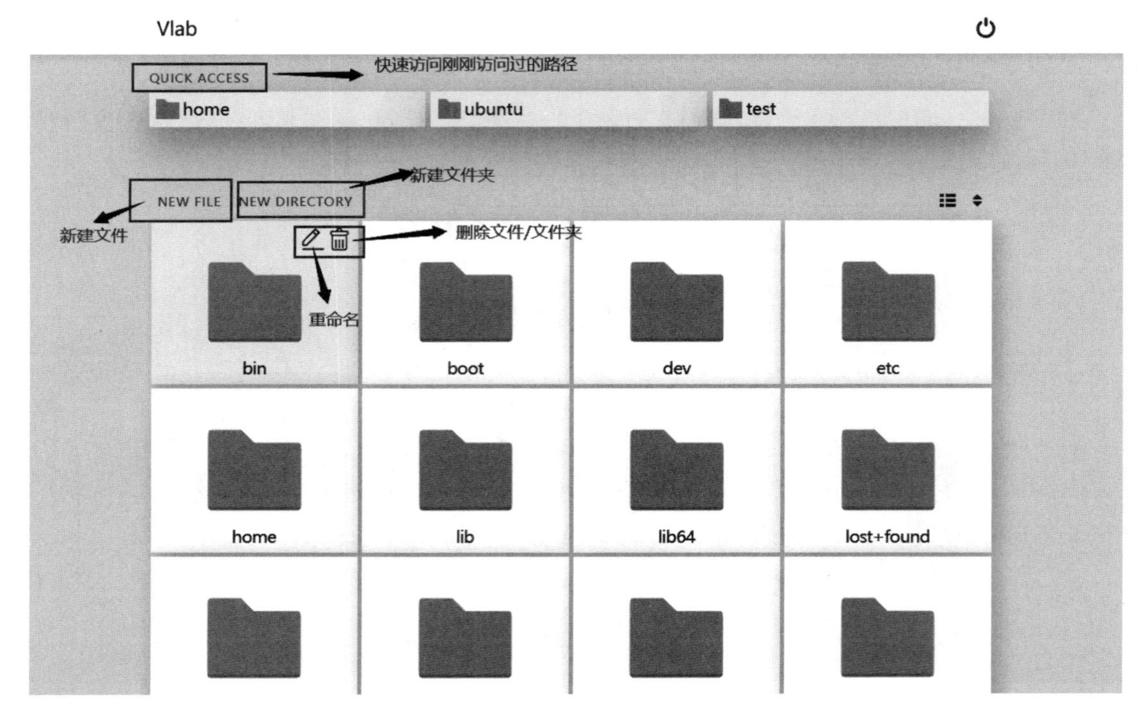

图 3.6 文件传输管理

3.2.2.2 在线 VSCode

Vlab 提供了可以直接在浏览器里使用的 Visual Studio Code。在使用前需要在你的虚拟机里激活 VSCode 的服务端程序。为此，我们在虚拟机中打开终端，输入 vscode start 即可，这同时会将 VSCode 服务设为开机自动启动，使得你下次可以直接使用 VSCode 而无需重新操作命令行。若你想要停止 VSCode 服务，请使用 vscode stop，这同时会取消 VSCode 服务的开机自动启动。

提示 此网页版 VSCode 通过部署在虚拟机内的开源软件 code-server 实现，因此与独立的 VSCode 有一些不同之处，尤其在扩展支持方面。如果你想要使用 VSCode 的完整功能，推荐你在电脑上安装 VSCode，并通过 Remote SSH 扩展连接到 Vlab 虚拟机。

在启用 VSCode 服务后，在虚拟机管理页面点击对应虚拟机的 VSCode 按钮即可跳转进入使用，如图 3.7 所示。

跳转后的使用界面与物理机上的 VSCode 基本一致。关于扩展安装以及其他设置的介绍请参考 Vlab 的使用文档。

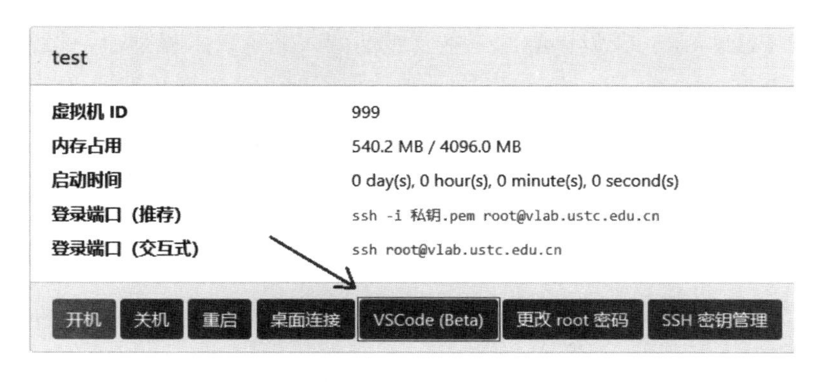

图 3.7 VSCode 入口

3.3 Vivado

3.3.1 简介

Vivado 是一款由 Xilinx 公司开发的集成开发环境（IDE），用于设计、模拟和实现高级 FPGA（现场可编程门阵列）和 SoC（片上系统）项目。其原名为 Project Genesis，最早在 21 世纪初期由 Xilinx 内部的 FPGA 设计团队开发，以提供一种更有效的 FPGA 设计工具。在经历了几个版本的更新和改进后，Vivado 于 2011 年正式发布，并迅速成为 FPGA 设计领域的标准工具。

Vivado 提供了一套完整的工具集，包括设计、模拟、实现、验证和调试等环节。Vivado 的目标是简化 FPGA 和 SoC 设计过程，提高设计效率和可靠性，缩短产品上市时间。Vivado 的功能涵盖了 FPGA 和 SoC 设计的各个方面：

- 设计。Vivado 提供了丰富的设计工具，包括 HDL（硬件描述语言）编辑器、逻辑综合工具、布局布线工具等，支持 Verilog、VHDL 等常见 HDL 语言的编程开发。用户可以借助这些语言编写代码。Vivado 会将代码转化为合适的电路结构。
- 仿真。Vivado 内置了高性能的仿真器，可以用于模拟和验证设计的功能正确性。
- 实现。Vivado 提供了高级的合成和实现工具，可以将设计转换为特定 FPGA 上的电路配置。
- 验证。Vivado 提供了丰富的验证工具，包括 IP 封装器、IP Integrator、System Generator 等，可以帮助用户进行功能和性能验证。
- 调试。Vivado 集成了调试器，支持用户在 FPGA 上实时调试代码和数据流。
- IP 库。Vivado 提供了丰富的 IP 库，包括各种处理器、存储器控制器、接口控制器等，方便用户快速构建复杂的大型系统。
- 高层次设计和优化。Vivado 提供了高级的系统级设计和优化工具，例如 System Generator 和 HLS 工具，可以帮助用户实现高层次的 FPGA 和 SoC 设计。

Vivado 广泛应用于通信、数据中心、工业自动化、汽车电子、航空航天等领域。使用

Vivado 进行 FPGA 和 SoC 设计的用户主要包括嵌入式系统工程师、硬件设计师、软件工程师等。例如,在通信领域,Vivado 可以用于设计和实现高速数据转换器、信号处理算法、网络协议等。在数据中心领域,Vivado 可以用于优化服务器性能,提高数据处理速度和能效。在工业自动化领域,Vivado 可以用于实现实时控制算法、数据采集和处理等。

简而言之,Vivado 是一款功能强大的 FPGA 和 SoC 设计工具,为嵌入式系统和硬件设计工程师提供了一站式的解决方案。通过使用 Vivado,工程师们可以更快速地构建和验证高性能的 FPGA 和 SoC 设计,缩短产品上市时间。

3.3.2 安装与配置

为了安装 Vivado,需要在官网获取其安装程序。由于 Verilog 本身是一个很容易在书写过程中出现 Warnings 的语言,而这些 Warnings 只能由 Vivado 报出(普通的代码编辑器无能为力)。但 2019 年及之前版本的 Vivado 往往会报出许多“虚假”的 Warnings,从而影响我们对于电路状态的分析。因此,我们选择使用新版本的 Vivado 以提高开发效率。

整体而言,开发 Vivado 项目的流程可以概括如下:

(1)创建工程。打开 Vivado,选择 File→New Project,然后根据提示填写工程名和工程路径。

(2)指定开发板或芯片型号。选择与自己开发环境相应的开发板或芯片的型号。

(3)创建或添加源文件。在工程导航器中,右键单击 Sources,然后选择 Create Source 或 Add Source,在弹出的对话框中选择要创建或添加的文件类型。如果是添加文件,此时需要浏览并选择要添加的文件。单击 Open 以完成文件的创建或添加。

(4)编写 Verilog 代码。在工程导航器中,找到并双击 Design Source 文件夹,在其中创建一个新的 Verilog 文件。在该文件中,我们可以编写 FPGA 设计的 Verilog 代码。

(5)添加 IP 核。如果需要在设计中使用 IP 核,可以通过 IP Catalog 窗格来添加。选择 IP Catalog,在搜索栏中输入所需 IP 核的名称或类型,然后单击 Search。找到所需的 IP 核后,单击 Add 即可将其添加到设计中。

(6)创建约束文件。如果需要在设计中使用约束文件,可以通过 Constraints 来添加所需的约束。选择 Constraints,然后单击 Add Constraint。在弹出的对话框中填写约束的名称和类型,然后单击 OK 以完成添加。

(7)RTL 描述与分析。在 Vivado 中,我们可以对设计进行 RTL 描述与分析。这一步主要是对所编写的 Verilog 代码进行分析,检查其是否符合设计要求。

(8)设计综合。这一步将 RTL 级别的设计转换为门级网表。这是 FPGA 设计的关键步骤之一,Vivado 会自动根据所使用的 FPGA 芯片类型进行门级电路的综合。

(9)添加设计约束。在综合之后,我们可以为设计添加特定的约束条件,例如针对循环的优化、针对元件使用的限制等。这些约束条件将决定设计的行为和性能。

(10)设计实现。在添加约束之后,Vivado 将根据所使用的 FPGA 芯片的类型和资源情况进行实现。这一步将生成最终的比特流文件,用于控制 FPGA 中电路的连接状态。

(11)比特流文件生成与下载。最后,我们将生成的比特流文件下载到开发板或 FPGA

芯片中。比特流文件包含了所有需要下载到 FPGA 芯片中的数据，包括配置数据、寄存器数据等。之后就可以在开发环境上进行验证操作了。

接下来，我们以 2023.1 版本的 Vivado 作为示例，带大家体验完整的项目开发流程。等待安装包下载并解压完成后，单击文件夹中的 xsetup.exe 程序以开始 Vivado 的安装（图 3.8）。

图 3.8　启动安装程序

首先，进入图 3.9 所示的欢迎界面。这里简单介绍了 2023.1 版本的 Vivado 所支持的操作系统版本。单击 Next 继续安装。

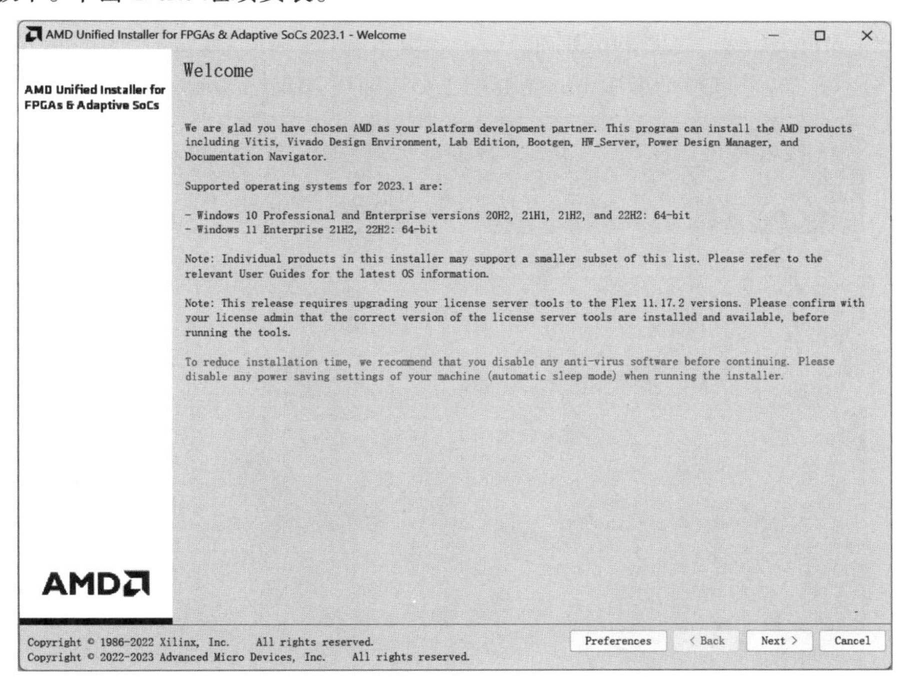

图 3.9　欢迎界面

接下来是图 3.10 所示的产品选择界面。可以看到，目前可供安装的产品包括 Vitis、Vivado、BootGen 等。单击选择安装 Vivado，再单击 Next 以继续安装。

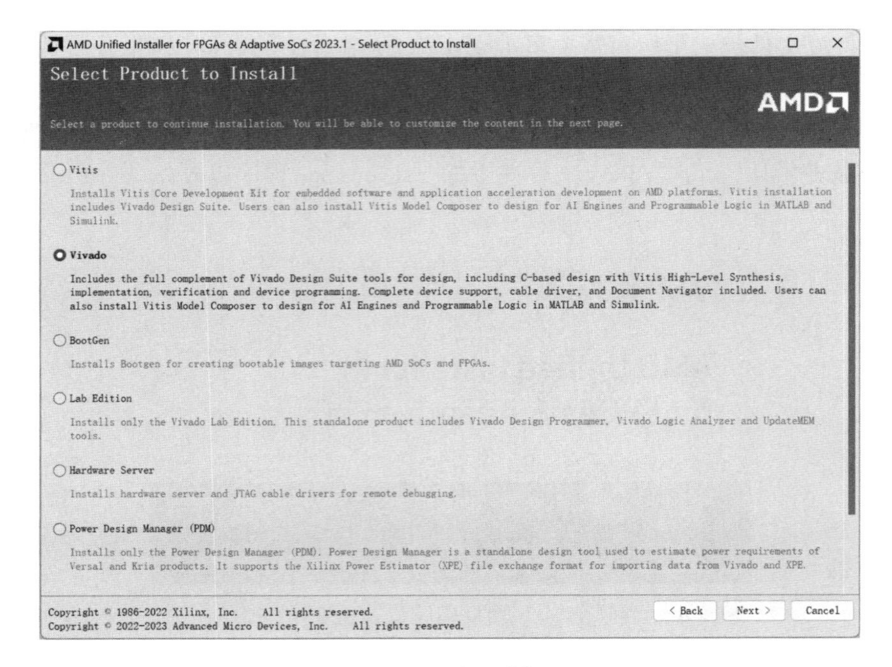

图 3.10 产品选择

选择安装 Vivado 后，如图 3.11 所示，接下来会选择安装标准版本（Standard）或者是企业版本（Enterprise）。二者的区别在于，企业版本的 Vivado 额外支持高性能的芯片，例如 KU+15P 等。这里选择标准版（Standard）安装即可。单击 Next 以继续安装。

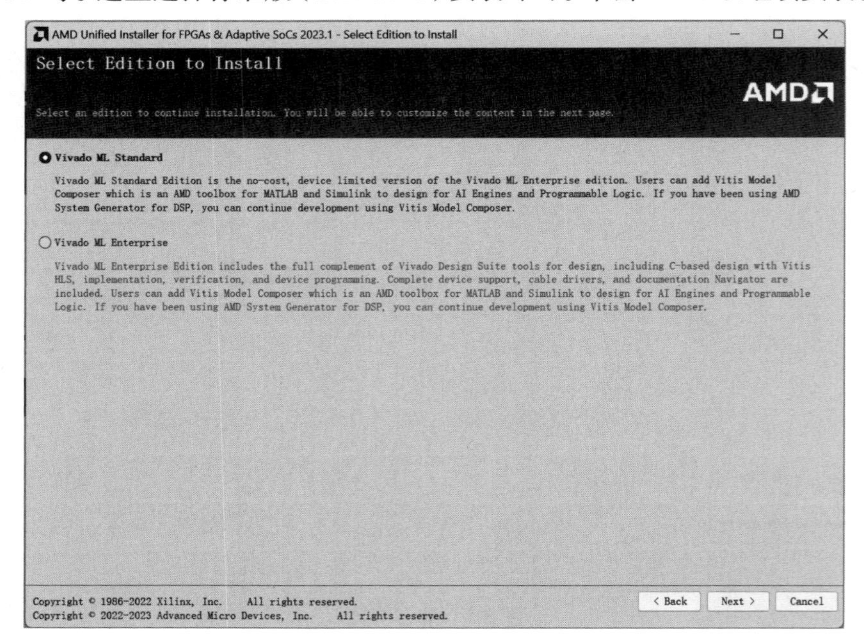

图 3.11 安装标准版

接下来进入图 3.12 所示的界面选择安装组件。在本教程涉及的后续实验中，都只需要使用 A7 系列的芯片。因此为了节省空间，可以暂时不安装其他功能。有需要使用其他系列芯片的同学也可以根据自己的芯片信号进行安装。此外，也可以取消勾选部分其他的组件，从而进一步减少安装所需要的存储空间。

设定好相关内容后，单击 Next 以继续安装。

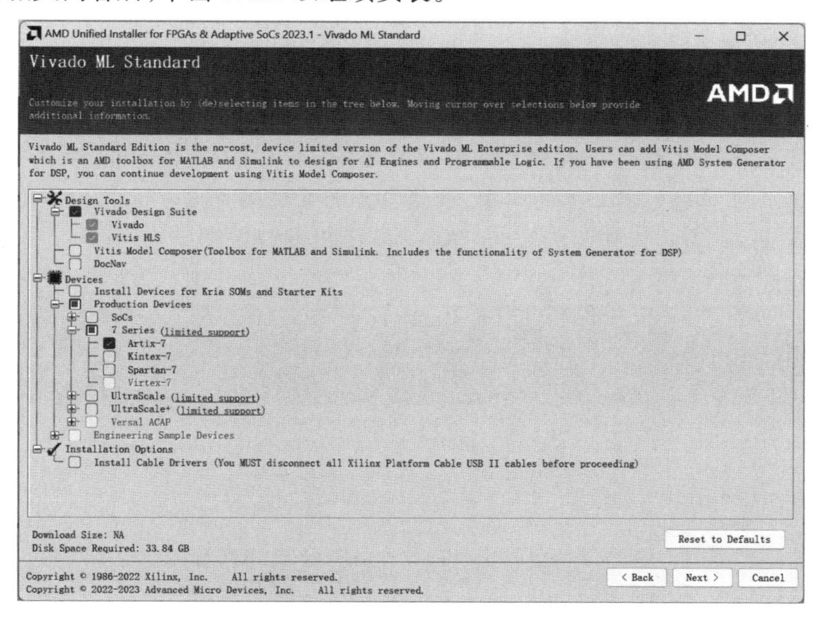

图 3.12　仅安装 A7 系列以节省空间

如图 3.13 所示，现在需要同意许可协议。全部选中 I Agree 后，单击 Next 以继续安装。

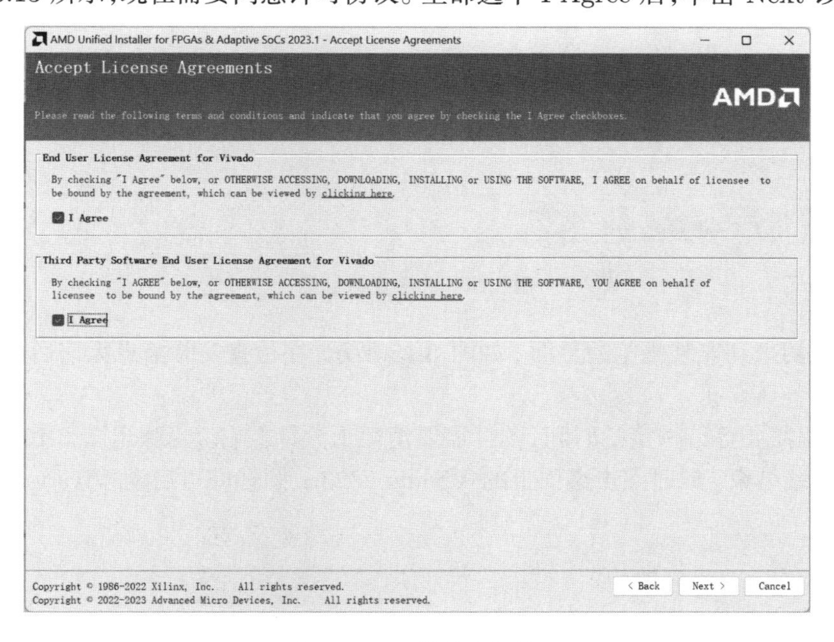

图 3.13　同意许可协议

接下来是选定安装目录。可以看到,即使是最小化了安装的组件,此时的待安装文件大小也已经超出了 30 G。因此,我们不建议大家直接将其安装到 C 盘。你可以选择磁盘容量充足的位置进行安装。需要注意的是:Vivado 的安装目录中不能出现中文与空格字符。

提示 这里是一个十分容易出现错误的地方。安装的目录不能包含这些字符,其根本原因在于不同软件、不同系统对于中文字符的解析方式不同。因此,Vivado 无法正确识别中文路径下的文件关系,也就无法正常执行后续的开发流程。

此外,中文路径不仅仅指文件夹的名字包含中文,系统的用户名是中文也可能会出现问题。因为在 C 盘下的文档路径包含系统的用户名,而该路径是 Vivado 保存项目的默认路径。因此,为了尽可能避免不必要的问题,请将自己的系统用户名也设定成英文。

如图 3.14 所示,设定好相关内容后,单击 Next 以继续安装。

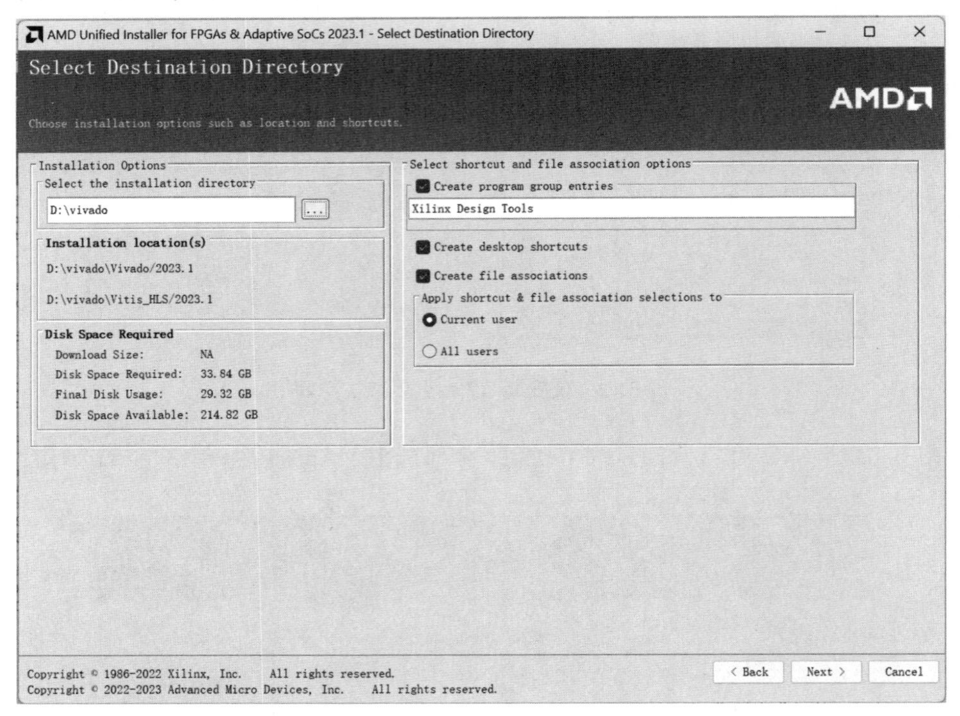

图 3.14 选择安装目录

最后,我们来到安装概览的界面。如图 3.15 所示,在检查安装信息无误后,单击 Install 开始安装。

安装过程需要等待一定的时间,预计需要消耗十分钟左右。当弹出图 3.16 所示的对话框时,表明安装结束。此时点击桌面上的 Vivado 2023.1 图标即可启动 Vivado。

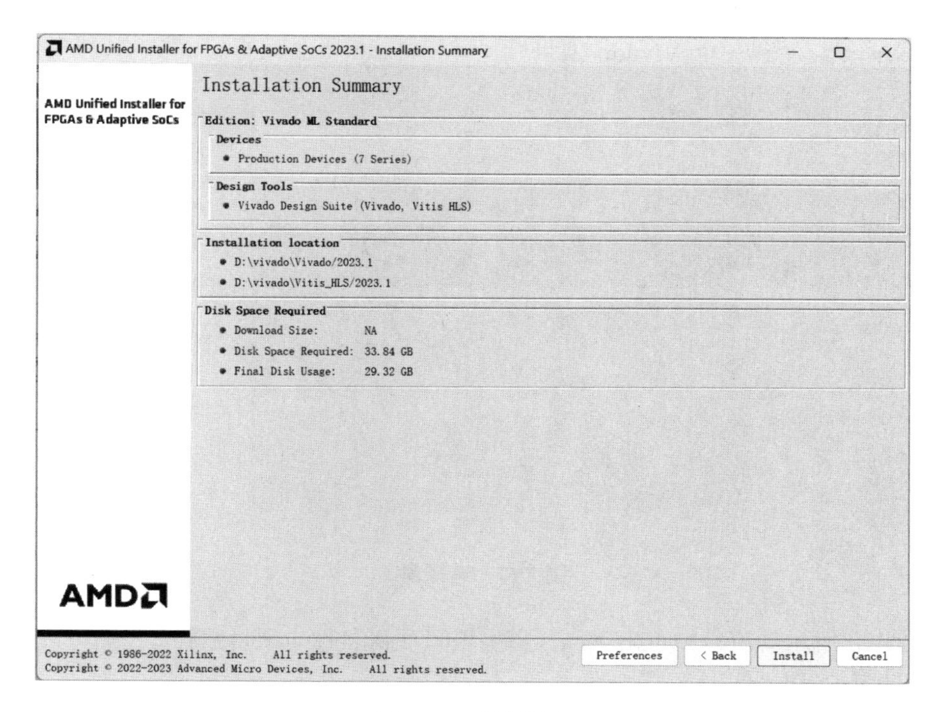

图 3.15　安装概览

图 3.16　安装完成

提示　如果你因为各种原因（例如空间不足、无法下载等）无法使用 2023.1 的最新版本，则可以选择使用 2019.1 的版本，其安装与配置的过程与 2023.1 版本基本相同。你可以在 Vlab 实验中心获取 2019.1 版本的下载方式。

3.3.3　创建项目

在 Vivado 中，一个项目包含如下的基本内容：

- 项目名称：项目的名称通常应该能够反映项目的目的或内容。
- 工程路径：存放工程文件的文件夹。我们建议大家在创建项目时指定一个清晰的文件夹结构，以便于后续管理和查找。
- 使用的 FPGA 芯片：项目使用的 FPGA 芯片类型。这将决定设计中使用的 IP 核种类和约束文件等。
- 源文件：项目中包含的源文件，包括 Verilog 代码、VHDL 代码、IP 核等。

下面，我们将创建属于我们自己的第一个项目。打开 Vivado，如图 3.17 所示，点击

Create Project 以新建一个 Vivado 项目。

图 3.17 选择创建

在图 3.18 所示的窗口中点击 Next，随后填写项目名称与项目路径。我们可以将项目名称简单地设定为 Test。

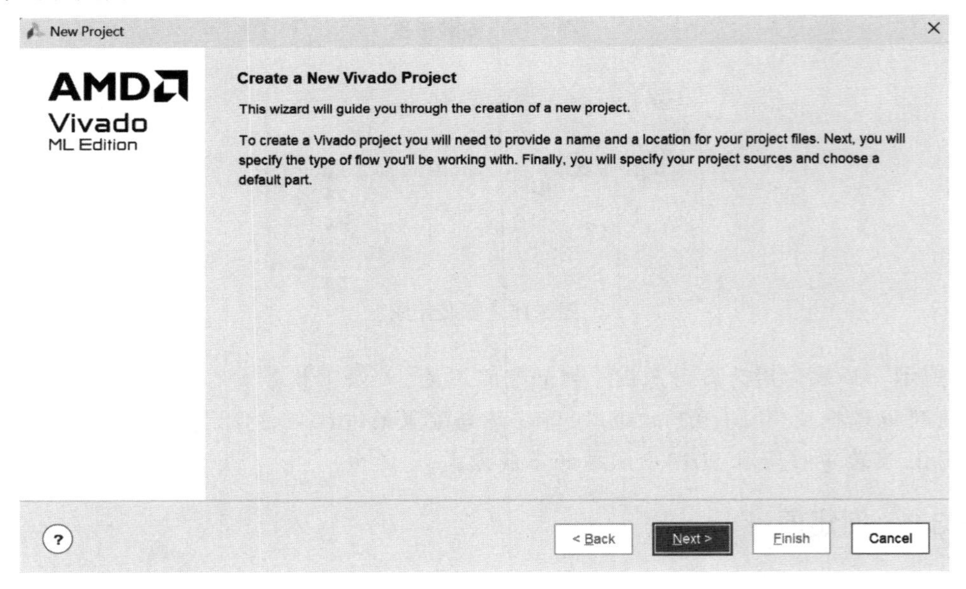

图 3.18 创建新的项目

提示 与安装 Vivado 时类似，请确保你的项目路径与项目名称中均不包含中文或空格字符，否则可能会带来意想不到的问题。

设置好项目名称后，一直选择 Next（无须更改其他选项），直到遇到如图 3.19 所示的选择芯片型号（default part）的界面，按照图 3.19 的搜索选项就可以找到我们使用的芯片型号：xc7a100tcsg324-1。

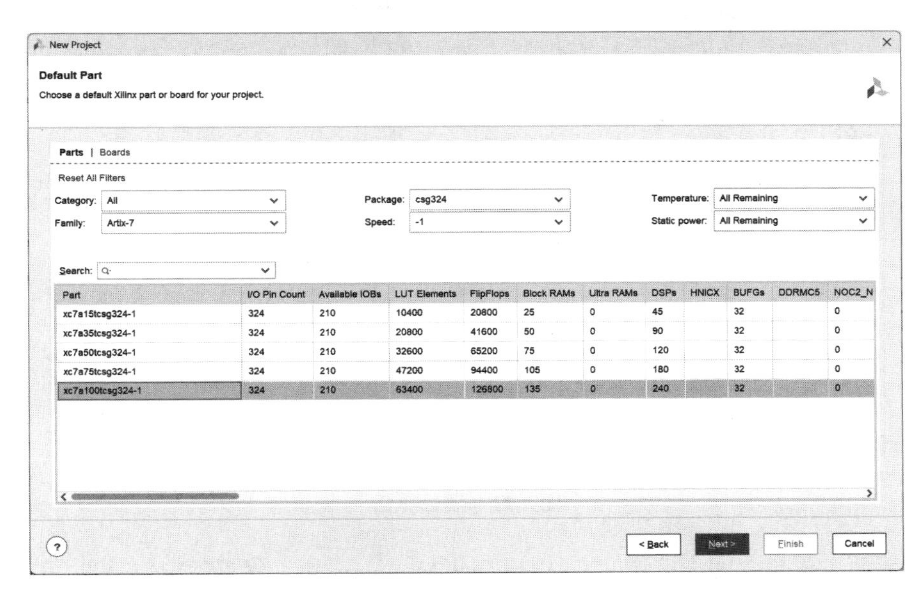

Part	I/O Pin Count	Available IOBs	LUT Elements	FlipFlops	Block RAMs	Ultra RAMs	DSPs	HNICX	BUFGs	DDRMC5	NOC2_N
xc7a15tcsg324-1	324	210	10400	20800	25	0	45		32		0
xc7a35tcsg324-1	324	210	20800	41600	50	0	90		32		0
xc7a50tcsg324-1	324	210	32600	65200	75	0	120		32		0
xc7a75tcsg324-1	324	210	47200	94400	105	0	180		32		0
xc7a100tcsg324-1	324	210	63400	126800	135	0	240		32		0

图 3.19　选择芯片信号

请确保你的芯片型号是 xc7a100tcsg324-1。错误的芯片型号将导致开发板上的运行结果错误。之后继续选择 Next，在最后的界面中点击 Finish。这样就创建好了一个新的工程项目（图 3.20）。

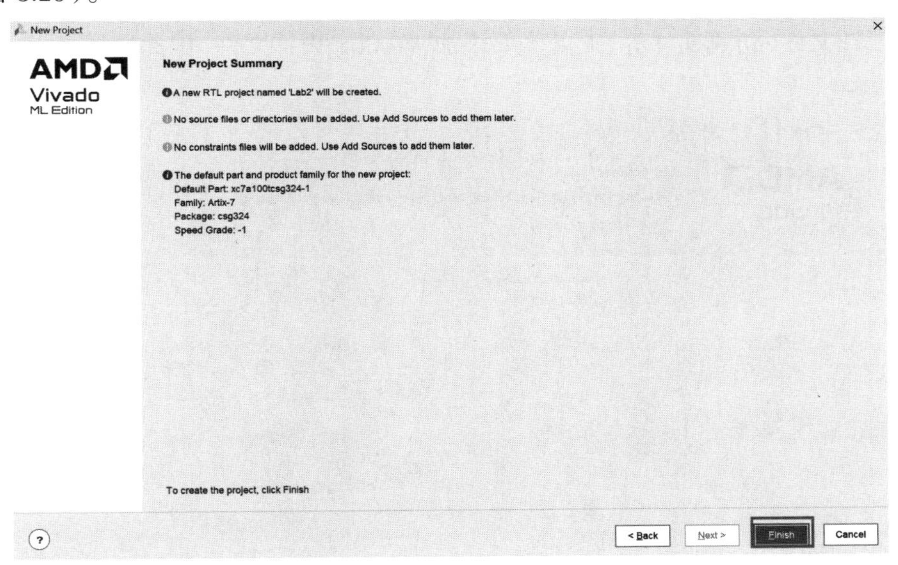

图 3.20　创建完成

3.3.4　项目开发

对于一个打开的项目，你将进入图 3.21 所示的界面。

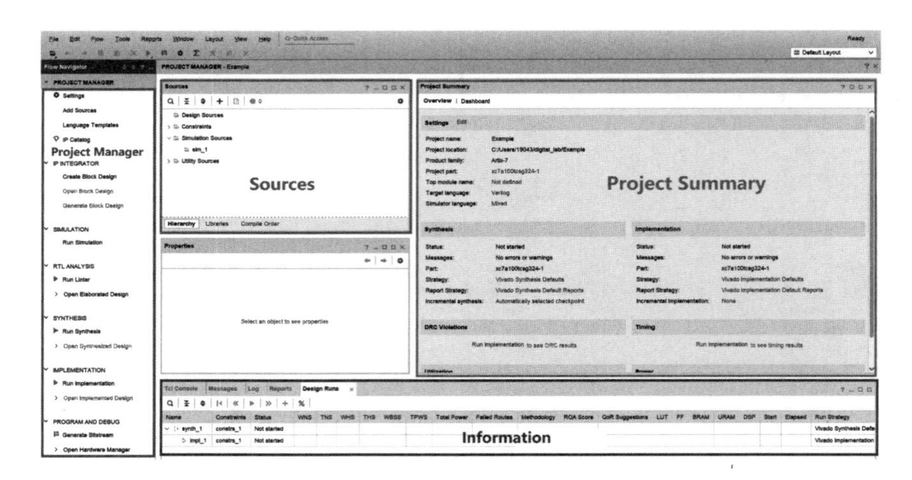

图 3.21 项目界面

项目界面主要包含四大区域。其中 Project Manager 为工程管理窗口,可以完成添加代码、仿真、综合、烧写 FPGA 等一系列操作;Sources 窗口显示代码层级列表,分为设计文件、约束文件和仿真文件三组; Project Summary 窗口显示工程的各种基本信息; Information 窗口显示各种项目的信息参数。

目前我们的项目还空空如也。因此,首先需要创建一个设计文件。在 Project Manager 窗口中点击 Add Sources 可以打开图 3.22 所示的窗口。项目内可供添加的文件类型包括约束文件、设计文件、仿真文件等,此处需要添加 Verilog 设计文件,因此选择 Add or create design sources。

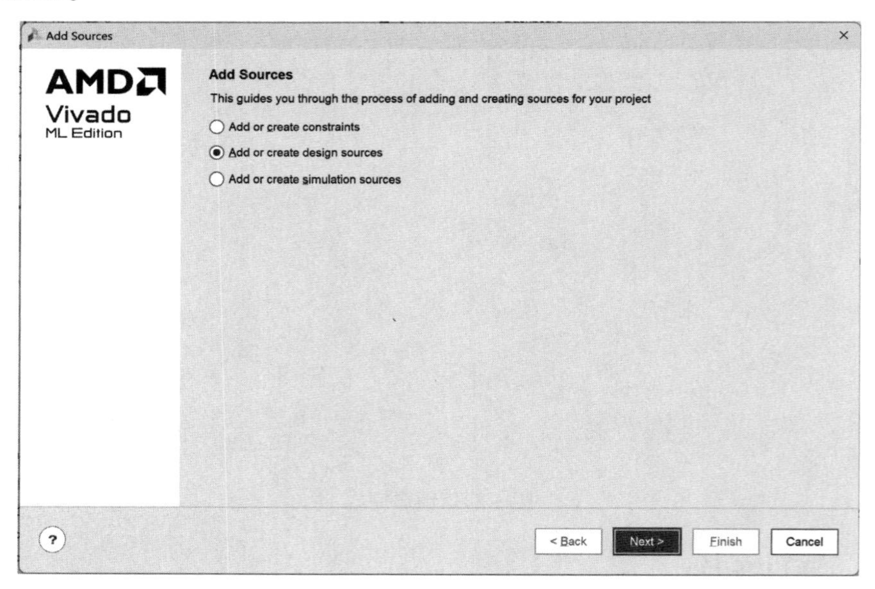

图 3.22 添加设计文件

提示 约束文件用于明确模块的输入、输出端口与开发板上物理端口的对应关系,设计文件是我们电路模块的具体设计，仿真文件则用于对待测试模块进行仿真测试。三种文件有着彼此不同的应用场景，使用时不可以混用。

单击 Next，再单击 Create File，便可以创建一个全新的设计文件。图 3.23 所示的界面中可以设置文件类型与文件名，其中文件类型包括 Verilog、Verilog Header、SystemVerilog、VHDL 和 Memory File。在这里以及后续的实验中，我们都选择 Verilog 作为设计语言。文件名可以简单命名为 Counter 或其他你喜欢的名字。

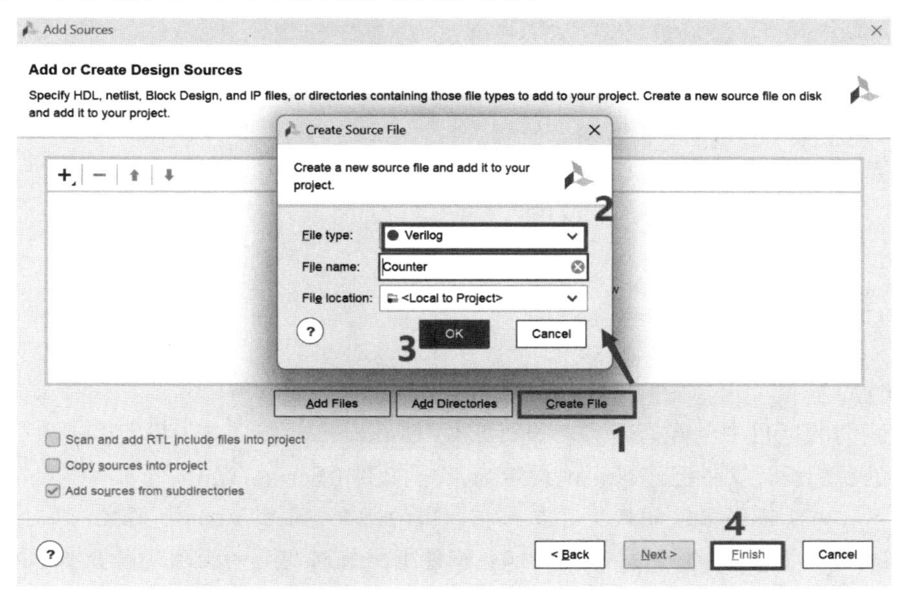

图 3.23　创建文件 Counter.v

完成后单击 OK，再单击 Finish 关闭界面。最后，在弹出的 Design Module 窗口中单击 OK，再单击 YES 即可完成文件创建。之后便可以在这个文件中编写 Verilog 代码了。

提示　有时候，我们已经在其他地方得到了 Verilog 代码，应当如何把这些源代码文件加到项目中呢？只需要在添加文件时，点击 Create File 旁边的 Add Files，就可以把其他位置的设计文件包含入项目了。

需要注意的是，这里并不能将对应位置的设计文件真正复制入项目文件夹，而只是进行了目录添加。也就是说，在其他项目也包含了这个设计文件的情况下，如果在本项目中修改这个文件，那么其他项目中的这个文件也会被修改。因此，一种比较好的做法是先将这些文件复制到本项目的目录中，再进行文件添加操作。

创建完成后，在 Sources 窗口中便可以看到创建好的 Counter.v 文件。双击这个文件就可以在编辑器中编辑它了。在打开的编辑器中，输入程序 3.1 所示的代码。

程序 3.1　计数器

```
module Counter #(
    parameter MAX_VALUE = 8'D100
)(
```

```
    input                 [ 0 : 0]          clk,
    input                 [ 0 : 0]          rst,
    output    reg         [ 0 : 0]          out
);
reg [ 7 : 0] counter;
always @(posedge clk) begin
    if (rst)
        counter <= 0;
    else begin
        if (counter >= MAX_VALUE)
            counter <= 0;
        else
            counter <= counter + 8'B1;
    end
end
always @(*)
    out = (counter == MAX_VALUE);
endmodule
```

现在我们的项目中已经有了一个设计文件 Counter.v。接下来，我们将进入分析阶段。请确保你的目标设计文件已经被正确设定为 Top 文件（Set as Top）。

提示 由于不同文件的模块存在互相例化的情况，因此 Vivado 规定：只对手动规定的 Top 文件执行用户操作，这样可以保证我们能够一直对想要的模块进行分析（画电路图、运行检查器、仿真、综合、实现等）。所以，在进入分析阶段前都要记得把待分析模块设为顶层模块。

你可以在 Sources 窗口中右键某一模块，在弹出的窗口中选择 Set as Top 将其设定为 Top 模块。Vivado 会自动将项目创建的第一个文件设定为 Top 文件。如果该文件出现语法错误或不可用，则 Top 文件会空缺。正常情况下，此时你的 Sources 窗口应当是如图 3.24 所示的样子。其中 Counter 模块的名称被加粗，代表其已经被设定为 Top 文件。

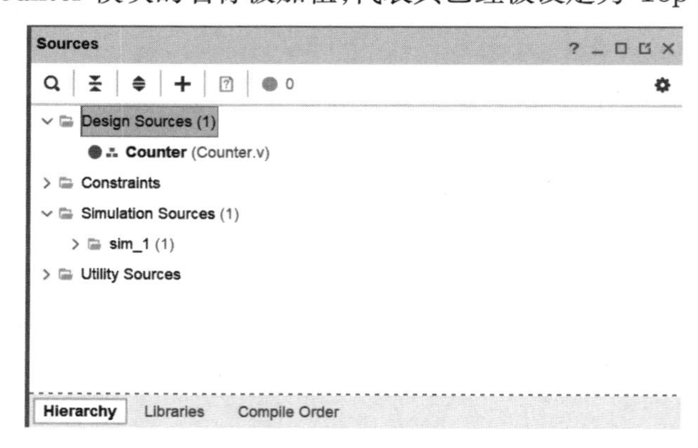

图 3.24　设定为 Top 文件

3.3.5 仿真测试

Vivado 提供了一整套高效且全方位的设计工具，涵盖了从设计到实现的整个过程。其中，仿真功能作为 Vivado 强大特性的代表之一，可以被用于验证我们设计的正确性和可靠性。

在 Vivado 中，我们可以选择多种仿真工具来满足不同的仿真需求。常见的仿真分为以下的几种：

- 行为仿真是一种重要的技术，可以帮助我们验证模块的功能是否符合预期。在进行综合和实现之前，可以通过这种仿真方法发现并修正设计中的潜在问题。
- 综合后仿真主要用于验证综合后的设计是否满足要求。虽然这个阶段的仿真不太常用，但可以利用它来估计时间，为后续的时序调整提供参考。
- 实现后仿真则是在布线实现后进行的功能仿真和时序仿真，它能够模拟设计的实际运行情况。在这个阶段，可以使用 Vivado Simulator 或其他仿真工具来验证设计的正确性和可靠性，确保 FPGA 设计的成功实现。通过实现后仿真，可以更加准确地评估设计的性能和质量，从而更好地满足实际应用的需求。

通过灵活选择不同的仿真工具和级别，可以逐步验证设计的正确性和可靠性，为最终实现成功的设计奠定坚实基础。下面以行为级仿真为例，介绍 Vivado 中的仿真操作流程。

首先，需要创建仿真资源文件。习惯上，在需要测试的模块名后加上 _tb 后缀来表示这是模块的 Testbench 仿真文件。同样地，在 Project Manager 窗口中点击 Add Sources 打开图 3.25 所示的窗口。此时选择添加仿真文件，即 Add or create simulation sources。

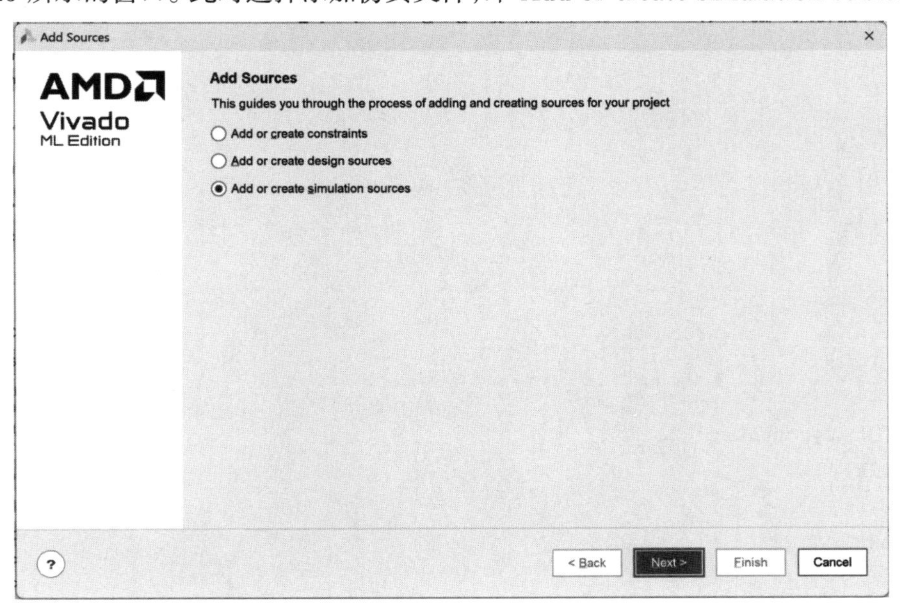

图 3.25 添加仿真文件

单击 Next。在图 3.26 所示的窗口中，令创建的仿真文件名字为 Counter_tb。单击 OK 以完成创建。

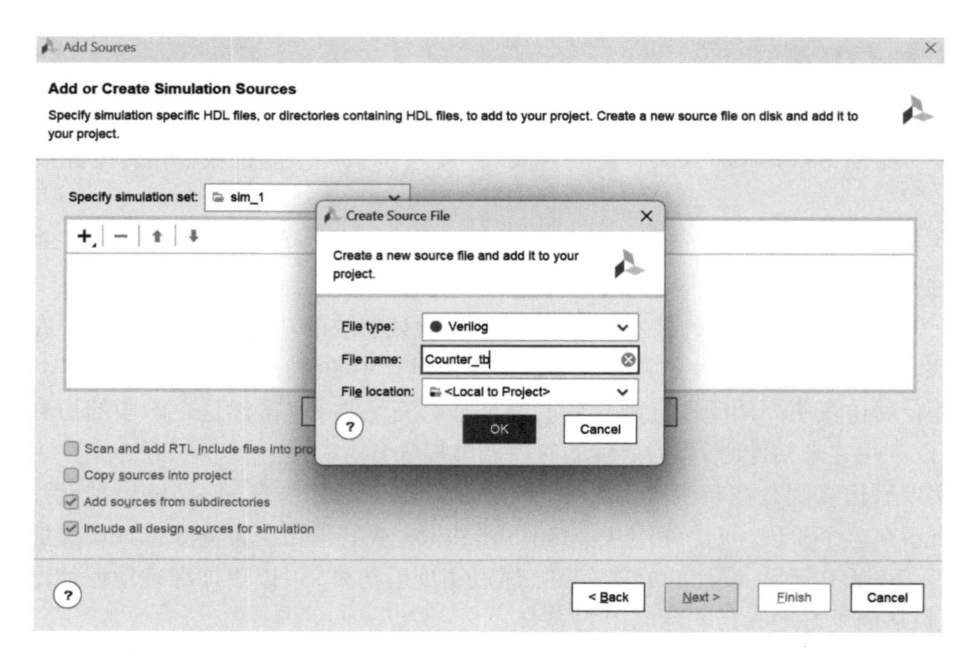

图 3.26 创建文件 Counter_tb.v

现在你可以参考之前的章节编写仿真文件了。我们给出的参考如程序 3.2 所示。

程序 3.2 Counter_tb 模块

```
module Counter_tb();
reg clk, rst;
wire out;

initial begin
   clk = 0;
   rst = 1;
   #50;
   rst = 0;
end
always #10 clk = ~clk;

Counter #(8) my_counter (
   .clk(clk),
   .rst(rst),
   .out(out)
);
endmodule
```

我们知道，一个仿真文件应当包括激励（stimulus block）、输出校验（output checker）和被测模块（design under test，DUT）三部分。在这里，输入激励对应着第一开始的 initial 和 always 语句。我们通过这些语句确定了 clk 和 rst 信号的变化逻辑。在 initial 块中，首先令 clk 为 0，rst 为 1，这代表初始的复位操作。在测试开始前进行复位是保证测试正确性的重要步骤。经过 50 个时间单位后，令 rst 为 0，之后就是正常的测试流程了。always 语句产生了一个周期为 20 个时间单位的时钟信号。接下来的几行例化了待测试模块 Counter，并用变量 out 获取该模块的输出。

编写完仿真文件后，不要忘记在 Sources 窗口中 Simulation Sources 文件夹下将仿真文件设为 Top。理论上，现在的文件结构应当如图 3.27 所示。其中仿真文件 Counter_tb.v 中例化了 Counter.v 模块，因此在文件目录中表现为包含的形式。

提示　仿真文件（simulation sources）有着自己独立的 TOP 文件设定，可以与设计文件（design sources）不同。因此，在运行仿真之前，请仔细检查仿真文件目录下的 TOP 文件是否设定正确。

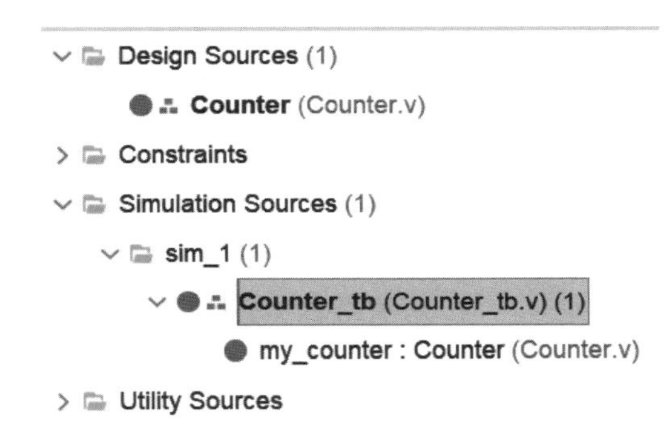

图 3.27　将仿真文件设定为 Simulation Sources 目录下的 TOP

接下来，点击左侧 SIMULATION 栏下的 Run Simulation 即可开始仿真。你将看到图 3.28 所示的窗口。

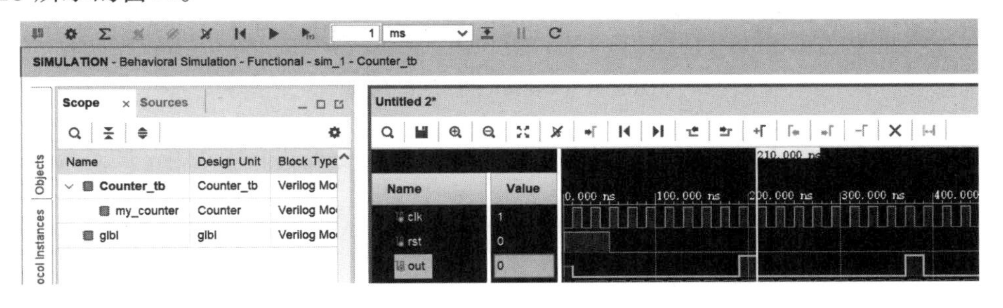

图 3.28　仿真波形界面

我们来简要介绍一下图 3.28 中的基本元素。左侧为模块与元素窗口，用于管理项目中不同层次模块内的信号；右侧为仿真波形窗口，用于显示各个时刻下不同信号的值。图 3.29 标注了一些常用的快捷按钮。

我们可以点击左侧 Scope 选项卡中的模块名选中需要查看的模块，再在中间的 Objects 选项卡中选择模块内部信号，将其拖拽到波形图的 Name 列中，随后重新运行仿真以查看内部特定信号的波形。整个过程如图 3.30 所示。

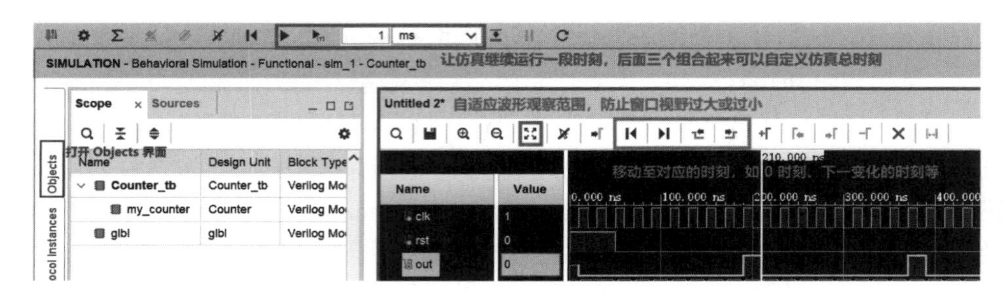

图 3.29 常用按钮介绍

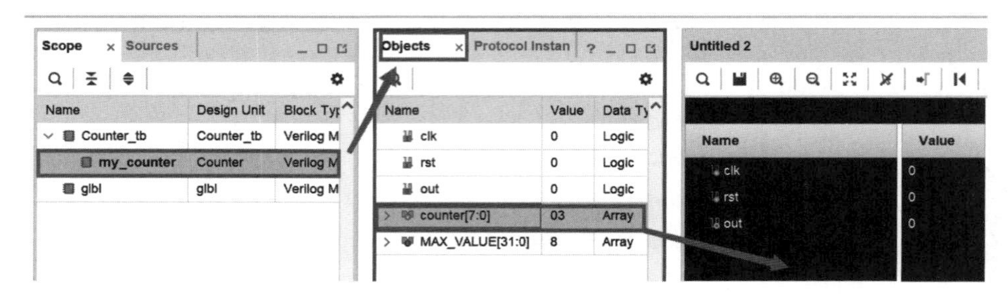

图 3.30 添加信号至仿真窗口

例 3.1 (Counter 模块的仿真) 参考图 3.30 所示的过程，将 Counter 模块中的 counter 变量拖动到波形图中，重新运行仿真后得到的波形图如图 3.31 所示。

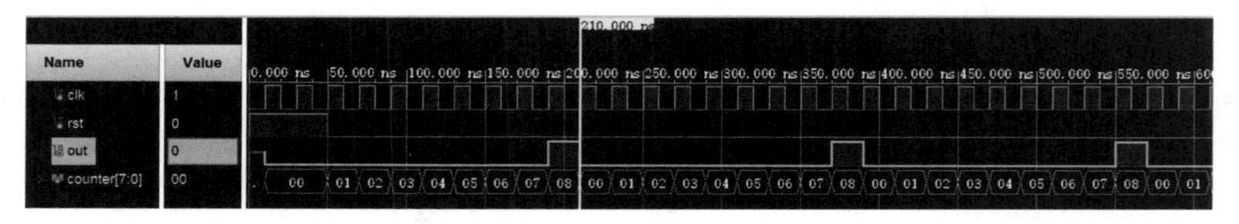

图 3.31 Counter 模块的仿真

从图 3.31 中可以看到，每经过 9 个时钟周期 out 就会发出一次信号，这是符合我们设计预期的。

✍ **练习 3.1**

为什么是经过 9 个时钟周期呢？

这样，我们就验证了自己设计的正确性。

3.3.6 RTL 电路

除了提供对于设计的仿真，Vivado 还允许我们观察电路对应的 RTL 结构。RTL（register transfer level，寄存器传输级）指通过描述寄存器到寄存器之间的逻辑功能来描述电路。RTL 分析过程则是将 HDL 硬件描述语言转换成逻辑门电路的过程。

如果你使用的是 2023.1 版本的 Vivado，在左侧 Project Manager 窗口中可以看到 Run Linter 按钮（图 3.32）。这是 2023.1 版本 Vivado 新增的代码检查器，可以检查出大部分潜在的问题。

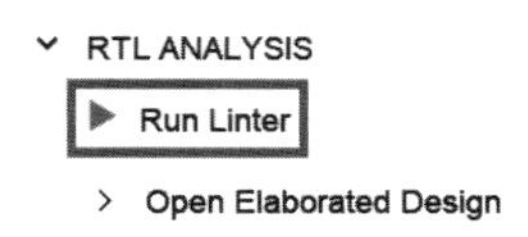

图 3.32　2023.1 版本的 Linter

点击 Run Linter 后会在界面下方打开一个 Linter 窗口(图 3.33)。如果这里没有弹出 Warnings 以及 Critical Warnings,那么表明目前的设计没有明显的问题。

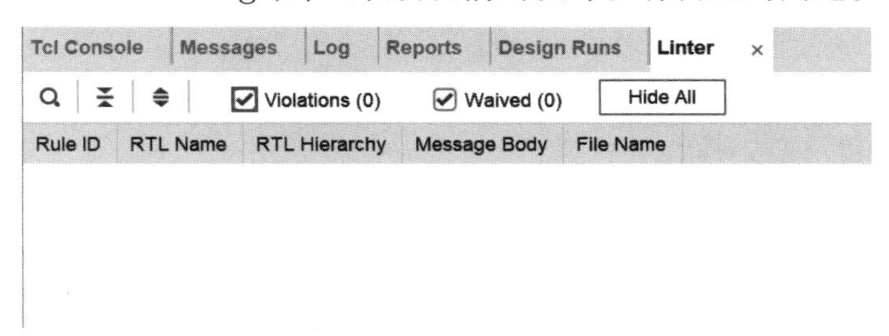

图 3.33　没有警告信息的 Linter

提示　需要注意的是,Linter 报出的警告不一定会影响设计正确性。当使用一个比较复杂的设计时,Linter 很有可能报出以下两个警告:

- 提示信号没有被读。这个警告表示某信号的某几位虽然接进了某个模块,但在这个模块中并没有使用。
- 提示信号没有被用。这个警告表示某信号虽然被声明了,但是并没有被使用。或者说信号的某几位接了常值,而这个常值的位宽小于这个信号的位宽。

以上两个警告可能是真的代码错误,也很有可能是“杞人忧天”。此时,一定要仔细核对出错信息,如果发现所有的信息都是“杞人忧天”,那么就可以进行下一步了。

接下来,点击左侧的 Open Elaborated Design ,画出如图 3.34 所示的设计电路图。

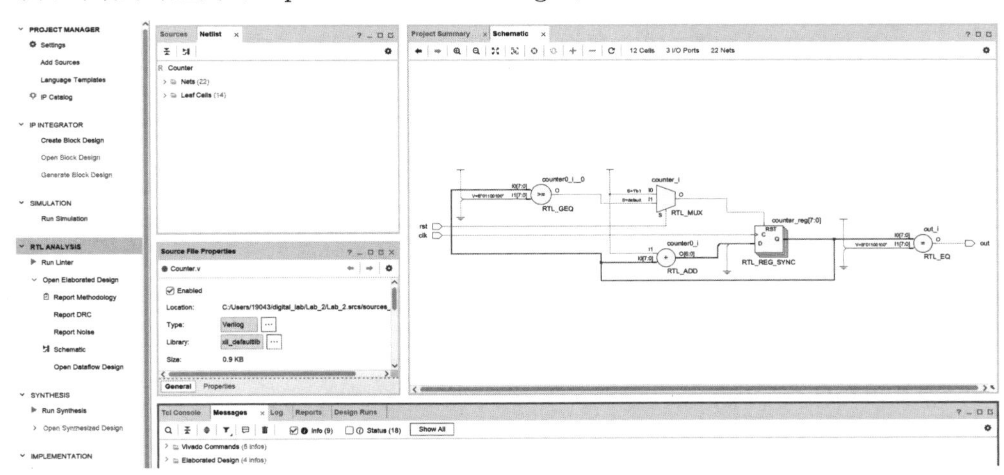

图 3.34　Counter 模块的 RTL 电路

这里可以看到电路初步的样子。Counter 模块主要由一个寄存器、一个加法器、两个比较器和一个选择器组成。

除了画出电路图外，分析阶段更重要的意义在于打开如图 3.35 所示的 Messages 窗口，解决 Elaborated Design 文件夹下所有带具体文件行数的 Warnings。这些具体的警告是千万不可以被忽视的，因为它们是影响硬件设计的重要问题。对于一些很冗长且没有标出具体行数的 Warnings，则可以选择忽视。

(a) Elaborated Design 文件夹下无 Warnings

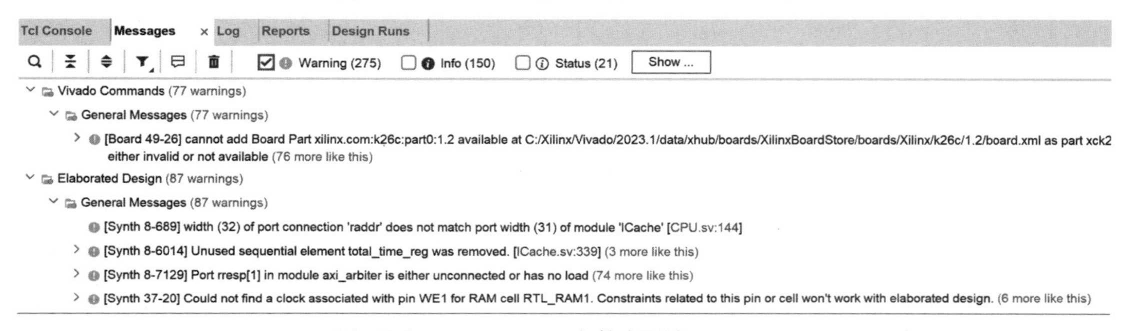

(b) Elaborated Design 文件夹下有 Warnings

图 3.35　Messages 窗口信息

需要注意的是，在 Vivado 进行了 RTL 分析后，如果此时我们直接修改代码源文件，那么 Vivado 会检测到修改痕迹，并在上方提示可以对 RTL 分析进行 Reload（图 3.36）。

Elaborated Design is out-of-date. Design sources were modified. details Reload

图 3.36　Reload 的提示

但 Vivado 的内部逻辑设定导致在进行了 Reload 操作后，新的 Warnings 不会在 Messages 中报出。因此，每次修改设计文件后，请一定要关闭 Elaborated Design 后再重新 RTL 分析，才可以得到新的 Warnings。操作流程如图 3.37 所示。

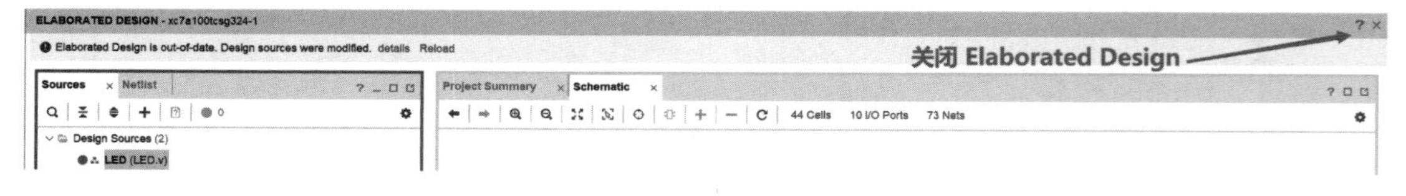

图 3.37　关闭 Elaborated Design 并重新打开

提示　请注意 Messages 里的 Warnings 和 Critical Warnings 在开发的所有阶段都

非常重要！在设计项目时一定要反复地、经常地看。

3.3.7　综合与实现

理论上，FPGA 从编程到下载实现预期功能的过程至少需要经历 RTL 分析、综合以及实现这几个阶段。我们已经学习了仿真的过程，接下来将进入综合与实现的环节。

• 综合（synthesis）。综合是指将 HDL 转换成较低层次电路结构的过程。低层次电路结构是 FPGA 内部存在的基本逻辑单元，包括查找表 LUT、触发器、RAM 等。这一步得到的电路图比 RTL 更为具体，结构上往往也十分不同。这是因为 FPGA 底层中并没有 RTL 生成的逻辑电路的实现，所以只能用其他逻辑资源进行代替。

• 实现（implementation）。综合后生成的电路只表示了逻辑资源之间虚拟的连接关系，并没有规定每个逻辑资源的实际位置以及连线长度等。实现就是一个将综合电路中逻辑资源位置以及连线长度确定的过程。

如图 3.38 所示，在项目界面单击左侧的 Run Synthesis 即可开始综合（synthesis）。在这一步，我们可以找到更多 warnings、critical warnings 和 errors，例如逻辑环路（自己的输出直接接到自己的输入）、多驱动（一个变量由多个 always 块或多个输入修改）等。

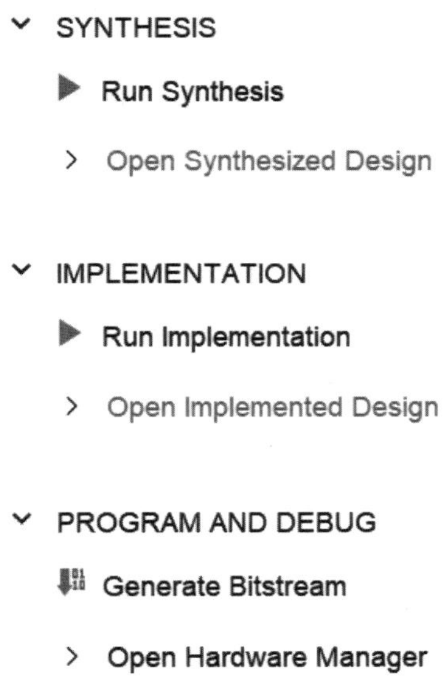

SYNTHESIS
Run Synthesis
Open Synthesized Design
IMPLEMENTATION
Run Implementation
Open Implemented Design
PROGRAM AND DEBUG
Generate Bitstream
Open Hardware Manager

图 3.38　综合与实现

综合过程中也可以查看电路图，但这时的电路图大部分以查找表的形式出现，其结构与规模都和 RTL 电路有着较大的不同，因此很难找出问题。此外，为了更优的电路性能，综合出的电路也有可能把某一模块的元件安置到另一个模块里，所以在使用综合出的电路图查找问题时要关注这些细节（图 3.39）。

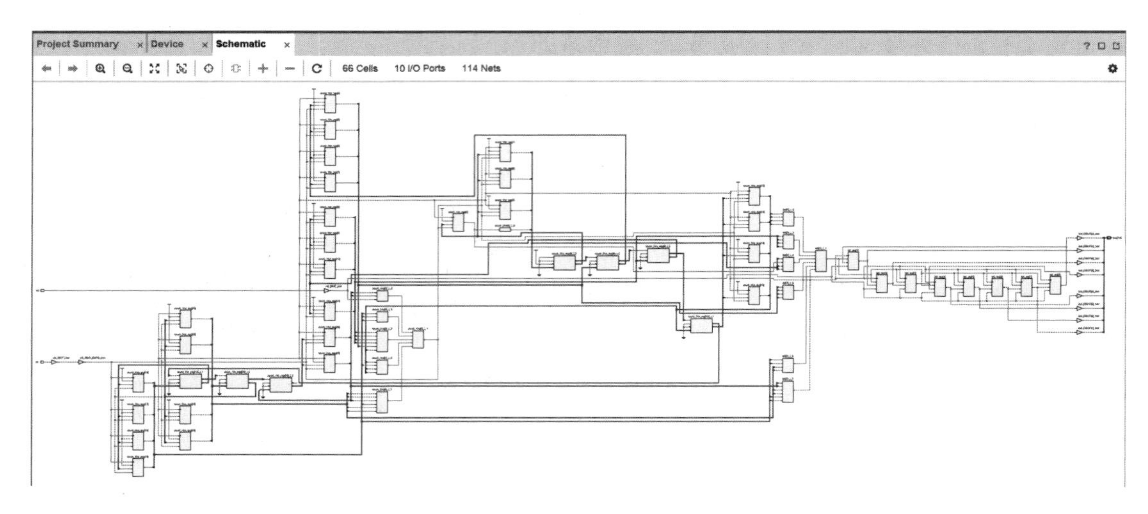

图 3.39　综合电路图

在实现（implementation）阶段之前，我们需要一个额外的约束文件，用来指示模块输入、输出端口和开发板端口之间的对应关系。由于开发板型号、配置不同，因此对应的约束文件也不同。本书中实验所需要的约束文件可以在 FPGAOL 平台的 Download 板块下载（图 3.40）。

图 3.40　下载约束文件

得到约束文件后，将其放入项目文件夹中，并在 Vivado 中添加设计文件 Constraints（图 3.41）。

使用文件时，将需要连接接口的注释符号 # 去掉，改为对应模块接口的名字即可。对于其他没有用到的端口，可以保留其注释或直接删除。

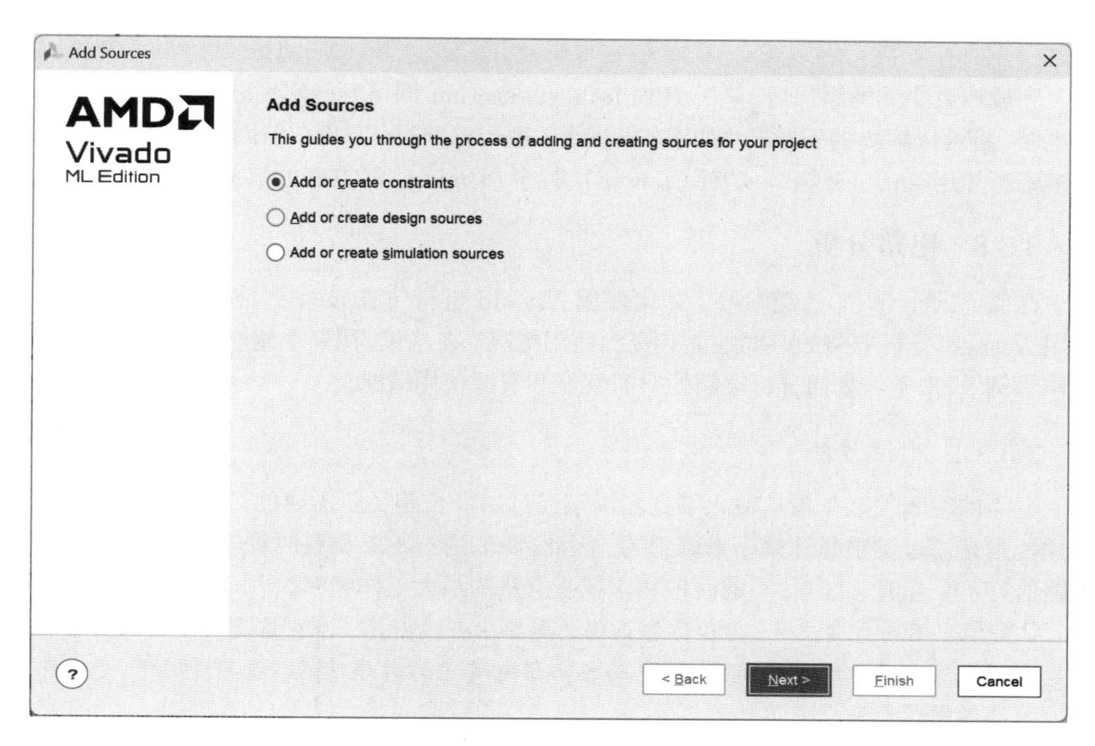

图 3.41 添加约束文件

例 3.2 (Counter 模块的约束文件) 我们想让 Counter 模块的输出结果反映在 LED 灯上，因此约束文件只需要保留和 LED 相关的端口即可。

```
## FPGAOL LED (signle-digit-SEGPLAY)

set_property -dict { PACKAGE_PIN C17 IOSTANDARD LVCMOS33 } [get_ports { led[0] }];
set_property -dict { PACKAGE_PIN D18 IOSTANDARD LVCMOS33 } [get_ports { led[1] }];
set_property -dict { PACKAGE_PIN E18 IOSTANDARD LVCMOS33 } [get_ports { led[2] }];
set_property -dict { PACKAGE_PIN G17 IOSTANDARD LVCMOS33 } [get_ports { led[3] }];
set_property -dict { PACKAGE_PIN D17 IOSTANDARD LVCMOS33 } [get_ports { led[4] }];
set_property -dict { PACKAGE_PIN E17 IOSTANDARD LVCMOS33 } [get_ports { led[5] }];
set_property -dict { PACKAGE_PIN F18 IOSTANDARD LVCMOS33 } [get_ports { led[6] }];
set_property -dict { PACKAGE_PIN G18 IOSTANDARD LVCMOS33 } [get_ports { led[7] }];
```

提示 Vivado 中的约束文件定义了开发板上引脚和 TOP 模块输入输出端口之间的对应关系。例如，

```
set_property -dict { PACKAGE_PIN G18 IOSTANDARD LVCMOS33 } [get_ports { led[7] }];
```

这条约束规则规定了 TOP 模块的 led[7] 端口与开发板上的 G18 引脚连接。因此，约束文件中的约束规则需要同时与开发板引脚、TOP 模块端口都能对应，否则便会在实现时报错。这也是为什么不同型号的开发板会有不同的约束文件。

在每个项目中，我们也可以添加多个约束文件。但为了避免冲突，一般一个项目中仅保留一个约束文件。关于多个 xdc 文件的读取顺序以及其他的约束语法，本书中不再深入

介绍。

完成约束文件的添加后，单击 Run Implementation 即可开始实现阶段。此时可能会出现更多、更难以解决的问题，比如时序不满足（逻辑电路过长）等。但同时我们也可以看到更多资源使用（utilization）、功耗（power）、时序（timing）等方面的信息。

3.3.8 电路分析

在前面的小节中，已经学习了如何使用 Vivado 进行仿真与综合。接下来，将学习如何使用 Vivado 分析电路的时间性能和资源使用情况。在这里，用一个组合逻辑的 16 位乘法器作为例子，来学习如何分析电路的时间性能和资源使用情况。

3.3.8.1 测试方法

电路的时间性能是指从输入端到输出端经过的最长路径所需要的时间。测量电路的时间性能则是通过调整时钟频率来做到的。因此，我们通过不断调整时钟频率，直到某一时刻电路恰好不会超时，此时得到的时钟频率就是电路的最大工作频率。

提示 有时你会发现，行为仿真正确的电路上板运行不正常。这是由于行为仿真仅仅考虑到了最基本的电路逻辑是否正确，而忽略了电路中的时序延迟。现实情况下，电路很可能因为延迟问题无法正常工作。

对于时序逻辑电路来说，由于有时钟 clk，我们可以直接测试时钟频率。而组合逻辑电路没有时钟，所以需要将组合逻辑电路包裹在一个测试模块中，才能测试组合逻辑模块的延迟。测试模块的抽象模型大体如图 3.42 所示。

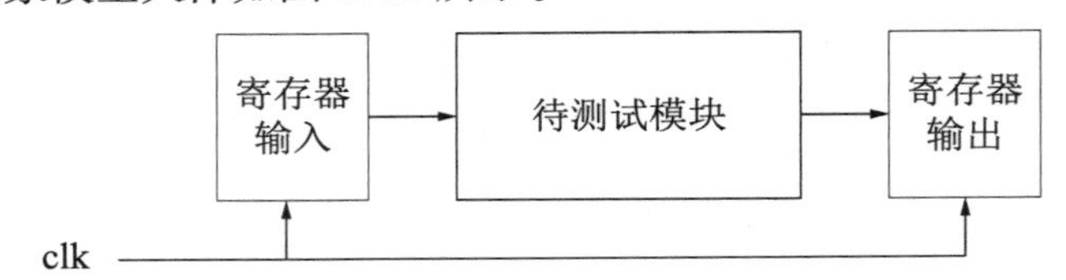

图 3.42 时序测试模块的结构

简单而言，只要将待测试的组合逻辑电路的输入和输出分别连接到两组寄存器上，就能实现其时延的测试。当 clk 到达上升沿时，输入寄存器将值传递给组合逻辑电路进行运算，当下一个 clk 上升沿到来后，如果组合逻辑电路已经完成运算，那么输出寄存器将保存组合逻辑电路的输出值，我们也可以得知待测试电路的延迟不超过当前的时钟周期；否则，输出的寄存器无法按时更新，则产生时序违例。

时序违例是指电路的最大延迟大于当前工作的时钟周期。此时，Vivado 会报出 Critical warning，但仍然可以上板，只是在板上运行的结果可能会产生异常（图 3.43）。

Implementation (1 critical warning)
Route Design (1 critical warning)
[Timing 38-282] The design failed to meet the timing requirements. Please see the timing summary report for details on the timing violations.

图 3.43 时序违例的警告

为什么要尽量避免时序违例呢？这是因为如果电路的最大延迟大于时钟周期，那么在一个周期内，可能会有若干路径无法按时完成更新，尤其是关键路径。这使得整个电路的功能遭到破坏，最终电路的行为朝着不可控的方向发展。

关键路径是指电路中延迟最长的路径。我们知道，信号在电路中实际上是流式传输的，整个电路的最大延迟往往被某一条延迟最大的路径限制住——它往往也是我们优化电路代码，提高时钟频率的抓手之一。

以 16 位单周期组合乘法器的测试为例，测试模块的 Verilog 代码如程序 3.3 所示。

程序 3.3　组合乘法器测试

```
module test_mult (
    input                   [ 0 : 0]      clk,
    input                   [15 : 0]      a,
    input                   [15 : 0]      b,
    output     reg          [31 : 0]      out
);

reg     [15:0]     a_reg;
reg     [15:0]     b_reg;
wire    [31:0]     out_wire;

always @(posedge clk) begin
    a_reg <= a;
    b_reg <= b;
    sum <= sum_wire;
end
// 下面例化一个组合逻辑乘法器，MUL 模块的具体实现此处省略。
MUL mul(
    .a(a_reg),
    .b(b_reg),
    .res(out_wire)
);
endmodule
```

时序电路完成某个计算功能往往需要多个周期才能完成，对于它们的时间性能，我们往往使用公式 $T = N/f_{\max}$ 来衡量，其中，N 为完成运算所需要的时钟周期数，$f_{\max}$ 为电路的最大工作频率，所以，T 代表的是该时序电路完成一次计算总共需要的最小时间。完成相同任务的电路，T 越小，说明电路完成任务花费的时间越少，电路的时间性能越好。

时钟周期一般需要通过仿真或分析代码确定，最大工作频率仍然可以类似组合电路的测试方法进行测试。区别是，时序电路由于已经含有 clk，不再需要设计测试模块，可以直接查看时序报告，确定最大工作频率。事实上，你可以认为配合测试模块的组合电路就是 $N = 1$ 时的时序电路。

由上面的叙述可见，电路的时间性能主要取决于其完成任务所需的时钟周期数与最大工作频率。所以,在优化电路时间性能时,往往可以从这两个方面入手,考虑如何减少其完成任务所需的时钟周期数,或者通过优化电路的结构,提高其最大工作频率。

3.3.8.2 Vivado 的时序分析

现在,当我们对电路进行实现(implementation)后,即可查看各种电路性能指标。打开左侧边栏,点击 Report Timing Summary 即可查看电路的时序信息,点击 Report Utilization 即可查看电路的资源使用情况。

一般情况下,Vivado 默认采用 100 MHz 的时钟频率进行综合。我们可以通过修改.xdc 文件来调整时钟频率。

```
## This file is a general .xdc for FPGAOL_BOARD (adopted from Nexys4 DDR Rev. C)
## To use it in a project:
## - uncomment the lines corresponding to used pins
## - rename the used ports (in each line, after get_ports) according to the top level
   signal names in the project

## Clock signal
set_property -dict { PACKAGE_PIN E3 IOSTANDARD LVCMOS33 } [get_ports { clk }]; #
   IO_L12P_T1_MRCC_35 Sch=clk100mhz
create_clock -add -name sys_clk_pin -period 10.00 -waveform {0 5} [get_ports {clk}];
```

值得注意的是,我们打开了约束

```
create_clock -add -name sys_clk_pin -period 10.00 -waveform {0 5} [get_ports {clk}];
```

的注释,并将 CLK100MHZ 修改为了 clk。这行代码的意思是,将 clk 端口设置为时钟信号,并将其时钟周期设置为 10 ns,即 100MHz 的时钟频率。-waveform {x y} 语句用于控制时钟上升沿与下降沿在一个周期中的位置,即上升沿在 x ns 时刻,而下降沿在 y ns 时刻。例如,-waveform {2.5 5} 产生的时钟波形如图 3.44 所示。

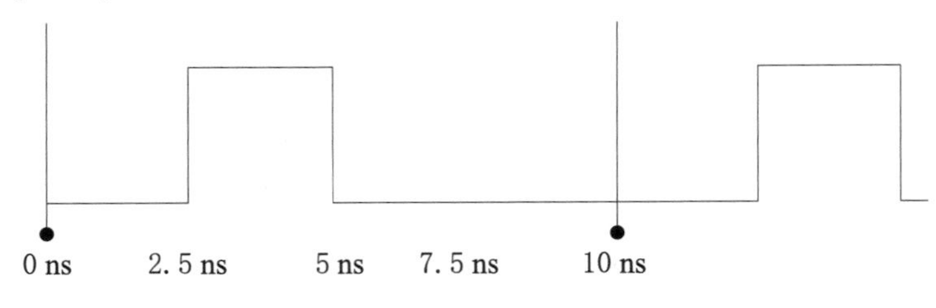

图 3.44 生成的时钟波形

例 3.3 (waveform 语句) 如果想要将时钟频率修改成 500 MHz,则需要将这一行代码修改为

```
create_clock -add -name sys_clk_pin -period 2.00 -waveform {0 1} [get_ports {clk}];
```

需要注意的是,waveform 语句使用时必须保证 x<y,且均小于时钟周期,否则会导致综合失败。

在.xdc 文件中设置时钟频率为 100 MHz,点击 Report Timing Summary 后,基于超前

进位加法器的组合乘法器时序情况如图 3.45 所示。

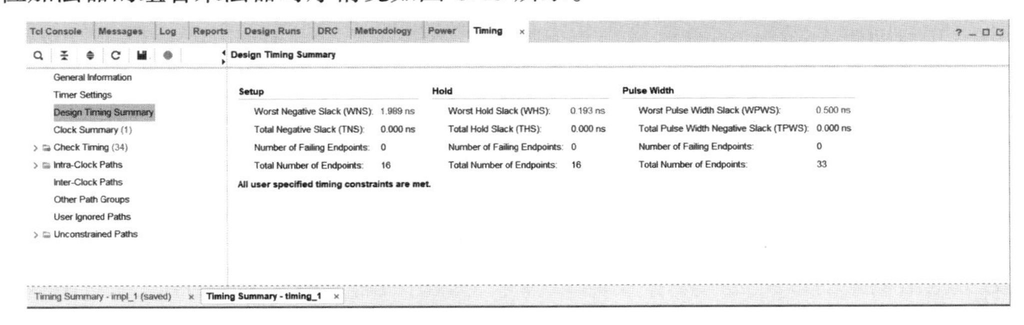

图 3.45 10 ns 时序报告

图 3.45 中，Worst Negative Slack(WNS) 代表的是电路的最大延迟（即关键路径的延迟）与时钟周期之间的差距。上图中 WNS 为 1.989 ns，表明电路最大延迟至少还有 1.989 ns 的余裕。Total Negative Slack(TNS) 代表的是电路所有路径的延迟超时之和，表征了电路的整体性能，它只会在 WNS 为负时才会是负的（我们一般不用考虑这个指标）。

如果最大延迟大于时钟周期会产生什么结果呢？下面将时钟频率设置为 172 MHz（即 5.8 ns），得到的时序情况如图 3.46 所示。

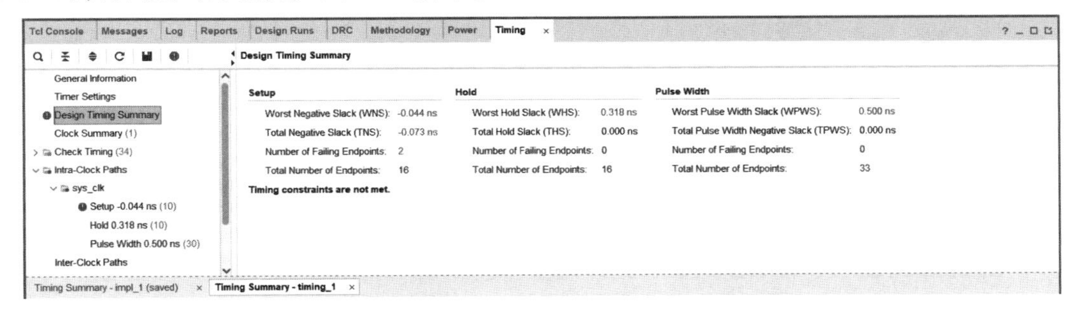

图 3.46 5.8 ns 时序报告

可以看到，WNS 是负数，-0.044 ns，表明出现时序违例。这说明关键路径的延迟比时钟周期多约 0.044 ns。如图 3.47 所示，我们可以在左侧选择 Intra-Clock Paths/sys_clk/Setup，这里会将路径按照延迟长短进行排序，Slack 代表的即为对应路径的延迟。

Intra-Clock Paths - sys_clk - Setup

Name	Slack	Levels	High Fanout	From	To	Total Delay	Logic Delay	Net Delay	Requirement	Source Clock	Destination
Path 1	-0.044	7	22	RG_in_2/q_reg[3]/C	RG_out_1/q_reg[13]/D	5.798	1.386	4.412	5.800	sys_clk	sys_clk
Path 2	-0.029	7	22	RG_in_2/q_reg[3]/C	RG_out_1/q_reg[15]/D	5.781	1.386	4.395	5.800	sys_clk	sys_clk
Path 3	0.092	7	22	RG_in_2/q_reg[3]/C	RG_out_1/q_reg[14]/D	5.662	1.386	4.276	5.800	sys_clk	sys_clk
Path 4	0.293	7	17	RG_in_2/q_reg[2]/C	RG_out_1/q_reg[12]/D	5.463	1.386	4.077	5.800	sys_clk	sys_clk
Path 5	0.329	6	17	RG_in_2/q_reg[2]/C	RG_out_1/q_reg[10]/D	5.424	1.262	4.162	5.800	sys_clk	sys_clk
Path 6	0.349	6	17	RG_in_2/q_reg[2]/C	RG_out_1/q_reg[11]/D	5.450	1.288	4.162	5.800	sys_clk	sys_clk
Path 7	1.010	5	17	RG_in_2/q_reg[2]/C	RG_out_1/q_reg[9]/D	4.762	1.138	3.624	5.800	sys_clk	sys_clk
Path 8	1.289	5	17	RG_in_2/q_reg[2]/C	RG_out_1/q_reg[7]/D	4.572	1.130	3.442	5.800	sys_clk	sys_clk
Path 9	1.319	5	17	RG_in_2/q_reg[2]/C	RG_out_1/q_reg[8]/D	4.453	1.138	3.315	5.800	sys_clk	sys_clk

图 3.47 5.8 ns 时序报告的关键路径

Logic Delay 和 Net Delay 分别代表路径的逻辑延迟和线网延迟，其中前者代表路径上的逻辑门导致的延迟之和，后者则表示板上布线带来的延迟。由于信号是以电信号传输的，当线的长度越长，其线网延迟也越大。当电路设计得比较复杂时，Vivado 使用的资源量增多，难以在平面上布线，部分电线的长度较长，线网延迟可能就会升高。

双击路径（比如 Path 1）可以打开该条路径的详细时序信息，包括信号在路径上传输过程中到达各个节点时的总延迟（图 3.48）。这可以提示我们电路中最耗时的是哪些部分，指导我们针对哪些部分优化电路。

为了测出电路的最大工作频率，你可以参考 WNS，或者采用二分的方法，直到 WNS 为正且较小，即时钟周期恰好大于电路的最大延迟。例如：如果将时钟频率设置为 167 MHz（即 6.0 ns），得到的结果将如图 3.49 所示。

Project Summary | Device | Multiplier.v | Adder.v | Path 1 - timing_1

Source Clock Path

Delay Type	Incr (ns)	Path ...	Location	Netlist Resource(s)
(clock sys_...rise edge)	(r) 0.000	0.000		
	(r) 0.000	0.000	Site: E3	clk
net (fo=0)	0.000	0.000		clk
			Site: E3	clk_IBUF_inst/I
IBUF (Prop_ibuf_I_O)	(r) 1.482	1.482	Site: E3	clk_IBUF_inst/O
net (fo=1, routed)	2.025	3.506		clk_IBUF
			Site: BUF...TRL_X0Y16	clk_IBUF_BUFG_inst/I
BUFG (Prop_bufg_I_O)	(r) 0.096	3.602	Site: BUF...TRL_X0Y16	clk_IBUF_BUFG_inst/O
net (fo=32, routed)	1.720	5.323		RG_in_2/CLK
FDCE			Site: SLICE_X2Y64	RG_in_2/q_reg[3]/C

Data Path

Delay Type	Incr (ns)	Path ...	Location	Netlist Resource(s)
FDCE (Prop_fdce_C_Q)	(r) 0.518	5.841	Site: SLICE_X2Y64	RG_in_2/q_reg[3]/Q
net (fo=22, routed)	1.174	7.015		RG_in_2/Q[3]
			Site: SLICE_X3Y63	RG_in_2/q[9]_i_17/I0
LUT6 (Prop_lut6_I0_O)	(r) 0.124	7.139	Site: SLICE_X3Y63	RG_in_2/q[9]_i_17/O
net (fo=2, routed)	0.419	7.558		RG_in_2/q_reg[3]_1
			Site: SLICE_X5Y63	RG_in_2/q[9]_i_13/I4
LUT6 (Prop_lut6_I4_O)	(r) 0.124	7.682	Site: SLICE_X5Y63	RG_in_2/q[9]_i_13/O

图 3.48 5.8 ns 时序报告的特定路径

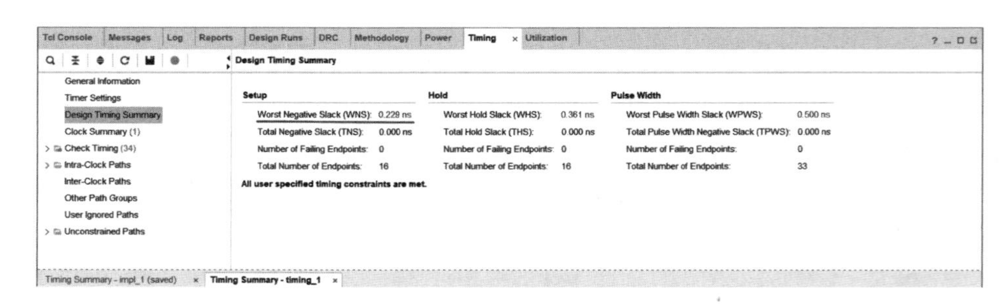

图 3.49 6.0 ns 时序报告的特定路径

可以看到，WNS 为正且较小，因此我们可认为：基于超前进位加法器的组合乘法器的最大工作频率约为 167 MHz。你也可以测量得更为精准，比如让 WNS 小于 0.05。

同样是 167 MHz，换成基于串行进位加法器的组合乘法器，时序情况如图 3.50 所示。

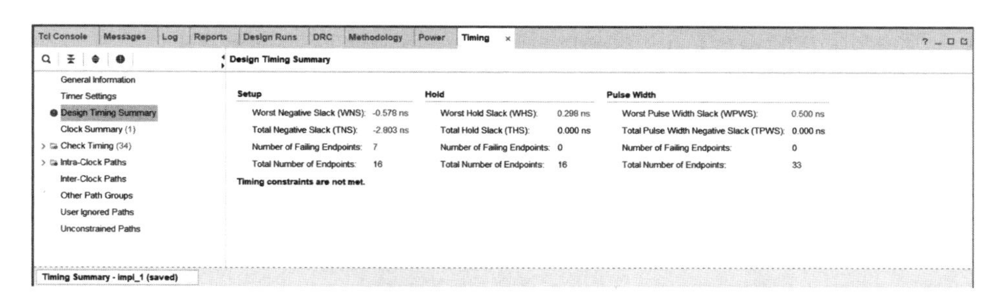

图 3.50 串行加法器的 6.0 ns 时序报告

WNS 为负,表明出现时序违例。由此可以看出,超前进位加法器的组合时间性能要好于串行进位加法器。

提示 Vivado 在综合布线时,事实上是使用遗传等启发式算法进行优化的,WNS 并不一定准确,可能会有所波动。当设置的时钟频率较低时,Vivado 不一定会尝试将电路优化到最佳,导致 WNS 一般会偏低,实际的时间余裕可能更大。而当设置的时钟频率较高时,Vivado 在发现时序很难满足时,会想尽一切办法优化时序,直到确定无法解决时序问题,此时的 WNS 更为准确。

总之,尽管我们可以参考公式 $f_{\max} = 1/(T_{\text{clk}} - \text{WNS})$ 计算最大工作频率,但是不要过于相信 WNS 的准确性,最好实际跑一遍对应频率的综合实现,因为实践出真知。

3.3.8.3 Vivado 的资源分析

点击 Report Utilization 后,基于超前进位加法器的组合乘法器资源使用情况如图 3.51 所示。

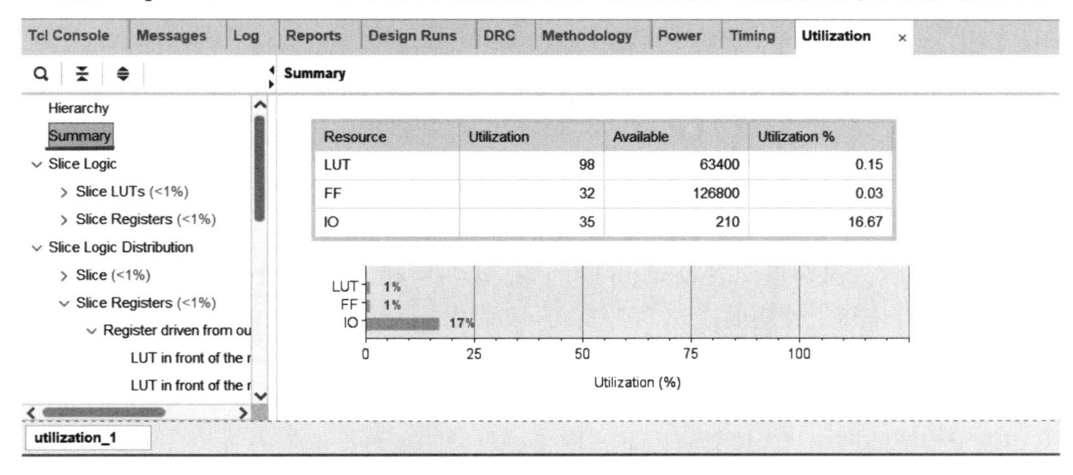

Resource	Utilization	Available	Utilization %
LUT	98	63400	0.15
FF	32	126800	0.03
IO	35	210	16.67

图 3.51 超前进位加法器资源占用

具体来说,图中各个指标的含义是:

• LUT:查找表(look-up-table),是 FPGA 实现组合逻辑的硬件单元。包括用作逻辑函数发生器的 LUT 和用作存储单元的 LUTRAM,前者与组合电路的逻辑复杂程度呈正相关。

• LUTRAM：分布式存储器（look-up-table RAM），指设计消耗的 LUT 被用作了存储单元或移位寄存器（目前暂未涉及）。

• FF：触发器（flip-flop）边沿敏感的存储硬件单元，可以存储 1 位数据，多用于表达寄存器。

• BRAM：（block RAM）各种块存储功能的硬件单元。BRAM 通常用于存储大量数据，如作为 CPU 的存储单元（目前暂未涉及）。

图中没有的部分指标是因为这里的电路中并没有使用到对应的元件。可以观察到，该乘法器（包括其测试模块）使用了 98 个 LUT。而当我们使用串行进位加法器作为子模块时，资源使用情况如图 3.52 所示。

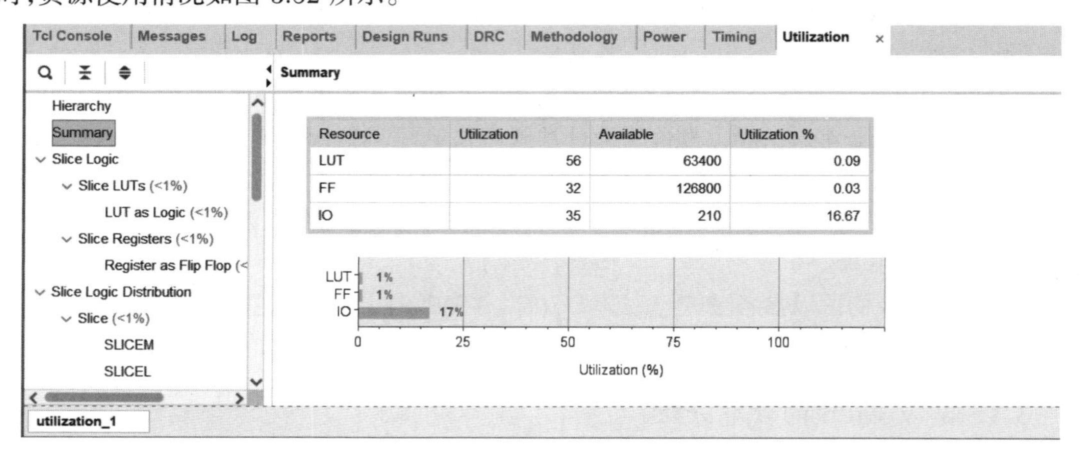

Resource	Utilization	Available	Utilization %
LUT	56	63400	0.09
FF	32	126800	0.03
IO	35	210	16.67

图 3.52 串行进位加法器资源占用

可以观察到，该乘法器（包括其测试模块）使用了 56 个 LUT。由此可以看出，超前进位加法器确实要花费更多的资源。这里仅仅使用了 4 位超前进位，如果增加位数则会带来更高的资源开销。

3.3.9 IP 核

最后，我们向大家简单介绍 Vivado 中的 IP 核。IP 核（intellectual property core）是一种在数字设计中广泛使用的概念，它代表了可重用的、独立的数字电路模块，通常是经过验证和优化的。IP 核的目的是通过提供通用和标准的功能块，使数字设计变得更加模块化、易于维护，并加速设计流程。

相较于传统的模块，IP 核具有以下的特点：

• 可重用性。IP 核可以在多个项目和设计中使用。这有助于提高设计的效率，减少重复工作。

• 独立性。IP 核通常是独立的功能块，与其他 IP 核和系统的其他部分解耦。这使得它们更容易测试、验证和维护。

• 标准接口。IP 核通常使用标准接口与其他模块进行通信，例如 AXI（advanced eXtensible interface）总线协议。这种标准化接口有助于在不同的设计中更轻松地集成 IP 核。

• 充分验证。大多数 IP 核都经过了充分的验证,我们可以相对放心地在项目中使用这些 IP 核,而无需重新验证其功能。

• 可定制性。一些 IP 核允许用户进行一定程度的定制,以适应特定的设计需求。这种定制性可以通过参数配置或其他手段实现,拓展了 IP 核的适用范围。

Vivado 中内置了许多常用的 IP 核,我们将在后续实验的过程中向大家介绍。

3.4　FPGAOL

最后,我们向大家介绍 FPGAOL 在线实验平台。在这个平台上,我们将使用 Vivado 创建项目,并在平台提供的在线开发板环境上实际运行自己的设计。

3.4.1　Nexys4 DDR 开发板

本书中的实验采用了 Nexys4 DDR 开发板。Nexys4 DDR 开发板是一款基于 Xilinx FPGA 的嵌入式开发板,它提供了丰富的外设和接口,可用于数字信号处理、数据转换、通信和控制等多种应用。

Nexys4 DDR 开发板使用 Xilinx FPGA 作为核心处理器,同时集成了多种外设和接口,包括 DDR 内存、以太网接口、USB 接口、串口、I2C 接口、SPI 接口等。这些外设和接口可以满足各种应用的需求,使得开发者能够快速构建并测试他们的应用程序。这些外设和接口的介绍如下:

• DDR 内存。这是一种高速动态随机访问内存,可以提供大容量、高速的数据存储和访问能力。开发者可以利用 DDR 内存来处理大量的数据,从而实现高性能的应用程序。

• 以太网接口。开发板上的以太网接口支持 10/100 Mbps 的数据传输速率。通过这个接口,开发者可以连接到局域网或互联网,实现远程控制和数据传输。此外,开发板还支持 TCP/IP 协议,使得开发者可以轻松地构建网络应用程序。

• USB 接口。该接口支持 USB 2.0 协议。通过这个接口,开发者可以连接 USB 设备,如键盘、鼠标、U 盘等。此外,开发板还支持 USB OTG 功能,使得开发者可以连接其他 USB 设备,如 USB 摄像头、USB 音频设备等。

• 串口。串口支持 RS-232 协议进行数据传输。通过这个接口,开发者可以连接其他设备,如打印机、调制解调器等。此外,开发板还支持波特率的调节功能,使得开发者可以根据需要调整通信速率。

• I2C 接口。这是一种用于芯片之间通信的串行总线接口。通过这个接口,开发者可以连接其他支持 I2C 协议的芯片,如温度传感器、光传感器等。这使得开发者可以在应用程序中实现更复杂的功能。

• SPI 接口。这是一种同步串行通信接口。通过这个接口,开发者可以连接其他支持 SPI 协议的芯片,如 Flash 存储器、SD 卡等。这使得开发者可以在应用程序中实现数据的存储和读取功能。

简而言之，Nexys4 DDR 开发板是一款功能强大、易于使用的嵌入式开发板。它基于 Xilinx FPGA 处理器，集成了多种外设和接口，适用于多种应用场景。我们可以利用这些外设和接口来实现高性能、高可靠性的应用程序。这也是本教材选择 Nexys4 DDR 开发板作为实验教学载体的原因。

3.4.2 平台简介

FPGAOL（FPGA online）是中国科学技术大学计算机教学实验中心组织开发的、基于 Web 端的线上硬件实验平台。用户可以远程访问平台部署好的 FPGA（nexys 4 DDR）集群，上传本地生成好的比特流文件，并交互地控制 FPGA，实时获得 FPGA 的输出。需要指出的是，该结果是基于 FPGA 实际运行而非仿真产生的，所以可以确保结果与线下操作 FPGA 开发板的结果相同。同时，由于线上设备具备出色的采样性能，平台能够精确发现人眼难以观察到的信号变化，从而为用户快速调试程序提供便利。

网站的地址是 https://fpgaol.ustc.edu.cn/fpga/usage/。用户在浏览器输入网址后即可进入图 3.53 所示的登录界面。目前该平台支持所有用户的注册与使用。对于中国科学技术大学校内学生请选择统一身份认证登录。

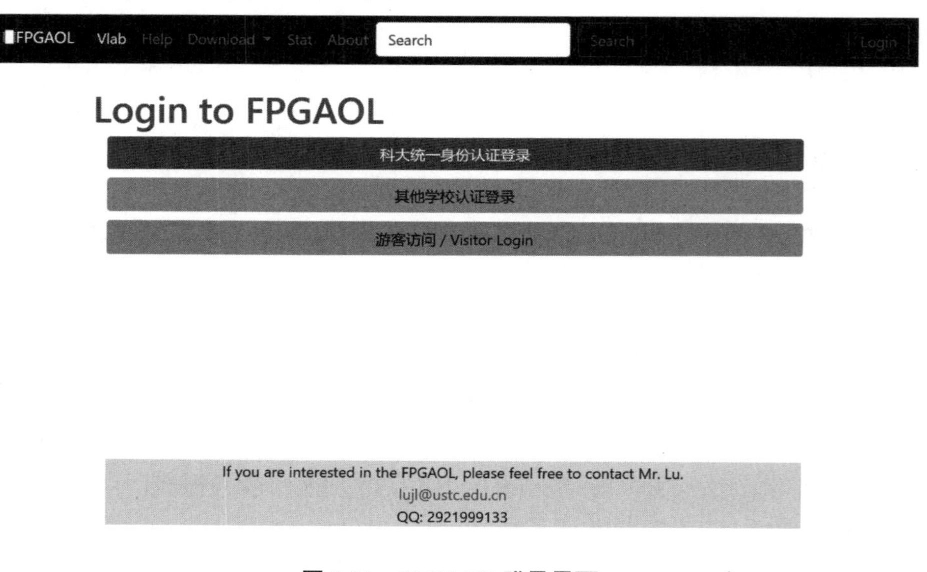

图 3.53 FPGAOL 登录界面

登录完成后，将进入图 3.54 所示的操作界面。

提示 目前 FPGAOL 平台的新操作界面正在进行测试。我们将在界面稳定下来后更新教材的相关内容。下面的内容均基于稳定版本的 FPGAOL 界面编写。

操作界面上，最为常用的便是设备请求功能了。由于硬件资源有限，平台采用了限时请求的方式满足不同用户的使用需要。每名用户一次可申请 20 分钟的节点使用资源，超过时间后资源将被自动释放，继续使用则需要重新申请资源。考虑到在 FPGAOL 平台上主要是进行功能验证，因此 20 分钟的使用限时并不会带来较大影响。

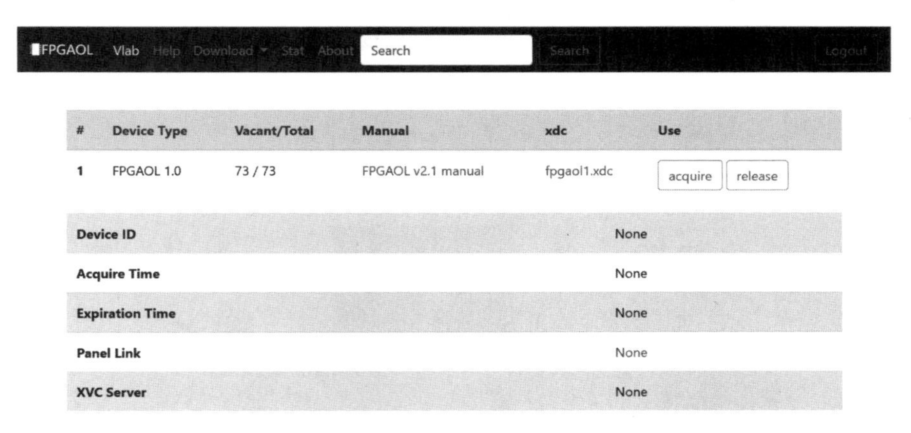

图 3.54　FPGAOL 操作界面

如图 3.55 所示，点击 acquire 后，平台便会自动分配一个可用节点，并返回使用链接。用户单击链接即可跳转到相应的操控界面。如果已经使用完成，可以点击 release 释放已申请的节点。

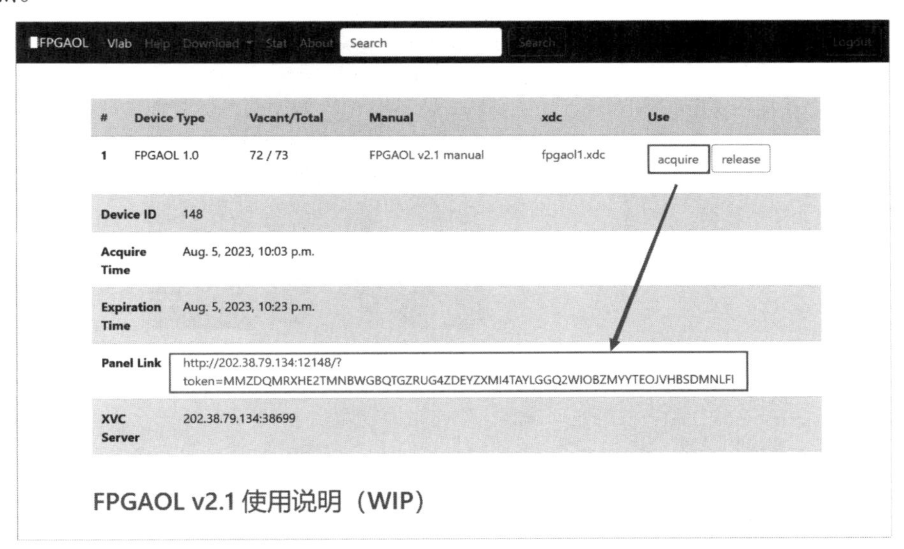

图 3.55　申请一个节点

对于平台的其他使用方式，你可以查阅平台上的 Help 文档，或者是 FPGAOL v2.1 版本对应的用户手册（manual）。

3.4.3　外设

外设，又称外部设备，一般是指连在计算机主机以外的硬件设备。外设对数据和信息起着传输、转送和存储的作用，是计算机系统中的重要组成部分。FPGA 开发板也连接着一些外设资源。如图 3.56 所示,这些资源通过特定的端口与 FPGA 芯片连接,实现了高效的数据传输。

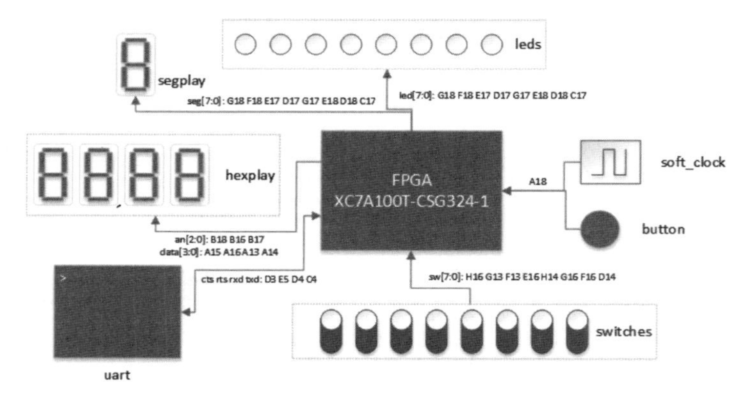

图 3.56 FPGAOL 开发板的外设资源

在按照图 3.55 所示的方法申请好节点后,会进入图 3.57 所示的界面。这里是我们与外设直接交互的渠道。界面上的组件按照类别可以分为如下内容:按钮、开关、数码管、LED 灯以及串口。这里将一一进行介绍。

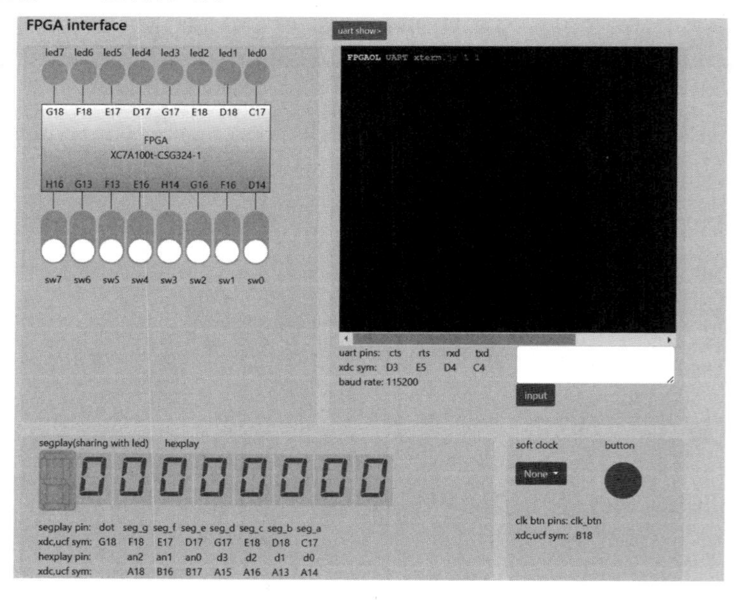

图 3.57 FPGAOL 交互界面

3.4.3.1 按钮

FPGAOL 平台提供了一个按钮(图 3.58)。按钮按下时向 FPGA 芯片输入高电平信号,松开时输入低电平信号。默认情况下,按钮处于松开状态。我们一般使用一个位宽为 1 的信号 btn 代表按钮。因此,正常情况下 btn 的值为 1’B0,当按钮按下时,btn 的值为 1’B1。

图 3.58　按钮

为了方便用户操作，这里的按钮实际上是虚拟的。用户在网页端按下按钮后，平台会产生相应的信号送入 FPGA，而不是按下对应开发板上真正的机械按钮。

提示　按下按钮后，平台会产生持续一定时间的高电平信号。由于开发板上的时钟频率为 100 MHz，因此高电平信号持续的时间往往会超过一个时钟周期，我们在使用时需要格外注意。

3.4.3.2　开关

FPGAOL 提供了 8 个不同的拨码开关（图 3.59）。当开关被拨上去时，对应的管脚输出高电平；开关被拨下来时，对应的管脚输出低电平。一般使用一个位宽为 8 的信号 sw 代表开关输入，其中 sw[i] 对应编号为 i 的开关。

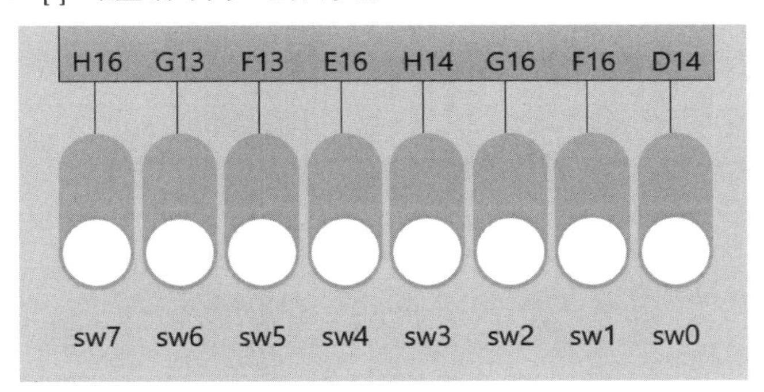

图 3.59　8 个拨码开关

例 3.4 (拨码开关)　图 3.60 所示状态下开关对应 sw 的值为 8'B00100010。

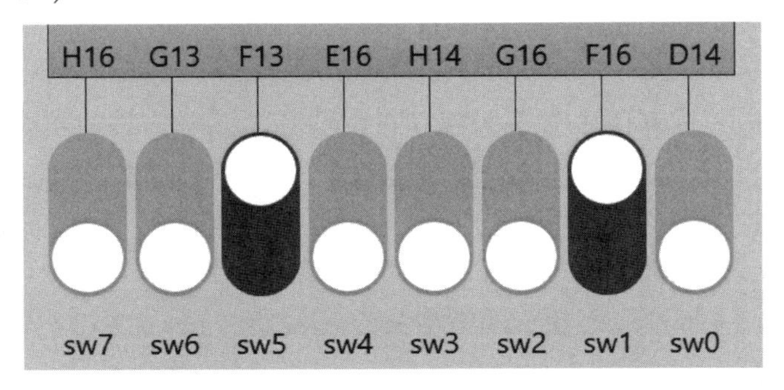

图 3.60　8 个拨码开关

拨码开关的工作原理如图 3.61 所示。当开关拨上去时,电路连接到高压源,此时输入管脚会有电流流入,从而驱动 FPGA 芯片内的电路结构。当开关被拨下来时,电路连接到大地源,此时输入管脚没有电流经过,芯片内部也就处于无驱动的状态。

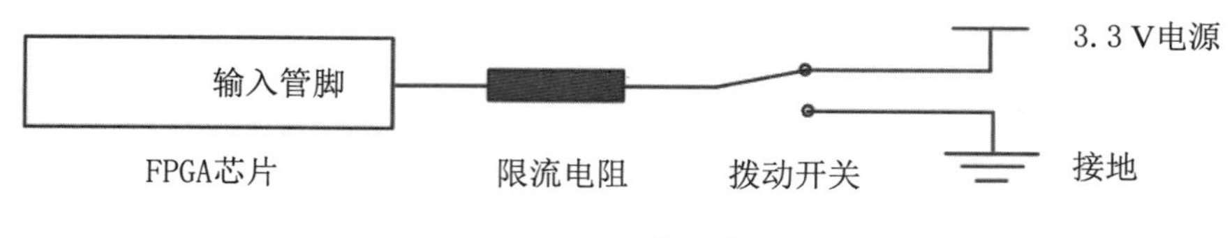

图 3.61 开关电路

3.4.3.3 七段数码管

七段数码管本质上由 8 个 LED(发光二极管)构成,其中 7 个 LED 组成数字本身,1 个 LED 组成小数点。所有 LED 的阴极共同连接到一端并接地,而阳极分别由 FPGA 的 8 个输出管脚控制。当输出管脚为高电平时,对应的 LED 亮起。如图 3.62 所示,通过控制 8 个 LED 的亮灭情况,七段数码管便能显示出不同的字符。

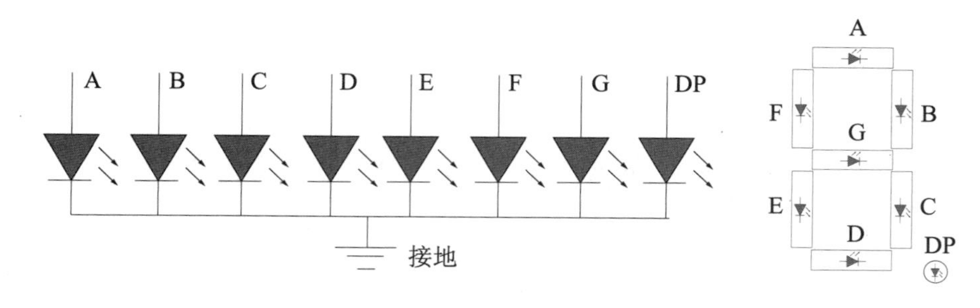

图 3.62 七段数码管结构

例 3.5 (七段数码管的显示) 当 A~F 的 6 个 LED 亮起,而 G、DP 2 个 LED 熄灭时,数码管显示的便是字符 0。

✍ 练习 3.2

请写出数字 0 ~ 9 在七段数码管上显示时,各个 LED 的亮灭状态。

在有多个数码管的情况下,通常采用分时复用的方式轮流点亮每个数码管,并保证在同一时间只会有一个数码管被点亮。其核心逻辑是:对于当前点亮的数码管,我们会只传输其应当显示的内容。

分时复用的扫描显示利用了人眼的视觉暂留特性,如果公共端的控制信号刷新速度足够快,人眼就不会区分出 LED 的闪烁,从而认为这些数码管是同时点亮的。一般而言,我们建议数码管的扫描频率为 50 Hz,也就是说,如果要驱动 8 个数码管,需要一个 400 Hz 的时钟。

平台上共有 8 个数码管,最左侧的编号为 7,最右侧的编号为 0(图 3.63)。由于实验平台上的管脚数量有限,我们对数码管的显示方式进行了一定的简化:在使能方面,仅使能由 AN[2:0] 所表示的二进制数对应的数码管;在显示的数字方面,直接显示 D[3:0] 对应的 16 进制数。例如,若 AN = 3'b010, D = 4'b1010,则数码管在下标为 2 的数码管上显示字符“A”。

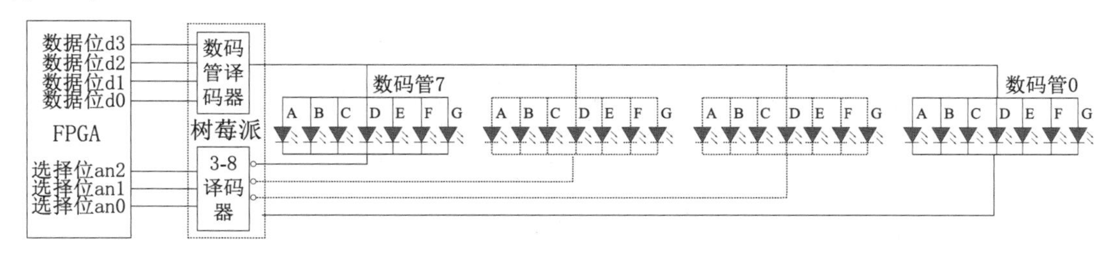

图 3.63　驱动多个数码管

3.4.3.4 LED 灯

除了上面提到的数码管，我们还提供了 8 个独立的 LED 灯供用户使用。图 3.64 所示的 LED 灯中，仅有 led4 为亮起状态，其余 LED 均为熄灭状态。

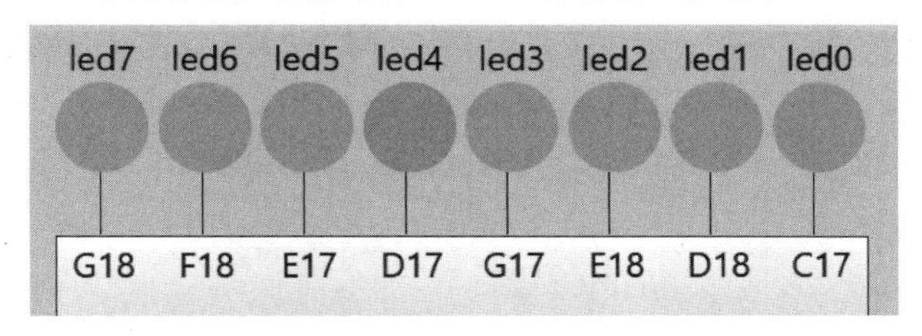

图 3.64　8 个 LED 灯

这些 LED 灯可被独立控制。当对应的 FPGA 管脚为高电平时 LED 点亮，为低电平时则熄灭，其原理图如图 3.65 所示。

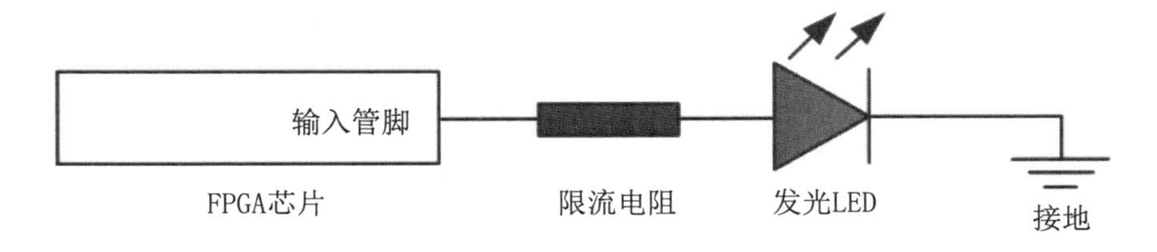

图 3.65　LED 结构示意

方便起见，我们通常使用统一的 8 位信号 led 控制这些 LED，led 信号的每一位与对应编号的 LED 管脚相连。例如当 led=8'B0101_0101 时，编号为偶数的 LED 灯便会亮起。

3.4.3.5 串口界面

界面右侧的黑色屏幕为串口显示区域（图 3.66）。若烧写的程序使用了串口功能，在下方 input 框的输入将作为 FPGA 串口的输入，单击 input 后就会发送；同时，此界面也将接收串口的输出数据，并将其显示在显示屏上。

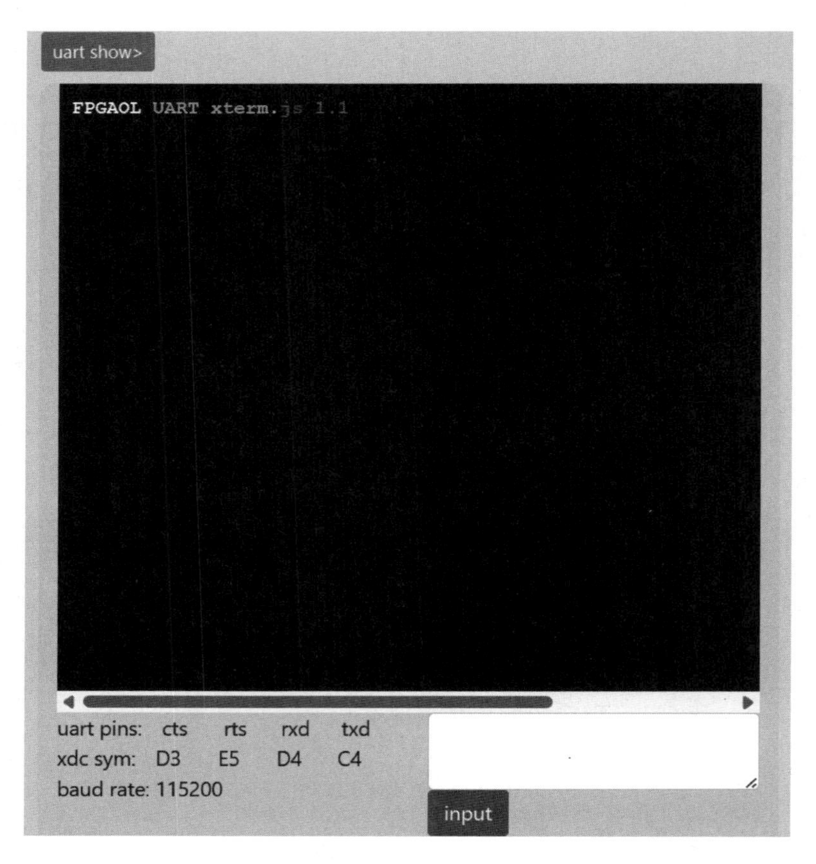

图 3.66　串口界面

FPGA 芯片上的两个 IO 端口直接与树莓派上的串口相连。如果在 FPGA 端编写程序，将 RXD 信号直接与 TXD 信号直连，然后在网页端的串口终端发送数据，便能够实时接收到从 FPGA 侧环回的数据了。串口通信的原理图如图 3.67 所示。

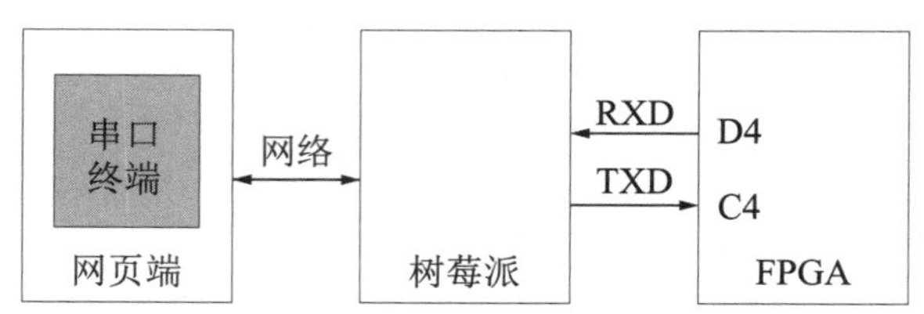

图 3.67　串口交互原理

由于串口通信的原理较为复杂，我们将在后面的章节中详细介绍如何在硬件电路上实现串口通信。

3.4.4　流水灯电路

下面将通过一个完整的项目带大家体验 Vivado 开发流程。在这个项目里，将使用开发板上的 LED 制作一个简易流水灯（图 3.68），即让 LED 以一定的速度向左循环移位。

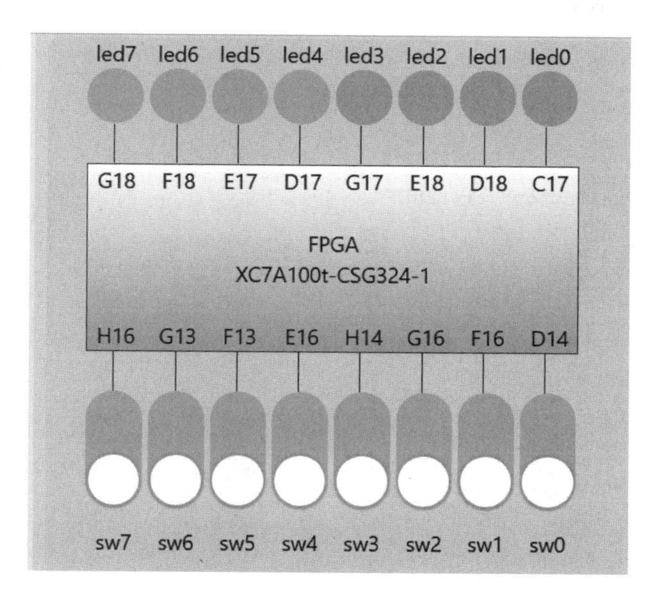

图 3.68　流水灯

我们可以思考下面的问题：

（1）如何让指定的 LED 灯亮起？很简单，只需要令 led 变量为我们期望的 8 位数值即可。

（2）如何实现流水的效果？在我们的设计里，亮起的 LED 灯以一定的速度向左平移，如果已经到了最左侧的 7 号灯则会循环回到最右侧的 0 号灯。我们可以使用一个信号 shift 作为标志：当 shift 信号发出时，就让亮起的 LED 灯向左移动一格。

怎么才能实现循环移动的效果呢？或许我们可以这样做：让 led 信号的最高位挪到最低位，其余位顺次左移。这样就可以写出下面的代码：

```
if (shift) begin
  led <= {led[6:0], led[7]};
end
```

（3）如何控制流水灯的速度？现在只剩下 shift 信号没有确定了。我们可以每间隔一定的时间就发出一次 shift 信号，改变时间间隔就可以实现不同速度的流水灯。这里可以使用程序 3.1 所示的计数器模块实现这样的效果。

考虑完这三个问题，流水灯模块的 Verilog 代码也就呼之欲出了。

在 Vivado 中创建好对应的项目，并正确添加程序 3.4 所示的代码，点击左侧最下方的 Generate Bitstream 即可生成比特流文件。在生成比特流文件之前，你可以不进行仿真、综合与实现的步骤（假定你的设计没有问题），Vivado 工具会自动完成综合、实现、布局布线等过程，并最终生成比特流文件。

程序 3.4　流水灯

```
module LED_Flow (
  input             [ 0 : 0]       clk,
```

```
    input                   [ 0 : 0]        btn,
    output      reg         [ 7 : 0]        led
);
reg [31 : 0] count_1hz;
wire rst = btn; // Use button for RESET
parameter TIME_CNT = 50_000_000;
always @(posedge clk) begin
    if (rst)
        count_1hz <= 0;
    else if (count_1hz >= TIME_CNT)
        count_1hz <= 0;
    else
        count_1hz <= count_1hz + 1;
end
always @(posedge clk) begin
    if (rst)
        led <= 8'b0000_1111;
    else if (count_1hz == 1) begin
        led <= {led[6:0], led[7]};
    end
end
endmodule
```

生成比特流文件的过程一般较为漫长,且取决于所用设备的性能。一般来说,笔记本电脑上生成一次比特流耗时大约两分钟,如果使用 Vlab 平台则可能是五分钟。你可以在开始生成前选择本次生成所使用的核心数,进而加速生成过程(图 3.69)。

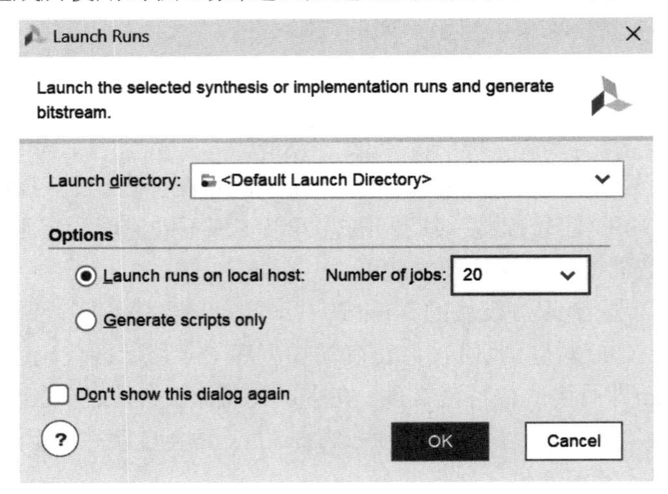

图 3.69 烧写比特流

提示 如果你使用的是 Vlab 虚拟机上的 Vivado,可能会出现因为内存不足而无法生成比特流的问题。如果出现了这种情况,请改用 2019.1 版本的 Vivado 完成实验。

生成的文件一般存放在工程目录/工程名.runs/impl_1/ 目录下，命名为“顶层模块名.bit”。我们建议大家每次生成后将其拷贝到特定的目录，因为下次综合时会清除掉原先的比特流文件。完成后，点击 Cancel 按钮关闭弹出的对话框。

得到比特流文件后，就可以在申请的在线开发板中单击 Select File，将文件上传至服务器。上传完成后点击 Program 就可以在线进行测试了（图 3.70）。

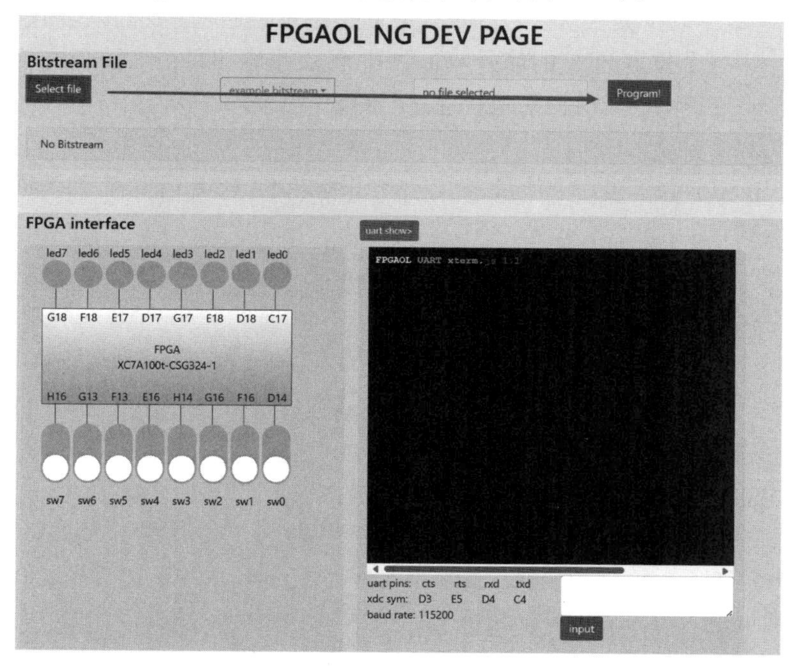

图 3.70　在线运行

如果你是开发板用户，可以在 Generate Bitstream 下面点击 Open HardWare Manager，使用数据线将开发板连接上电脑，点击 auto connect，连接完成后，点击 Program device 即可将比特流烧写到开发板上（图 3.71）。

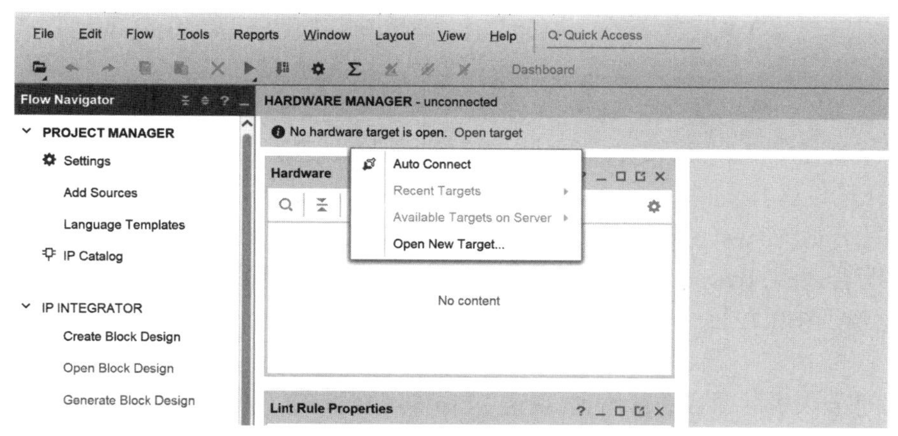

图 3.71　连接开发板

练　　习

1. Vivado 在创建文件时，可选的文件类型有哪些？编写代码时有哪些可用的硬件描述语言？

2. 某会议上，五名主席团成员需要对提出的提案进行表决。每个人都可以赞同或拒绝提案，不能弃权，最终以少数服从多数的形式判断提案是否通过。我们以 0 代表拒绝提案，1 代表赞同提案，用一个位宽为 5 的信号 vote[4:0] 代表主席团每个人的表决结果，用一个位宽为 1 的信号 result 代表最终提案是否通过。例如：当 vote = 5'B01101 时，提案通过，此时 result = 1'B1。

下面，在 Vivado 中新建一个项目，创建一个设计文件 vote.v，并基于下面的 Verilog 代码实现 Vote 模块：

```
module Vote (
    input           [ 4 : 0]        vote,
    output          [ 0 : 0]        result
);
// ......
endmodule
```

提示　理论上，你的项目结构应当如下所示：

```
Project
    Design Sources(1)
        Vote(Vote.v)
    Constraints
    Simulation Sources
    Utility Sources
```

3. 现在，我们将在 Vivado 中使用一位半加器搭建一位全加器。在 Vivado 中新建一个项目，并创建两个设计文件，分别命名为 HA.v 和 FA.v。

（1）在文件 HA.v 中编写 Verilog 代码，实现一个半加器模块 HA；

（2）在文件 FA.v 中编写 Verilog 代码，通过例化半加器的方式实现一个全加器模块 FA；

（3）将 FA.v 设为项目的 TOP 文件。

4. 请修改程序 3.2 所示的仿真文件，将时钟周期设定为 10 ns。随后再次运行仿真，验证模块的正确性。

5. 编写合适的 Testbench，以验证问题 2 中 Vote 模块功能的正确性。

6. 编写合适的 Testbench，以验证问题 3 中 FA 模块功能的正确性。

7. 请指出图 3.72 的 RTL 电路中的五个元件分别对应了 Counter 模块代码中的哪些部分。

8. 对问题 2 中的项目进行仿真，观察 Vote 模块的 RTL 电路结构。

9. 对问题 3 中的项目进行仿真，观察 HA 模块、FA 模块的 RTL 电路结构。

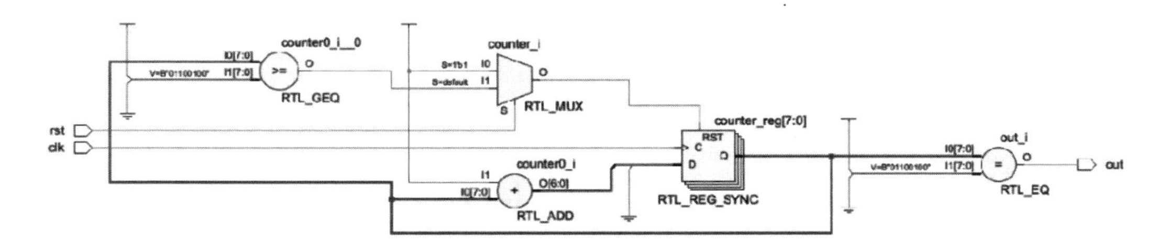

图 3.72　Counter 模块的 RTL 电路图

10. 请编写一段 Verilog 代码,要求当拨动开关时,对应的 LED 灯便会亮起/关闭。开关与 LED 灯的对应关系如下所示:

```
sw[0] - led[7]
sw[1] - led[6]
sw[2] - led[5]
sw[3] - led[4]
sw[4] - led[3]
sw[5] - led[2]
sw[6] - led[1]
sw[7] - led[0]
```

你的代码应当能在 FPGAOL 平台上运行。下面是我们提供的代码框架:

```
module Top (
   input                [ 7 : 0]        sw,
   output               [ 7 : 0]        led
);
// ......
endmodule
```

11. 与上一问不同, 现在 LED 显示的为被拨上去的最大的开关编号。例如: 对于图 3.60 所示的开关状态,LED 显示的内容为 8'B0000_0101。

12. 除了显示数字,七段数码管还可以显示字母。请查阅相关资料,结合自己的理解,写出图 3.62 所示的七段数码管结构下,显示字符 A,F 时各个 LED 灯的亮灭状态。

13. 请修改程序 3.4 所示的 Verilog 代码,实现下面的功能:

(1) 让流水灯向左移动的速度变快;

(2) 让流水灯向左移动的速度可以由开关控制;

(3) 让流水灯移动的方向可以由开关控制;

(4) 将上面(2)、(3)小问中的效果结合起来。

第 4 章　组合逻辑电路

4.1　概　　述

根据逻辑功能与电路结构的不同，可以将数字电路分为两大类：组合逻辑电路与时序逻辑电路。二者有着不同的结构特征与适用场景。在本章中，将重点介绍组合逻辑电路的概念、原理、设计及其应用。

组合逻辑电路是由多个逻辑门（例如与门、或门、非门等）组成的无环电路。在任意时刻，组合逻辑电路的输出仅仅取决于该时刻电路的输入，而与电路曾经的状态无关。换而言之，对于某一种输入情况，电路会给出固定的输出结果，且在电路的输入发生变化后，输出内容也会相应地发生变化。因此，可以将组合逻辑电路看作纯粹的逻辑运算器，输出结果可以由输入组成的逻辑表达式唯一确定。

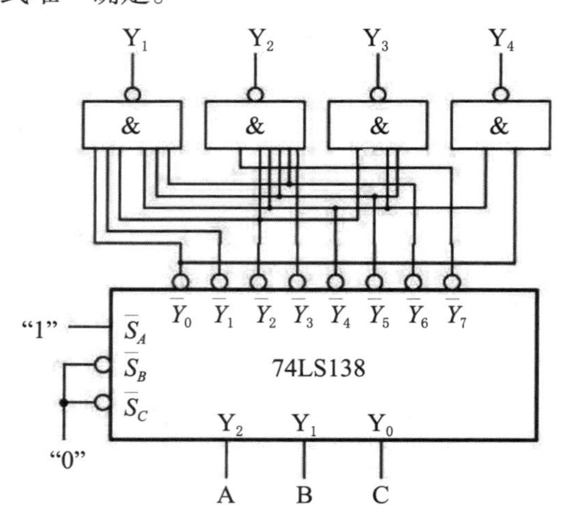

图 4.1　组合逻辑电路

组合逻辑电路的特点可以概括如下：

- 只由逻辑门和电线构成，没有存储器件；
- 输出仅与输入有关，不存在任何时序关系；
- 不会产生任何形式的反馈，每个输出信号只由与之直接相连的输入决定。

组合逻辑电路通常用于实现各种基本逻辑功能，如比较、判断、选择、分组等。由于其输出仅在输入发生变化时才会改变,因此它非常适用于高速、高精度和高可靠性的数字系统中,如计算机处理器设计、数字通信、工业控制等领域中,组合逻辑电路都发挥了重要的作用。简而言之,组合逻辑电路是一种简单、快速、可靠的数字电路,其设计和实现相对容易,因此在各个领域都具有广泛的应用价值。

4.2　传统设计流程

首先,本节将介绍组合逻辑电路的传统设计流程,即从实际问题出发,设计并得到最终可以解决问题的电路结构。一般而言,针对特定的问题,设计组合逻辑电路的最基本流程如图 4.2 所示。

图 4.2　传统设计流程

提示　图 4.2 所示的流程图中展示的方法一般适用于简单的、单模块的组合逻辑电路设计。随着 Verilog 编程能力的提升,我们往往会使用数据流或行为级描述直接实现模块的功能,而不会完整地执行上述的流程。但这需要我们对于 Verilog 语言对应的电路结构了如指掌。作为一名初学者,我们依然有必要掌握最为基础的设计流程。

在得到逻辑表达式后,我们便可以开始进行 Verilog 代码的编写工作。接下来,将从一个实际问题入手,带大家体验组合逻辑电路的设计过程。

场景　某同学现在希望你能够编写一个模块,用于检测输入的数据是否为素数。简单起见,假定待测结果位宽为 4,以二进制编码格式输入。现在需要设计一个硬件模块,对于给定的输入 in,输出 out 表示其是否为素数。特别地,该同学要求你“将 1 也视为素数”。一个可行的模块端口定义如下:

```
module Prime (
    input           [ 3 : 0]        in,
    output          [ 0 : 0]        out
);
```

其中 in 为输入的数据,范围为 $0 \sim 15$,out 为 1 时表明 in 输入的数据为素数。

4.2.1　真值表

真值表是一种非常有用的工具,它可以表示电路中各输出在输入信号不同取值下对应的逻辑值。真值表以表格的形式表示逻辑函数,输入变量的取值一旦确定,我们就可以从表中查出相应的输出结果,其优点在于直观明了。在数字电路逻辑设计过程中,第一步就是要列出真值表;在分析数字电路逻辑功能时,也需要列出真值表,并在此基础上进行归纳整理。

真值表的作用主要表现在以下几个方面:

- 信号之间的逻辑关系分析。通过真值表,可以明确各个信号之间的逻辑关系,从而更好地理解电路的结构和功能。例如,如果输出结果仅在某个输入信号为 1 时才为 1,如果该输入信号为 0,则输出结果也为 0,这样就可以推断出输出信号应当包含了对该输入信号的与操作。

• 信号的取值分析:通过真值表,可以了解电路中各个信号的取值及其对应的真值,从而分析信号的取值对电路的影响。例如,如果发现某个输入数据的结果不会影响输出的结果,那么就可以将其从真值表中删去。

• 电路优化。通过真值表,可以对电路进行优化,以提高其表示能力。例如,将多个逻辑关系合并为一个逻辑关系可以减少真值表的行数;将多个信号合并为一个信号可以减少真值表的列数。与之对应的,电路的结构也可以产生对应的简化效果。

然而,真值表也存在一些缺点。例如,真值表难以对逻辑代数的公式和定理进行运算和变换。此外,当变量数目比较多时,列真值表的过程会十分繁琐。为此,需要先使用逻辑表达式化简后,再表达成真值表。

针对素数问题,首先尝试列出其对应的真值表。这个例子的真值表如表 4.1 所示。

表 4.1 素数模块的真值表

in	out	in	out
0000	0	0001	1
0010	1	0011	1
0100	0	0101	1
0110	0	0111	1
1000	0	1001	0
1010	0	1011	1
1100	0	1101	1
1110	0	1111	0

输入 in 为待测数据的 4 位二进制原码,输出 out 为 1 时代表输入数据为素数或 1。不难验证,电路仅在输入为 1、2、3、5、7、11、13 的情况下输出为 1。表 4.1 包含了所有的输出结果,而我们更感兴趣 out 为 1 的表项,因此可以将其单独提出,得到表 4.2 所示的简化版真值表。

表 4.2 简化的真值表

in	out	in	out
0001	1	0010	1
0011	1	0101	1
0111	1	1011	1
1101	1	others	0

4.2.2 逻辑表达式

逻辑表达式是描述数字系统逻辑功能的重要工具。我们常用逻辑表达式描述一个逻辑电路的行为,其形式化语言由逻辑变量、逻辑运算符和括号组成。

逻辑运算符包括与(AND,·,&)、或(OR,+,|)、非(NOT,~,′)等,它们可以组合使

用以描述更复杂的逻辑功能。例如,对于一个简单的异或电路,可以用逻辑表达式

(A AND NOT B) OR (B AND NOT A)

来描述,其中 A、B 都是逻辑变量。为了避免歧义,本书使用的逻辑运算符统一采用表 4.3 所示的定义。

表 4.3　逻辑运算符的定义

中文名称	逻辑运算符
与(AND)	&
或(OR)	|
非(NOT)	~
异或(XOR)	^

因此,上面的异或表达式就可以写为

A ^ B = (A & ~B) | (~A & B)

一般而言,需要依据真值表得到电路的逻辑表达式。熟练的设计者可能能够根据功能直接写出表达式,但大部分时候依然需要结合真值表加以分析。为了从真值表得到逻辑表达式,需要遵循以下的步骤:

(1) 确定输入变量的数量和名称。我们可以将输入变量重新命名为 A,B,C 等,便于后期的区分与表示。

(2) 找出电路所有可能的输入组合,这些组合通常按照二进制数递增的顺序排列。如果真值表有没有列出的输入组合,需要结合电路需求或其他表项将其补齐。

(3) 根据输出结果构造逻辑表达式。真值表的每一行都给出了一种输入组合下的输出结果。我们需要找到所有输出结果为 1 的行,将每一行的输入变量用与运算连接,行之间的结果用或运算连接。这样,就可以构造出一个由输入变量以及与、或运算组成的逻辑表达式。

(4) 将逻辑表达式简化为最简形式。这可以通过使用逻辑代数规则来完成,例如消去重复的项、简化括号等。

我们来看下面这个例子:

例 4.1 (从真值表到逻辑表达式)　表 4.4 是一个包含了两个输入变量 A 和 B 的真值表。

表 4.4　示例真值表

A	B	Output
0	0	0
0	1	1
1	0	1
1	1	0

按照上面介绍的步骤,首先观察发现,真值表并不存在缺项;真值表中结果为 1 的是第二行和第三行。第二行的输入变量可以用与运算连接成 ~A & B,第三行的输入变量可以

用与运算连接成 A & ~B。最后，将上面的结果用或运算连接，就得到了表 4.4 所对应的逻辑表达式。

$$\text{Output} = (\sim A \ \& \ B) \mid (A \ \& \ \sim B)$$

因此，只需要依据真值表，将其中输出为 1 的项用逻辑运算符表示出来，就可以得到素数电路的逻辑表达式了。为了便于区分，我们记

- A = in[3]；
- B = in[2]；
- C = in[1]；
- D = in[0]。

上面的真值表就可以改写为表 4.5 所示的样子。

表 4.5 改写的真值表

A	B	C	D	Out
0	0	0	1	1
0	0	1	0	1
0	0	1	1	1
0	1	0	1	1
0	1	1	1	1
1	0	1	1	1
1	1	0	1	0
others				0

这样，我们就可以根据每一行，列出下面的逻辑表达式：

$$\begin{aligned} \text{out} =& (\sim A \ \& \ \sim B \ \& \ \sim C \ \& \ D) \mid (\sim A \ \& \ \sim B \ \& \ C \ \& \ \sim D) \mid (\sim A \ \& \ \sim B \ \& \ C \ \& \ D) \\ & \mid (\sim A \ \& \ B \ \& \ \sim C \ \& \ D) \mid (\sim A \ \& \ B \ \& \ C \ \& \ D) \mid (A \ \& \ \sim B \ \& \ C \ \& \ D) \\ & \mid (A \ \& \ B \ \& \ \sim C \ \& \ D) \end{aligned}$$

这个式子一共有七项，每一项对应着真值表中 out 为 1 的一行。不难验证，任何 A，B，C，D 的输入组合均可以计算得到 out 的正确结果。

逻辑表达式的优点在于其简洁性和精确性。通过使用逻辑表达式，我们可以简洁地描述一个复杂的逻辑电路的行为，并且这种描述是精确的，即不会产生歧义或误解。此外，逻辑表达式还可以直接被用于自动生成数字电路的数据流级硬件描述代码，提高了设计的效率。

然而，逻辑表达式也存在着一些缺点。首先，对于复杂的逻辑电路，逻辑表达式可能会变得非常冗长。例如，对于 4 位超前进位加法器，其最高位的逻辑表达式为

$$\begin{aligned} C[3] =& G[3] \mid (P[3] \ \& \ G[2]) \mid (P[3] \ \& \ P[2] \ \& \ G[1]) \mid (P[3] \ \& \ P[2] \ \& \ P[1] \ \& \ G[0]) \\ & \mid (P[3] \ \& \ P[2] \ \& \ P[1] \ \& \ P[0] \ \& \ ci) \end{aligned}$$

而对于 8 位超前进位加法器，其最高位的逻辑表达式是上面这个式子的三倍长。这需要我们在分析时具备较高的技术水平和耐心。

其次,逻辑表达式难以直观地理解数字电路的结构,这不利于初学者的理解和掌握。当然,大部分的表示方法都无法直观看到电路的结构,只有直接画出电路图才能展现设计的全貌。

最后,将逻辑表达式在转化为硬件描述语言时,可能会出现代码冗余和效率低下的问题。为此,可能需要对逻辑表达式进行一定的化简。下面介绍的卡诺图可以解决这一问题。

4.2.3　卡诺图

通过真值表得到的逻辑表达式是正确的,但不一定是最简的。那么,如何尽可能地简化得到的逻辑表达式呢?这就需要借助卡诺图了。卡诺图(Karnaugh map)是逻辑表达式的一种图形表示,它以平面方格图的形式,通过每个方格代表逻辑函数的每一个最小项,来进行逻辑函数的简化。这种图形工具广泛应用于数字逻辑电路的设计中。

提示　最小项是指用与运算顺序连接了所有输入变量,其中每个变量以原变量或反变量的形式作为一个因子,在式子中出现并且只出现一次的逻辑表达式。例如,变量 A,B,C 所构成的最小项有如下的 8 种:

(1)A & B & C;

(2)~A & B & C;

(3)A & ~B & C;

(4)A & B & ~C;

(5)~A & ~B & C;

(6)~A & B & ~C;

(7)A & ~B & ~C;

(8)~A & ~B & ~C。

不难发现,由 n 个变量构成的最小项一共有 2^n 种。我们也可以用 m_i 表示特定的最小项,其中 i 为将最小项中原变量替换为 1,反变量替换为 0 所得到的二进制数。例如,A & B & C 替换之后的结果为 111,因此有 m_7 = A & B & C;~A & ~B & C 替换之后的结果为 001,因此有 m_1 = ~A & ~B & C。

卡诺图由美国工程师卡诺(M. Karnaugh)在 1953 年提出,当时他正在进行开关逻辑电路的研究。他发现,将逻辑函数表示为方格图可以更直观地观察和理解逻辑函数的结构,从而简化逻辑函数的化简过程。这一方法后来被广泛应用于数字逻辑电路的设计。

卡诺图的基本思想是将逻辑函数的最小项进行组织和排列,以便于进行逻辑函数的化简。具体来说,卡诺图由若干方格组成,其中每个方格代表一个最小项。在方格图中,任意上下左右相邻的两个方格的变量取值中,只有一个变量的取值发生变化。这种排列方式使得逻辑函数的化简更加直观和简便。

图 4.3 展示了包含 A,B,C,D 4 个变量的卡诺图。每一个小方格对应的变量取值可以从行、列的坐标中看出。例如,右下角的方格对应的最小项为 A & ~B & C & ~D。右上角的方格对应的最小项为 ~A & ~B & C & ~D 由于四个变量的地位是相同的,因此整张卡诺图具有循环对称性,所以右上角的方格和右下角的方格也是相邻的,二者对应的最小项也

只有变量 A 是不同的。

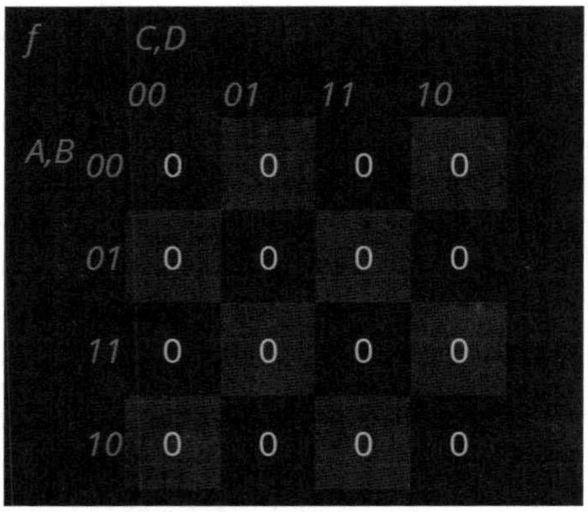

f
C,D
00
01
11
10
A,B
00
01
11
10
0 0 0 0
0 0 0 0
0 0 0 0
0 0 0 0

图 4.3 4 个变量的卡诺图

对于不同的输入情况,也可以绘制长方形的卡诺图。图 4.4 展示了由 3 个变量 A,B,C 组成的卡诺图。

f
B,C
00
01
11
10
A
0
1
0 0 0 0
0 0 0 0

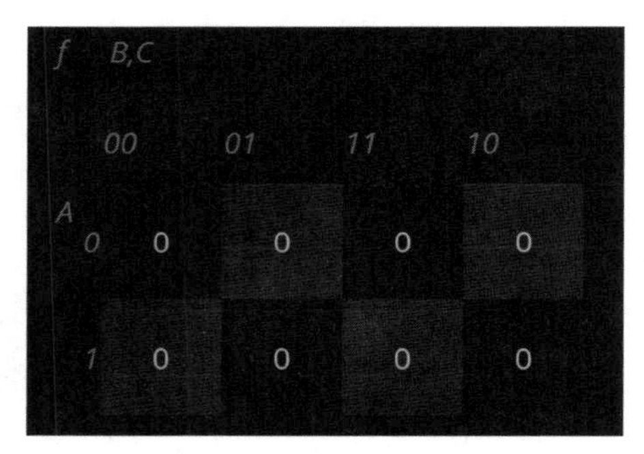

图 4.4 3 个变量的卡诺图

卡诺图可以将包含 n 个变量的逻辑函数的 2^n 个最小项排列在给定的长方形表格中,使得逻辑函数的表示更加直观和简洁。现在,我们在每个方格中填入该最小项对应的输出结果,这样整张卡诺图的格子都由 0 或 1 组成。为了找出逻辑函数中的冗余项和组合项,简化逻辑函数的化简过程,可以使用如下的准则在卡诺图中「画圈」:

- 绘制的圈需要包含所有为 1 的方格,不能包含任何为 0 的方格;
- 绘制的圈可以重叠,但必须为矩形或正方形,且大小为 2 的幂;
- 每个圈需要尽可能大。换而言之,圈的数目应当尽可能少。

按照基于上面的准则画出的圈,就可以对逻辑表达式进行化简。图 4.5 是之前素数真值表对应的卡诺图。

在卡诺图中,大框代表的输入为 ABCD=0101,小框代表的输入为 ABCD=0111,仅有 C 一位不同。我们在每一个小方格中填入该输入对应的 out 值,也就得到了图 4.5 中的结果。

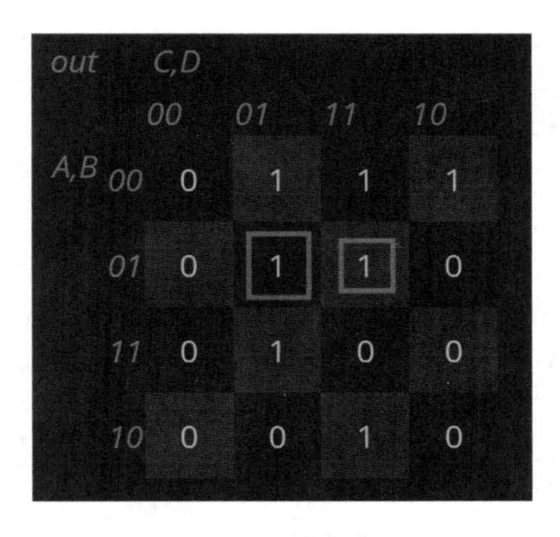

图 4.5　原始卡诺图

下面,开始画圈。最为明显的便是 AB = 00、01 与 CD = 01、11 所包含的由 4 个方格组成的圈了。这个圈包含了 4 个为 1 的方格,而剩下 3 个为 1 的方格各需要一个圈包住。因此,图 4.5 所示的卡诺图在画圈之后的效果如图 4.6 所示。其中深绿色的为 2×2 大小的圈,对应的输入情况为 AD = 01(B、C 的输入不影响结果);蓝色圈对应的输入情况为 BCD = 101;浅绿色圈对应的输入情况为 ABC = 001;黄色圈对应的输入情况为 BCD = 011。

根据图 4.6 的结果,可以得到素数电路简化的逻辑表达式为

$$\text{out} = (\ \tilde{}A \ \& \ D) \mid (B \ \& \ \ \tilde{}C \ \& \ D) \mid (\ \tilde{}A \ \& \ \ \tilde{}B \ \& \ C) \mid (\ \tilde{}B \ \& \ C \ \& \ D)$$

当然,卡诺图也存在一定的缺点。例如,如果需要处理的逻辑函数的自变量较多,那么卡诺图的行列数将迅速增加,使得图形更加复杂。图 4.7 展示了包含 A~H 8 个变量的卡诺图,其规模已经达到了 $2^8 = 256$ 个方格。

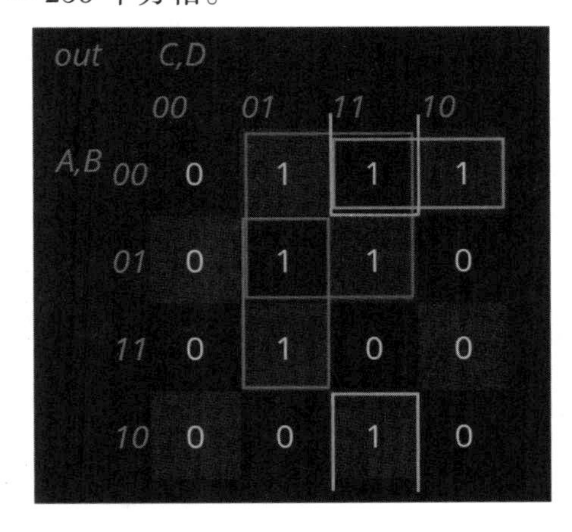

图 4.6　画圈的卡诺图

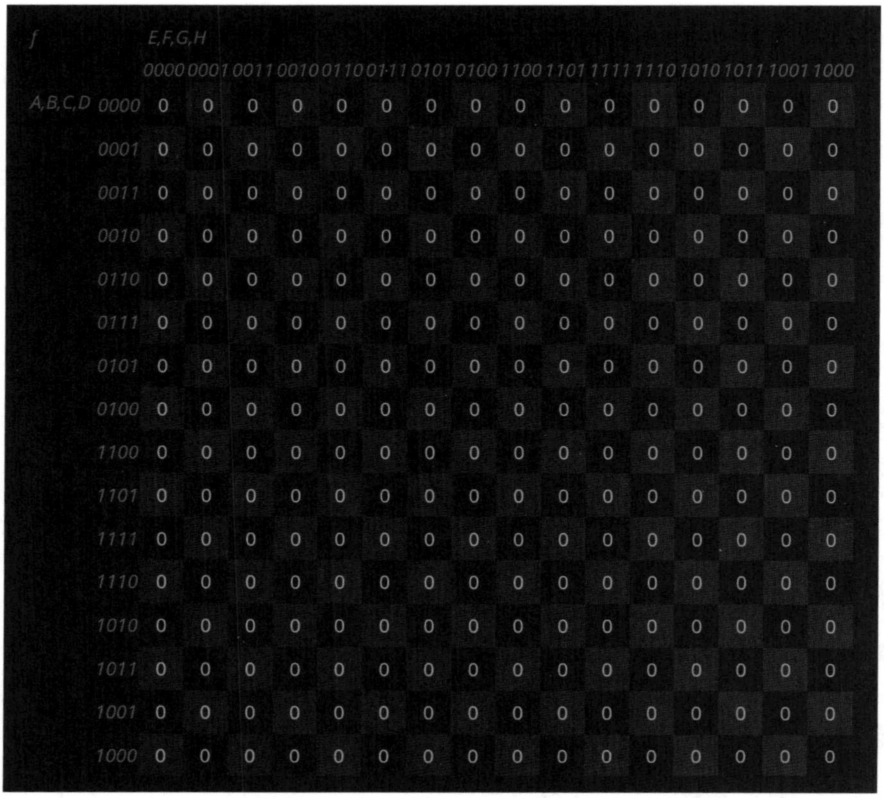

f		E,F,G,H															
		0000	0001	0011	0010	0110	0111	0101	0100	1100	1101	1111	1110	1010	1011	1001	1000
A,B,C,D	0000	0	0	0	0	0	0	0	0	0	0	0	0	0	0	0	0
	0001	0	0	0	0	0	0	0	0	0	0	0	0	0	0	0	0
	0011	0	0	0	0	0	0	0	0	0	0	0	0	0	0	0	0
	0010	0	0	0	0	0	0	0	0	0	0	0	0	0	0	0	0
	0110	0	0	0	0	0	0	0	0	0	0	0	0	0	0	0	0
	0111	0	0	0	0	0	0	0	0	0	0	0	0	0	0	0	0
	0101	0	0	0	0	0	0	0	0	0	0	0	0	0	0	0	0
	0100	0	0	0	0	0	0	0	0	0	0	0	0	0	0	0	0
	1100	0	0	0	0	0	0	0	0	0	0	0	0	0	0	0	0
	1101	0	0	0	0	0	0	0	0	0	0	0	0	0	0	0	0
	1111	0	0	0	0	0	0	0	0	0	0	0	0	0	0	0	0
	1110	0	0	0	0	0	0	0	0	0	0	0	0	0	0	0	0
	1010	0	0	0	0	0	0	0	0	0	0	0	0	0	0	0	0
	1011	0	0	0	0	0	0	0	0	0	0	0	0	0	0	0	0
	1001	0	0	0	0	0	0	0	0	0	0	0	0	0	0	0	0
	1000	0	0	0	0	0	0	0	0	0	0	0	0	0	0	0	0

图 4.7 8 个变量的卡诺图

此外,卡诺图的图形化表示方法并不适合直接用于计算机算法的设计,只适合用人工进行判断,因此常用的辅助工具一般不会使用卡诺图来进行逻辑函数的优化。对于一些多变量的复杂的逻辑函数,人工的化简过程会变得十分困难,也就超出了卡诺图的适用范围。

4.2.4 编程实现

根据简化的逻辑表达式,可以直接编写如程序 4.1 所示的数据流级 Verilog 代码。

程序 4.1 素数电路

```
module Prime (
    input           [ 3 : 0]        in,
    output          [ 0 : 0]        out
);
wire A = in[3];
wire B = in[2];
wire C = in[1];
wire D = in[0];
assign out = (~A&D) | (B&~C&D) | (~A&~B&C) | (~B&C&D);
endmodule
```

最后,为了验证设计的正确性,可以编写如下的仿真文件:

```
module Prime_tb();
reg [3 : 0] in;
wire out;
initial begin
   in = 0;
   forever begin
      #10;
      in = in + 1;
   end
end
Prime prime (
   .in(in),
   .out(out)
);
endmodule
```

对应的仿真结果如图 4.8 所示。

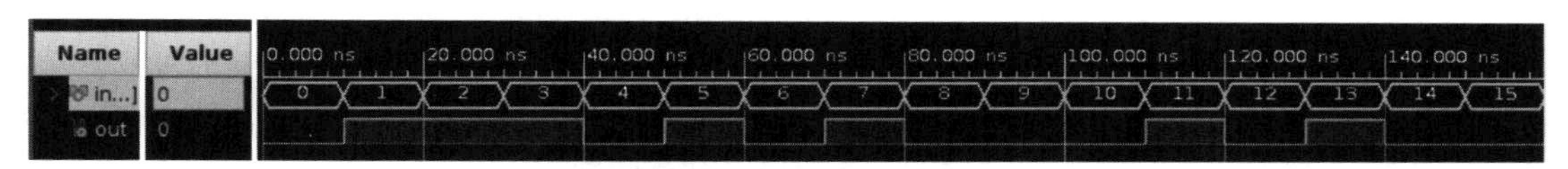

图 4.8 素数模块仿真波形

可以发现,out 仅在输入为 1、2、3、5、7、11、13 时为 1,这表明我们已经正确实现了素数电路的功能。

4.3 简单组合逻辑电路

本节将介绍一些常见的组合逻辑电路,包括加法器、编码器、译码器等。这些电路在数字电路中应用极为广泛,是数字电路设计的基础。

4.3.1 编码器

编码是指信息从一种形式或格式转换为另一种形式的过程,简单来讲就是语言的翻译过程。在计算机领域,需要将日常使用的自然语言翻译成计算机能够理解的二进制编码,这就是编码过程,能够实现该功能的数字电路我们称之为编码器。

编码器可以按照不同的方式进行分类。例如,根据编码器的输入、输出信号类型分类,可以将其分为十进制-二进制编码器、二进制-十进制编码器、二进制-BCD 码编码器、二进制-ASCII 码编码器等。以二进制-BCD 码编码器为例,电路接收一个位宽为 n 的输入信号 in,并给出该二进制整数对应的十进制结果 out。如果根据编码器的输出信号类型分类,可以将其分为高电平有效和低电平有效两种类型。在数字电路中,高电平通常表示逻辑 1,而低电平表示逻辑 0。因此,高电平有效的编码器在输出时将逻辑 1 作为有效电平,而低电平有效的编码器则将逻辑 0 作为有效电平。

此外,为了解决同时输入两个或两个以上信号的问题,一些编码器采用了优先编码的方式。在这种方式下,编码器各输入端被赋予不同的优先级别。当多个输入信号同时存在时,电路只对优先级别高的输入信号进行编码,而对其他输入信号不予考虑。

在实际应用中,编码器可以由基本的逻辑门电路组成,如 AND、OR 和 NOT 等。通过这些逻辑门电路的组合和连接,可以实现各种类型的编码器。编码器也可以采用集成电路的方式进行实现。本章一开始展示的组合逻辑电路(图 4.1)实际上是 74LS147 芯片,它就是一种 8421 码集成优先编码器。

总之,编码器是组合逻辑电路中非常重要的电路器件之一。我们来看下面的例子:

场景 某位国王想要与自己王国的 4 个区域建立电话联系,于是便为这 4 个区域各拉了一条电话线,并将它们汇总在皇宫的信号接收机中。假定同一时间至多只有一个区域与国王通话。现在国王的需求是:当有电话进来时,接收机能够显示当前通话的区域编号。请设计一个组合逻辑电路满足国王的需求。

上面的场景可以形式化描述为:输入信号有 4 位,分别记为 $I_3 \sim I_0$;为了区分四个不同的区域,我们需要 $\log_2 4 = 2$ 位的二进制编码,也就是说输出信号有两位,分别记为 $Y_1 \sim Y_0$。基于此,可以列出表 4.6 所示的真值表。

表 4.6 国王的编码器真值表

I_3	I_2	I_1	I_0	Y_1	Y_0
1	0	0	0	1	1
0	1	0	0	1	0
0	0	1	0	0	1
0	0	0	1	0	0

提示 上面的真值表仅描述了最简单的情况,并没有涵盖所有可能的输入。事实上仅有 Y_1, Y_0 输出是不够的,因为现在的设计无法区分“来自 0 号地区的电话响起”和“没有电话响起”这两个事件。为了编码器功能的完整性,还需要额外的信号来输出当前是否有电话响起,也即当前是否有合法的输入。在本章的课后练习中将讨论这一问题。

那么,如何用 Verilog 语言描述编码器呢?我们自然可以参考之前的过程,绘制卡诺图,得到化简的逻辑表达式。假定图 4.6 中未列出的输入情况下,Y_1Y_0 均为 0。我们可以绘制如图 4.9 所示的卡诺图。

不幸的是,两张卡诺图均无法提供更为简单的逻辑表达式,因此最终的编码器表达式为

$$Y_1 = (\ \tilde{}I_3 \ \&\ I_2 \ \&\ \tilde{}I_1 \ \&\ \tilde{}I_0) \mid (I_3 \ \&\ \tilde{}I_2 \ \&\ \tilde{}I_1 \ \&\ \tilde{}I_0)$$

$$Y_0 = (\ \tilde{}I_3 \ \&\ \tilde{}I_2 \ \&\ I_1 \ \&\ \tilde{}I_0) \mid (I_3 \ \&\ \tilde{}I_2 \ \&\ \tilde{}I_1 \ \&\ \tilde{}I_0)$$

基于上面的结果,可以使用数据流描述写出如程序 4.2 所示的 Verilog 代码。

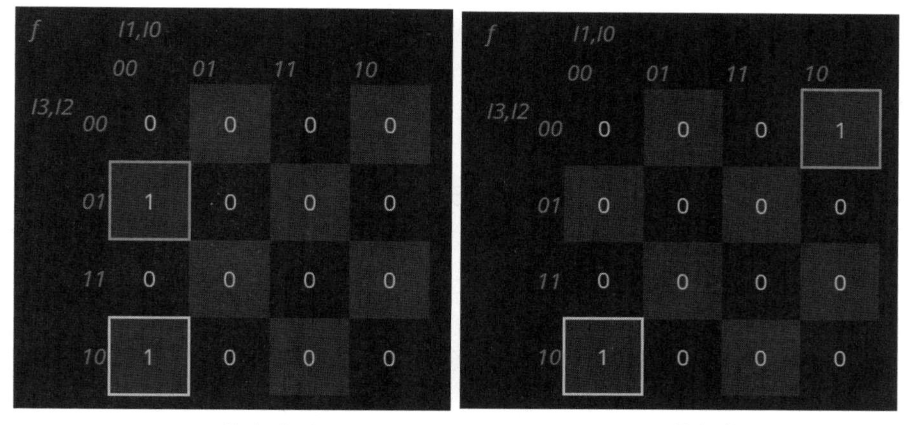

(a) Y_1 的卡诺图　　(b) Y_0 的卡诺图

图 4.9　国王的编码器卡诺图

程序 4.2　国王的编码器

```
module Encode(
    input               [ 3 : 0]        I,
    output              [ 1 : 0]        Y
);
assign Y[1] = (~I[3] & I[2] & ~I[1] & ~I[0]) | (I[3] & ~I[2] & ~I[1] & ~I[0]);
assign Y[0] = (~I[3] & ~I[2] & I[1] & ~I[0]) | (I[3] & ~I[2] & ~I[1] & ~I[0]);
endmodule
```

在逐渐熟练后，也可以直接使用行为级描述实现组合逻辑电路。例如，程序 4.3 展示了编码器的行为级描述代码。

程序 4.3　国王的编码器

```
module Encode(
    input               [ 3 : 0]        I,
    output      reg     [ 1 : 0]        Y
);
always @(*) begin
    case (I)
        4'B1000: Y = 2'B11;
        4'B0100: Y = 2'B10;
        4'B0010: Y = 2'B01;
        4'B0001: Y = 2'B00;
        default: Y = 2'B00;
    endcase
end
endmodule
```

这段代码使用了 case 语句直接列举特定输入下的输出结果。对于真值表列出情况之外的输入，译码器统一输出 0。

场景 现在，国王与 4 个地区的联系更为频繁了，同一时间与国王通话的区域数目将没有限制，此时必须要有手段处理电话同时接入的情况。国王希望按照地区编号由大到小的顺序设定优先级，当多个区域同时接入电话时，国王会选择接听编号最大的那一个。请设计一个组合逻辑电路满足国王的需求。

普通编码器虽然能实现编码的功能，但它仍有不少局限性，其中之一就表现为：普通编码器的输入端只能同时存在一个高电平信号，当我们不小心输入了多个高电平信号，比如输入 I = 4'B1111，根据代码编码器输出的结果为 2'B00，与正常输入 I = 4'B0001 的输出结果相同，但我们无法判断此时输入了一个错误的信号。

为了消除这种弊端，我们设想一种新的编码器：它的每个输入端有着不同的重要程度（更专业地说，有着不同的优先级），只要更重要的输入端输入了有效信号，就可不再考虑来自其他输入端的信号。例如：当 I_3 输入有效信号时，就不再考虑来自 $I_2 \sim I_0$ 输入的信号，而在输出端直接输出 2'B11。仅有 I_3 输入无效信号（为 0）时才会检查 $I_2 \sim I_0$ 的内容。这就是优先编码器的思想。

一个符合要求的优先编码器真值表如表 4.7 所示。

表 4.7 皇家优先编码器真值表

I_3	I_2	I_1	I_0	Y_1	Y_0	valid
0	0	0	0	0	0	0
1	x	x	x	1	1	1
0	1	x	x	1	0	1
0	0	1	x	0	1	1
0	0	0	1	0	0	1

这里我们使用 x 代表输入为 0 或为 1 均可。不难看出，上面的真值表涵盖了所有 16 种可能的输入。此外，引入输入有效信号 valid。如果输入为 I = 4'B0000，则 valid 输出 0，表示当前并没有电话接入。

那么，如何使用 Verilog 语言描述呢？我们知道 case 语句是没有优先级顺序的，只能为每一种情况指定其对应的输出。下面的代码展示了使用 case 语句枚举实现的效果：

```
always @(*) begin
   case(I)
      4'B0000: begin
         Y = 2'B00; valid = 0;
      end
      4'B1000, 4'B1001, 4'B1010, 4'B1011,
      4'B1100, 4'B1101, 4'B1110, 4'B1111: begin
         Y = 2'B11; valid = 1;
      end
      4'B0100, 4'B0101, 4'B0110, 4'B0111: begin
         Y = 2'B10; valid = 1;
      end
      4'B0010, 4'B0011: begin
```

```
        Y = 2'B01; valid = 1;
    end
    4'B0001: begin
        Y = 2'B00; valid = 1;
    end
  endcase
end
```

这样自然能实现需求，但当输入信号位宽较多，例如为 64 位时，代码编写起来就十分繁琐了。此时可以使用 casez 语法等效替代。

```
always @(*) begin
  valid = 1;
  casez (I)
    4'B1???: Y = 2'B11;
    4'B01??: Y = 2'B10;
    4'B001?: Y = 2'B01;
    4'B0001: Y = 2'B00;
    default: begin
      Y = 2'B00;
      valid = 0;
    end
  endcase
end
```

最终，我们实现了国王所需要的组合逻辑电路，圆满地完成了任务。

4.3.2 译码器

译码是编码的逆过程。编码过程将自然语言“翻译”成机器能理解的二进制语言，而译码则是将二进制代码所代表的特定含义“翻译”成对应的自然语言。

根据不同的分类标准，译码器可以分为不同的类型。常见的分类方法有以下几种：

- 按输出信号类型：可以分为高电平有效型和低电平有效型。
- 按输入信号类型：可以分为二进制译码器和多进制译码器。
- 按输出端数量：可以分为 n-$2n$ 型（n 为输入端数量）和 n-$4n$ 型。

译码器的工作原理是将输入的二进制码转换成对应的输出信号。具体来说，译码器有一个使能输入端和一个编码输入端。当该使能输入端为有效电平时，对应着此时的编码输入端输入了一组编码。此时，译码器需要根据我们实现约定好的映射关系，在输出端给出对应的译码结果。输出端一般由多个端口组成。在输出时，往往只有其中一个输出端为有效电平，其余输出端则为与之相反的电平。输出信号可以是高电平有效，也可以是低电平有效。以 2 线-4 线译码器为例，它具有一个位宽为 2 的输入端 in、4 个位宽为 1 的输出端 $I_3 \sim I_0$ 和一个使能输入端。当使能输入端为有效电平时，对于编码输入 2'B01，仅有输出端 I_1 会输出高电平，其余输出端均为低电平。

译码器在数字系统中有广泛的用途，例如用于代码的转换、数字显示、数据分配、存储器寻址和组合控制信号等。实现不同的功能可选用不同种类的译码器。例如,二进制译码器可以将二进制码译为十进制码;显示译码器可以将编码译成十进制码或特定的编码,并通过显示器件将译码器的状态显示出来。此外,译码器还可以用于对存储器单元地址的译码。在计算机中,每个地址代码将被转换成若干地址信号,从而选中对应的单元并获取对应的数据。处理器中的指令也需要特定的译码器进行译码,译码的结果将供处理器中各个部件进行相应的处理操作。

场景 过了一段时间,国王将自己的领土扩展到了 8 个区域,并连接好了对应的电话线和优先编码器。现在,国王希望你能够帮助他设计一款译码器,根据输入的 3 位编号 $A_2 \sim A_0$ 接通对应区域的电话线。简而言之,我们需要将输入的信号 $A_2 \sim A_0$ 翻译为对应的阿拉伯数字。同样地,我们使用 $I_7 \sim I_0$ 表示 8 种可能的阿拉伯数字。

译码器的真值表如表 4.8 所示。其中,enable 信号为输入使能信号,仅当该信号为 1 时再进行译码操作。当该信号为 0 时,无论 $A_2 \sim A_0$ 的值为多少,译码器的译码结果都为 0。

表 4.8 皇家译码器真值表

enable	A_2	A_1	A_0	I_7	I_6	I_5	I_4	I_3	I_2	I_1	I_0
1	1	1	1	1	0	0	0	0	0	0	0
1	1	1	0	0	1	0	0	0	0	0	0
1	1	0	1	0	0	1	0	0	0	0	0
1	1	0	0	0	0	0	1	0	0	0	0
1	0	1	1	0	0	0	0	1	0	0	0
1	0	1	0	0	0	0	0	0	1	0	0
1	0	0	1	0	0	0	0	0	0	1	0
1	0	0	0	0	0	0	0	0	0	0	1
0	x	x	x	0	0	0	0	0	0	0	0

这里的输入有 4 位,因此总可能的输入共计 $2^4 = 16$ 种。译码器的 Verilog 代码如程序 4.4 所示。

程序 4.4 译码器

```
module Decoder (
    input               [ 2 : 0]        A,
    input               [ 0 : 0]        enable,
    output    reg       [ 7 : 0]        Y
);
always @(*) begin
    if (enable)
        case (A)
            3'B000: Y = 8'B0000_0001;
            3'B001: Y = 8'B0000_0010;
            3'B010: Y = 8'B0000_0100;
            3'B011: Y = 8'B0000_1000;
            3'B100: Y = 8'B0001_0000;
```

```
        3'B101: Y = 8'B0010_0000;
        3'B110: Y = 8'B0100_0000;
        3'B111: Y = 8'B1000_0000;
      endcase
    else
      Y = 8'B0;
end
endmodule
```

4.3.3　加法器

加法器是数字电路中执行加法运算的基本单元。它可以接收两个二进制数作为输入,并将这两个数相加,输出它们的和以及可能产生的进位。在计算机和其他电子设备中,加法器是一种非常重要的基本组件。

根据不同的设计和应用需求,加法器可以被分为几种类型。图 4.10 展示了几种常见的加法器类型。

我们首先从最简单的一位半加器开始说起。半加运算是指不考虑来自低位的进位的加法,实现半加运算的电路被称为半加器。半加器是最简单的加法器,用于将两个一位的二进制数相加,并计算结果。它具有两个输入端和两个输出端,分别用于表示和与进位。在计算时,半加器将 A 和 B 相加,将计算的结果中和位通过 S 输出,并将进位通过 C 输出。

全加器是由两个数据输入和一个额外的输入(称为进位输入或进位借位)组成的电路。它的输入端包括两个待相加的二进制位,分别为 A 和 B,以及一个进位 Cin;输出端包括一个和位 S 和一个进位 Cout。在计算时,全加器可以将两个二进制位和一个进位输入相加,并产生对应的和位结果和进位结果。由于考虑了来自低位的进位输入,全加器可以通过串联实现多位二进制数的加法运算。

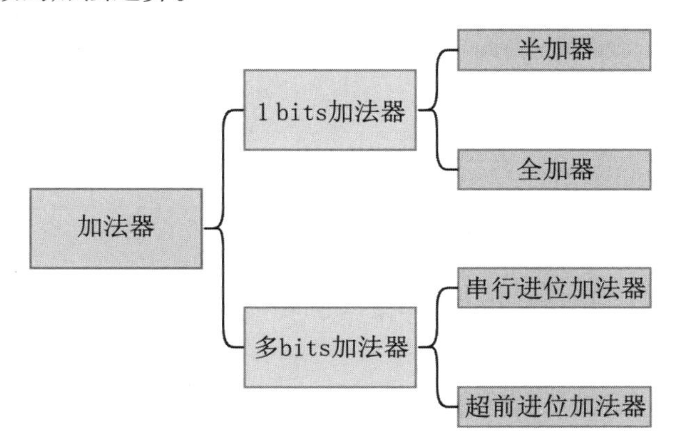

图 4.10　加法器分类

我们知道,二进制加法与十进制加法在本质上是一致的,只是计算的数字变成了二进制。这样的好处是每一位上可能的情况只有 $2^2 = 4$ 种而不是 $10^2 = 100$ 种。二进制加法的四种情况就是 1 位加法的四种可能:0+0、0+1、1+0、1+1。假定输入的两个 1 位数为 a 和

b,由于结果可能是两位,我们引入两个 1 位变量 s 和 c 表示结果,其中 s 表示低位,c 表示高位。据此,可以列出表 4.9 所示的真值表。

表 4.9 一位半加器真值表

a(加数)	b(被加数)	c(进位)	s(和)
0	0	0	0
0	1	0	1
1	0	0	1
1	1	1	0

提示 我们常常使用 s 代表求和,用 c 代表进位。其中,s 是 sum 的缩写,c 是 carry 的缩写。

从上面的真值表中,我们不难得到 s,c 关于 a,b 的逻辑表达式。

$$s = a \text{ \^{} } b$$

$$c = a \ \& \ b$$

由此便可以在 Logisim 中搭建一个基础的半加器 (图 4.11)。

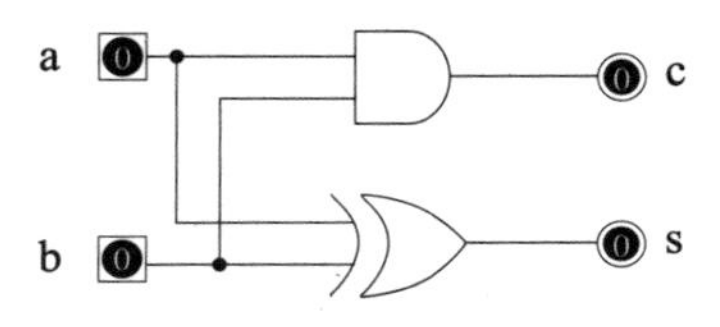

图 4.11 一位半加器结构

对应的 Verilog 代码如下:

```
module HalfAdder(
    input           [ 0 : 0]        a, b,
    output          [ 0 : 0]        s, c
);
    assign s = a ^ b;
    assign c = a & b;
endmodule
```

自然,也可以使用行为级描述实现半加器的功能。下面的代码使用拼接运算完成了相同的效果。

```
module HalfAdder(
    input           [ 0 : 0]        a, b,
    output          [ 0 : 0]        s, c
);
    assign {c, s} = a + b;
endmodule
```

当涉及多位加法时,除了最低位外,每一位都需要考虑来自低位的进位。因此半加器就需要进行一定的改进，支持两个加数以及低位进位三个数的相加。这种运算称为全加运算，实现全加运算的电路也被称为全加器。表 4.10 是一位全加器的真值表。

表 4.10　一位全加器真值表

a(加数)	b(被加数)	cin(低位进位)	cout(ym 位进位)	s(和)
0	0	0	0	0
0	0	1	0	1
0	1	0	0	1
0	1	1	1	0
1	0	0	0	1
1	0	1	1	0
1	1	0	1	0
1	1	1	1	1

我们使用如图 4.12 所示的卡诺图进行逻辑表达式的化简。

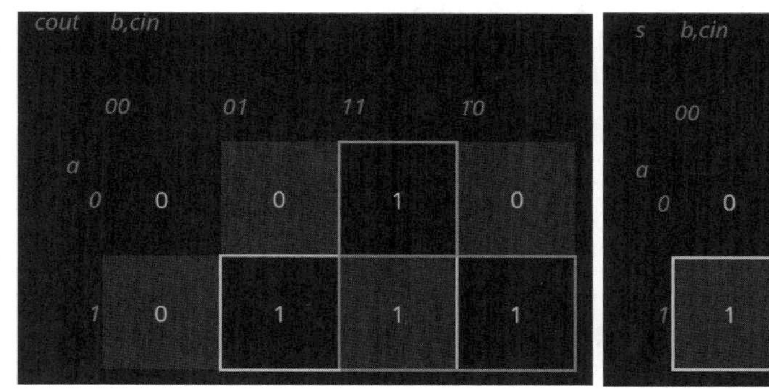

(a) cout 的卡诺图

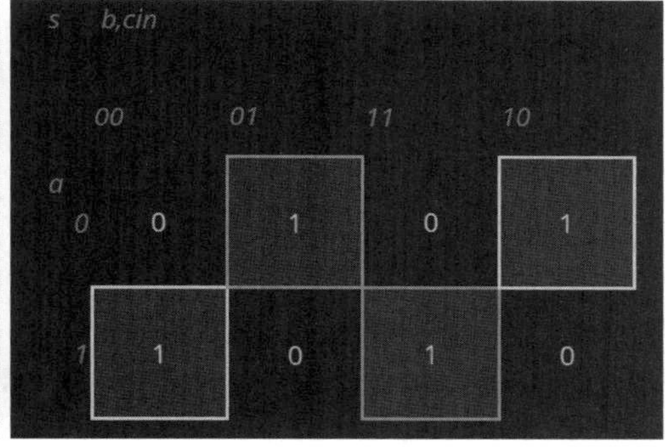

(b) s 的卡诺图

图 4.12　1 位全加器卡诺图

基于上面的卡诺图，可以得到如下的逻辑表达式:

$$cout = (b \ \& \ cin) \mid (a \ \& \ cin) \mid (a \ \& \ b)$$

$$s = (\ \tilde{}a \ \& \ \ \tilde{}b \ \& \ cin) \mid (\ \tilde{}a \ \& \ b \ \& \ \ \tilde{}cin) \mid (a \ \& \ \ \tilde{}b \ \& \ \ \tilde{}cin) \mid (a \ \& \ b \ \& \ cin)$$

这个式子就复杂了一些，但也可以用逻辑门直接搭出。在 Logisim 中搭建如图 4.13 所示的局部结构。

提示　上面得到的逻辑表达式可以通过布尔代数进行等价变形。一个更为简洁的形式是

$$s = a \ \hat{} \ b \ \hat{} \ cin$$

$$cout = ((a \ \hat{} \ b) \ \& \ cin) \mid (a \ \& \ b)$$

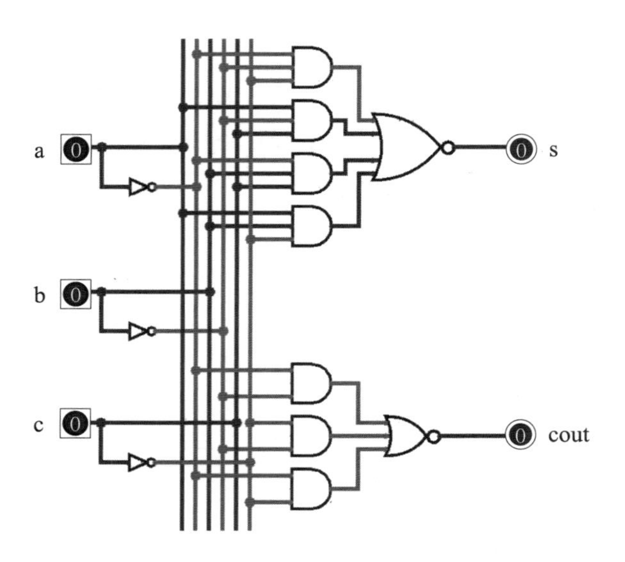

图 4.13 一位全加器结构（局部）

我们也可以使用行为级描述实现全加器的功能。与半加器的行为级描述类似，下面的代码也通过使用拼接运算实现了全加器的功能：

```
module HalfAdder(
    input               [ 0 : 0]         a, b, cin
    output              [ 0 : 0]         s, cout
);
    assign {cout, s} = a + b + cin;
endmodule
```

除了直接搭建，还可以使用先前的半加器模块搭建全加器。半加器的功能是实现不算低位进位的加法，而全加器在此基础上额外引入了低位进位 cin。基于此，可以将三个数的加法拆解为两次两个数的加法。图 4.14 展示了上面所描述的电路结构。

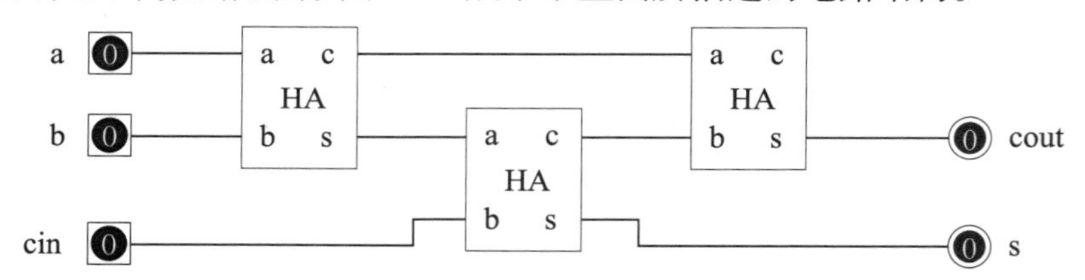

图 4.14 使用半加器搭建全加器

可以看到，输入 a，b 先经过一个半加器后，和的结果再与 cin 经过第二个半加器。第二个半加器的和位输出即为全加器的和位输出 s。而第一个半加器的进位与第二个半加器的进位将被送入第三个半加器，最终的和位即为全加器的进位输出 cout。

上述流程在 Verilog 的描述如下：

```
module FullAdder (
    input               [ 0 : 0]         a, b, cin,
```

```
   output            [ 0 : 0]        s, cout
);
wire temp_s, temp_c_1, temp_c_2;
HalfAdder ha1(
   .a(a),
   .b(b),
   .s(temp_s),
   .c(temp_c_1)
);
HalfAdder ha2(
   .a(temp_s),
   .b(cin),
   .s(s),
   .c(temp_c_2)
);
HalfAdder ha3(
   .a(temp_c_1),
   .b(temp_c_2),
   .s(cout),
   .c()
);
endmodule
```

提示　对于大多数的应用场景，Verilog 描述加法器最合适的方式是行为描述而不是门级描述。我们完全可以使用 Verilog 的 + 运算符描述加法。然而，这样做的前提是需要明白加法器的构造与基本原理。在熟练掌握之后，加法器的逻辑描述形式就不重要了。

4.3.4　选择器

选择器是一种重要的组合逻辑电路，它可以在给定输入信号的条件下，从多个输入中选择一个输出。基于此，选择器在数字系统中有着广泛的应用，例如数据传输、信号处理、控制电路等领域都以选择器作为核心部件。随着数字技术的不断发展，选择器的性能也不断提高，从而为数字系统的设计提供了更加灵活和可靠的支持。

提示　前面的章节介绍了选择器的基本结构和功能。对于将多个输入汇总成一个输入的操作，只能使用选择器完成。

根据输入端和输出端的不同，选择器可以被分成多类，例如 2-1 选择器、4-1 选择器、8-1 选择器等。下面以 2-1 选择器为例，介绍其真值表、逻辑表达式以及对应的 Verilog 代码。

二选一选择器有两个输入端（num0 和 num1）和一个输出端（out），以及一个控制端（sel）。控制端接收一位控制信号，该信号决定了哪一个输入信号会被选择并传递到输出端。如果 sel 为 1，则选择 num1 的输入信号作为输出，否则选择 num0 的输入信号作为输出。

根据上面的描述，我们可以得到如表 4.11 所示的真值表。

从表 4.11 中可以看出，当 sel 为 0 时，无论 num1 的状态如何，输出 out 都为 num0 的值。而当 sel 为 1 时,无论 num0 的状态如何,输出 out 都为 num1 的值。根据真值表,可以得到下面的逻辑表达式:

$$out = (sel \& num1) \mid (\sim sel \& num0)$$

表 4.11 二选一选择器真值表

num0	num1	sel	out
0	0	0	0
0	0	1	0
0	1	0	0
0	1	1	1
1	0	0	1
1	0	1	0
1	1	0	1
1	1	1	1

由此便可以编写 Verilog 代码。程序 4.5 是二选一选择器的 Verilog 实现。

程序 4.5 二选一选择器

```
module MUX2 (
    input                   [ 0 : 0]          num0, num1, sel,
    output                  [ 0 : 0]          out
);
assign out = (sel & num1) | (~sel & num0);
endmodule
```

如果输入的两个数 num0 和 num1 位宽不是 1,那么应当如何设计呢?此时可以使用 Verilog 的条件运算符或 if 语句。

```
module MUX2 (
    input                   [ 7 : 0]          num0, num1,
    input                   [ 0 : 0]          sel,
    output                  [ 7 : 0]          out
);
    assign out = sel ? num1 : num0;
endmodule
```

也可以使用多位与门,将 sel 信号拓展至与数据相同位宽之后参与运算。

```
module MUX2 (
    input                   [ 7 : 0]          num0, num1,
    input                   [ 0 : 0]          sel,
    output                  [ 7 : 0]          out
);
wire [7:0] ext_sel = {8{sel}};
assign out = (sel & num1) | (~sel & num0);
endmodule
```

4.4 应　　用

至此,我们已经基本学习了组合逻辑电路的原理、设计、简单部件等知识。在本小节中,我们将通过一些具体的例子巩固这些内容,同时了解组合逻辑电路在日常生活中是如何被使用的。

4.4.1 串行进位加法器

串行进位加法器是一种进行多位加法运算的数字逻辑电路,它由一位全加器级联而成。在串行进位加法器中,进位信号像波浪一样从低位到高位传递,高位的运算必须等待低位的运算完成后才能进行。这种加法器也因此得名为行波进位加法器(ripple-carry adder, RCA)。4.15 展示了 16 位串行进位加法器的基本结构。

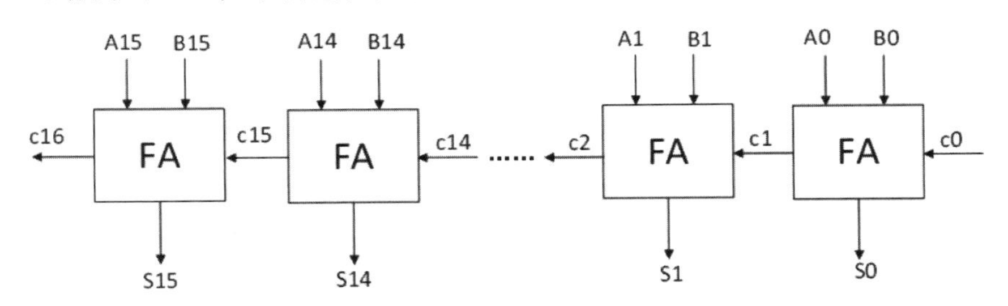

图 4.15　16 位串行进位加法器

在串行进位加法器中,一位全加器的输入包括两个 1 位二进制数以及一个来自前一位全加器的进位信号 Cin,输出包括 1 位和数 Sum 以及一个进位信号 Cout。而串行进位加法器最终将两个 n 位的二进制数和来自低位的 1 位进位输入 Cin 相加,并产生一个 n 位的和数以及一个 1 位的进位信号 Cout。在进行加法运算时,首先参与运算的是最低有效位(LSB)的全加器的 3 个输入。然后,每一个有效位上全加器的 Cin 都来自前一位全加器的 Cout,因此只有等到最低有效位全加器运算完毕,其他位上的全加器才能依次进行运算,最终得到结果。

串行进位加法器在计算机和其他数字系统中被广泛应用。例如,在计算机 CPU 中,部分的加减运算是通过串行进位加法器和减法器实现的。此外,串行进位的原理也被用于实现多位数的加法运算,如 4 位、8 位、16 位等。

在 Verilog 中,可以通过例化一位全加器的方式实现串行进位加法器。程序 4.6 实现了一个 4 位的串行进位加法器。

程序 4.6　4 位串行加法器

```
module Adder_4b (
    input               [ 3 : 0]        a, b,
    input               [ 0 : 0]        cin,
    output              [ 3 : 0]        s,
    output              [ 0 : 0]        cout
```

```
);
wire [ 2 : 0] temp_cin
Adder_1b add0 (
    .a      (a[0]),
    .b      (b[0]),
    .cin    (cin),
    .s      (s[0]),
    .cout   (temp_cin[0])
);
Adder_1b add1 (
    .a      (a[1]),
    .b      (b[1]),
    .cin    (temp_cin[0]),
    .s      (s[1]),
    .cout   (temp_cin[1])
);
Adder_1b add2 (
    .a      (a[2]),
    .b      (b[2]),
    .cin    (temp_cin[1]),
    .s      (s[2]),
    .cout   (temp_cin[2])
);
Adder_1b add3 (
    .a      (a[3]),
    .b      (b[3]),
    .cin    (temp_cin[2]),
    .s      (s[3]),
    .cout   (cout)
);
endmodule
```

可以看到,各个部件之间的进位信号传递方式为

$$\text{cin} \rightarrow \text{add0} \rightarrow \text{add1} \rightarrow \text{add2} \rightarrow \text{add3} \rightarrow \text{cout}$$

串行进位加法器的优点在于其结构简单,设计方便,这使得其成为实现多位数加法运算的一种有效方式。然而,它的缺点也很明显。由于进位信号需要从最低有效位向高位传递,这造成了整个加法器的计算延迟时间很长。在一些需要高速运转的电路中,串行进位加法器的延迟往往是无法接受的。为了提高运算速度,通常需要采用一些优化措施,例如使用查找表代替全加器、使用并行计算等。当然,也可以使用更为高效的加法器结构实现加法运算。

4.4.2 倍数检测器

场景 某同学又一次找到了我们。这次他希望能够设计一个 5 的倍数检测器,使得

对于给定的 6 位二进制整数，如果其在十进制意义下为 5 的倍数，则电路能够给出相应的判断结果。

我们不妨假定待检测的输入为 x，输出信号 isMultipleOf5 为 1 时表示 x 是 5 的倍数。实现倍数检测最为朴素的做法自然是直接枚举所有的可能。

我们知道，6 位二进制数的取值范围为 0~63，其中为 5 的倍数的整数不超过 15 个。因此，可以枚举所有的情况。程序 4.7 基于 Verilog 的 case 语句实现了这一功能。

程序 4.7　穷举倍数检测

```
module BruteForce (
   input              [ 5 : 0]        x,
   output    reg      [ 0 : 0]        isMultipleOf5
);
always@(*) begin
   case(x)
      6'B000000: isMultipleOf5 = 1'B1;
      6'B000101: isMultipleOf5 = 1'B1;
      6'B001010: isMultipleOf5 = 1'B1;
      6'B001111: isMultipleOf5 = 1'B1;
      6'B010100: isMultipleOf5 = 1'B1;
      6'B011001: isMultipleOf5 = 1'B1;
      6'B011110: isMultipleOf5 = 1'B1;
      6'B100011: isMultipleOf5 = 1'B1;
      6'B101000: isMultipleOf5 = 1'B1;
      6'B101101: isMultipleOf5 = 1'B1;
      6'B110010: isMultipleOf5 = 1'B1;
      6'B110111: isMultipleOf5 = 1'B1;
      6'B111100: isMultipleOf5 = 1'B1;
      default:  isMultipleOf5 = 1'B0;
   endcase
end
endmodule
```

显然，上述方法在面对更大的数时就不太适用了，例如，当 x 的位宽为 8 时，可能的情况就达到了 256 种，此时我们便不太可能枚举所有的情况。那么，应该如何设计一个通用的电路呢？

提示　倍数检测的最优做法是构建一个有限状态机，通过状态机的状态来记录当前的余数，并根据结束时落到的状态确定余数。由于一个数除以 5 的余数只可能是 0~4，因此，可以设计一个包含 5 个状态的状态机，用于记录当前的余数。

很可惜，这并不属于组合逻辑的范畴，因为状态机需要记录当前的状态，而状态的存储需要依靠时钟信号，即时序逻辑。基于状态机的倍数检测电路将在下一章中进行介绍。

从组合逻辑电路的角度出发，另一种思路是先将输入的二进制数转换为 8421BCD 码，这可以通过使用一个二进制到 BCD 码的转换器实现。然后，根据 BCD 码的最低位判断原先的二进制数是否为 5 的倍数。根据数学知识,如果一个数能被 5 整除,那么这个数的最低位应当为 0 或 5。因此,只需要将 BCD 码的最低位送入比较器,即可得到最终的结果。

这个思路十分地直观,但带来的开销也是巨大的:二进制向 8421BCD 编码转换需要消耗额外的电路资源;比较器也是基于加法器的结构实现的。尽管具体实现可能会因硬件设计的要求和限制而有所不同,但这种方法的硬件资源占用都相对较高,因此并不是实际中常用的方法。接下来要介绍的长除法是一种高效、轻量的解决方案。

长除法本质上就是竖式运算的过程。假设我们要计算 011011 除以 101($27 \div 5$),在竖式运算的过程中,我们从高位开始逐渐向下进行尝试。首先取前三位的 011,除以 101 余 11,向下一位借位,得到 110;再除以 101 余 01,向下一位借位,得到 011;再除以 101 余 11,向下一位借位,得到 111;再除以 101,余 10,此时即得到了余数为 2。图 4.16 展示了上述的过程。

长除法对应的 Verilog 代码如程序 4.8 所示。其中,lead 信号即为每一位借位后除以 101 的结果。由于我们在倍数检测时仅仅关心余数,因此没有保留除法运算商的结果。

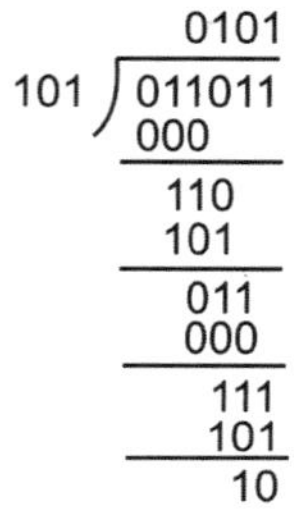

```
        0101
101 / 011011
      000
      ------
       110
       101
      ------
        011
        000
      ------
         111
         101
      ------
          10
```

图 4.16 除法运算示例

程序 4.8 长除法倍数检测

```
module LongDivision(
    input               [ 5 : 0]        x,
    output    reg       [ 0 : 0]        isMultipleOf5
);
reg [2 : 0] lend_1;
reg [2 : 0] lend_2;
reg [2 : 0] lend_3;
reg [2 : 0] lend_4;

always@(*) begin
    lend_1 = num[5:3] >= 3'B101 ? num[5:3] - 3'B101 : num[5:3];
    lend_2 = {lend_1, num[2]} > 3'B101 ? {lend_1, num[2]} - 3'B101 : {lend_1[1:0], num
        [2]};
    lend_3 = {lend_2, num[1]} > 3'B101 ? {lend_2, num[1]} - 3'B101 : {lend_2[1:0], num
        [1]};
    lend_4 = {lend_3, num[0]} > 3'B101 ? {lend_3, num[0]} - 3'B101 : {lend_3[1:0], num
        [0]};
```

```
    if (lend_4 == 3'B0)
        isMultipleOf5 = 1'B1;
    else
        isMultipleOf5 = 1'B0;
end
endmodule
```

4.4.3 万能的选择器

4.3.4 小节介绍了选择器的相关知识。实际上，可以通过选择器实现在 n 位输入下所有可能的组合逻辑电路。假定使用的是 m 选 1 选择器，由于每个输入均有 0、1 两种可能的状态，因此使用选择器的状态空间规模为

$$|\Omega| = m \times 2^1 = 2m$$

而包含 n 位输入的布尔函数共有 2^n 种。令 $2m = 2^n$，解得

$$m = 2^{n-1}$$

本小节我们令 $n = 4$，此时有 $m = 8$，也就是说，使用八选一选择器可以实现由 4 位输入决定的任何组合逻辑电路。八选一选择器的 Verilog 代码如程序 4.9 所示。

程序 4.9　八选一选择器

```
module MUX8(
    input               [ 0 : 0]        num0, num1, num2, num3, num4, num5, num6,
        num7,
    input               [ 2 : 0]        sel,
    output      reg     [ 0 : 0]        res
);
always@(*) begin
    case (sel)
        3'D0:  res = num0;
        3'D1:  res = num1;
        3'D2:  res = num2;
        3'D3:  res = num3;
        3'D4:  res = num4;
        3'D5:  res = num5;
        3'D6:  res = num6;
        3'D7:  res = num7;
    endcase
end
endmodule
```

现在，假定想要实现下面的布尔函数：

$$\begin{aligned} F(A,B,C,D) &= \sum m(1,2,3,5,8,13) \\ &= m_1 + m_2 + m_3 + m_5 + m_8 + m_{13} \end{aligned}$$

该函数对应的真值表如表 4.12 所示。

表 4.12　布尔代数对应的真值表

A	B	C	D	F
0	0	0	0	0
0	0	0	1	1
0	0	1	0	1
0	0	1	1	1
0	1	0	0	0
0	1	0	1	1
0	1	1	0	0
0	1	1	1	0
1	0	0	0	1
1	0	0	1	0
1	0	1	0	0
1	0	1	1	0
1	1	0	0	0
1	1	0	1	1
1	1	1	0	0
1	1	1	1	0

为了得到正确的结果,我们将变量 A,B,C 和控制信号输入端 sel[2:0] 相连。一种可行的方式是让 A 连接 sel[2],B 连接 sel[1],C 连接 sel[0]。现在我们对真值表进行一定的变形,如表 4.13 所示。

表 4.13　变形的真值表

A	B	C	D	F	F 与 D 的关系
0	0	0	0	0	0
0	0	0	1	1	0
0	0	1	0	1	0
0	0	1	1	1	0
0	1	0	0	0	0
0	1	0	1	1	0
0	1	1	0	0	0
0	1	1	1	0	0
1	0	0	0	1	0
1	0	0	1	0	0
1	0	1	0	0	0
1	0	1	1	0	0
1	1	0	0	0	0
1	1	0	1	1	0
1	1	1	0	0	0
1	1	1	1	0	0

此时,就可以在 8 个数据输入端口中,根据真值表接入高电平、低电平或输入 D。对应的电路结构如图 4.17 所示。

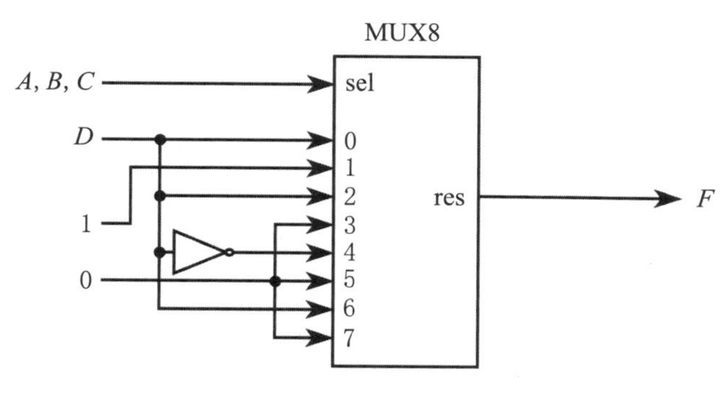

图 4.17 连接示意图

由于 F 包含的最小项可以是任意的,因此我们可以使用八选一选择器表示所有可能的四输入组合逻辑电路。

4.4.4 字扩展与位扩展

只读存储器(read-only memory,ROM)是一种特殊的存储器,以非破坏性读出方式工作。ROM 只能读出而无法写入信息,信息一旦写入后就固定下来,即使切断电源信息也不会丢失,所以又称为固定存储器。由于 ROM 结构较简单,使用方便,因而常用于存储各种固定程序和数据。

图 4.18 是一个简化了的 ROM 存储器示意图。其中,ROM 存储器的输入地址线共有 $\log_2 64 = 6$ 根,分别记作 $\mathrm{a}_5 \sim \mathrm{a}_0$,输出的数据线共有 8 根,分别记作 $\mathrm{d}_7 \sim \mathrm{d}_0$。整个 ROM 是一个组合逻辑电路,对于给定的地址 a[5:0],存储器会输出 MEM[a[5:0]] 中的结果 d[7:0]。

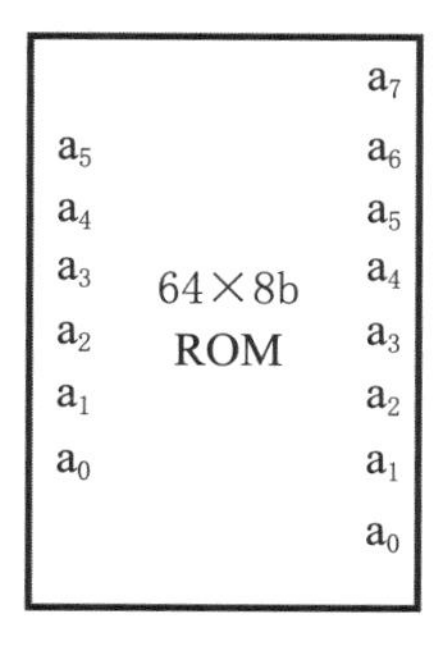

图 4.18 64 × 8 位 ROM

提示 ROM 中的数据读取逻辑是通过先前介绍的选择器、译码器共同实现的。

如果想要更改存储器的大小,例如设计 128 × 8 位的 ROM,或是 64 × 16 位的 ROM,那么应当如何处理呢? 这就需要使用字扩展和位扩展技术了。

4.4.4.1 字扩展

字扩展用于扩充存储器存储单元的数目,即对地址位进行扩展。现在我们希望使用 64×8 位 ROM 搭建 128×8 位的 ROM。后者的数据输出依然是 8 根,但地址线输入变成了 $\log_2 128 = 7$ 根。怎么处理呢?可以把存储器的 128 个存储单元拆成两部分:编号在 0~63 的存储单元放入第一块 64×8 位 ROM,编号在 64~127 的存储单元放入第二块 64×8 位 ROM。在进行数据选择时,同时从两块 ROM 中查找数据,并根据地址的范围选择应当输出的结果。而在二进制表示下,0~63 的第 6 位均为 0;64~127 的第 6 位均为 1,所以可以使用 a_6 作为选择信号,并借助 4.3.4 小节介绍的选择器实现两块 ROM 输出的选择。

图 4.19 是基于上述的分析得到的 128×8 位的 ROM 结构图。

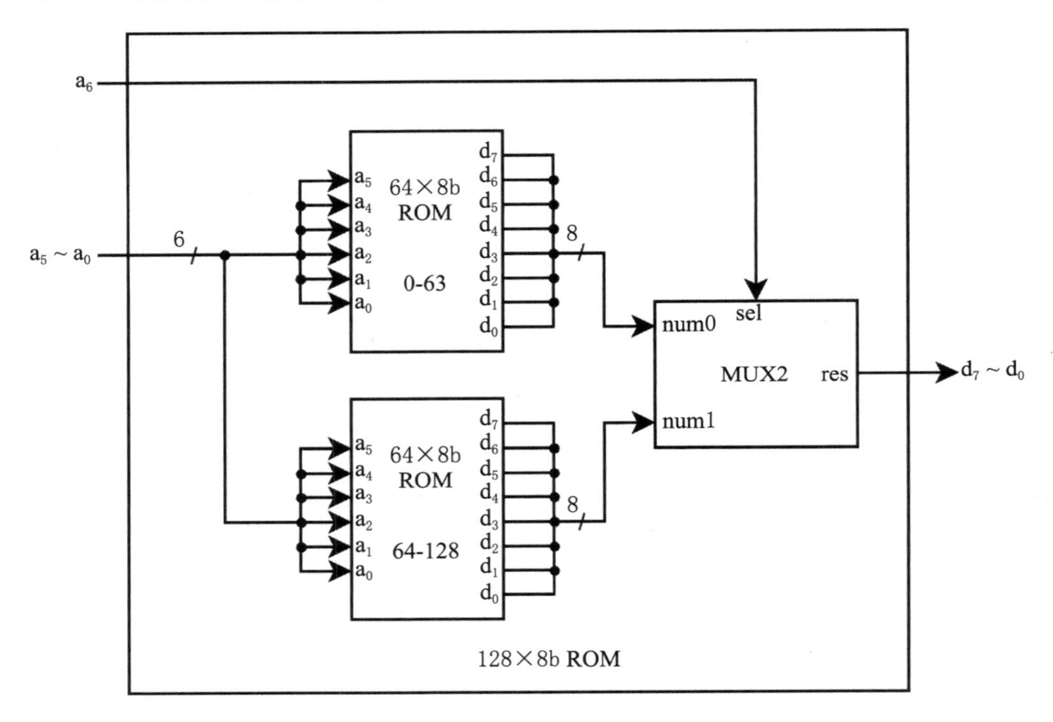

图 4.19 128 × 8 位 ROM

4.4.4.2 位扩展

位扩展用于扩展存储器每个单元中存储的数据位数,存储单元的数目不变。现在我们希望使用 64×8 位 ROM 搭建 64×16 位的 ROM,后者每个存储单元存储的数据结果变成了 16 位。可以采用与字扩展类似的思路,将每一个 16 位数据拆成两部分:[15:8] 为高位部分,存放在第一块 64×8 位 ROM 中;[7:0] 为低位部分,存放在第二块 64×8 位 ROM 中。输出时,需要同时在两块 ROM 中读取数据,并将得到的 2 个 8 位结果重新拼接成 1 个 16 位的结果。

图 4.20 是基于上述的分析得到的 64×16 位的 ROM 结构图。

在更复杂的情况下，可能会同时使用字扩展与位扩展技术，并计算所需要的存储空间大小。

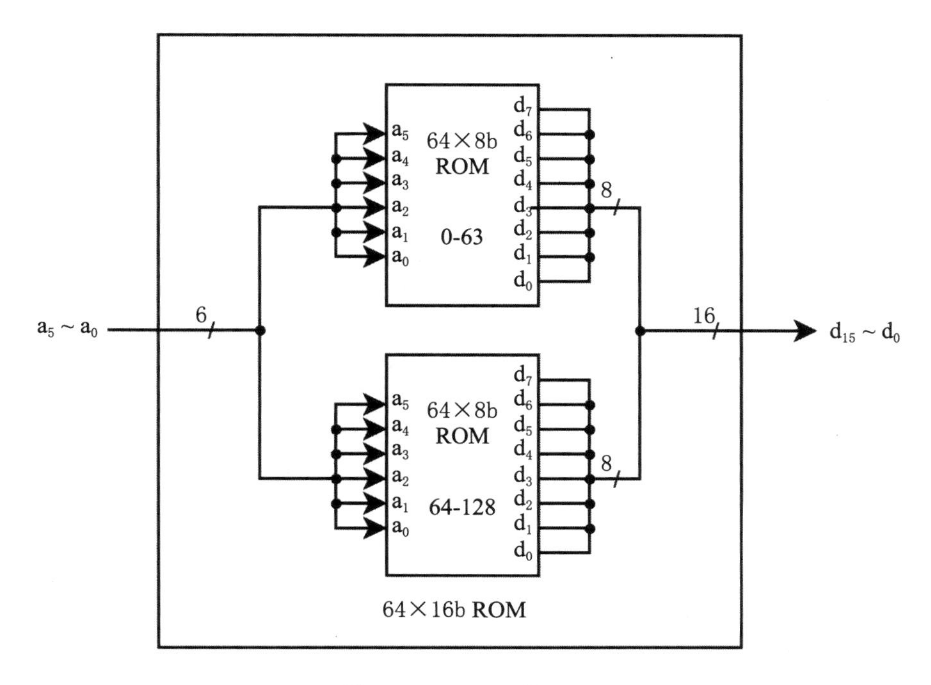

图 4.20　64 × 16 位 ROM

练　　习

1. 在 Logisim 的 Arithmetic 和 Memory 目录中，累计找出 5 个是组合逻辑电路的基本组件。你是否发现了什么？

2. 图 4.6 所示的卡诺图中，为什么可以绘制黄色的圈呢？

3. 程序 4.1 基于传统的设计流程，采用数据流描述完成了素数模块所需的功能。现在，请使用行为级描述的方式重新编程实现 Prime 模块。

4. 请编写 Verilog 代码，实现一个统计模块，该模块可以统计输入数据中为 1 的位的个数。其中，din 信号为数据输入，位宽为 4；res 信号为统计结果，位宽为 2。例如：当输入 din = 4'B0101 时，res 的值为 2'D2。

5. 请设计一个组合逻辑电路，用于将二进制数字转换为对应的 8421BCD 编码。模块的端口定义如下：

```
module hex2bcd (
    input           [ 5 : 0]        din,
    output          [ 7 : 0]        dout
);
```

其中 din 为二进制数字输入，范围为 0~31；dout 为对应的 BCD 编码输出。例如，当 din = 6'H17 时，dout 输出 8'B0010_0011。

6. 请设计一个组合逻辑电路,用于将 8421BCD 编码转换为对应的二进制数字。模块的端口定义如下:

```
module bcd2hex (
   input                [ 7 : 0]          din,
   output               [ 6 : 0]          dout
);
```

其中 din 为对应的 BCD 编码输入,对应的十进制范围为 0~63;dout 为相应的二进制数字输出,范围为 0~63。例如,当 din = 8'B0101_0110 时,dout 输出 7'H38。

7. 请编写 Verilog 代码,实现一个 8-3 独热码编码器。该译码器的真值表如表 4.14 所示。

表 4.14 8-3 独热码编码器

din	dout	valid	din	dout	valid
00000001	000	1	00000010	001	1
00000100	010	1	00001000	011	1
00010000	100	1	00100000	101	1
01000000	110	1	10000000	111	1
其他	100	0			

其中,输入信号 din 位宽为 8,输出信号 dout 位宽为 3。valid 信号位宽为 1,用于指示当前的 din 输入是否合法。

8. 请编写 Verilog 代码,实现一个统计模块,该模块可以统计 16 位数据中前缀 0 的数目。例如,16'B10101 的前缀 0 数目为 11,16'B1 的前缀 0 数目为 15。din 信号为数据输入,位宽为 16;res 信号为统计结果,位宽为 4。

9. 程序 4.3 是普通编码器的一种 Verilog 实现。该编码器的真值表如表 4.6 所示。现在我们希望增加一个输出信号 en,在当前输入有效($I \neq$ 4'B0000)时输出 1,无效时输出 0。其他未列在真值表中的输入可自行指定输出。请将下面的 Verilog 代码补充完整,以实现预期的功能。

```
module encode(
   input [3:0]       I,
   output reg [1:0]  Y,
   output reg        en
);
// ......
endmodule
```

10. 表 4.8 所示的真值表输出为高电平有效。请参考程序 4.4 ,编写 Verilog 代码使得输出为低电平有效。

11. 请结合 4.4.3 小节的内容,使用八选一选择器实现图 4.17 所示的素数电路。你需要画出 A,B,C,D 与八选一选择器之间的连接方式。

第 5 章　时序逻辑电路

组合逻辑电路结构直观，功能强大，可以解决数字电路中的诸多设计需求。然而，不管一个组合逻辑电路设计得有多么精妙，或者有多么复杂，归根结底都只是纯粹的逻辑运算器，这些电路只是通过某种逻辑，根据输入计算输出，而输出与电路本身并没有关系。因此，有一些电路结构是无法使用组合逻辑电路实现的，其中比较具有代表性的是存储器。由于组合逻辑电路不具有记忆性，因此无法在电路中存储任何信息，也就不可能实现存储器的功能了。为了解决这个问题，我们引入了时序逻辑电路。

5.1　概　　述

时序逻辑电路是一种通过存储和使用时序信息来实现特定功能的数字电路。它能够处理和存储来自输入端的时序信息，并根据特定的时钟信号和存储元件的状态来产生输出。对于同一组输入，在不同的时间上会有不同的输出，也就是说输出除了与输入外，还与电路本身的状态有关。一般情况下，这种输出受到时钟信号的影响，只有在时钟信号到达时才会进行计算和输出结果。

时序逻辑电路通常由触发器、计数器和状态机等组件构成，它们能够实现数据的存储、状态的转移和时序控制等功能。

时序逻辑电路与组合逻辑电路的区别在于是否具有存储功能和时序控制功能。组合逻辑电路的输出仅取决于当前的输入，没有存储功能和时序控制功能。而时序逻辑电路的输出不仅取决于当前的输入，还可能取决于之前的输入、存储元件的状态以及时钟信号等。时序逻辑电路能够实现存储功能，并能够根据时钟信号的作用进行状态的转移和时序控制。

时序逻辑的特点可以概括如下：

• 具有记忆功能：时序逻辑电路可以存储之前输入的信号值，实现状态的存储和切换。

• 受时钟信号控制：时序逻辑电路的输出结果受到时钟信号的控制，只有在时钟信号到达时才会计算和输出结果。

• 容易产生时序问题：由于时序逻辑电路的输出结果与时钟信号有关，时序问题可能会导致输出值的错误或延迟。

根据时序逻辑电路的特点和功能，我们可以将其分为以下两类：

同步时序逻辑电路是一种在时钟信号的作用下进行状态转移的时序逻辑电路。它的状态转移和输出动作仅在时钟信号的上升沿或下降沿发生。同步时序逻辑电路通常由触发器和组合逻辑电路组成,能够实现复杂的时序控制和状态存储功能。

异步时序逻辑电路是一种在时钟信号的作用下,根据输入信号的变化来实现状态转移和输出动作的时序逻辑电路。它的状态转移和输出动作不仅与时钟信号有关,还与输入信号有关。异步时序逻辑电路通常由触发器、门电路和组合逻辑电路组成,能够实现复杂的时序控制和状态存储功能。

时序逻辑电路在数字系统中有广泛的应用场景,包括但不限于以下几个方面:

- 时钟和数据同步。时序逻辑电路能够通过时钟信号实现数据的同步和稳定传输,确保各个时序电路之间的协调和同步。它在数字系统中起到关键的时序控制作用。

- 示波器和计时器。时序逻辑电路可以用于设计示波器和计时器。示波器用于显示和分析电信号的波形,而计时器用于测量和计算时间间隔。时序逻辑电路能够捕获和处理输入信号,并根据时钟信号生成相应的输出,以实现准确的时间测量和波形显示。

- 存储器和寄存器文件。时序逻辑电路在存储器和寄存器文件中起着重要作用。存储器用于存储和检索数据,而寄存器文件用于存储和传输处理器的寄存器。时序逻辑电路能够实现数据的存储和传输功能,确保数据的可靠性和一致性。

- 通信系统。时序逻辑电路在通信系统中扮演关键角色。它能够实现数据的编码、解码、调制和解调等功能,确保数据的正确传输和接收。时序逻辑电路还能够实现时钟恢复和时钟同步,以确保通信系统的稳定性和可靠性。

- 控制单元和状态机。时序逻辑电路在计算机系统中的控制单元和状态机中广泛应用。控制单元负责协调和控制计算机系统的各个部件,而状态机用于处理复杂的状态转移和控制任务。时序逻辑电路能够实现状态的存储和转移,以及根据输入信号和当前状态生成相应的控制信号。

- 数字信号处理。时序逻辑电路在数字信号处理中也发挥着重要作用。它能够实现数字信号的滤波、变换、调制和解调等处理操作,以及实现数字信号的存储和传输功能。时序逻辑电路通过处理和控制数字信号的时序信息,实现高效的数字信号处理算法和系统。

5.2 有限状态机

5.2.1 基础知识

状态机是一种能够根据输入信号和当前状态来实现状态转移和输出动作的时序逻辑电路。它能够处理复杂的时序逻辑和控制任务,广泛应用于自动控制系统、通信系统和计算机系统等领域。

一般来说,典型的时序逻辑电路都可以归结为图 5.1 所示的两种基本结构,即便是较为复杂的电路也可以对其进行细化,最终肯定可以对应到其中一种结构上。

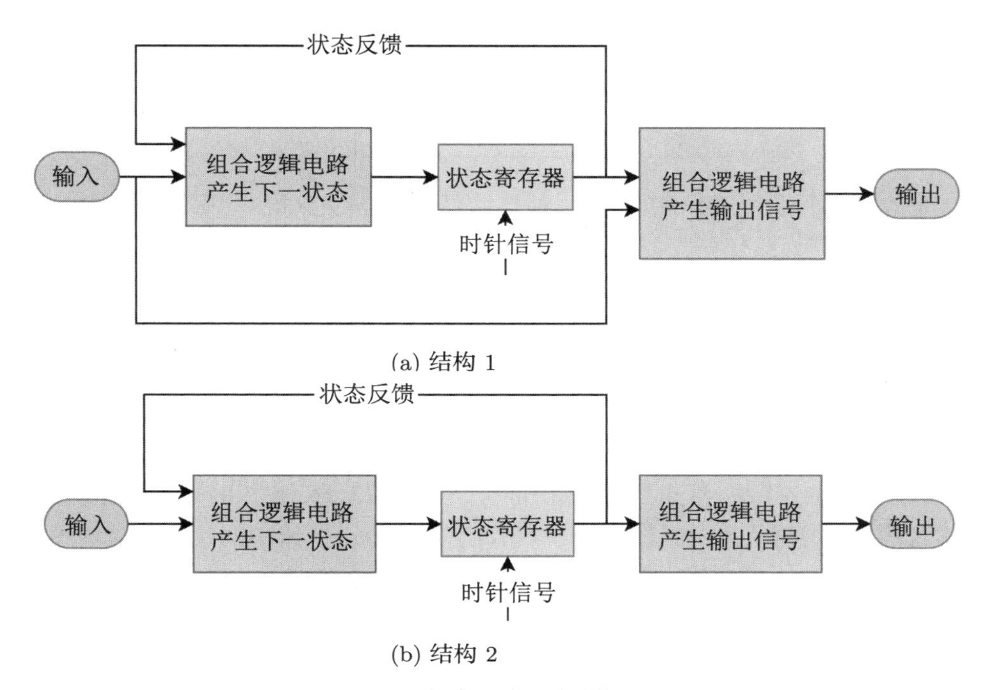

图 5.1 时序逻辑电路的两种结构

你可能已经注意到了,电路中存在一个名为状态寄存器的特殊结构,该结构存储了电路当前的状态信息。假定寄存器的位宽为 n,则该电路的状态数量不会超过 2^n,即其状态数量是有限的,因此这种电路结构称为有限状态机(finate state machine, FSM)。在"形式化方法"课程中,有限状态机被定义为一个五元组 $(Q, \Sigma, \delta, q_0, F)$。下面将一一进行介绍。

5.2.1.1 状态集合

Q 是一个有限的状态集合。状态(state)是有限状态机的核心概念,它是指有限状态机在某一时刻所处的阶段,这个阶段往往是通过一个特定的寄存器来表示的。为了便于理解,我们可以对所有的状态进行编码。常见的状态编码有两种方式,其中顺序编码按照特定的顺序对状态进行编码,独热编码则使用独热码代替顺序编码。

例 5.1 (状态编码) 考虑一个包含五个状态的集合 $Q = \{q_1, q_2, q_3, q_4, q_5\}$。如果使用顺序编码,则编码方式为

q	code	q	code
q_1	3'B000	q_2	3'B001
q_3	3'B010	q_4	3'B011
q_5	3'B100		

如果使用独热编码,则编码方式为

q	code	q	code
q_1	5'B00001	q_2	5'B00010
q_3	5'B00100	q_4	5'B01000
q_5	5'B10000		

独热编码和顺序编码各有优劣。独热编码的优势在于输出信号的选择逻辑会减少，但是在状态数较多时，编码所需要的位数会很多，而且状态之间的转移逻辑也会变得复杂。顺序编码的优势在于状态数较多时，编码的位数较少，而且状态之间的转移逻辑也会变得简单，但是其缺点在于输出信号的编码器会更加复杂。一般来说，在状态数目较少时，两种方法并不会有太大的差异。我们可以根据自己的习惯选择合适的编码方式。

5.2.1.2 字母表

Σ 被称作字母表。这里的“字母”是一个广义的概念，它指的是所有可能触发状态跳转的输入信号。根据状态机的使用场景不同，字母表也会有所不同。例如，如果输入的是二进制输入序列，则对应的字母表为 $\Sigma = \{0, 1\}$；如果输入的是交通信号灯的状态，则对应的字母表为 $\Sigma = \{\text{Red}, \text{Yellow}, \text{Green}\}$。

提示 实际上，对于字母表中的“字母”$e \in \Sigma$，其代表的含义是此时的输入信号 din $= e$。

5.2.1.3 状态转移函数

$\delta : Q \times \Sigma \to Q$ 被称作状态转移函数。状态转移函数是有限状态机的核心。它可以根据当前的状态计算下一个状态，而下一个状态就是状态寄存器在下一个周期会变成的值。从定义来看，δ 是从 $Q \times \Sigma$ 到 Q 的一个映射，它的参数包括当前状态 $q_{\text{cur}} \in Q$ 和输入的字母 $e \in \Sigma$，其结果为状态机的下一状态 $q_{\text{next}} \in Q$。

一般情况下，我们可以用一个状态转移图来直观地描述状态转移的逻辑。例如，图 5.2 所示的状态转移图中包含两个状态 S0 和 S1。当状态为 S0 时，若输入为 1，则跳转到 S1 状态，否则跳转到 S0 状态；当状态为 S1 时，若输入为 0，则跳转到 S0 状态，否则跳转到 S1 状态。这张图对应的状态转移函数如表 5.1 所示。其中，$Q = \{\text{S0}, \text{S1}\}$，$\Sigma = \{0, 1\}$。

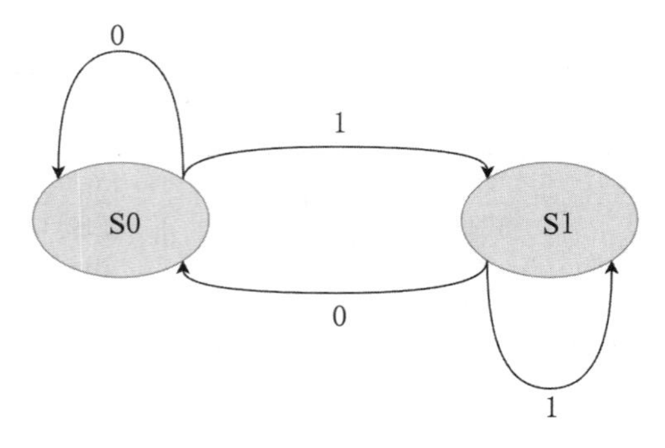

图 5.2 状态转移图

表 5.1 状态转移函数

q_{cur}	e	q_{next}
S0	0	S0
S0	1	S1
S1	0	S0
S1	1	S1

5.2.1.4 起始状态与接受状态

$q_0 \in Q$ 为状态机的起始状态,一般是唯一的。在硬件实现时,起始状态会被设计成寄存器复位值对应的状态(编号为 0)。$F \subseteq Q$ 为状态机的接收状态,一般会有多个。如果某时刻状态机跳转到了接收状态($q_{\text{cur}} \in F$),那么状态机会给出特定的输出信号。

5.2.1.5 输出

输出并不在我们提到的五元组之中,但考虑到其重要性,在这里将单独进行介绍。

有限状态机可以根据当前状态和输入信号的组合生成相应的输出信号,用于影响外部环境或作为内部状态转移的输入。输出逻辑的计算方式有两种:

- Moore 型:输出逻辑只与当前状态有关,与输入信号无关。
- Melay 型:输出逻辑与当前状态和输入信号都有关。

输出逻辑可能会比较复杂。为了优化时序,输出过程也衍生出了两种方式:

- 直接输出:输出逻辑直接使用组合逻辑进行输出。
- 寄存器输出:输出信号先输入到寄存器里,下个周期通过寄存器来输出。

这几种方式各有千秋,我们将在 5.2.2 小节中进行详细的介绍。

5.2.1.6 应用

除了时序电路设计,有限状态机在计算机科学和工程领域也有广泛的应用。它的应用场景包括但不限于以下几个方面:

- 系统建模与分析:有限状态机可以用于描述和分析复杂系统的行为。通过定义状态、输入信号和转移函数,可以清晰地描述系统的状态转移过程和输出行为,帮助分析系统的功能和性能。
- 控制与决策:有限状态机可以用于控制系统的行为和决策过程。通过根据当前状态和输入信号来确定下一个状态和输出信号,可以实现复杂的控制逻辑和决策流程。
- 硬件设计:有限状态机在数字电路和计算机系统的硬件设计中发挥重要作用。它可以用于设计控制单元、状态机、寄存器文件等,并通过组合逻辑电路或时序逻辑电路来实现状态转移和输出控制。
- 编程语言设计:有限状态机的概念也被应用于编程语言的设计和实现中。例如,使用状态机模型可以对复杂的语法分析和解释过程进行建模和处理。

简而言之,有限状态机是一种描述系统行为的数学模型,具有简单明确的结构和丰富的应用场景。我们可以将其视作由一系列数量有限的状态组成的循环机制。状态机通过控制各个状态的跳转来控制流程，使得整个代码看上去更加清晰易懂，在控制复杂流程的时候，有限状态机有着明显的设计优势。

5.2.2 Verilog 实现

5.2.2.1 Mealy VS Moore

有限状态机可以根据状态转移方式和输出信号的生成方式进行分类。摩尔型（Moore）状态机的输出信号只与当前状态有关，输入信号不会直接影响到输出信号，而是与当前状态（简称现态）信号一起生成下一状态（简称次态）信号，在时钟的上升沿之后次态转换为现态，才能影响到输出。而米莉（Mealy）型状态机的输出信号由现态与输入信号共同生成，输入信号可立刻对输出信号产生影响（图 5.3）。

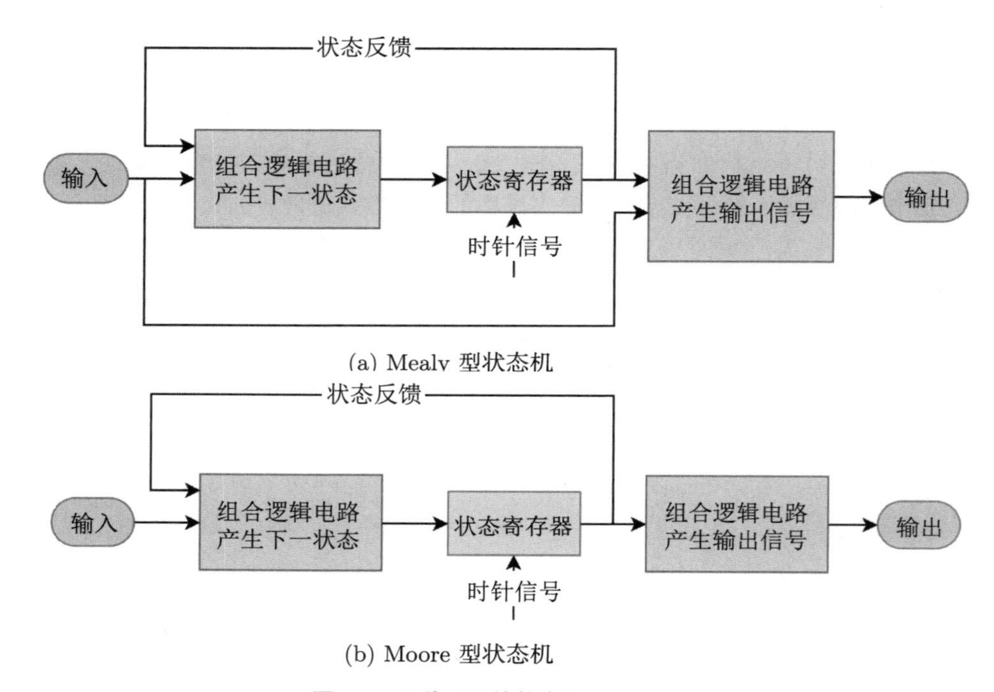

(a) Mealy 型状态机

(b) Moore 型状态机

图 5.3 两种不同的状态机

在实践中我们发现，Moore 型状态机的优点是输出信号与状态直接关联，因此设计相对简单，易于理解和分析。其缺点是无法在状态之间传递信息，输出信号只能在状态转移之后更新。Mealy 型状态机的优点是可以根据输入信号的变化及时更新输出信号，具有更灵活的输出控制能力。但其缺点是相比于 Moore 型状态机，设计和分析的过程稍微复杂一些，因为输出信号的变化与输入信号紧密相关。

在实际应用中，选择使用哪种类型的状态机取决于具体的需求和设计要求。如果输出信号只与状态相关，且无须根据输入信号的变化而变化，则可以选择 Moore 型状态机。如果输出信号需要根据输入信号的变化及时调整，则可以选择 Mealy 型状态机。一般来说，如果对电路响应速度要求不是非常苛刻的话，那么就推荐大家使用 Moore 型有限状态机。

5.2.2.2　一段式状态机

现在，我们将使用 Verilog 硬件描述语言实现基础的状态机模块。一般来说，我们主要分为以下三个部分进行描述：

- 状态寄存器；
- 状态转移逻辑；
- 输出逻辑。

不同的描述方式也就对应了不同的电路结构与编写格式。一段式状态机就是将这三部分内容全部用一个 always 时序块进行描述，其电路图如图 5.4 所示。图中的虚框内表示将所有逻辑放在同一个 always 中进行描述。

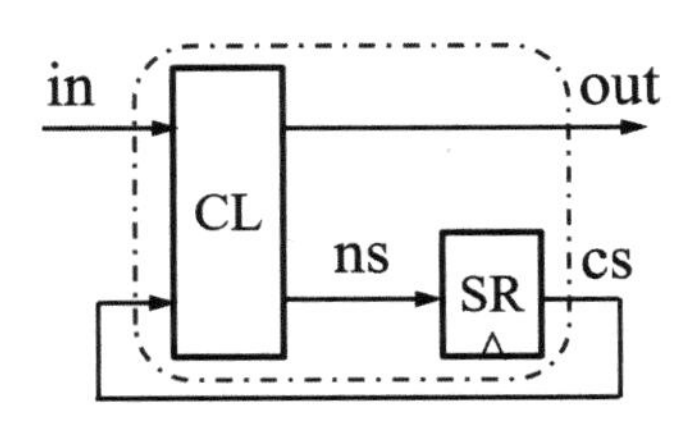

图 5.4　一段式状态机结构示意

图 5.4 中 CL (combinational Logic) 为包括输入信号 in 和当前状态 cs 的组合逻辑电路。SR (state register) 为存储当前状态的时序逻辑电路。

一段式状态机的模板代码如程序 5.1 所示。

程序 5.1　一段式状态机模板

```
always @(posedge clk) begin
   if (rst) begin
      cs <= 复位状态;
      out <= 复位值;
   end
   else begin
   case (cs)
      S0: begin
         if (关于 in 的条件) begin
            cs  <= 某个状态;
            out <= 某个表达式;
         end
   // ......
   endcase
end
```

✍ 练习 5.1

程序 5.1 的代码和图 5.4 是如何对应的？ns 信号在什么地方？

5.2.2.3 两段式状态机

两段式状态机就是将一段式状态机的状态更新和状态转移、输出分开进行描述，其电路图如图 5.5 所示。此时，图中的虚框对应着两个不同的 always 块。

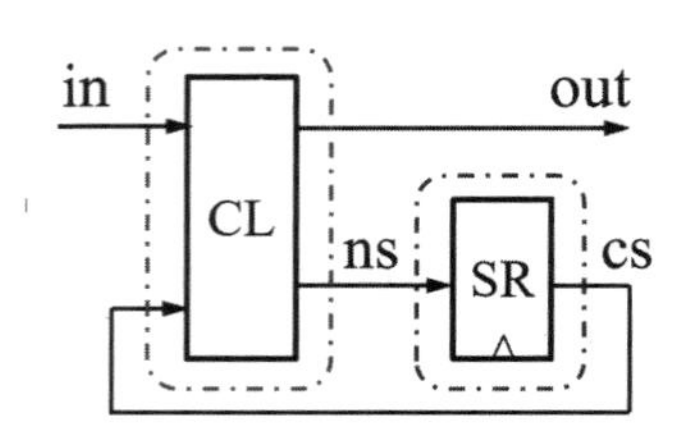

图 5.5 两段式状态机结构示意

两段式状态机使用当前状态 cs 决定输出信号（Mealy 型还需要输入信号 in）。由于输出信号需要经过来自组合逻辑单元 CL 的多选器，因此其组合延迟比较大。但两段式状态机同时也在很多场合是非常必要的，因为它的输出与当前状态是同步变化的。这一特性往往会有较大的应用价值。程序 5.2 是两段式状态机的模板代码。

程序 5.2 两段式状态机模板

```
// 时序描述 CS
always @(posedge clk) begin
   if (rst)
      cs <= 复位状态;
   else
      cs <= ns;
end

// 组合描述 OUT 和 NS
always @(*) begin
   out = 默认值;
   ns = cs;
   case (cs)
      S0: begin
         if (关于 in 的条件) begin
            out = 某个表达式;
            ns = 某个状态;
         end
      // ......
   endcase
end
```

需要注意的是，两段式状态机也可以使用三个 always 来实现，但第三段的输出逻辑一定是 always @(*) 的组合逻辑。程序 5.3 展示了使用三个 always 语句描述的两段式状态机。

程序 5.3 两段式状态机模板（三个 always 语句）

```
// 时序描述 CS
always @(posedge clk) begin
   if (rst)
      cs <= 复位状态;
   else
      cs <= ns;
end

// 组合描述 NS
always @(*) begin
   ns = cs;
   case (cs)
      S0: begin
         if (关于 in 的条件) begin
            ns = 某个状态;
         end
      // ......
   endcase
end

// 组合描述 OUT
always @(*) begin
   out = 默认值;
   case (cs)
      S0: begin
         if (关于 in 的条件) begin
            out = 某个表达式;
         end
      // ......
   endcase
end
```

有时候，也会习惯性地称程序 5.3 所示的状态机为“伪三段式状态机”。不难发现，无论是 Mealy 型还是 Moore 型状态机，都可以使用“伪三段式状态机”进行描述。

5.2.2.4 三段式状态机

与“伪三段式状态机”不同，“真正的”三段式状态机使用寄存器进行输出，也就是说**第三段的输出描述使用语句 always@(posedge clk)**。在这里，我们衍生出来两种三段式状态机。

- **使用 CS 决定输出**。这种状态机的第三段输出是根据当前状态 CS 决定的，其电路图如图 5.6 所示。

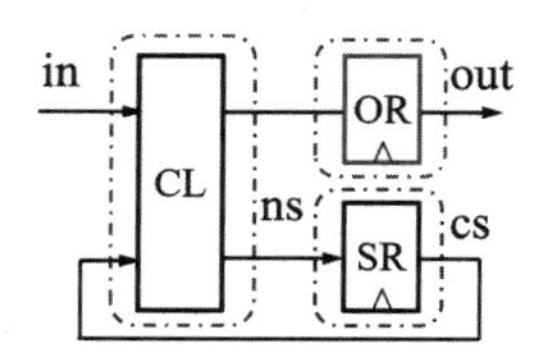

图 5.6 基于 CS 的三段式状态机结构示意

程序 5.4 是这种状态机的代码模板。

程序 5.4 基于 CS 的三段式状态机模板

```
// ......
// 时序描述 OUT
always @(posedge clk) begin
    if (rst)
        out <= 复位值;
    else begin
        case (cs)
            S0: begin
                if (关于 in 的条件) begin
                    out <= 某个表达式;
                end
            // ......
        endcase
    end
end
```

细心的同学可能已经发现了,与伪三段式状态机相比,输出 out 经过了一个额外的寄存器 OR,因此输出会比正常状态下延迟一个周期给出——这在很多情况下是完全无法接受的。很多电路要求输出信号的及时性,一个周期的差距就可能存在很多问题。

- **使用 NS 决定输出**。这种状态机的第三段输出是根据下一个状态 NS 决定的,其电路图如图 5.7 所示。

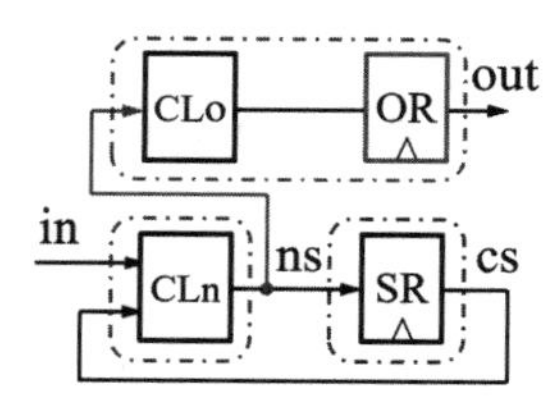

图 5.7 基于 NS 的三段式状态机结构示意

图 5.7 中 CLo 是决定输出的组合逻辑单元,CLn 是决定次态 NS 的组合逻辑单元。程序 5.5 是这种状态机的代码模板。

程序 5.5　基于 NS 的三段式状态机模板

```
// ......
// 时序描述 OUT
always @(posedge clk) begin
    if (rst)
        out <= 复位值;
    else begin
        case (ns) // <-- 由 NS 决定
            S0: begin
                if (关于 in 的条件) begin
                    out <= 某个表达式;
                end
            // ......
        endcase
    end
end
```

现在,我们通过下一个状态来决定输出信号。如果状态机是 Moore 型状态机,那么输出不会出现任何延迟,且时序较好。但如果状态机是 Mealy 型状态机,这种设计就会出现问题:输出信号 out 无法与输入信号 in 建立联系。因此,如果一定需要使用当前状态和当前的输入决定输出,那么只能使用两段式状态机进行设计。

简而言之,建议大家优先选择"伪三段式状态机"完成自己的设计。因为目前的项目规模不需要考虑组合逻辑延迟对电路结果的影响。程序 5.6 展示了一个完整的"伪三段式状态机"框架。

程序 5.6　伪三段式状态机

```
module FSM (
    input               [ 0 : 0]        clk,
    input               [ 0 : 0]        rst,
    // ......
    // 其他输入输出信号
);
// 状态空间位数 n
parameter WIDTH = 3;
// 状态变量
reg [WIDTH-1: 0] current_state, next_state;

// 为了便于标识，我们用局部参数定义状态的别名代替状态编码
localparam STATE_NAME_1 = 'D0;
localparam STATE_NAME_2 = 'D1;
// ......


//
```

```
    ===============================================================================
// Part 1: 使用同步时序进行状态更新，即更新 current_state 的内容。
//
    ===============================================================================

always @(posedge clk) begin
    // 首先检测复位信号
    if (rst)
        current_state <= RESET_STATE;
    // 随后再进行内容更新
    else
        current_state <= next_state;
end

//
    ===============================================================================
// Part 2: 使用组合逻辑判断状态跳转逻辑，即根据 current_state 与其他信号确定 next_state。
//
    ===============================================================================

// 一般使用 case + if 语句描述跳转逻辑
always @(*) begin
    // 先对 next_state 进行默认赋值，防止出现遗漏
    next_state = current_state;
    case (current_state)
        STATE_NAME_1: begin
            // ......
        end
        STATE_NAME_2: begin
            // ......
        end
        default: begin
            // ......
        end
    endcase
end

//
    ===============================================================================
// Part 3: 使用组合逻辑描述状态机的输出。这里是 mealy 型状态机与 moore 型状态机区别的地
```

```
    方。
//
    ==========================================================================

// 可以直接使用 assign 进行简单逻辑的赋值
assign out1 = ......;
// 也可以用 case + if 语句进行复杂逻辑的描述
always @(*) begin
   case (current_state)
      STATE_NAME_1: begin
         // ......
      end
      STATE_NAME_2: begin
         // ......
      end
      default: begin
         // ......
      end
   endcase
end
endmodule
```

5.2.3　示例：数字锁

场景　某同学有一个神奇的锁。锁盘上只有两个按键，不妨记为 0 和 1。只有当按键按照 0100 的顺序按下时才能解锁成功。例如，连续按下 01010 时并不会解锁，但再按下 0 后便会解锁（因为最近的四次输入为 0100）。现在，需要设计一个数字电路判断给定的按键顺序能否解锁。

模块的输入包含一个时钟信号 clk 以及按下的按键编号 in。由于只有两个按键，所以可以根据 in 的高低电平区分按下的按键（例如高电平代表按下 1）。在 clk 的上升沿模块接收一个按键信息，同时输出一个 unlock 信号，当 unlock 信号为高电平时表明最近四次输入的序列可以解锁。

图 5.8 是一段波形图示例。

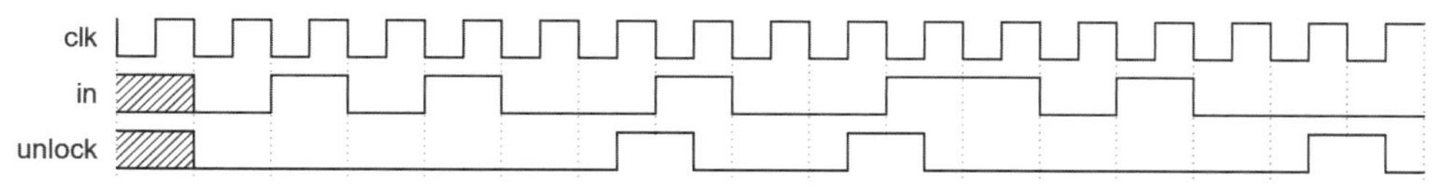

图 5.8　数字锁的示例波形

首先，考虑如何确定状态。自然，可以根据当前最近的四个输入标识状态，则对应的状态共有 $2^4 = 16$ 种。但包含十六个状态的有限状态机无论在设计上还是在实现上都较为复杂，尽管可以通过状态化简消去一部分，但这个过程依然是十分繁琐的。

再次分析这个问题。对于一个给定的输入序列，想要判断其能否开锁，只需要关注其最近的输入能否组成 0100 序列。先前固定观察最近的四次输入，但实际上有些情况近期是一定不能解锁的，例如序列 1110 至少要再经过三次输入才有可能解锁。

基于这一事实，我们可以只关注输入序列是否包含 0100 及其子序列，即考察最近的输入内容为 0、01、010、0010 四种情况。这种方法也被称为后缀识别。

在最开始没有任何输入时，可以引入一个初始状态（不妨记作 - ），用于代表不属于上述四种的情况。接下来，如果输入一个 0 ，就识别到了后缀 0，即可进入下一状态；若输入一个 1，则不属于任何一种后缀，因此依然在初始状态。以此类推，就可得到图 5.9 所示的状态机。

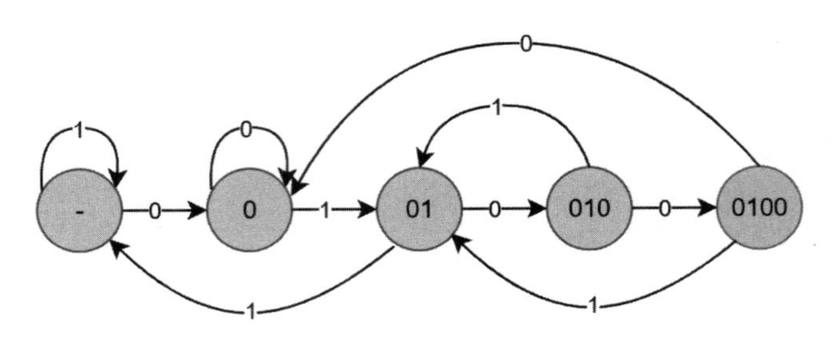

图 5.9 数字锁的 FSM

于是，就可以确定，这个问题的状态机一共有五个基本状态。我们可以约定如下的对应关系：

- S0 对应 -；
- S1 对应 0；
- S2 对应 01；
- S3 对应 010；
- S4 对应 0100。

初始状态为 S0，接收状态为 S4，且仅在 S4 状态时输出解锁信号。由于输出仅和当前状态有关，因此可以选择 Moore 型状态机进行设计。五个状态可以使用 3 位的编码进行处理。

接下来，开始编写三段式 Moore 型状态机的代码。首先定义状态变量以及状态名称：

```
reg [2 : 0] current_state, next_state;
localparam S0 = 3'd0;
localparam S1 = 3'd1;
localparam S2 = 3'd2;
localparam S3 = 3'd3;
localparam S4 = 3'd4;
```

接下来编写第一段：状态更新。假定 reset 信号的效果是清除之前所有的输入，状态机恢复到初始状态。则 reset 信号有效时，状态机应当跳转到 S0。

```
always @(posedge clk) begin
   if (reset)
      current_state <= S0;
   else
```

```
    current_state <= next_state;
end
```

对于第二段的状态转移,根据状态转换图,可以编写如下的代码:

```
always @(*) begin
  next_state = current_state;
  case (current_state)
    S0: begin // -
      if (in)
        next_state = S0; // -
      else
        next_state = S1; // 0
    end
    S1: begin // 0
      if (in)
        next_state = S2; // 01
      else
        next_state = S1; // 0
    end
    S2: begin // 01
      if (in)
        next_state = S0; // -
      else
        next_state = S3; // 010
    end
    S3: begin // 010
      if (in)
        next_state = S2; // 01
      else
        next_state = S4; // 0100
    end
    S4: begin // 0100
      if (in)
        next_state = S2; // 01
      else
        next_state = S1; // 0
    end
  endcase
end
```

最后,来实现第三段的结果输出。即

```
always @(*)
  unlock = current_state == S4;
```

这样就完成了数字锁解锁模块的编写。

5.3 时序逻辑元件

在本节中，将学习基础的时序逻辑元件。这些时序逻辑元件是构建复杂时序逻辑电路的根基，了解其原理将有助于我们更好地进行时序逻辑电路的分析与设计。

从电路结构可知，若 Q=0，经过下面的非门取反，可得 $\overline{Q}=1$，再经过上方的非门反馈到输入端，又保证了 Q=0。由于两个非门首尾相接的逻辑锁定，因而电路能自行保持在 $Q=0$，$\overline{Q}=1$ 的状态，对应上方电路的输出结果。反之，若 $Q=1$，$\overline{Q}=0$，则对应下方电路的输出结果。

简单来说，这个电路与之前介绍的组合逻辑电路有三个主要的不同：

（1）没有输入端口。电路无法接收来自外界的输入信号，因而也无法改变自身的状态。

（2）有两种可能的状态。电路的结构是固定的，但是输出端有两种可能的输出结果。

（3）电路存在反馈。两个非门的输出端口分别连接到了彼此的输入端口，即输出端会反馈影响到输入端。

5.3.1 双稳态电路

首先观察图 5.10 所示的电路。

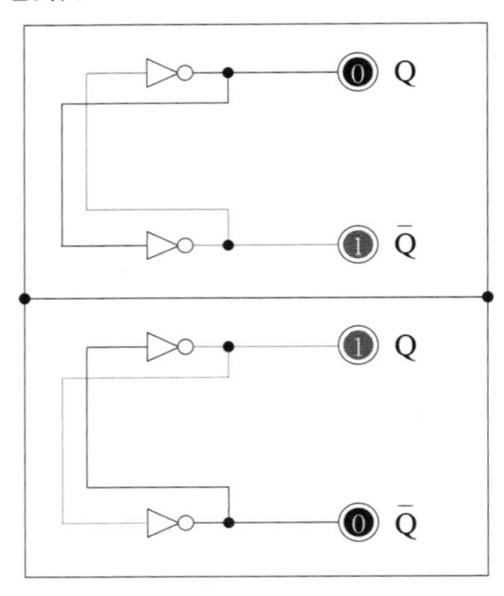

图 5.10 双稳态电路

像上面这样具有两种逻辑状态，一旦进入其中一种状态，就能长期保持不变的电路，我们称其为双稳态存储电路，简称双稳态电路。双稳态电路（bistable circuit）是一种具有两个稳定状态的电路，也被称为双稳态多谐振荡器（bistable multivibrator）。

双稳态电路通常由至少两个互相反馈的门电路或触发器构成。这些电路元件被设计为能够存储和保持两个稳定的电平状态，通常是高电平（逻辑 1）和低电平（逻辑 0）。在没有触发信号的情况下，双稳态电路会保持当前状态不变。当接收到触发信号时，双稳态电路会切换到另一个稳定状态。触发信号可以是外部信号，如按键、脉冲或其他触发条件。一旦切换到新的稳定状态，双稳态电路将继续保持该状态，直到再次接收到触发信号。

在数字电子系统中，双稳态电路有着广泛的应用。它可以用于存储和保持数据、实现时序逻辑和状态机等功能。作为一种稳定的存储元件，它们可以被用于构建更复杂的逻辑电路和计算机内存单元。接下来讨论的锁存器和触发器也均属于双稳态电路的范畴。

5.3.2 锁存器

双稳态电路是众多时序逻辑电路的基础，这是因为它可以存储一定的信息。如果为其增加控制单元以改变内部的内容，就可得到锁存器。锁存器（latch）是一种对脉冲电平敏感的双稳态电路，它具有 0 和 1 两个稳定状态。一旦当前电路的状态被确定，就能长时间自行保持，直到有外部特定的输入脉冲作用在电路一定位置时才有可能改变。这种特性可以用于存储 1 位的二进制数据。

5.3.2.1 SR 锁存器

如果将双稳态电路的非门换成或非门，就可得到 图 5.11 所示的 SR 锁存器（set-reset latch）。它是一种具有最简单控制功能的双稳态电路。SR 锁存器有两个输入端，分别是置位（set）段和复位（reset）端，对应着图中的 S 端和 R 端。Q 和 $\overline{\mathrm{Q}}$ 是 SR 锁存器的两个输出端。我们定义 Q=0 为锁存器的 0 状态，$\overline{\mathrm{Q}}=1$ 为锁存器的 1 状态。

简单来说，当 set 输入为高电平时，输出端将保持为高电平；当 reset 输入为高电平时，输出端将保持为低电平。下面，我们来逐一分析 SR 锁存器的各种输入情况。

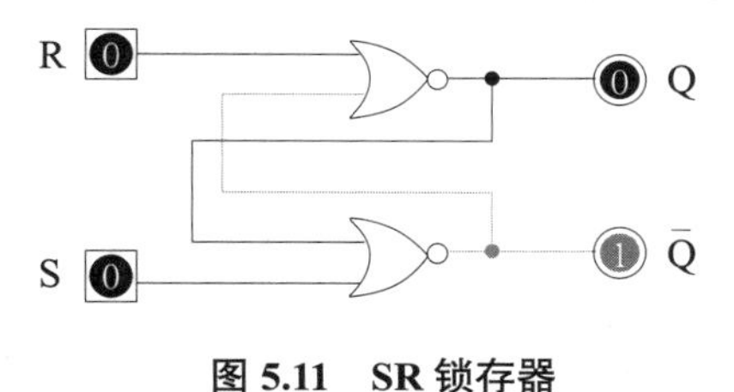

图 5.11　SR 锁存器

• 当 S = 0, R = 0 时，此时或非门可以等效地视作非门，因为另一端的输入为 0 并不影响或非运算的结果。在这种情况下，SR 锁存器将会保持其原本的状态不变，可以存储 1 位二进制数据。

• 当 S=1, R=0 时，如图 5.12 所示，此时 S 端对应的或非门固定输出 0，即 $\overline{\mathrm{Q}}=0$，$\mathrm{Q}=1$。在这种情况下，SR 锁存器处于 1 状态，我们称之为置位。

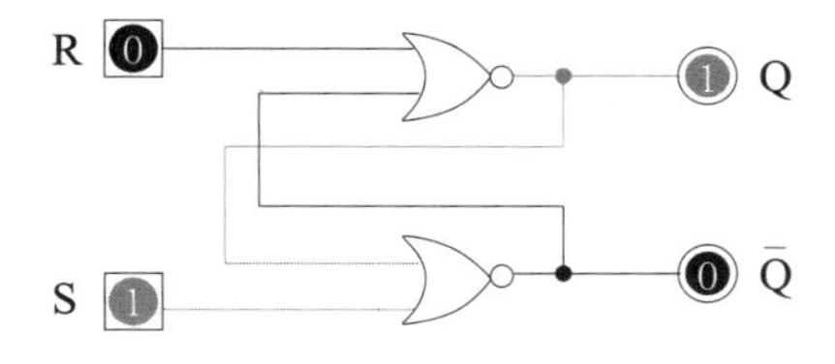

图 5.12　SR 锁存器的置位状态

• 当 S=0, R=1 时，如图 5.13 所示。此时 R 端对应的或非门固定输出 0，即 $\mathrm{Q}=0$，$\overline{\mathrm{Q}}=1$。在这种情况下，SR 锁存器处于 0 状态，我们称之为复位。

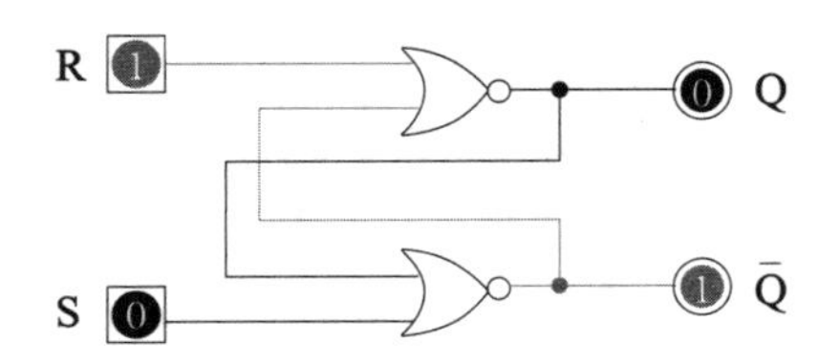

图 5.13 SR 锁存器的复位状态

• 当 S=1, R=1 时,如图 5.14 所示,此时 S 端和 R 端对应的或非门都固定输出 0,即 $Q = 0$, $\overline{Q} = 0$。此时锁存器处于非 0 非 1 的未定义状态,违背了 Q 和 $\overline{Q}$ 始终保持相反的设计初衷。

由此可知,当 SR 锁存器的 S 端和 R 端均为 1 时,电路处于未定义状态。此时如果 S 先变为 0,则相当于复位,若 R 先变为 0,则相当于置位。若二者同时变为 0,则电路会根据或非门的延迟高低决定最终应当跳转到的状态,而这是无法预知的。因此,为了保证 SR 锁存器始终处于有效的工作状态,一般约定 S 端和 R 端不同时为 1,即 $S \cdot R \equiv 1$。

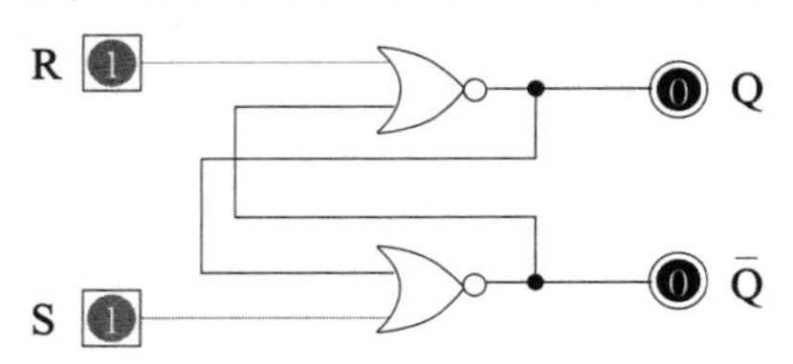

图 5.14 SR 锁存器的未定义状态

5.3.2.2 D 锁存器

除了 SR 锁存器,我们还将学习另一种锁存器:D 锁存器。与 SR 锁存器不同,D 锁存器在工作中不存在未定义状态,因而得到了广泛应用。

如图 5.15 所示,D 锁存器在 SR 锁存器的基础上引入了两个与门和一个非门。除此之外,我们还引入了一个新的控制信号 C。当 C=0 时,无论 D 端的输入是什么,与门的输出都为 0。此时相当于 SR 锁存器的输入为 S=0,R=0,因此 D 锁存器处于保持状态;当 C=1 时,我们便可以忽略与门。此时 SR 锁存器的输入为 S=D,R=$\overline{D}$,显然有 $S \cdot R = D \cdot \overline{D} \equiv 0$。因此,D 锁存器没有未定义状态,且内部存储的数值与 D 端的输入保持一致。

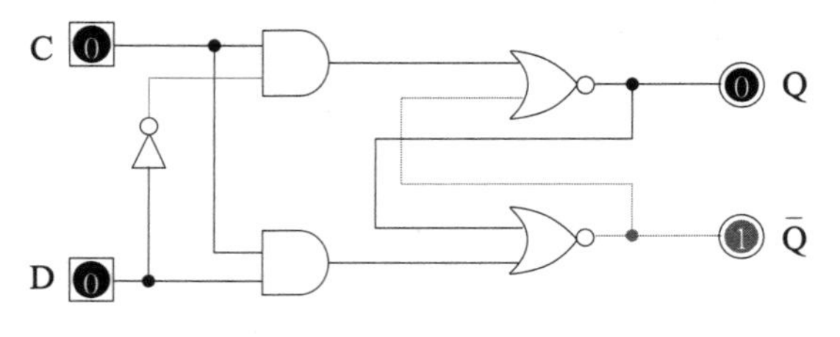

图 5.15 D 锁存器

5.3.3 触发器

D 锁存器看起来十分完美了,但当 D 端输入不是那么平滑,存在一定的"抖动"时,锁存器内部便会跟着进行状态的抖动。换而言之,D 锁存器的稳定性较差。那么,有没有什么办法能够使得其具有良好的稳定性呢?分析可知,D 锁存器在 C=1 的一段时间都可以进行更新,从而为电路带来了不稳定性。如果我们能够限制 D 锁存器仅在很小的一段时间进行更新呢?假定 C 端信号仅在很小的一段时间内保持 1,其他时刻都为 0。此时信号的突变间隙大于 C 的高电平维持长度,因而无法将干扰结果写入锁存器。

然而,我们无法无限制地提升 C 端信号的变化频率,因此研究人员换了一个思路:不是在高电平时写入,而是在低电平转换为高电平的瞬间写入。这就得到了触发器。

如图 5.16 所示,通过两个 D 锁存器级联,并加入一个非门,我们就得到了 D 触发器(D flip flop)。这里我们让控制信号以一定的周期进行高低电平的翻转,也就是一个时钟 clk 信号。针对电路的分析如下:

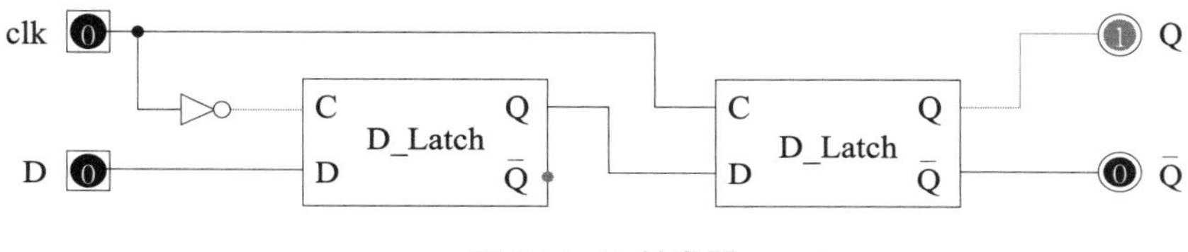

图 5.16 D 触发器

- 当 clk 为低电平时,前一个锁存器处于更新状态,此时 D 端输入可以直接写入前一个锁存器。后一个锁存器处于保持状态,无论前一个锁存器输出如何,后一个锁存器均保持自身原先的数值不变。
- 当 clk 为高电平时,前一个锁存器处于保存状态,此时 D 端输入无法写入前一个锁存器。后一个锁存器处于更新状态,将会写入前一个锁存器的值。这个时候毛刺信号无法影响到后一个锁存器,因而增强了电路的稳定性。

通过非门,两个 D 锁存器的时钟存在一个 180° 的相位差(也就是相差半个时钟周期),从而实现:只在时钟上升沿的时候读取输入并输出,其他时候输入的变化不会传导到输出端的效果。D 触发器去除了输入可能存在的毛刺,得到了稳定的输出。

除了 D 触发器,我们自然也能搭建基于 SR 锁存器的 SR 触发器。图 5.17 展示了 SR 触发器的基本结构。

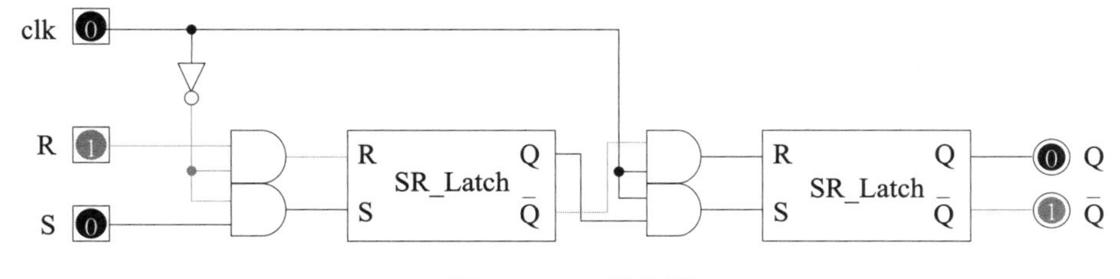

图 5.17 SR 触发器

与 D 触发器类似,我们使用了主从门控 SR 锁存器搭建了 SR 触发器。在时钟信号 clk

的上升沿，如果 R=1，S=0，那么触发器进行复位操作；如果 S=1，R=0，那么触发器进行置位操作。如果 R=0，S=0，那么触发器保持内部的状态不变。最后，如果 S=R=1，那么 SR 触发器也会发生工作异常。

最后，我们总结一下锁存器和触发器之间的主要区别：

• 触发器有时钟触发，锁存器没有时钟触发。触发器在时钟信号的上升沿或下降沿触发时改变状态，而锁存器可以在控制信号为高电平直接改变状态。因此，触发器的状态改变只在时钟边沿发生，提供了更可控和可靠的操作方式。

• 触发器具有稳定的输出。由于触发器的时钟触发机制，它们在时钟信号的边沿触发后，输出会保持稳定状态，直到下一个时钟边沿到来。而锁存器的输出可以由输入信号直接改变，因此在输入变化时可能会出现瞬态不稳定的输出。

• 触发器消耗更多的电路资源。触发器通常需要更多的电路资源和晶体管来实现时钟触发功能，因此相对于锁存器，它们会占用更多的芯片面积和功耗。

5.3.4 寄存器

寄存器是一种能够存储多位二进制数据的时序逻辑电路。它通常由多个触发器构成，能够实现数据的存储和传输。目前，寄存器已被广泛应用于存储器、处理器和通信系统等领域。

常见的寄存器分类包括：

• 阵列寄存器：大量的存储单元同时进行数据的存储和传输，适用于并行数据操作。

• 移位寄存器：数据在寄存器中按位进行移位操作，可以实现数据的移位、平移和串行-并行转换等功能。

• 通用寄存器：用于存储通用数据，在计算机结构中用于存储运算结果、中间数据等。

寄存器的 Verilog 代码实现通常使用行为级描述直接构建。例如，程序 5.7 构建了一个简易的 4 位寄存器。

程序 5.7 4 位寄存器

```
module Register (
    input               [ 0 : 0]        clk,
    input               [ 0 : 0]        rst,

    input               [ 3 : 0]        din,
    input               [ 0 : 0]        we,
    output    reg       [ 3 : 0]        dout
);
always @(posedge clk) begin
    if (rst)
        dout <= 0;
    else if (we)
        dout <= din;
end
endmodule
```

Register 模块的输入端口包括 4 位数据输入（din）、时钟信号（clk）、复位信号（rst）和写使能信号（we），输出端口为 4 位数据输出（dout）。在时钟上升沿到来时，如果此时复位信号为高电平，那么寄存器会进行清零操作；否则，如果写使能信号有效，那么寄存器会将输入数据存储到内部；如果 rst 信号和 we 信号均为低电平，那么寄存器将保持内部存储的数值不变。

5.4　简单应用

在本节中，将介绍一些常见的时序逻辑电路，包括 FPGAOL 的数码管显示、移位寄存器等。此外，还将介绍一些现实中可以使用时序逻辑电路解决的问题，从需求出发，一步步设计时序逻辑电路，并进行编程的实现。

5.4.1　计数器

计数器是一种能够实现计数操作的时序逻辑电路。它能够根据时钟信号和输入信号的变化来进行计数，并输出对应的计数值。目前，计数器广泛应用于计时器、频率分频器和通信系统等领域之中。

二进制计数器是最基本的计数器类型，它能够实现二进制数字的递增或递减。例如，4 位二进制计数器可以实现从 0000 到 1111 的计数操作，并在时钟信号的驱动下不断变化着计数值。程序 5.8 是一个简单的自增计数器的 Verilog 代码实现。

程序 5.8　4 位计数器

```
module Counter (
    input                   [ 0 : 0]        clk,
    input                   [ 0 : 0]        rst,

    output    reg           [ 3 : 0]        dout
);
always @(posedge clk) begin
    if (rst)
        dout <= 0;
    else
        dout <= dout + 4'D1;
end
endmodule
```

此时，变量 dout 会被综合成一个寄存器，而不是普通的导线。每当时钟的上升沿到来时，dout 便会自增一。这段代码在 RTL 综合出的结果如图 5.18 所示。

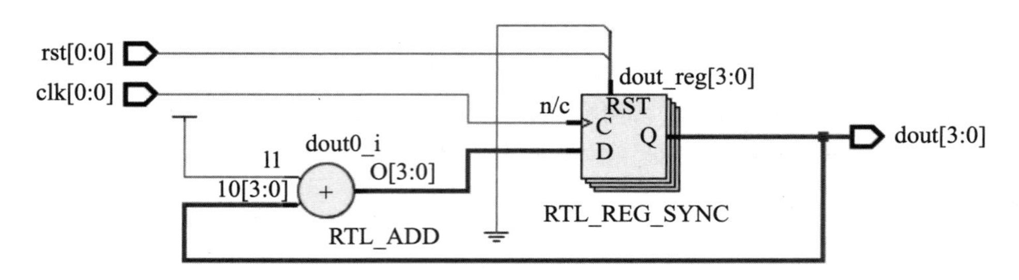

图 5.18 Counter 模块的 RTL 电路

我们可以在此基础上编写代码,得到如程序 5.9 所示的更为完善,且更为通用的计数器模块。

程序 5.9 4 位计数器

```
module Counter #(
    parameter           MAX_VALUE           = 4'D12,
    parameter           MIN_VALUE           = 4'D2
)(
    input               [ 0 : 0]            clk,
    input               [ 0 : 0]            rst,

    output      reg     [ 3 : 0]            dout
);
always @(posedge clk) begin
    if (rst)
        dout <= MIN_VALUE;
    else begin
        if (dout >= MAX_VALUE)
            dout <= MIN_VALUE;
        else
            dout <= dout + 4'D1;
    end
end
endmodule
```

5.4.2 移位寄存器

移位寄存器是一种特殊的寄存器。如果说计数器是对内部存储数据的加法操作,那么移位寄存器就是对内部存储数据的移位操作。程序 5.10 展示了一个功能完善的移位寄存器。

程序 5.10 移位寄存器

```
module ShiftReg (
    input               [ 0 : 0]            clk,
    input               [ 0 : 0]            rst,
    input               [ 0 : 0]            left,
```

```
   input                [ 0 : 0]        right,
   input                [ 0 : 0]        set,
   input                [ 7 : 0]        din,
   output     reg       [ 7 : 0]        dout
);
always @(posedge clk) begin
   if (rst)
      dout <= 8'D0;
   else if (left)
      dout <= dout << 1;
   else if (right)
      dout <= dout >> 1;
   else if (set)
      dout <= din;
end
endmodule
```

✍ **练习 5.2**

请根据程序 5.10 的内容，分别写出 set，left 和 right 信号的作用，以及它们的优先级关系。

我们可以对其稍作修改，搭建一个 8 位的移位寄存器单元。为此，需要为移位寄存器增加来自其他单元的输入端口，以及送至其他单元的输出端口。

借助程序 5.11 的结果，可以搭建更大位宽的移位寄存器模块。本章的课后练习讨论了这样做的方式。

程序 5.11　移位寄存器

```
module ShiftReg (
   input                [ 0 : 0]        clk,
   input                [ 0 : 0]        rst,
   input                [ 0 : 0]        left,
   input                [ 0 : 0]        right,
   input                [ 0 : 0]        set,

   input                [ 0 : 0]        left_in, left_out,
   input                [ 0 : 0]        right_in, right_out,

   input                [ 7 : 0]        din,
   output     reg       [ 7 : 0]        dout
);
always @(posedge clk) begin
   if (rst)
      dout <= 8'D0;
   else if (left)
```

```
        {left_out, dout} <= {dout, right_in};
    else if (right)
        {dout, right_out} <= {left_in, dout};
    else if (set)
        dout <= din;
end
endmodule
```

5.4.3 寄存器堆

寄存器堆是一种包含多个寄存器的存储器组件，可用于存储处理器计算得到的中间数据。它通常由多个通用寄存器组成，可以通过地址编码来选择和访问特定的寄存器。寄存器堆的特点可以概括如下：

• 读写速度快。寄存器堆的读操作为时钟异步，只要给出对应的地址，就能立刻读出结果；寄存器堆的写操作为时钟同步，写入需要等到下个时钟的升沿才可以完成。

• 读写端口多。一般来说，寄存器堆有两个读端口和一个写端口，可以同时进行两次读操作和一次写操作。对于更复杂的处理器，寄存器堆的端口数目可能达到 8 个甚至更多。

• 容量小。一个寄存器堆中一般有 32 至 64 个寄存器。过多的寄存器会导致地址选择电路的面积和延迟增加。

• 可前递。虽然写数据需要一个周期，但也可以通过前递的方式让即将写入的数据在当周期被读请求读出。

程序 5.12 是一个寄存器堆的 Verilog 代码实现。

程序 5.12 寄存器堆

```
module RegFile (
    input               [ 0 : 0]        clk,   // 时钟信号
    input               [ 1 : 0]        ra1,   // 读端口 1 地址
    input               [ 1 : 0]        ra2,   // 读端口 2 地址
    input               [ 1 : 0]        wa,    // 写端口地址
    input               [ 0 : 0]        we,    // 写使能信号
    input               [31 : 0]        din,   // 写数据
    output              [31 : 0]        dout1, // 读端口 1 数据输出
    output              [31 : 0]        dout2  // 读端口 2 数据输出
);

reg [31 : 0] reg_file [0 : 3]; // 4 个 32 位寄存器, 规模为 4×32 bits

// 读端口 1
assign dout1 = reg_file[ra1];
// 读端口 2
assign dout2 = reg_file[ra2];
// 写端口
always @(posedge clk) begin
```

```
    if (we) begin
        reg_file[wa] <= din;
    end
end
endmodule
```

图 5.19 是该电路的综合结果。可以看到,Vivado 把较为规范的寄存器堆直接综合成了 RAM(Random Access Memory),节省了许多电路资源。这也印证了寄存器堆的重要性。

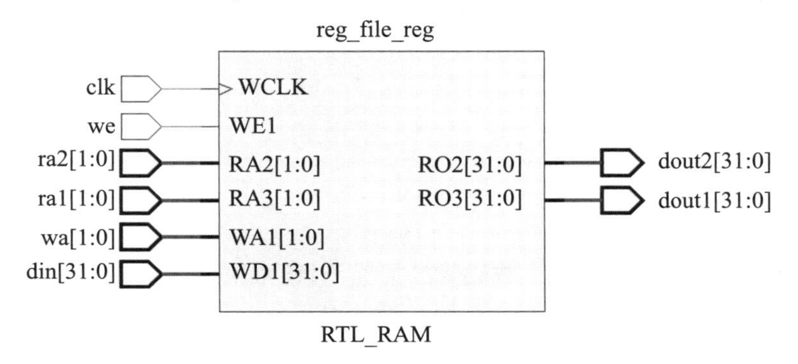

图 5.19　寄存器堆的综合结果

程序 5.12 所示的寄存器堆是一个读优先寄存器堆。读优先、写优先的概念是针对读写同时发生且地址相同的情况下读数据的来源而言的。对于读优先,如果当前时刻的读写地址相同,且写使能为有效,则此时读出的数据仍然为寄存器堆中读地址存储的数据,而不是正在写入的数据。这种方式可以保证在写入数据的同时,依旧读出寄存器堆中保存的数据。反之,写优先策略下读出的数据为正在写入的数据,而不需要等到时钟上升沿的到来。

例 5.2 (读优先与写优先)　当 ra1 = 2'B01, wa = 2'B01, we = 1'B1 时,读优先策略下的读出数据应当为 regfile[1] 的值,而不是此时 wd 的值;写优先策略下的读出数据应当为 wd 的值,而不是 regfile[1] 的值。

程序 5.13 展示了写优先策略下寄存器堆的 Verilog 实现。

程序 5.13　写优先的寄存器堆

```
module RegFile (
    input           [ 0 : 0]        clk,  // 时钟信号
    input           [ 1 : 0]        ra1,  // 读端口 1 地址
    input           [ 1 : 0]        ra2,  // 读端口 2 地址
    input           [ 1 : 0]        wa,   // 写端口地址
    input           [ 0 : 0]        we,   // 写使能信号
    input           [31 : 0]        din,  // 写数据
    output          [31 : 0]        dout1, // 读端口 1 数据输出
    output          [31 : 0]        dout2  // 读端口 2 数据输出
);

reg [31 : 0] reg_file [0 : 3]; // 4 个 32 位寄存器, 规模为 4×32 bits
```

```
// 读端口 1
assign dout1 = (wa == ra1 && we) ? din : reg_file[ra1];
// 读端口 2
assign dout2 = (wa == ra2 && we) ? din : reg_file[ra2];
// 写端口
always @(posedge clk) begin
    if (we) begin
        reg_file[wa] <= din;
    end
end
endmodule
```

5.4.4 数码管扫描显示

正如上述介绍的那样,在有多个数码管的情况下,通常采用分时复用的方式轮流点亮每个数码管,并保证在同一时间只会有一个数码管被点亮。为了实现这一功能,需要完成下面的内容:

(1)计时切换当前被点亮的数码管编号。我们使用一个位宽为 3 的变量 seg_id 标记当前点亮的是哪一个数码管。借助计数器,以 400 Hz 的频率让 seg_id 增加 1。这样,每 $1/400 = 0.0025$ 秒 seg_id 就会变化一次,且由于位宽只有 3,因此 seg_id 变化的范围只有 $0 \sim 7$,恰好对应 8 个数码管。下面的 Verilog 代码实现了上面所述的过程:

```
parameter COUNT_NUM = 100_000_000 / 400; // 100 MHz to 400 Hz
parameter SEG_NUM = 8;                   // Number of segments
reg [31:0] counter;
always @(posedge clk) begin
    if (rst)
        counter <= 0;
    else if (counter >= COUNT_NUM)
        counter <= 0;
    else
        counter <= counter + 1;
end

reg [2:0] seg_id;
always @(posedge clk) begin
    if (rst)
        seg_id <= 0;
    else if (counter == COUNT_NUM) begin
        if (seg_id >= SEG_NUM - 1)
            seg_id <= 0;
        else
            seg_id <= seg_id + 1;
```

```
    end
end
```

（2）根据编号确定数码管显示的内容。我们希望在 8 个数码管上显示一个位宽为 32 的数据 output_data，而每个数码管上只能显示 4 位的数值 seg_data。因此，需要确定每个数码管被点亮时显示的数据。例如，应当让编号小的数码管显示低位数据。下面的 Verilog 代码实现了上面所述的过程：

```
always @(*) begin
    seg_data = 0;
    seg_an = seg_id;
    case (seg_an)
        'd0    : seg_data = output_data[3:0];
        'd1    : seg_data = output_data[7:4];
        'd2    : seg_data = output_data[11:8];
        'd3    : seg_data = output_data[15:12];
        'd4    : seg_data = output_data[19:16];
        'd5    : seg_data = output_data[23:20];
        'd6    : seg_data = output_data[27:24];
        'd7    : seg_data = output_data[31:28];
        default : seg_data = 0;
    endcase
end
```

至此，数码管的显示模块 Segment 就已经初步设计完成了。该模块的端口定义如下：

```
module Segment(
    input               [ 0 : 0]        clk,
    input               [ 0 : 0]        rst,
    input               [31 : 0]        output_data,

    output    reg       [ 3 : 0]        seg_data,
    output    reg       [ 2 : 0]        seg_an
);
```

其中 rst 信号用于对模块内的信号进行复位操作。我们可以将 Segment 模块看作一个硬件 API，外部模块只需要将数据交付到 output_data 的输入端口，Segment 模块就会自动将其显示在七段数码管上。

现在，我们需要为数码管显示模块额外增加掩码功能。掩码是一串二进制代码，用于对目标字段进行按位与运算，屏蔽当前的输入位。

例 5.3 (掩码)　假定当前的输入为 In = 8'h4f，如果我们的掩码为 Mask = 8'b1111_0000，那么电路实际得到的输入是 In & Mask = 8'h40，低 4 位就被“掩盖”了。在这里，掩码并不是一个用于“掩盖”的 Mask，而是特指按位使能控制的输入信号。

具体而言，Segment 模块接收一个位宽为 8 的输入信号 output_valid。当 output_valid[i] 为 1 时，编号为 i 的数码管应当亮起（其中 $i \neq 0$，数码管全部亮起对应 output_valid = 8'hff

或 output_valid = 8'hfe)。

提示 由于 FPGAOL 平台的设置，任何时刻一定至少有一个数码管会亮起，因为 seg_an 信号的位宽为 3，也就是说，无论如何设置都会对应一个数码管的编号。简单起见，我们让 0 号数码管保持常亮。这就导致只有前七个数码管具有掩码控制的功能。

为了实现掩码功能，需要在点亮被掩盖的数码管时，转而点亮 0 号数码管。与之对应的，此时的数值也应当为 0 号数码管应当显示的数值。我们可以使用程序 5.14 所示的代码实现这一功能。

程序 5.14 掩码功能的实现

```
always @(*) begin
   seg_data = 0;
   case (seg_an)
      'd0    : seg_data = output_data[3:0];
      'd1    : seg_data = output_data[7:4];
      'd2    : seg_data = output_data[11:8];
      'd3    : seg_data = output_data[15:12];
      'd4    : seg_data = output_data[19:16];
      'd5    : seg_data = output_data[23:20];
      'd6    : seg_data = output_data[27:24];
      'd7    : seg_data = output_data[31:28];
      default : seg_data = 0;
   endcase
end
always @(*) begin
   seg_an = 0;
   case (seg_id)
      'd0    : if (output_valid[0]) seg_an = seg_id;
      'd1    : if (output_valid[1]) seg_an = seg_id;
      'd2    : if (output_valid[2]) seg_an = seg_id;
      'd3    : if (output_valid[3]) seg_an = seg_id;
      'd4    : if (output_valid[4]) seg_an = seg_id;
      'd5    : if (output_valid[5]) seg_an = seg_id;
      'd6    : if (output_valid[6]) seg_an = seg_id;
      'd7    : if (output_valid[7]) seg_an = seg_id;
      default : seg_an = 0;
   endcase
end
```

5.5 信号处理

你可能已经发现了,有时自己的设计明明没有什么问题,但上板运行的结果总是不如人意。这或许是因为你的模块没有正确地进行信号处理。信号处理的目的是保证上板运行的准确性,而对部分外设输入信号进行的预处理工作。由于信号处理的结果需要依赖时钟信号,因此,在本章的最后一部分介绍一些常用的信号处理技术。

5.5.1 去毛刺

在数字电路设计中,有时需要对输入信号进行整形,将高电平持续时间小于某个阈值的脉冲消除掉,或者将高电平持续时间不同的脉冲信号转换成固定时间脉冲信号。例如:在用 FPGA 开发板的按钮或开关作为输入时,由于其机械特性,在电平转换的瞬间会产生一些毛刺,这些毛刺在用户看来非常短暂,但在 100 MHz 的时钟信号下会持续多个周期。以按钮为例,我们希望按钮按下后输入信号会直接从 0 变为 1,按钮松开时会直接从 1 变为 0,但实际情况却并非这样。图 5.20 展示了存在毛刺的按钮信号输入。

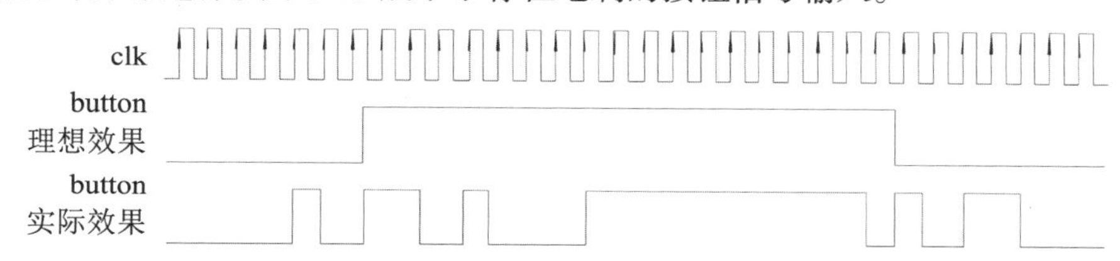

图 5.20　带有毛刺的按钮信号

对于这种机械式的按钮,毛刺很难被完全避免,因此,需要借助额外的电路结构来达到消除毛刺的目的。

消除毛刺的关键在于区分有效的按钮输入和按钮按下或抬起瞬间的机械抖动。考虑到人类的反应速度,按钮按下再抬起的过程,最快也在毫秒以上量级,而抖动一般都在微秒甚至纳秒量级。因此可以通过信号电平持续时间的长短来判定是否为一次有效的按钮操作。在电路中,我们通过一个计数器对高电平的持续时间进行计时:当按钮输入信号为低电平时,计数器清零;当输入信号为高电平时,计数器进行累加计数,在达到阈值后停止计数,并产生一个提示信息,用于生成去除毛刺后的理想信号。

程序 5.15 所示的代码实现了基本的消除毛刺功能。

程序 5.15　毛刺消除

```
module Jitter_Clear(
    input                   [ 0 : 0]            clk,
    input                   [ 0 : 0]            btn,
    output                  [ 0 : 0]            btn_clean
);
reg [7 : 0] cnt;
always @(posedge clk) begin
```

```
    if (!btn)
        cnt <= 8'D0;
    else if (cnt < 8'D128)
        cnt <= cnt + 8'D1;
end
always @(*)
    btn_clean = cnt[7];
endmodule
```

这段代码要求高电平信号需要持续至少 128 个时钟周期，即 $128 \times 10 = 1280$ 纳秒（1.28 微秒）的时间才能被视作有效的输入信号，这让输出变成了一个较为干净的电平信号。作为扩展,还可以通过调节计数器的阈值改变该电路的滤波精度。

5.5.2 边沿检测

边沿检测是对于输入信号的基本操作。它将输入信号的高低电平变化转化为一定宽度的脉冲信号,进而实现对后续电路的控制。根据信号变化的不同,边沿检测可以分为上升沿检测、下降沿检测以及双边沿检测。根据输出信号的特征,边沿检测可以分为同步检测与异步检测。

对于同步检测，通过比较输入信号在相邻两个时钟周期内的数值可以判断是否发生了电平变化。以图 5.21 为例,上方的是 clk 波形,下方的是输入信号波形。在某一个时钟上升沿时，输入信号为低电平；在下一个时钟上升沿时，输入信号为高电平。此时我们就检测到了输入信号的上升沿变化,进而输出一个时钟周期的脉冲信号。

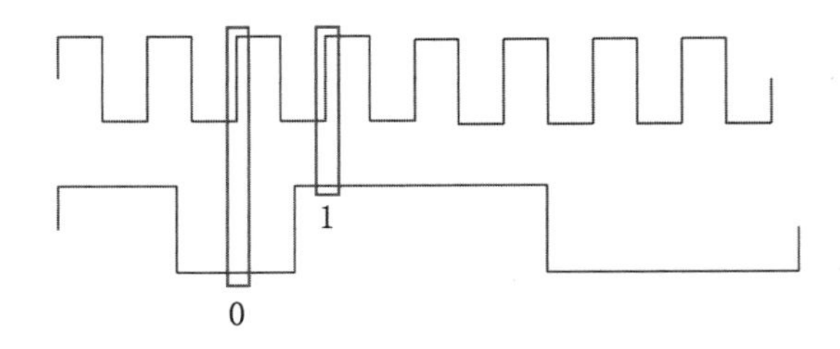

图 5.21 同步检测

提示 在大多数情况下,同步检测已经可以满足我们的需要。但当输入信号的变化周期小于时钟周期时,就不能使用同步检测了。如图 5.22 所示,在相邻两个时钟周期的上升沿时，输入信号均为低电平，因此可以认为输入信号没有发生变化，但实际上输入信号在这个时钟周期内发生了两次电平翻转。此时我们只能使用异步检测。

所幸的是，在对外设信号进行边沿检测时，小于一个时钟周期的电平变化是极为罕见的,因此同步检测就足以支撑所有的应用场景了。

要实现同步的边沿检测,最直接的想法是两级寄存器法。如图 5.23 所示,我们用第二级寄存器锁存住某个时钟上升沿到来时的输入电平，第一级寄存器锁存住下一个时钟沿到来时的输入电平。如果这两个寄存器锁存住的电平信号不同,就说明检测到了边沿,具体是上升沿还是下降沿则可以通过组合逻辑来实现。

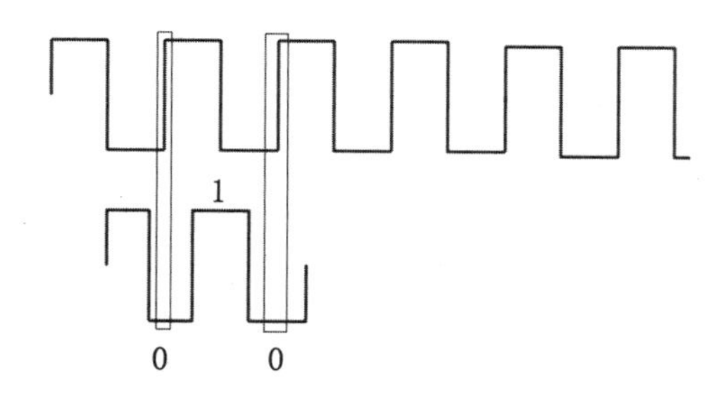

图 5.22　无法同步检测的例子

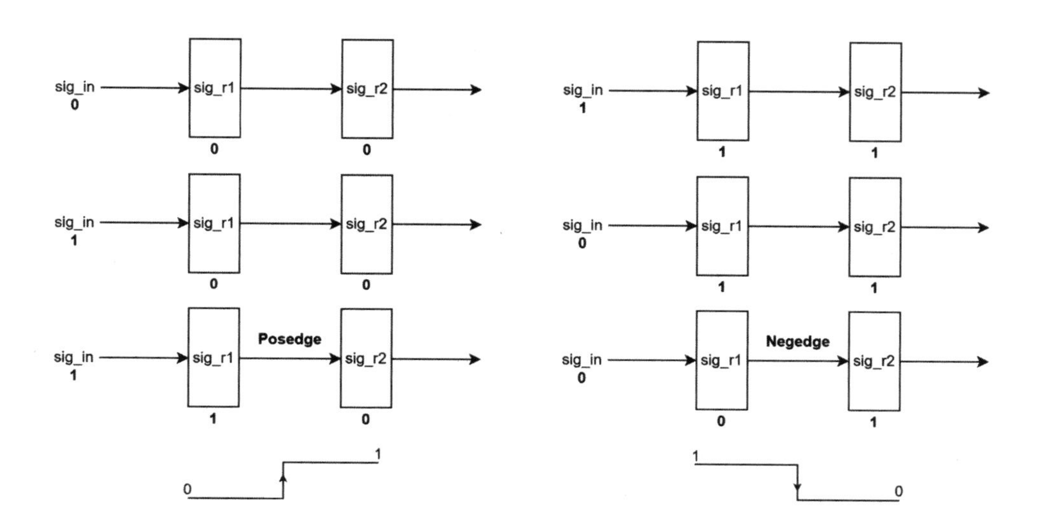

图 5.23　两级寄存器边沿检测

程序 5.16 展示了两级寄存器边沿检测电路的 Verilog 实现。

程序 5.16　边沿检测

```
module Edge_Capture (
    input              [ 0 : 0]         clk,
    input              [ 0 : 0]         rst,

    input              [ 0 : 0]         sig_in,
    output             [ 0 : 0]         pos_edge,
    output             [ 0 : 0]         neg_edge
);
reg sig_r1, sig_r2;
always @(posedge clk) begin
    if (rst) begin
        sig_r1 <= 0;
        sig_r2 <= 0;
    end
```

```
    else begin
        sig_r1 <= sig_in;
        sig_r2 <= sig_r1;
    end
end
assign pos_edge = sig_r1 && ~sig_r2;
assign neg_edge = ~sig_r1 && sig_r2;
endmodule
```

上面讨论过程都是建立在理想情况下的。在实际的电路情况中（例如 FPGA 开发板上），时序电路的信号均存在建立与保持时间。如果输入信号的变化恰好出现在 clk 的变化边沿中，则第一级寄存器采集到的信号可能并不是明确的高低电平，而是一种中间的结果。此时，第一级寄存器的输出会进入到亚稳态，进而传递给后续的寄存器，影响整个电路的工作情况。

所以，为了保证系统的稳定性，在实现边沿检测时，往往会使用三级寄存器的方法。三级寄存器在二级寄存器的基础上又增加了一级寄存器，依据后两个寄存器的结果产生相应的边沿检测信号。在对系统稳定性要求较高的数字系统中，我们也可以采用更多级的寄存器来降低亚稳态发生的概率，提高系统稳定性。

5.5.3 时钟分频

5.5.3.1 计数器分频

我们知道，FPGA 开发板的 E3 管脚连接了一个 100 MHz 频率的时钟晶振，可用作时序逻辑电路的时钟信号。那么，如果我们需要一个其他频率的时钟信号，例如 10 MHz，应该怎么办呢？一般的做法是通过计数器产生一个低频的脉冲信号，然后再将该脉冲信号控制其他逻辑的控制信号。

计算可知，10 MHz 时钟频率为 100 MHz 时钟频率的十分之一。为此我们可以设计一个计数器，从 0 开始每 10^{-8} 秒增加 1。当计数器数到 9 时，在下一个周期将其复位至 0。这样就实现了一个 $0 \sim 9$ 十个状态下的循环计数。

程序 5.17 所示的代码让 led 信号以 10 MHz 的频率闪烁。

程序 5.17 计数器分频

```
module Clock_10M(
    input                   [ 0 : 0]        clk, rst,
    output      reg         [ 0 : 0]        led
);
reg [3:0] cnt;
reg pulse_10m;
always @(posedge clk) begin
    if (rst)
        cnt <= 4'b0;
    else if (cnt >= 9)
```

```
      cnt <= 4'b0;
   else
      cnt <= cnt + 4'b1;
end
always @(*)
   pulse_10m = (cnt == 4'h1);

always @(posedge clk) begin
   if (rst)
      led <= 1'b0;
   else if (pulse_10m)
      led <= ~led;
end
endmodule
```

提示 上面的代码中 pulse_10m 并不是一个均匀的时钟信号。不难看出在一个 10 MHz 时钟周期内，其有 9×10^{-8} 秒为低电平，仅有 10^{-8} 秒为高电平。但我们可以依据其高电平进行信号驱动，对应的时钟周期依然为 10^{-7} 秒。

需要注意的是，不建议直接使用分频信号作为时钟驱动。即

```
always @(posedge pulse_10m) begin
   if (rst)
      led <= 1'b0;
   else
      led <= ~led;
end
```

这段代码的写法存在一定的问题。在开发板上，有且仅有时钟信号可以被认为是绝对稳定的信号（也就是说极难出现毛刺），其他的信号因为组合延迟的原因，极易出现毛刺信号，导致整个设计的错误。这种错误在仿真里是完全无法被发现的，但上板就会出现问题。

5.5.3.2 IP 核分频

在 FPGA 开发中，有很多常用功能的模块是不需要自己开发的。我们可以复用第三方开发好的模块，这种模块被称为 IP 核。Vivado 给我们提供了时钟 IP 核，支持其他频率的时钟设定。我们可以按照如下的步骤进行设置：

打开 Vivado 进入项目界面。点击 IP catalog，在搜索框中输入 Clocking Wizard，并在如图 5.24 所示的窗口中双击选中 Clocking Wizard。

接下来，在打开的图 5.25 所示的设置界面中，将 IP 核的名字更改为 myclock，并将输入时钟频率设置为 100 MHz。

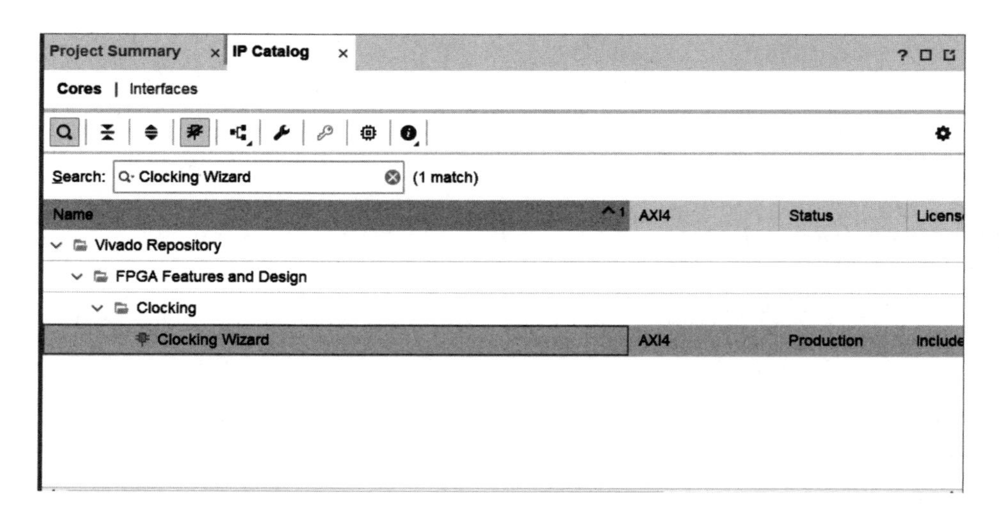

图 5.24　选择时钟 IP 核

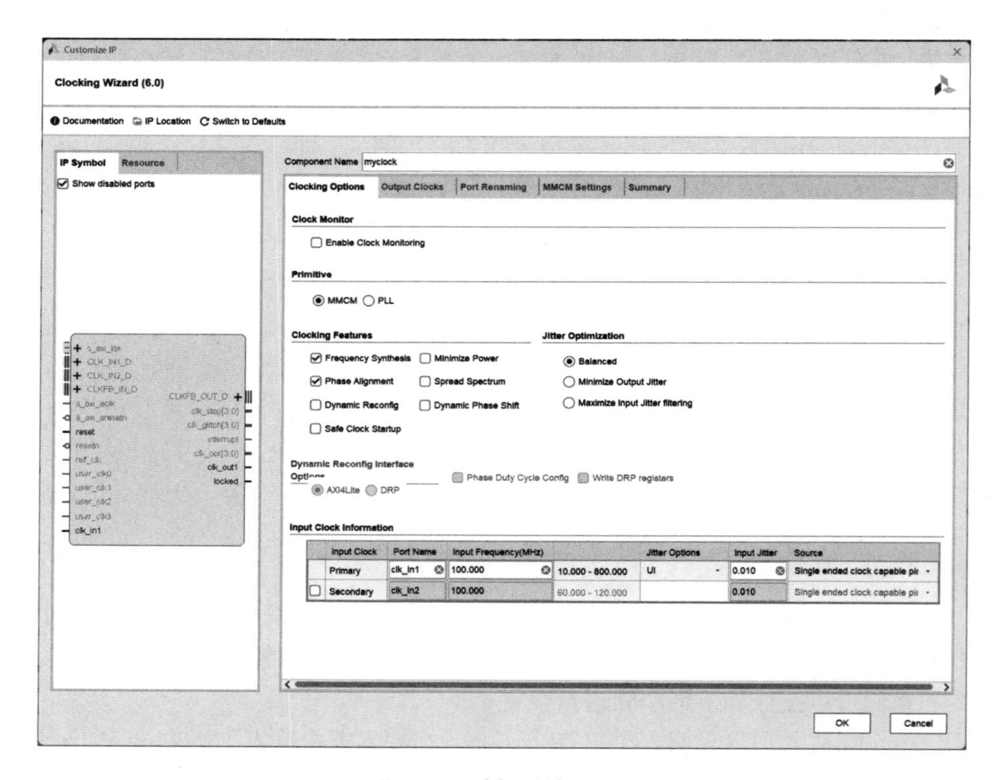

图 5.25　选择时钟 IP 核

在图 5.26 所示的界面中，将输出时钟设定两个，频率分别为 10 MHz 和 200 MHz。确认无误后，单击 OK，随后单击 Generate 以生成 IP 核。此时，生成的 IP 文件可在

工程目录/工程名.srcs/sources_1/ip/IP 核名称/IP 核名称.v

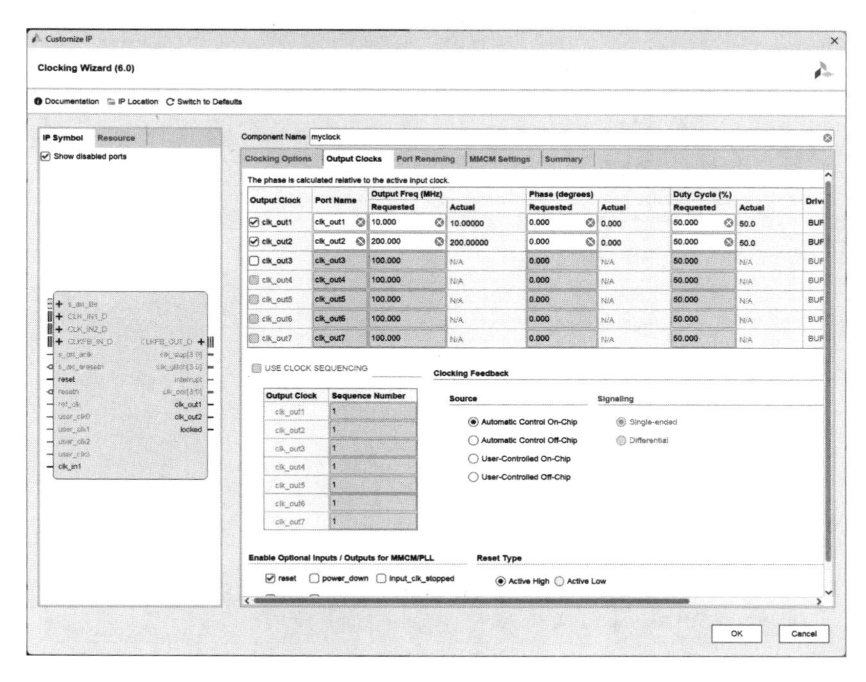

图 5.26 选择时钟 IP 核

目录下找到。我们可在设计文件中像调用其他模块一样使用该 IP 核(图 5.27),使用时只需要了解 IP 核的功能及端口信号的含义及时序,而不用关心模块内部的具体实现。

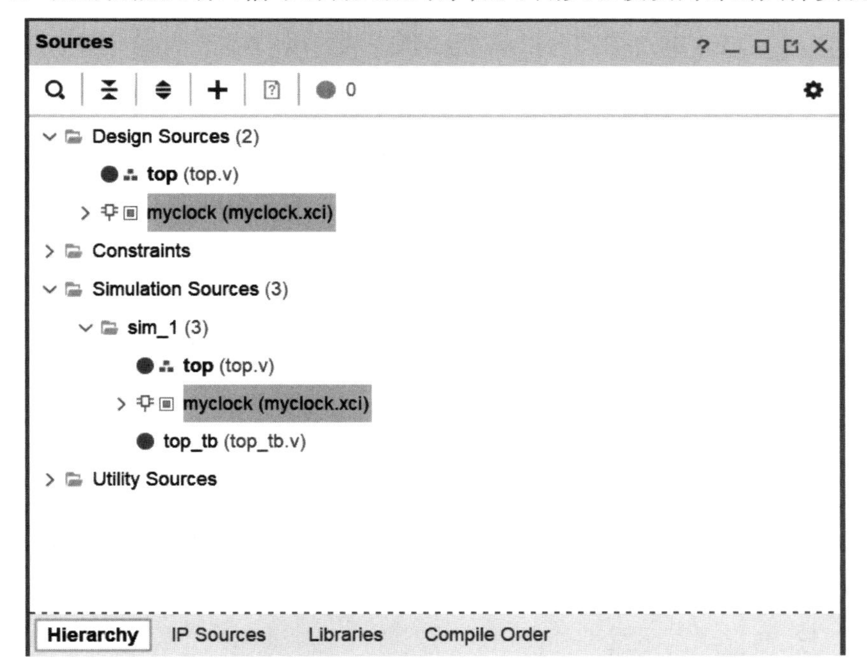

(a) 项目结构

图 5.27 使用 IP 核

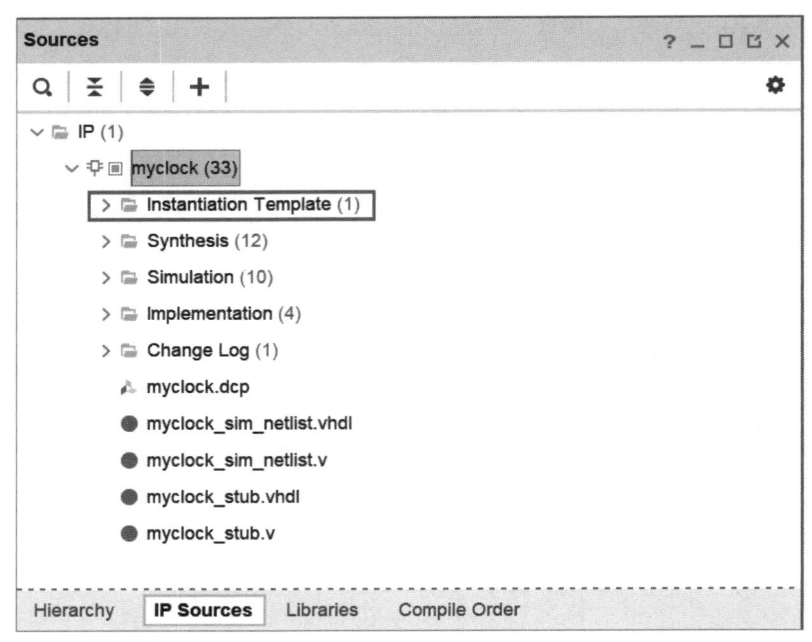

(b) IP 核信息

图 5.27 使用 IP 核 (续)

在 IP Sources 分窗口下单击 Instantiation Template，可以在 myclock.veo 文件中找到该 IP 核的例化格式代码。

```
myclock instance_name (
    // Clock out ports
    .clk_out1(clk_out1),  // output clk_out1
    .clk_out2(clk_out2),  // output clk_out2
    // Status and control signals
    .reset(reset), // input reset
    .locked(locked),     // output locked
   // Clock in ports
    .clk_in1(clk_in1)    // input clk_in1
);
```

同样地，创建模块文件 Top.v 和对应的仿真文件 Top_tb.v，在其中分别输入如下的代码：

```
module Top (
    input                  [ 0 : 0]          clk,
    input                  [ 0 : 0]          rst
);
wire clk_10m, clk_200m, locked;
myclock clock(
    .clk_in1   (clk),
    .clk_out1  (clk_10m),
```

```
    .clk_out2  (clk_200m),
    .reset     (rst),
    .locked    (locked)
);
endmodule
```

```
module Top_tb();
reg clk, rst;
initial begin
    clk = 0;
    forever
    #5 clk = ~clk;
end
initial begin
    rst = 1;
    #100 rst = 0;
end
Top top_test (
    .clk(clk),
    .rst(rst)
);
endmodule
```

完成后运行仿真，在波形窗口拖入信号 clk_out1 和 clk_out2，最终得到的波形如图 5.28 所示。可以看到，时钟信号已经被正确生成。

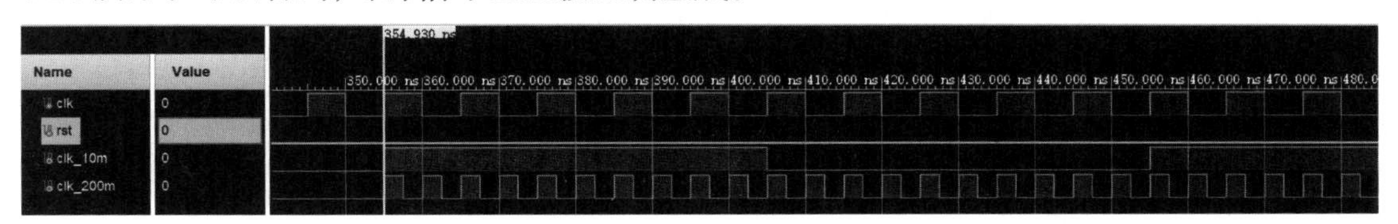

图 5.28　仿真结果

练　　习

1. 请结合 5.3.2 小节的相关内容，绘制在 C 信号为 1 时 D 锁存器的状态转移图。其中，状态集合 $Q = \{0, 1\}$，对应 Q 端的输出结果；字母表为 $\Sigma = \{0, 1\}$，对应的输入变量为 D。

2. 现在我们需要实现一个计数器。该计数器可以在 $0 \sim 5$ 之间循环计数，当输入信号 in 由低电平变为高电平时，计数器增加 1。当计数器为 5 时，输出信号 out 变为高电平。等到下一次信号 in 变为高电平时，计数器重新回到 0，输出信号 out 变为低电平。

（1）请绘制合适的状态转换图；

（2）使用两段式状态机模板实现该计数器；

（3）使用一段式状态机模板实现该计数器。

3. 为什么基于 NS 决定输出的 Moore 型三段式状态机输出信号不存在延迟呢?

4. 为什么基于 NS 决定输出的 Mealy 型三段式状态机会出现问题?

5. 假定数字锁的识别序列变为了 1001。

(1) 重新绘制状态跳转图;

(2) 编写 Verilog 代码,实现该模块功能。

6. 假定模块的输入为位宽为 1 的信号 in。请设计状态机,检测下面所需要的输入情况。

(1) 输入的 0 的个数和 1 的个数均为偶数;

(2) 输入的 0 的个数多于输入的 1 的个数;

(3) 输入的 0 的个数等于输入的 1 的个数。

7. 在 Logisim 中搭建图 5.10 所示的双稳态电路,观察其电路特征。

8. 绘制 SR 锁存器的状态转换图。

9. 绘制 D 锁存器的状态转换图。

10. 编写 Verilog 代码,实现 D 触发器的功能。

11. 请使用程序 5.7 所示的 4 位寄存器作为子模块,搭建一个 16 位寄存器。

12. 程序 5.8 模块支持的计数范围是什么?

13. 程序 5.9 实现了自定义计数区间的计数器。请修改代码,使其能够从 MAX_VALUE 倒数至 MIN_VALUE,随后复位到 MAX_VALUE 继续倒数。

14. 在上一问的基础上为 Counter 模块增加一个位宽为 1 的控制信号 mode。当 mode 为 0 时,Counter 模块进行正计时;当 mode 为 1 时,Counter 模块进行倒计时。

15. 请利用程序 5.11 所示的移位寄存器,搭建一个 16 位的移位寄存器。

提示 可以使用串联的方式进行设计。

16. 请修改程序 5.11 对应的代码,将移位寄存器改为**循环移位**寄存器。

17. 修改程序 5.13 所示的代码,为寄存器增加一个读端口 ra3,dout3。

18. 修改程序 5.13 所示的代码,将读端口 2 和写端口合并成一个读写端口。注意:该寄存器堆依然是写优先的。

19. 请参考教程内容,结合程序 5.14 所示的代码,在 FPGAOL 上实现掩码控制的数码管显示。要求前 7 个开关分别控制前 7 个数码管的亮灭情况。

20. 如果按钮信号是低电平有效(即默认状态下输出高电平,按下后输出低电平),那么程序 5.15 应当进行哪些修改?

21. 如果我们事先不知道按钮信号是高电平有效的还是低电平有效的,那么程序 5.15 应当进行哪些修改?

22. 请参考教程,编写 Verilog 代码,实现三级寄存器边沿检测。

23. 在一些情况下,我们还会用到双边沿检测。双边沿检测是对信号的上升沿和下降沿均进行检测,检测到边沿后输出一个时钟周期的高电平脉冲信号。请编写 Verilog 代码,实现信号的双边沿检测。

24. 请修改程序 5.17 的代码,使得 pulse_10m 信号的占空比为 50%。

25. 请使用 IP 核分频的方式,生成上一小问中的时钟信号。

第6章 ALU 设 计

6.1 ALU 简 介

算术逻辑单元（ALU）在数字电路中扮演着十分重要的角色。例如，ALU 是计算机中央处理单元（CPU）的核心组件，在处理器中发挥关键作用。其主要职责是执行计算机程序和指令所需的算术和逻辑操作。

在运算过程中，ALU 接收来自主存储器或寄存器的数据，根据指定的运算进行操作，并将结果返回寄存器或存储器。这些运算包括加法、减法、乘法、除法以及更复杂的逻辑操作，如比较、移位、位翻转等。

一般而言，为了保证 CPU 的运行效率，我们希望 ALU 能够在一个周期内就能得到计算结果，故 ALU 常被设计为一个组合模块。乘除法等运算由于比较耗时，一般被单独设计为一个模块，放在 CPU 的其他位置而非 ALU 中。在我们的设计中，ALU 接受两个操作数 src0 和 src1，以及一个独热码选择信号 sel，用以选择运算类型。ALU 的输出为运算结果 res。其电路模型如图 6.1 所示。

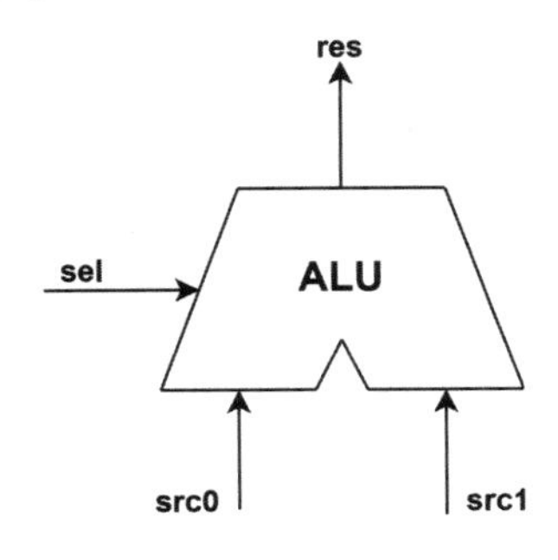

图 6.1 ALU 结构示意

在龙芯架构 32 位精简版指令集中，ALU 需要支持以下运算：

- 简单算术运算：加法（ADD），减法（SUB），小于比较（SLT），无符号小于比较（SLTU）。
- 逻辑运算：按位或非（NOR），按位与（AND），按位或（OR），按位异或（XOR），左移（SLL）、右移（SRL）、算术右移（SRA）。

各种运算对应的选择信号如表 6.1 所示。表格中给出了两种不同的编码方式，其中 ID

为顺序编码，sel 为独热编码。

表 6.1　ALU 运算模式

<table>
<tr><th>ID</th><th>sel</th><th>mode</th><th>res</th></tr>
<tr><td>1</td><td>12'h001</td><td>ADD</td><td>src0+src1</td></tr>
<tr><td>2</td><td>12'h002</td><td>SUB</td><td>src0-src1</td></tr>
<tr><td>3</td><td>12'h004</td><td>SLT</td><td>src0$<_s$ src1</td></tr>
<tr><td>4</td><td>12'h008</td><td>SLTU</td><td>src0$<_u$ src1</td></tr>
<tr><td>5</td><td>12'h010</td><td>AND</td><td>src0&src1</td></tr>
<tr><td>6</td><td>12'h020</td><td>OR</td><td>src0|src1</td></tr>
<tr><td>7</td><td>12'h040</td><td>NOR</td><td>~(src0|src1)</td></tr>
<tr><td>8</td><td>12'h080</td><td>XOR</td><td>src0ŝrc1[4:0]</td></tr>
<tr><td>9</td><td>12'h100</td><td>SLL</td><td>src0≪src1[4:0]</td></tr>
<tr><td>10</td><td>12'h200</td><td>SRL</td><td>src0≫src1[4:0]</td></tr>
<tr><td>11</td><td>12'h400</td><td>SRA</td><td>src0⋙src1[4:0]</td></tr>
<tr><td>12</td><td>12'h800</td><td>SRC1</td><td>src1</td></tr>
</table>

提示　表 6.1 所示的 ALU 运算模式中，最后的运算代表“让 ALU 直接输出 src1 的结果”。这个运算是基于特定的处理器结构设计的，并不是指令集中的要求。

在这里，一些同学可能会想参考 C 语言等高级语言的编程习惯，根据输入信号 sel 选择调用对应的运算模块，将输入 src0，src1 传递给该模块并获取结果。但是，这一想法是不符合硬件设计思想的。这是因为 Verilog 中的模块例化与其他语言的函数调用有较大区别，它通常作为一个单独的代码段，不能放在 if-else 等其他代码段中。从硬件的角度看，设计出结构在上板前必须是确定的。我们不可能根据电路的运行结果动态地生成或删除电路结构，只能引导信号经过不同的路径。

因此，合理的思路是，同时将两个源操作数送到所有运算单元，再通过输入信号 sel 来借助多选器选择哪个运算单元的输出作为最终的结果。即我们选择的不是使用哪个模块，而是选择使用哪个模块的结果。即使没有选择某个运算，它对应的模块也依然在工作，只是我们没有选择它的结果而已。

下面，将针对模块中的子结构进行详细描述。

6.2　部件设计

6.2.1　超前进位加法器

在前面的章节中深入研究了一位半加器和一位全加器的设计原理。半加器能够执行最简单的二进制加法，而全加器则更进一步，考虑了进位的影响，使其成为多位二进制加法的基础。这为我们理解更复杂的加法器奠定了基础。

串行进位加法器十分简单，但一点也不高效。对于 32 位的输入数据，输出结果需要等待低 31 位的加法进位计算完成后才能得到,这带来了极大的电路延迟。超前进位加法器就是为了解决这一问题而设计的。

6.2.1.1 基础结构

简单来说,超前进位加法器的原理就是在输入的两个数的每一位上都进行预先进位,然后再进行加法运算。这样,每位的进位都只由加数与被加数唯一决定,而与来自低位的进位无关,最终加法器的速度不会受到进位信号的限制。

超前进位的公式的推导是通过形式化地表示出加法的每一位的计算结果,再展开进位得到的。下面以 4 位超前进位加法器作为例子说明原理及实现。具体来说,考虑计算 $A+B$ 的结果,其中输入的第 i 位记作 A_i, B_i,进位为 C_i,和为 S_i,则有

$$S_i = A_i \oplus B_i \oplus C_{i-1}$$
$$C_i = A_iB_i + (A_i \oplus B_i)C_{i-1}$$

我们尝试做如下的代换:定义中间变量(注意,这里的中间变量都是可以直接由 A, B 计算出来的,不需要依赖其他中间变量)$G_i = A_iB_i$, $P_i = A_i \oplus B_i$,则有

$$S_i = P_i \oplus C_{i-1}$$
$$C_i = G_i + P_iC_{i-1}$$

这一计算公式更加简洁,也更方便我们将每一位展开为以下形式:

$$C_0 = G_0 + P_0C_{-1}$$
$$C_1 = G_1 + P_1C_0 = G_1 + P_1G_0 + P_1P_0C_{-1}$$
$$C_2 = G_2 + P_2C_1 = G_2 + P_2G_1 + P_2P_1G_0 + P_2P_1P_0C_{-1}$$
$$C_3 = G_3 + P_3C_2 = G_3 + P_3G_2 + P_3P_2G_1 + P_3P_2P_1G_0 + P_3P_2P_1P_0C_{-1}$$

上面的式子中,任意的 C_i 均只与 G_j, P_j, C_{-1} 有关,而与低位的进位 C_{i-1} 无关,因此可以先并行计算与式,再对各部求或运算,从而加快了加法器的速度。因此,可以得到如程序 6.1 所示的 Verilog 代码。

程序 6.1 四位超前进位加法器

```
module Adder_LookAhead4 (
    input               [ 3 : 0]    a, b,
    input               [ 0 : 0]    ci,
    output              [ 3 : 0]    s,
    output              [ 0 : 0]    co
);

    wire    [3:0] C;
    wire    [3:0] G;
    wire    [3:0] P;
```

```
    assign G = a & b;
    assign P = a ^ b;

    assign C[0] = G[0] | ( P[0] & ci );
    assign C[1] = G[1] | ( P[1] & G[0] ) | ( P[1] & P[0] & ci );
    assign C[2] = G[2] | ( P[2] & G[1] ) | ( P[2] & P[1] & G[0] ) | ( P[2] & P[1] & P
        [0] & ci );
    assign C[3] = G[3] | ( P[3] & G[2] ) | ( P[3] & P[2] & G[1] ) | ( P[3] & P[2] & P
        [1] & G[0] ) | ( P[3] & P[2] & P[1] & P[0] & ci );

    assign s[0] = P[0] ^ ci;
    assign s[1] = P[1] ^ C[0];
    assign s[2] = P[2] ^ C[1];
    assign s[3] = P[3] ^ C[2];
    assign co   = C[3];
endmodule
```

对应的电路图如图 6.2 所示。

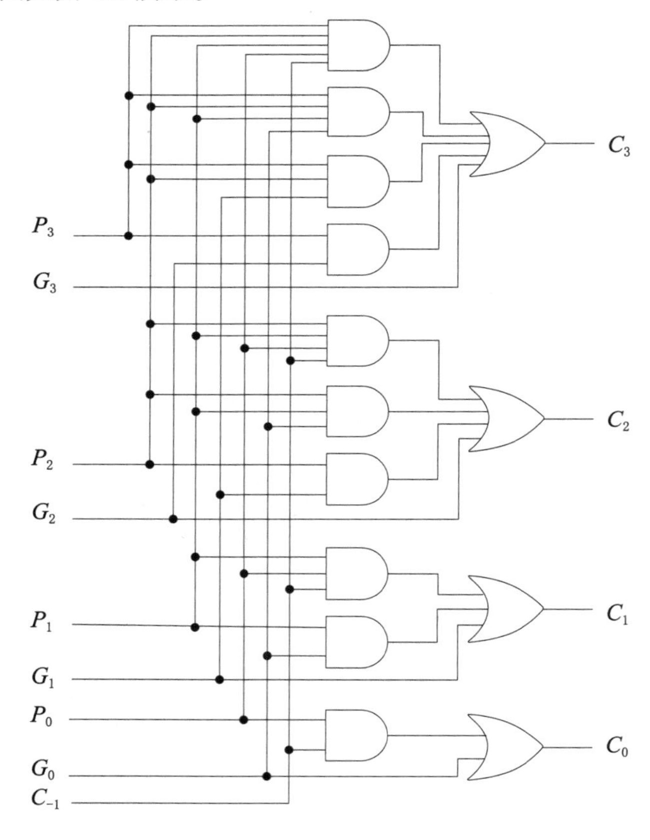

图 6.2 超前进位加法器结构图

为什么超前进位加法器的延迟会比普通的加法器低呢？这里给出一个简单的理论解释。如果将每个逻辑门的延迟量化为 t_{pd}（这里的逻辑门认为是可以接受任意多个输入的），那么对于一个一位全加器，由公式

$$S_i = A_i \oplus B_i \oplus C_{i-1}$$

$$A_iB_i + (A_i \oplus B_i)C_{i-1}$$

可知，进位信号 C_i 需要经过异或门、与门、或门各一个，总共会产生 $3t_{\mathrm{pd}}$ 的延迟。那么，对于一个 4 位的串行进位加法器，由于 4 个全加器前后相接，每一个计算都依赖于前一个的进位，所以共需要 $12t_{\mathrm{pd}}$ 的延迟（图 6.3）。

然而，对于超前进位加法器，可以注意到，计算出 P, G 经过了一级门电路，利用 P, G 和 C_{-1} 计算出 C 的过程中，计算与或式共经过了与、或两级门电路，最后利用 C 与 P 计算出 S 的过程中，又经过了一级异或门电路。因此，总共的延迟为 $4t_{\mathrm{pd}}$。

因此，超前进位加法器的 $4t_{\mathrm{pd}}$ 的延迟，相比于串行进位的 $12t_{\mathrm{pd}}$ 的延迟，有着显著的降低。此外，可以注意到，超前进位加法器的延迟与位数几乎无关，当位数更多时，其优势更加明显。

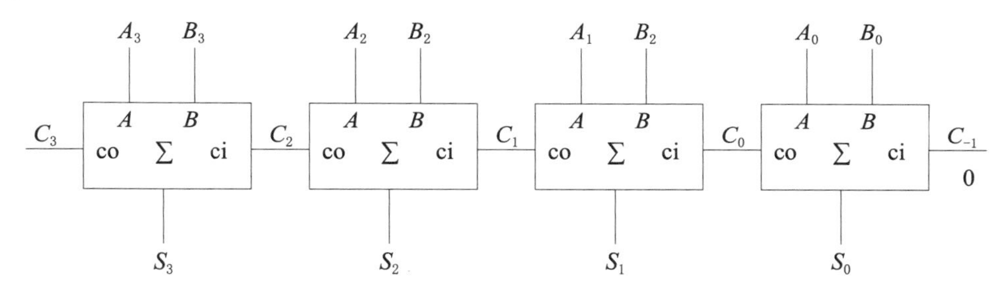

图 6.3　4 个超前进位加法器串联

提示　以上的理论分析是建立在理想的逻辑门延迟上的，即任意数量输入的逻辑门都只经过 t_{pd} 的延迟。而实际上，逻辑门的延迟是与其输入的数量有关的，因此，超前进位加法器的延迟并不是完全与位数无关的，但其延迟的增长速度要比串行进位加法器慢得多。

6.2.1.2 *层次扩展*

超前进位加法器并不是位数越大效果越好。实际上，超前进位加法器在获取高性能的同时并非完全没有代价，它占用的资源更多，需要的面积也更大。这正是硬件设计中常见的时间与空间的权衡问题。基于此，我们引出了层次扩展技术。

正如前面所述，超前进位加法器并非毫无代价的，它是在用空间换取时间上的优势。当我们需要计算的位数足够大，比如 32 位或 64 位时，如果完全使用超前进位加法器的方式来设计，且不谈代码的编写复杂性，其资源使用量将会是串行进位加法器的几十倍甚至上百倍，这显然是不可接受的。

那么，有没有什么方法，能在保证延迟降低的同时，又不至于占用过多的资源呢？答案是肯定的。我们可以模仿串行进位加法器的思路，将多个超前进位加法器首尾相接串联起

来。如果说每个四位超前进位加法器的延迟和资源使用量分别为 T 和 S,那么这种设计就可以以 4S 的资源,换取 4T 的延迟——这将显著优于 32 位的串行加法器。

一个 32 位的层次扩展加法器的电路示意图如图 6.4 所示。

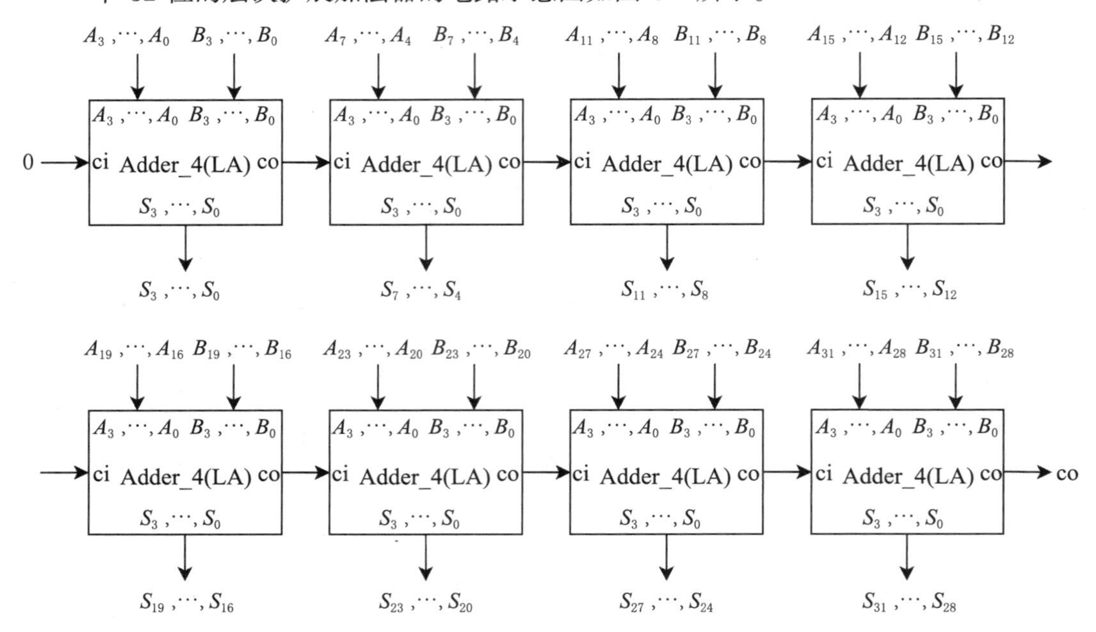

图 6.4 基于层次扩展的加法器

简而言之,在硬件设计中,常常要面临时间与空间的权衡。许多设计在获得较好的时间性能时,都要付出较大的空间牺牲。但是,往往可以尝试将“高速但耗费资源的设计”与“节省资源但低速的设计”以某种方式结合起来,从而得到一个在时间和空间上都表现不错的设计方案。

6.2.2 减法器

在计算机中,整数常常以不同的形式表示,对于 n 位的二进制整数 x,我们一般按照 $x=\sum\limits_{i=1}^{n} a_i 2^i$ 的形式进行表示,其中 $a_i \in \{0,1\}$。不难看出,n 位无符号二进制数的表示范围是 $0 \sim 2^n-1$,即所有小于 2^n 的非负正整数。

那么,我们应当如何表示负数呢?目前最常见的表示方法有原码、反码和补码三种。这三种表示方法在表示负数时存在一些细微差别。

(1)原码表示。原码是最直观的表示方法,即将一个整数的绝对值转换成二进制,然后在最高位加上符号位,0 表示正数,1 表示负数。例如:+5 的原码为 00000101,−5 的原码为 10000101。这种表示对应的函数为

$$x=(-1)^s \times \sum_{i=0}^{n-1} a_i 2^i$$

(2)反码表示。反码是将原码中的正数保持不变,负数时将原码中除符号位外的其他

位取反。例如：+5 的反码与原码相同，为 00000101，−5 的反码为 11111010。这种表示对应的函数为

$$x = -a_{n-1}(2^{n-1} - 1) + \sum_{i=0}^{n-2} a_i 2^i$$

（3）补码表示。补码是在反码的基础上再加上 1。例如：+5 的补码与原码相同，为 00000101，−5 的补码为 11111011。这种表示对应的函数为

$$x = -a_{n-1}2^{n-1} + \sum_{i=0}^{n-2} a_i 2^i$$

这三种表示存在着如下的区别：

- 正零的表示：原码、反码、补码中正零都有唯一表示，即都是全零。
- 负零的表示：补码中负零与正零有相同的表示，而原码和反码中存在负零和正零两种表示。
- 加法运算：在进行加法运算时，补码的结果与真实的数学运算一致，无须额外的处理。而原码和反码在运算后需要检查进位，并可能需要进行额外的操作。

绝大多数数字系统都选择补码进行运算，这是因为它简化了加法和减法的形式。

提示　考虑某 n 位二进制数 x，我们对其按位求反得到 $\sim x = 2^n - 1 - x$，对应的补码即为 $x' = 2^n - x$。由于 n 位二进制数加减法是在模 2^n 的意义下进行的，而 $x' \equiv 2^n - x \equiv -x(\text{mod}2^n)$，所以在补码运算下，有 $a - b = a + b'$。

补码最大的意义就是能够将二进制整数的加减法转化为加法与求补码两种运算，让我们可以不再关注符号对运算结果产生的影响（且求补码足够简单）。这一事实启发了我们如何复用加法器来实现减法器。

图 6.5 所示的电路图展示了如何使用加法器进行减法运算。将加法器的 b 端输入设置为 !b，低位进位端输入设置为 1，输出结果即为 $\text{out} = \text{a} + \overline{\text{b}} + 1 = \text{a} - \text{b}$，从而完成了减法运算。

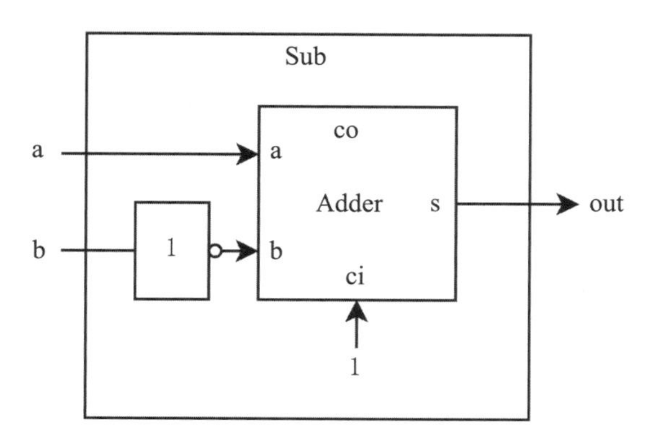

图 6.5　基于加法器的减法器

基于上面的思路，可以用下面的 Verilog 代码实现减法器：

程序 6.2 减法器

```
module Sub (
    input               [ 3 : 0]     a, b,
    output              [ 3 : 0]     out,
    output              [ 0 : 0]     co
);
Adder #(4) fa1(
    .a(a),
    .b(~b),
    .ci(1'B1),
    .s(out),
    .co(co)
);
```

这里我们将 b 取反后输入，并将 1 作为低位进位。这样，就通过复用加法器，完成了减法器的设计。

当然，感兴趣的同学也可以试着对超前进位加法器进行修改，直接得到减法器（就像把全加器改成全减器那样）。不过需要指出的是，这两种实现的性能差距很小，这正是求补码操作足够简单带给我们的好处（只需要通过一个非门的延迟，并把 1 作为低位输入）。

6.2.3 溢出检测

n 位补码表示的二进制数表示范围为 $-2^{n-1}-1 \sim 2^{n-1}-1$，共计 2^n-1 个数。因此，当运算结果超出了这个范围时，就称运算结果发生了溢出。

例 6.1 (溢出) 考虑如下的 4 位二进制数运算过程：

$$0100 + 0101 = 1001$$

对应的十进制表示为

$$4 + 5 = -7$$

这显然是一个不正确的运算结果。但我们如果使用 5 位二进制数进行计算：

$$00100 + 00101 = 01001$$

对应的十进制表示为

$$4 + 5 = 9$$

就得到了正确的运算结果。

对于上面的例子，4 位二进制数的补码表述范围为 $-8 \sim 7$，因此正确结果 9 就会发生溢出。而 5 位二进制数的补码表示范围更大，为 $-16 \sim 15$，因此不会发生溢出。

将溢出划分为两种类型：如果想要的结果比能表示的最大值还要大，那么就叫作正溢出；反之，如果想要的结果比能表示的最小值还要小，就叫作负溢出。

如何判断结果是否溢出呢？一个很自然也很基本的观点是：正数 + 正数 = 正数，负数 + 负数 = 负数。可以检查输入的 a，b 的符号位（也就是最高位）与结果 out 的符号位进行判断。表 6.2 列举了所有可能的结果。

表 6.2 溢出检测的情况

运算模式	a 的符号	b 的符号	异或后 b 的符号	结果的符号	是否溢出
加法 a+b	正	正	正	正	否
	正	**正**	**正**	**负**	**是**
	正	负	负	正	否
	正	负	负	负	是
	负	正	正	正	否
	负	正	正	负	否
	负	**负**	**负**	**正**	**是**
	负	负	负	负	否
减法 a-b	正	正	负	正	否
	正	正	负	负	否
	正	负	正	正	否
	正	**负**	**正**	**负**	**是**
	负	**正**	**负**	**正**	**是**
	负	正	负	负	否
	负	负	正	正	否
	负	负	正	负	否

不难发现，对于加法而言，当且仅当两个原始输入 a，b 的符号相同，但与结果 out 的符号不同时，才会发生溢出。减法可以视作加法来处理。由此，我们便得到了检测溢出的方法。溢出检测的参考电路图如图 6.6 所示。

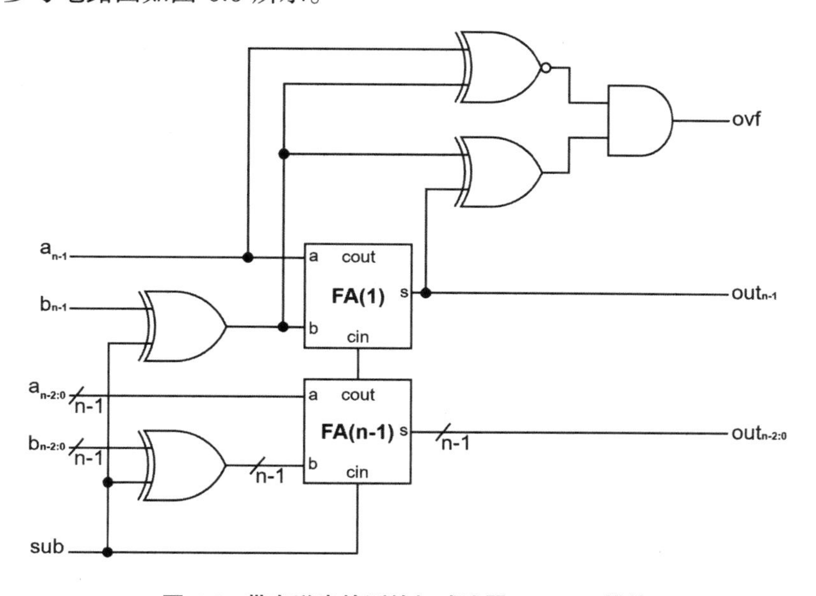

图 6.6 带有溢出检测的加减法器 AddSub 模块

6.2.4 比较器

比较器是一种数字电路，用于比较两个数字的大小，并输出相应的比较结果。通常，比较器的输出为三个信号之一：等于、大于或小于。我们可以使用减法器来实现一个简单的比较器。

假设要比较（无符号比较）两个 n 位的二进制数 A 和 B，其中 A 的最高位为 A_n，B 的最高位为 B_n。可以考虑以下的几种情况。

- 相等的情况：检查每一位是否相等，如果 A 和 B 的所有对应位都相等，那么 A 等于 B。
- A 大于 B 的情况：如果 A 和 B 在最高位相等，而 A 的次高位 A_{n-1} 大于 B 的次高 B_{n-1}，那么 A 大于 B。
- A 小于 B 的情况：如果 A 和 B 在最高位相等，而 A 的次高位 A_{n-1} 小于 B 的次高位 B_{n-1}，那么 A 小于 B。

那么，如何实现无符号比较器呢？首先使用 Verilog 给出 1 位比较器的数据流级描述。

```
module Compare_1b (
    input                   [ 0 : 0]        num1,
    input                   [ 0 : 0]        num2,
    output                  [ 0 : 0]        lt,
    output                  [ 0 : 0]        gt,
    output                  [ 0 : 0]        eq
);
assign eq = num1 ~^ num2; // num1 == num2
assign lt = ~num1 & num2; // num1 < num2
assign gt = num1 & ~num2; // num1 > num2
endmodule
```

接下来，可以基于 1 位比较器搭建更多位的比较器。程序 6.3 展示了一个四位无符号比较器的实现。

程序 6.3 无符号比较器

```
module Compare_4b (
    input                   [ 3 : 0]        num1,
    input                   [ 3 : 0]        num2,
    output                  [ 0 : 0]        lt,
    output                  [ 0 : 0]        gt,
    output                  [ 0 : 0]        eq
);
wire [3 : 0] lt_mid, gt_mid, eq_mid;
Compare_1b cpm_0 (
    .num1   (num1[0]),
    .num2   (num2[0]),
    .lt     (lt_mid[0]),
    .gt     (gt_mid[0]),
```

```
    .eq    (eq_mid[0])
);
Compare_1b cpm_1 (
    .num1  (num1[1]),
    .num2  (num2[1]),
    .lt    (lt_mid[1]),
    .gt    (gt_mid[1]),
    .eq    (eq_mid[1])
);
Compare_1b cpm_2 (
    .num1  (num1[2]),
    .num2  (num2[2]),
    .lt    (lt_mid[2]),
    .gt    (gt_mid[2]),
    .eq    (eq_mid[2])
);
Compare_1b cpm_3 (
    .num1  (num1[3]),
    .num2  (num2[3]),
    .lt    (lt_mid[3]),
    .gt    (gt_mid[3]),
    .eq    (eq_mid[3])
);

assign eq = &eq_mid;
assign lt = lt_mid[3]
          | (eq_mid[3] & lt_mid[2])
          | (&eq_mid[3:2] & lt_mid[1])
          | (&eq_mid[3:1] & lt_mid[0]);
assign gt = gt_mid[3]
          | (eq_mid[3] & gt_mid[2])
          | (&eq_mid[3:2] & gt_mid[1])
          | (&eq_mid[3:1] & gt_mid[0]);
endmodule
```

那么,如何进行基于补码表示的有符号大小比较呢?可以借助先前设计的减法电路。不难发现,在不考虑溢出的前提下,若 a−b=0,则 a=b;若 s=a−b 的符号位为 1,则代表 $s \leqslant 0$,即 $a \leqslant b$。

然而,上面的方法只适用于未发生溢出的情况。经过前面的讨论我们知道,只有当 a,b 异号时,才有可能发生溢出。所以针对 a,b 同号的情况,可以放心使用减法器的运算结果。而当 a,b 不同号时,可以直接比较它们的符号位:正的那个数必然大于负的那个数。

综上所述,基于减法器的有符号比较器的电路图如图 6.7 所示。

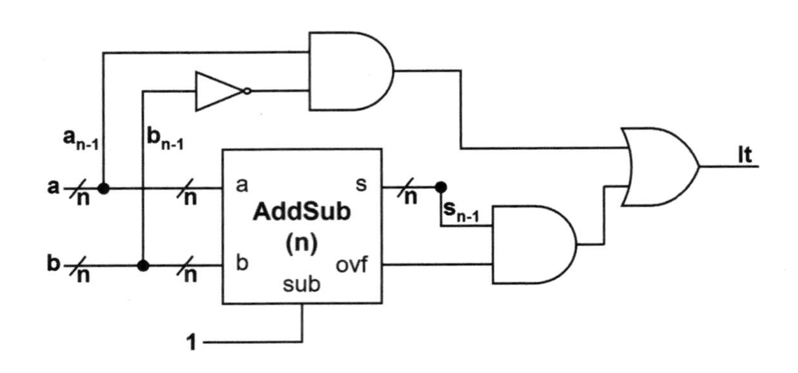

图 6.7 有符号比较器电路

6.2.5 移位器

位移操作实际上可以通过位拼接操作来实现。举例来说，对于 src0[31:0]，如果将其逻辑左移 3 位，那么 src0 $\ll$ 3 = {src0[28:0], 3'b0}；如果将其逻辑右移 2 位，那么 src0 $\gg$ 2 = {2'b0, src0[31:2]}；如果将其算术右移 2 位，那么 src0 $\ggg$ 2 = {2src0[31], src0[31:2]}。

对应于超前进位加法器和层次扩展的设计，移位器也有高效但消耗资源、耗时但节省资源的两种实现方式。在下面的例子中，统一以算数右移操作为例。

一种直观的思路是：枚举所有的右操作数，每一种情况下使用对应位数的位拼接来实现移位操作。注意到右操作数的范围是 $0 \sim 31$，所以一共需要枚举 32 种情况。这种实现方式只需要经过一次查找表和一个位拼接的延迟，就可以查出对应的结果，相对应地，这种设计需要消耗大量的资源。计算可知，电路需要 32 个位拼接单元。程序 6.4 展示了上述思路的 Verilog 实现。

程序 6.4 枚举移位器

```
module Shifter(
    input               [31 : 0]        src0,
    input               [ 4 : 0]        src1,
    output      reg     [31 : 0]        res
);
always @(*) begin
    res = src0;
    case (src1)
        5'd0 : res = src0;
        5'd1 : res = {1'b0, src0[31:1]};
        5'd2 : res = {2'b0, src0[31:2]};
        5'd3 : res = {3'b0, src0[31:3]};
        5'd4 : res = {4'b0, src0[31:4]};
        5'd5 : res = {5'b0, src0[31:5]};
        5'd6 : res = {6'd0, src0[31:6]};
        5'd7 : res = {7'd0, src0[31:7]};
```

```
        5'd8 : res = {8'd0, src0[31:8]};
        5'd9 : res = {9'd0, src0[31:9]};
        5'd10 : res = {10'd0, src0[31:10]};
        5'd11 : res = {11'd0, src0[31:11]};
        5'd12 : res = {12'b0, src0[31:12]};
        5'd13 : res = {13'b0, src0[31:13]};
        5'd14 : res = {14'b0, src0[31:14]};
        5'd15 : res = {15'b0, src0[31:15]};
        5'd16 : res = {16'b0, src0[31:16]};
        5'd17 : res = {17'b0, src0[31:17]};
        5'd18 : res = {18'b0, src0[31:18]};
        5'd19 : res = {19'b0, src0[31:19]};
        5'd20 : res = {20'd0, src0[31:20]};
        5'd21 : res = {21'd0, src0[31:21]};
        5'd22 : res = {22'd0, src0[31:22]};
        5'd23 : res = {23'd0, src0[31:23]};
        5'd24 : res = {24'd0, src0[31:24]};
        5'd25 : res = {25'd0, src0[31:25]};
        5'd26 : res = {26'd0, src0[31:26]};
        5'd27 : res = {27'd0, src0[31:27]};
        5'd28 : res = {28'd0, src0[31:28]};
        5'd29 : res = {29'd0, src0[31:29]};
        5'd30 : res = {30'd0, src0[31:30]};
        5'd31 : res = {31'd0, src0[31]};
    endcase
endmodule
```

也可以按照右操作数 src1[4:0] 二进制的各位数字,对 src0 连续地进行 16,8,4,2,1 位移位。例如,当 src1[4:0]=5'b10110 时,可以用位拼接先对 src0 右移 16 位,再右移 4 位,最后右移 2 位实现。这种实现方式最多需要经过 5 次位拼接操作和多选器的延迟,因此耗时相对较长,但只需要 5 个位拼接单元,资源占用的压力较小。程序 6.5 展示了上述思路的 Verilog 实现。

程序 6.5 分层移位器

```
module Shifter(
    input               [31 : 0]        src0,
    input               [ 4 : 0]        src1,
    output    reg       [31 : 0]        res
);
always @(*) begin
    res = src0;
    if (src1[0]) res = {1'b0, res[31:1]};
    if (src1[1]) res = {2'b0, res[31:2]};
    if (src1[2]) res = {4'b0, res[31:4]};
```

```
    if (src1[3]) res = {8'b0, res[31:8]};
    if (src1[4]) res = {16'b0, res[31:16]};
end
endmodule
```

现在,可以将上述的两种方式结合起来,得到在空间和时间上都较为优秀的移位器。一个可行的思路是:将 5 位的输入 src1 分为三段:第 1 位、第 2,3 位、第 4,5 位。每一段的移位通过枚举的方式实现。这样的设计需要经过 3 次拼接,一共使用了 7 个位拼接单元,在运行速度和电路资源消耗两方面均表现较优。程序 6.6 展示了上述思路的 Verilog 实现。

程序 6.6 综合移位器

```
module Shifter(
    input               [31 : 0]        src0,
    input               [ 4 : 0]        src1,
    output    reg       [31 : 0]        res
);
always @(*) begin
    res = src0;
    if (src1[0])
        res = {1'b0, res[31:1]};
    case (src1[2:1])
        2'b01 : res = {2'b0, res[31:2]};
        2'b10 : res = {4'b0, res[31:4]};
        2'b11 : res = {6'b0, res[31:6]};
        default: res = res;
    endcase
    case (src1[4:3])
        2'b01 : res = {8'b0, res[31:8]};
        2'b10 : res = {16'b0, res[31:16]};
        2'b11 : res = {24'b0, res[31:24]};
        default: res = res;
    endcase
end
endmodule
```

6.3 Logisim 搭 建

在介绍完 ALU 的基础结构后,便可以在 Logism 中实现一个简易的 ALU 单元。同样地,将先实现每一个具体的运算单元,最后再将它们汇总到一个电路之中,使用选择器选择对应的运算结果。

6.3.1　加法器

加法器可以直接使用我们先前搭建的 1 位全加器实现。这正是串行进位加法器的设计思路:对每一位独立地进行加法运算,进位的结果在相邻位之间传递。图 6.8 展示了一个简易的 4 位串行加法器的设计。

注意到在电路中,使用了 4 个 1 位全加器的子模块,并从低位到高位连接进位线。在 4 位二进制数的意义下,图中的输入状态为 src0 = 4'B1111 = 15;src1 = 4'B0001 = 1;来自低位的进位 cin = 1。因此加法器的输出结果为 res = 4'B0001 = 1;进位信号为 cout = 1;因此结果为 17。你可以自行验证在其他输入情况下,加法器的无符号加法计算结果是否正确。

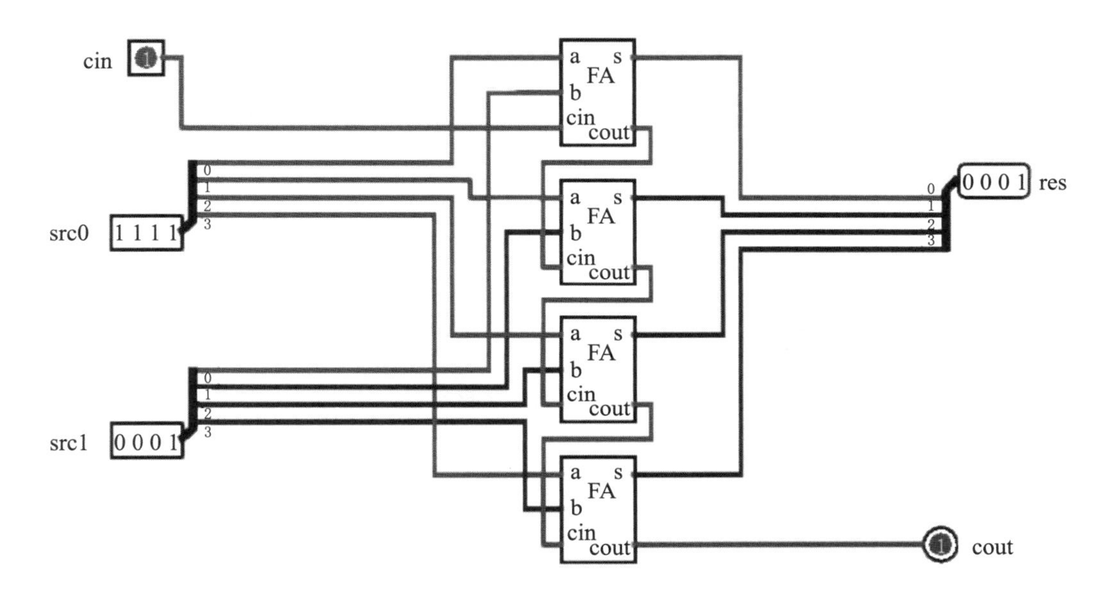

图 6.8　4 位无符号加法器

6.3.2　减法器

减法器可以使用加法器进行搭建。结合图 6.5 所示的电路结构,可以搭建图 6.9 所示的 4 位减法器。

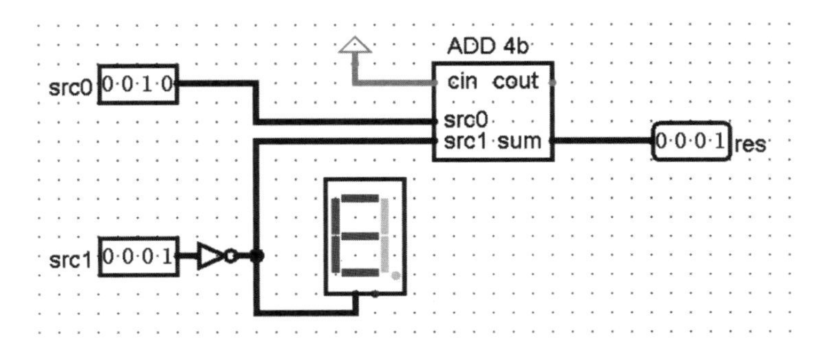

图 6.9　4 位无符号减法器

图 6.9 中的七段数码管用于显示 src1 取反之后的结果。加法器实际的运算结果为

$$\mathrm{sum} = \mathrm{src0} + \overline{\mathrm{src1}} + 1 = \mathrm{src0} - \mathrm{src1}$$

因此,此时图 6.9 中的输入为 src0 = 4'B0010 = 2,src1 = 4'B0001 = 1,最终的结果为 res = 4'B0001 = 1,符合减法的运算规则。

提示 尽管将图 6.8 和图 6.9 所示的电路称作无符号运算器,但实际上它们在进行有符号整数的计算时也能给出正确的结果,只是会产生潜在的溢出风险。我们将在本章的课后练习中讨论这一点。

6.3.3 比较器

为了搭建 4 位的比较器,首先需要搭建图 6.10 所示的 1 位比较器单元。该单元可以给出 1 位无符号数的各种比较结果。

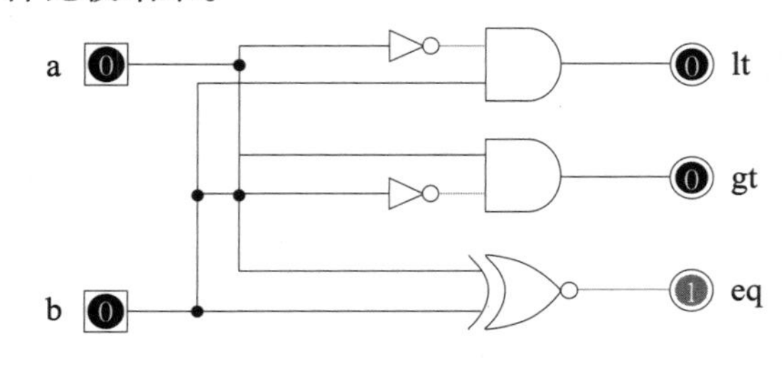

图 6.10 1 位无符号比较器

结合程序 6.3 所示的方法,使用 1 位无符号比较器搭建如图 6.11 所示的 4 位无符号比较器。

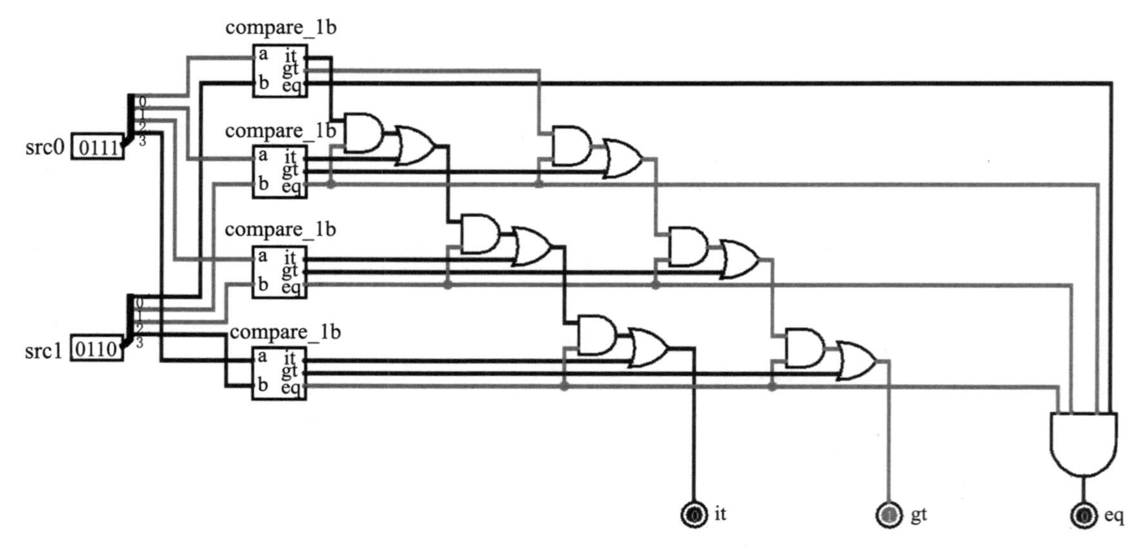

图 6.11 4 位无符号比较器

以 lt 端口为例,该信号对应的逻辑表达式为

```
assign lt = lt_mid[3]
```

```
        | (eq_mid[3] & lt_mid[2])
        | (&eq_mid[3:2] & lt_mid[1])
        | (&eq_mid[3:1] & lt_mid[0]);
```

对应到电路结构中,可以从最高位开始,逐位向下进行比较。如果高位可以给出确定的比较结果,则直接通过或门向上传递到输出端;否则,则需要等待来自低位的比较结果。

对于有符号比较,图 6.7 展示了基于减法器溢出检测搭建有符号比较器的思路。这种方法固然可以实现需要的操作,但在这里,将使用另一种思路搭,即使用图 6.11 所示的无符号比较器搭建有符号比较器。

有符号比较器的设计思路很简单:首先判断两个数的符号位情况。

- 同为 0 或同为 1:有符号比较和无符号比较的结果相同;
- src0 为 0 而 src1 为 1:有符号大于必然为真,有符号小于必然为假;
- src0 为 1 而 src1 为 0:有符号大于必然为假,有符号小于必然为真;

值得注意的是,相等的比较结果 eq 是不受符号位干扰的,因此只需要针对大于比较的结果 gt 和小于比较的结果 lt 进行特殊处理。结合上面的分析过程,可以搭建图 6.12 所示的 4 位有符号比较器。

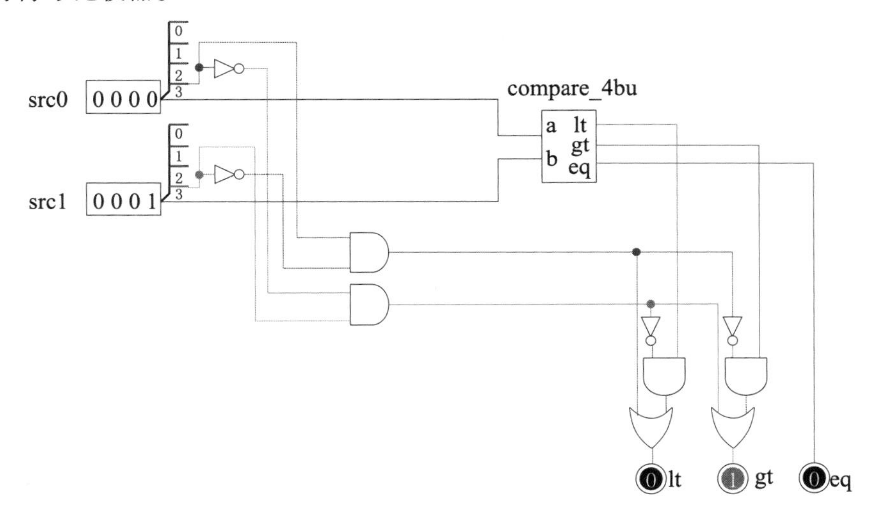

图 6.12　4 位有符号比较器

我们再来分析一下 lt 信号的产生逻辑。原有的无符号比较器结果会经过一个与门和一个或门,这样保证了:

- 在 src0 符号位为 0 且 src1 符号位为 1 时,无符号比较的结果会被清零;
- 在 src0 符号位为 1 且 src1 符号位为 0 时,lt 的结果会被直接置 1。

同样地,gt 信号的逻辑也是对称的。我们在这里不再额外介绍。

6.3.4　移位器

由于设计的移位器只需要支持 4 位的输入数据,因此可以使用最为原始的方式实现移位操作:枚举。对于输入的数据,我们分别给出 src0 左移、右移各 4 位的所有情况,最终根据 src1 的数值选择正确的移位结果。图 6.13 展示了一个支持逻辑左移、逻辑右移和算数右移功能的移位器。

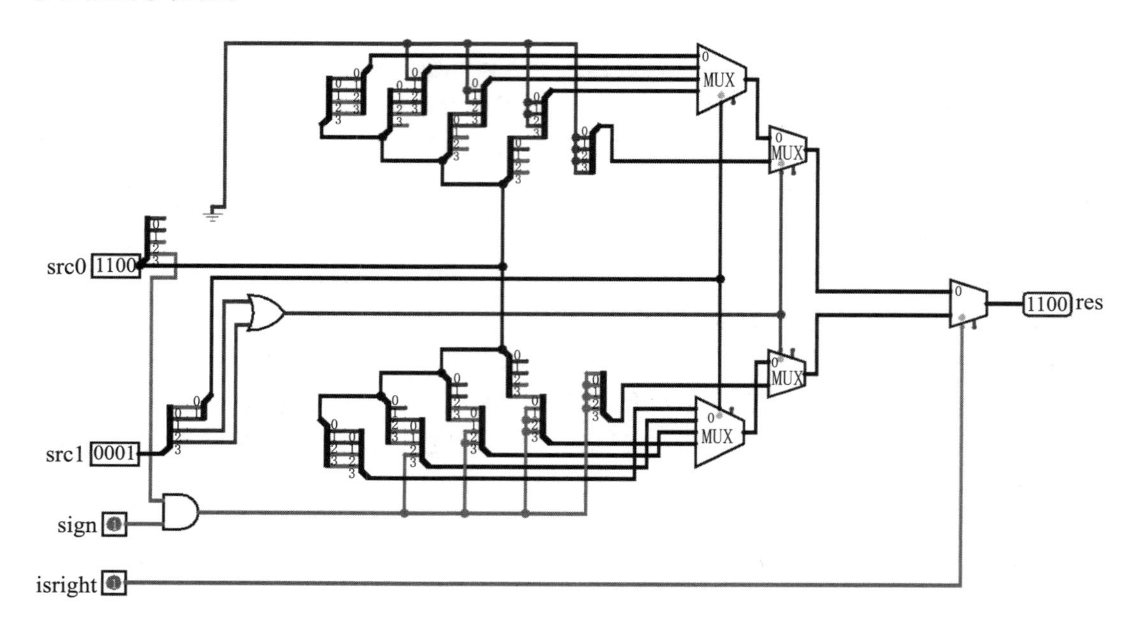

图 6.13 4 位移位器

在这个电路之中，上半部分为逻辑左移操作；下半部分为逻辑右移和算数右移操作。输入 sign 用于控制右移时在左侧填充 0 还是填充符号位；输入 isright 用于控制当前的操作是左移还是右移。

6.3.5 组装

在设计完所有的子计算单元后，便可以开始组装了。对于每一个计算单元，我们为其输出结果按位与上对应的选择信号判断结果。当且仅当 sel 信号为该运算模式下的对应值时，该运算器的结果才是有效的。最后，将所有经过处理的结果汇总在一起，就得到了最终的 ALU 单元。图 6.14 展示了一种可能的结构设计。

6.4 上板验证

下面，使用硬件描述语言完整地实现图 6.1 所示的 ALU。程序 6.7 展示了一个 8 位 ALU 的 Verilog 实现。

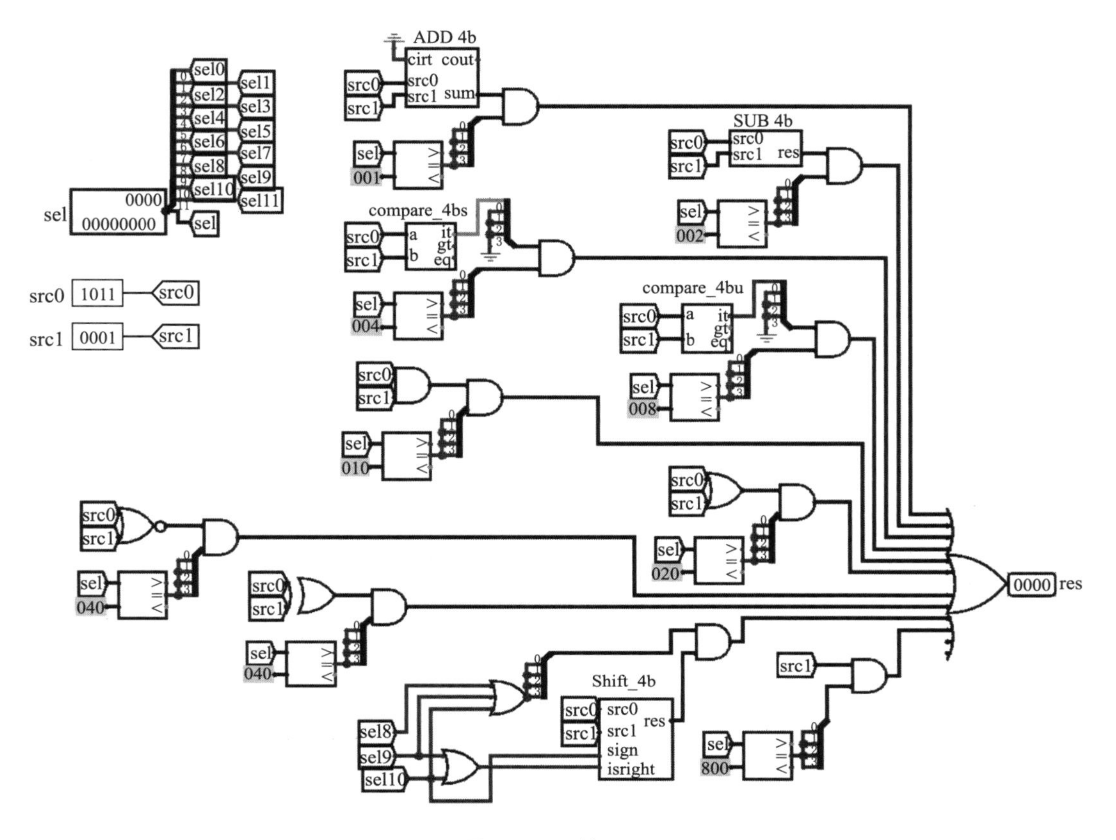

图 6.14　4 位 ALU

程序 6.7　ALU

```
module ALU (
   input             [31 : 0]     src0, src1,
   input             [11 : 0]     sel,
   output            [31 : 0]     res
);
wire [31: 0] add_out;
wire [31: 0] sub_out;
wire [0 : 0] stl_out;
wire [0 : 0] stlu_out;
wire [31: 0] sll_out;
wire [31: 0] srl_out;
wire [31: 0] sra_out;
Adder add (
    .a(src0),
    .b(src1),
    .ci(1'B0),
    .s(adder_out),
    .co()
```

```
);
Sub sub (
    .a(src0),
    .b(src1),
    .out(sub_out),
    .co()
);
Compare comp (
    .a(src0),
    .b(src1),
    .ul(stlu_out),
    .sl(stl_out)
);
Shifter shift (
    .src0(src0),
    .src1(src1),
    .sll(sll_out),
    .srl(srl_out),
    .sra(sra_out)
);
assign res = (sel[0] & adder_out)
    | (sel[1] & sub_out)
    | (sel[2] & {31'B0, stl_out})
    | (sel[3] & {31'B0, stlu_out})
    | (sel[4] & (src0 & src1))
    | (sel[5] & (src0 | src1))
    | (sel[6] & (~(src0 | src1)))
    | (sel[7] & (src0 ^ src1))
    | (sel[8] & sll_out)
    | (sel[9] & srl_out)
    | (sel[10] & sra_out)
    | (sel[11] & src1);
endmodule
```

其中,Adder,Sub,Compare,Shifter 模块均为先前介绍过的实现,在这里不再给出具体的细节。可以看到,无论 sel 信号如何,所有的子模块都会对输入数据 num0,num1 进行相应的运算,只是最后根据 sel 信号的结果选择对应的计算值输出给 res 信号。

✍ 练习 6.1

对于最后 res 信号的产生逻辑,你也可以使用 case 语句进行选择。请修改 Verilog 代码完成上述设计。

下面,在 Vivado 中创建一个新项目,并添加程序 6.7 作为设计文件。为了验证 ALU 功能的正确性,我们可以使用下面的仿真文件进行测试:

```
module ALU_tb();
```

```
// ......
initial begin
    src0 = 32'hffff; src1 = 32'hffff; sel = 12'h001;
    repeat(11) begin
        #30 sel = sel << 1;
    end
end
// ......
endmodule
```

这个仿真文件给出了一组 src0 和 src1 的输出数据，通过 repeat 循环更改 sel 信号的结果。这样，就可以使用这一组测试数据验证每一种功能下 ALU 的运算结果是否正确。你也可以自行添加更多的测试数据以更为全面地验证 ALU 的正确性。

现在，将在 FPGAOL 平台上在线运行我们设计的 ALU。考虑到平台上的开关数目有限，我们通过用两位开关选择不同的输入模式，实现对于开关的分时复用。这里采用一个时序逻辑电路，在不同次输入中分别改变并存储 src0，src1 以及 sel，通过多个周期完成各信号的输入以及运算结果的输出。

具体来说，就是让 enable 信号与按钮相连，rst 信号与 sw[7] 相连，ctrl 信号与 sw[6:5] 相连，in 信号与 sw[4:0] 相连。在 enable 为高电平时才进行信号输入，ctrl[1:0] 用于选择本次信号输入的模式：

- ctrl=2'b00 时，按下 enable，表示选择 ID = in[4:0] 的 ALU 运算，in[4:0] 不在 $1 \sim 12$ 范围内的视为零运算，即无论操作数 src0 和 src1 的值，输出结果都为 0。
- ctrl=2'b01 时，按下 enable，表示将 src0 的值改为 in[4:0]。
- ctrl=2'b10 时，按下 enable，表示将 src1 的值改为 in[4:0]。
- ctrl=2'b11 时，按下 enable，表示输出结果，通过 seg_an 与 seg_data 在七段数码管上显示出来。需要注意的是，数码管的输出数据 output_data 只在此时更新。

图 6.15 展示了 TOP 模块的电路结构。

程序 6.8 展示了该电路的一种实现。

程序 6.8　在线 ALU

```
module Top(
    input           [ 0 : 0]        clk,
    input           [ 0 : 0]        rst,
    input           [ 0 : 0]        enable,

    input           [ 4 : 0]        in,
    input           [ 1 : 0]        ctrl,

    output          [ 3 : 0]        seg_data,
    output          [ 2 : 0]        seg_an
);
reg [31:0] src0_reg;
```

```
reg [31:0] src1_reg;
wire[31:0] res_wire;
reg [31:0] res_reg;
reg [11:0] sel_reg;
ALU alu(
    .src0(src0_reg),
    .src1(src1_reg),
    .sel(sel_reg),
    .res(res_wire)
);

always @(posedge clk) begin
    if (rst) begin
        src0_reg <= 0;
        src1_reg <= 0;
        res_reg <= 0;
        sel_reg <= 0;
    end
    else if (enable) begin
        case (ctrl)
            2'b00: begin
                if(in >= 5'd12 || in == 5'd0) begin
                    sel_reg <= 12'b000000000000;
                else begin
                    case (in[3:0])
                        4'b0001: sel_reg <= 12'b000000000001;
                        4'b0010: sel_reg <= 12'b000000000010;
                        4'b0011: sel_reg <= 12'b000000000100;
                        4'b0100: sel_reg <= 12'b000000001000;
                        4'b0101: sel_reg <= 12'b000000010000;
                        4'b0110: sel_reg <= 12'b000000100000;
                        4'b0111: sel_reg <= 12'b000001000000;
                        4'b1000: sel_reg <= 12'b000010000000;
                        4'b1001: sel_reg <= 12'b000100000000;
                        4'b1010: sel_reg <= 12'b001000000000;
                        4'b1011: sel_reg <= 12'b010000000000;
                        4'b1100: sel_reg <= 12'b100000000000;
                        default: sel_reg <= 12'b000000000000;
                    endcase
                end
            end
            2'b01: src1_reg <= {26'b0, in};
            2'b10: sel_reg <= {26'b0, in};
```

```
        2'b11: res_reg <= res_wire;
      endcase
    end
end
Segment segment(
    .clk(clk),
    .rst(rst),
    .data(res_reg),
    .seg_data(seg_data),
    .seg_an(seg_an)
);
endmodule
```

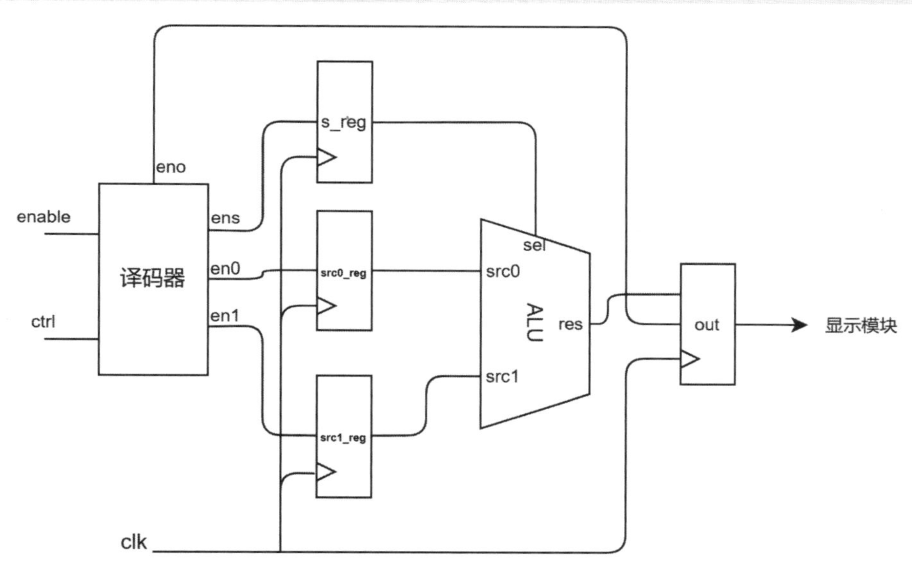

图 6.15　FPGAOL 上的 ALU 在线运行

✍ 练习 6.2

请根据以上内容，在 FPGAOL 平台上运行我们的 ALU。你可以使用下面的约束文件：

```
set_property -dict { PACKAGE_PIN E3 IOSTANDARD LVCMOS33 } [get_ports { clk }];
create_clock -add -name sys_clk_pin -period 10.00 [get_ports {clk}];

set_property -dict { PACKAGE_PIN B18 IOSTANDARD LVCMOS33 } [get_ports { enable }];

set_property -dict { PACKAGE_PIN D14 IOSTANDARD LVCMOS33 } [get_ports { in[0] }];
set_property -dict { PACKAGE_PIN F16 IOSTANDARD LVCMOS33 } [get_ports { in[1] }];
set_property -dict { PACKAGE_PIN G16 IOSTANDARD LVCMOS33 } [get_ports { in[2] }];
set_property -dict { PACKAGE_PIN H14 IOSTANDARD LVCMOS33 } [get_ports { in[3] }];
set_property -dict { PACKAGE_PIN E16 IOSTANDARD LVCMOS33 } [get_ports { in[4] }];
```

```
set_property -dict { PACKAGE_PIN F13 IOSTANDARD LVCMOS33 } [get_ports { ctrl[0] }];
set_property -dict { PACKAGE_PIN G13 IOSTANDARD LVCMOS33 } [get_ports { ctrl[1] }];
set_property -dict { PACKAGE_PIN H16 IOSTANDARD LVCMOS33 } [get_ports { rst }];

set_property -dict { PACKAGE_PIN A14 IOSTANDARD LVCMOS33 } [get_ports { seg_data[0]
    }];
set_property -dict { PACKAGE_PIN A13 IOSTANDARD LVCMOS33 } [get_ports { seg_data[1]
    }];
set_property -dict { PACKAGE_PIN A16 IOSTANDARD LVCMOS33 } [get_ports { seg_data[2]
    }];
set_property -dict { PACKAGE_PIN A15 IOSTANDARD LVCMOS33 } [get_ports { seg_data[3]
    }];
set_property -dict { PACKAGE_PIN B17 IOSTANDARD LVCMOS33 } [get_ports { seg_an[0] }];
set_property -dict { PACKAGE_PIN B16 IOSTANDARD LVCMOS33 } [get_ports { seg_an[1] }];
set_property -dict { PACKAGE_PIN A18 IOSTANDARD LVCMOS33 } [get_ports { seg_an[2] }];
```

练　习

1. 请查阅相关资料，简述龙芯架构 32 位精简版指令集定义了哪些需要支持的运算指令。

2. 基于表 6.1 中支持的 ALU 运算操作,实现下面的运算操作:

(1)实现有符号大于(GT)、有符号大于等于(GE)的运算。

(2)实现逻辑非(NOT)的运算。在该运算下,res 输出 src0 按位取反的结果。

(3)实现翻倍运算。在该运算下,res 输出 2×src0 的结果。

(4)实现相反数运算。在该运算下,res 输出 -src0 的结果。

3. 请设计一个组合逻辑电路,实现表 6.1 所示 ALU 的编码转换功能。要求模块接收输入 sel,能够输出对应的 ID,从而实现独热码向顺序编码的转换。

4. 请根据超前进位加法器的展开式 $C_0 \sim C_3$,写出 C_4 的 C_5 的结果。

5. 在 Vivado 中,比较 4 位串行进位加法器和 4 位超前进位加法器的时间性能和资源消耗情况。

6. 请根据程序 6.1 的内容,编写 Verilog 程序,实现一个 8 位超前进位加法器。你需要自行编写仿真文件以验证电路设计的正确性。

7. 请计算下面器件的逻辑延迟(不使用层次扩展技术)。假设无论输入的个数是多少,每个逻辑门的传输延迟均为 t_{pd}。

(1)6 位超前进位加法器;

(2)8 位超前进位加法器;

(3)6 位串行进位加法器;

(4)8 位串行进位加法器。

8. 假设逻辑门的传输延迟与输入的数目有关。二输入逻辑门的传输延迟为 t_{pd},且每增加一个输入逻辑门的传输延迟就会增加 t_{pd}。在此条件下,请计算下面部件的延迟:

（1）4 位超前进位加法器；

（2）4 位串行进位加法器。

9. 请编写 Verilog 代码，实现图 6.4 所示的 32 位加法器电路。

10. 请编写 Verilog 代码，在 6 中编写的 8 位超前进位加法器的基础上，使用层次扩展技术实现一个 32 位的加法器。

11. 6.3.2 小节介绍了 4 位无符号减法器的 Logisim 实现。那么，该电路可以正确计算有符号整数的减法结果吗？请在 Logisim 中测试表 6.3 的输入情况，并记录结果。

表 6.3 问题 11 的输入情况

src0	十进制表示	src1	十进制表示	res	十进制表示
4'B0001	1	4'B1111	-1		
4'B1111	-1	4'B0001	1		
4'B0111	7	4'B1111	-1		
4'B1000	-8	4'B0001	1		
4'B0000	0	4'B1000	-8		

第 7 章　乘法器与除法器

在第 6 章中介绍了 ALU 的设计与实现。由于 ALU 需要为组合逻辑电路，因而我们没有在其中加入乘除法运算模块。本章将介绍乘除法器的常规设计，并在 FPGAOL 上进行实际的运行验证。

7.1　乘　法　器

7.1.1　基于加法的乘法

乘法本质上是对多次加法运算的叠加。对于式子 $a \times b$，我们称：

- a 为被乘数（multiplicand）。
- b 为乘数（multiplier）。
- 运算的结果为乘积（product）。

计算乘法需要对移位和进行相加。例如，如果想要计算 $1111_2 \times 1101_2 (15_{10} \times 13_{10})$，可以使用如图 7.1 所示的竖式运算过程完成，最终的计算结果为 $11000011_2 = 195_{10}$。

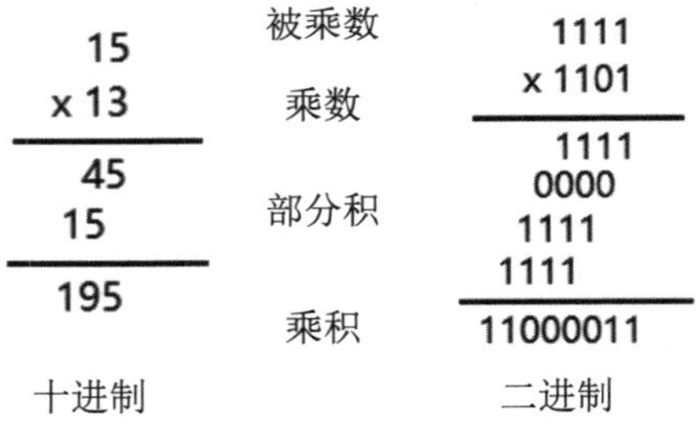

十进制		二进制
15	被乘数	1111
x 13	乘数	x 1101
45 15	部分积	1111 0000 1111 1111
195	乘积	11000011

图 7.1　竖式乘法运算

可以看到，竖式乘法的计算过程共分为两步：

（1）计算部分积。部分积指的是乘数的某 1 位乘以被乘数的所有位的结果，只不过在二进制中，部分积要么是被乘数本身，要么全部为 0。我们可以将“被乘数”与“乘数某一位上数值的位宽扩展”进行按位与，从而计算得到某一位对应的部分积。

（2）对部分积进行移位，并将它们相加以得到最后的结果。移位的规则是如果乘数的二进制表示中某一位为 1，那么将部分积（也就是被乘数）左移该位的位数。

因此,如果要将两个无符号 n 位二进制数 $a=(a_{n-1},\cdots,a_0)$ 和 $b=(b_{n-1},\cdots,b_0)$ 相乘,最终的结果可以表示为

$$\text{result}=\sum_{i=0}^{n-1}(a\&\text{extend}_n(b_i))\ll i$$

其中 $\text{extend}_n(x)$ 函数可以将 1 位的输入 x 复制 n 次,变为 n 位的输出。对应的 Verilog 表达式为 $\{n\{x\}\}$。

提示 一般而言,n 位乘法器指的是输入的数据位 n 位,乘法运算的结果实际上为 $2n$ 位。

基于上面的分析过程,我们可以搭建如图 7.2 所示的 4 位无符号乘法器。

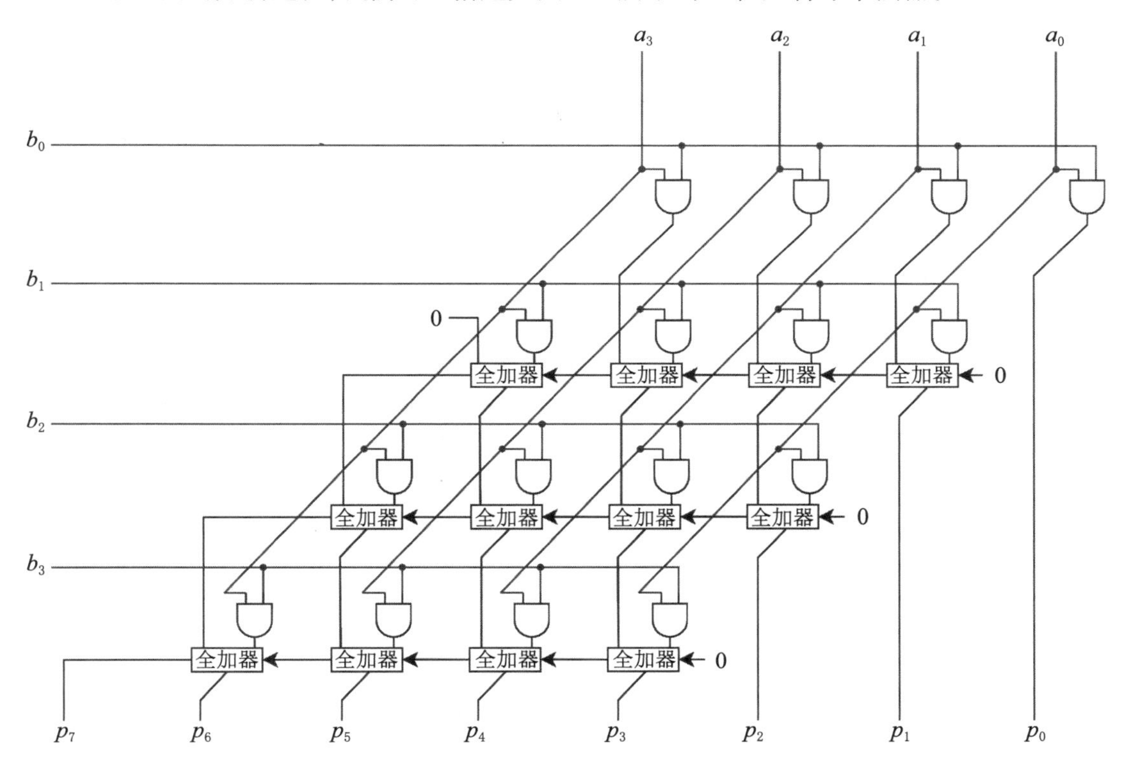

图 7.2 4 位无符号乘法器

从图 7.2 可以看到,每一层的与门实现了对“被乘数”与“乘数某一位上数值的位宽扩展”的按位与操作,而移位操作则通过更改乘积 p 的连线位置实现。

提示 基于加法的乘法器均可以正常计算有符号乘法和无符号乘法,但所需要的位数不同。n 为输入的乘法器可以正确计算 n 位无符号数乘法,或 $n-1$ 位有符号数乘法,因此在使用时需要格外注意。

那么,图 7.2 所示电路的性能如何呢?假定每个逻辑门的传输延迟为 t_{pd},注意到全加器内部的延迟为 $3t_{\text{pd}}$,因为每个半加器的延迟为 t_{pd},而全加器内部的最长路径需要经过 3 个半加器。对于图 7.2 所示的电路,其中一条最长路径为 p_6 的计算过程,累计需要经过 6 个

全加器和 1 个与门。所以,4 位无符号乘法器的最大延迟为 $T=19t_{\mathrm{pd}}$。不难验证,该电路的累计延迟 T 关于输入位宽 n 成平方关系,即 $T=\Omega(n^2)$。在更大位宽的乘法运算中,该电路的资源消耗规模将是灾难性的。

7.1.2 二叉树乘法器

图 7.2 所示电路采用了串行相加的策略,即最终的部分积累加时,是按照顺序一项一项相加得到的。我们能否在这里进行一定的优化呢?一种很自然的思路是:使用类似二叉树的结构并行计算部分积的求和过程。

例 7.1 (足球比赛) 考虑这样一个问题:有 16 支球队进行足球比赛,若采用淘汰赛制(即每场比赛必然会淘汰一支队伍),且每支球队一天只能参加一场比赛,则需要比赛多少天才能角逐出最终的赢家呢?

- 如果采用线形的比赛日程,则第一天 1 号球队与 2 号球队先进行角逐,胜者在第二天与 3 号球队进行角逐,以此类推,直到第 15 天,前 15 支球队的胜者与第 16 号球队比赛,才能知晓最终的赢家。

- 如果采用树形的比赛日程,第一天 16 支球队分成 8 组两两比赛,胜出的 8 支球队第二天再分成 4 组两两比赛,以此类推,等到第 4 天就来到最终的决赛了。

我们可以对该问题进行归纳:对于 2^k 支球队,线形日程需要 2^k-1 天才能比完,而树形日程只需要 k 天就能比完。因此使用树形日程可以带来指数级别的优化效果。

回到乘法器的例子上。图 7.3 展示了 4 位树形乘法器的结构。为了实现对于部分积的并行计算,需要将 4 位的被乘数零扩展成 8 位,即 {4'B0, a}。接下来,依据乘数 b 的结果,使用选择器选择每一个部分积应当为 0 还是被乘数。这里实际上等价于用与门的分别实现,因此延迟为 t_{pd}。接下来需要经过两层 8 位加法器,在这里可以使用 6.2.1 小节中介绍的层次扩展技术,如图 7.4 所示,使用 2 个 4 位超前进位加法器拼接成 1 个 8 位加法器。

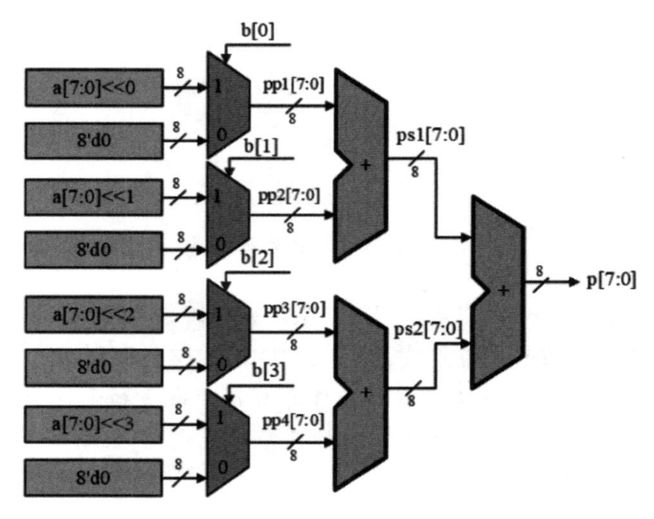

图 7.3 4 位树形乘法器

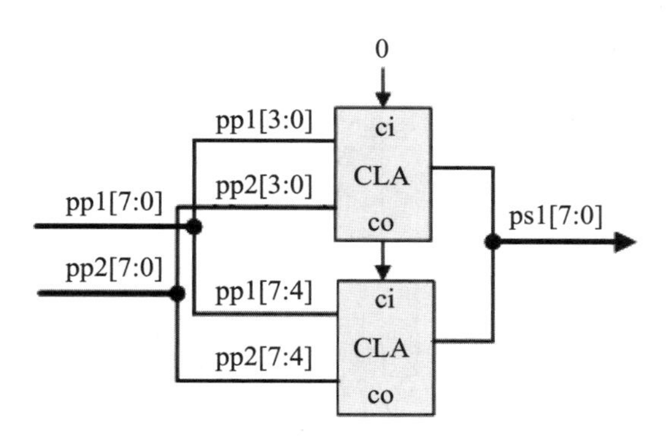

图 7.4　8 位加法器

我们知道,4 位超前进位加法器的延迟为 $4t_{\mathrm{pd}}$,因此拼接得到的 8 位加法器延迟为 $8t_{\mathrm{pd}}$。在此基础上,图 7.3 所示的 4 位树形乘法器总延迟为 $T=17t_{\mathrm{pd}}$,相较于图 7.2 所示的乘法器并没有显著的提升。尽管此时 T 关于输入位数 n 为线性关系,即 $T=\Omega(n)$,但如果考虑到逻辑门输入的增加带来的性能影响,我们依然有 $T=\Omega(n^2)$。因此,普通的树形乘法器并不能带来显著的性能提升。

7.1.3　华莱士树乘法器

树形加法器的延迟主要来自于加法器。为此,在 1963 年,C.S.Wallace 提出了一种高效快速的加法树结构,这也被后人称为 Wallace tree(华莱士树)。

华莱士树的思想是使用保留进位加法器(carry save adder, CSA)实现加数数目的削减,直到最后仅剩两个加数时,才使用真正的加法器计算其结果。从另一个角度看,华莱士树找到了两个新的加数 a 和 b,使得这两个加数的和等于原来一系列加数求和的结果。图 7.5 是原论文中 C.S.Wallace 给出的示意图。

对于不同的 CSA 结构,华莱士树有着不同的计算效率。下面,我们以 3-2 CSA 为例,介绍华莱士树乘法器的实现(图 7.6)。

3-2 CSA,又称 3-2 压缩器,其可以将 a, b, ci 三个 n 位输入转化成 s, co 两个 n 位输出,并始终满足

$$\mathrm{a}+\mathrm{b}+\mathrm{ci}=\mathrm{s}+\mathrm{co}$$

这里直接给出 s 和 co 的逻辑表达式:

$$\begin{aligned}\mathrm{s} &= \mathrm{a} \ \hat{}\ \mathrm{b} \ \hat{}\ \mathrm{ci}\\ \mathrm{co} &= ((\mathrm{a}\ \&\ \mathrm{b})\ |\ (\mathrm{a}\ \&\ \mathrm{ci})\ |\ (\mathrm{b}\ \&\ \mathrm{ci})) << 1\end{aligned}$$

提示　如果你足够熟悉的话,可以发现,这实际上就是全加器的逻辑表达式。换而言之,3-2 保留进位加法器和全加器有着密不可分的关系,只是二者在进位信号的位宽上不同。

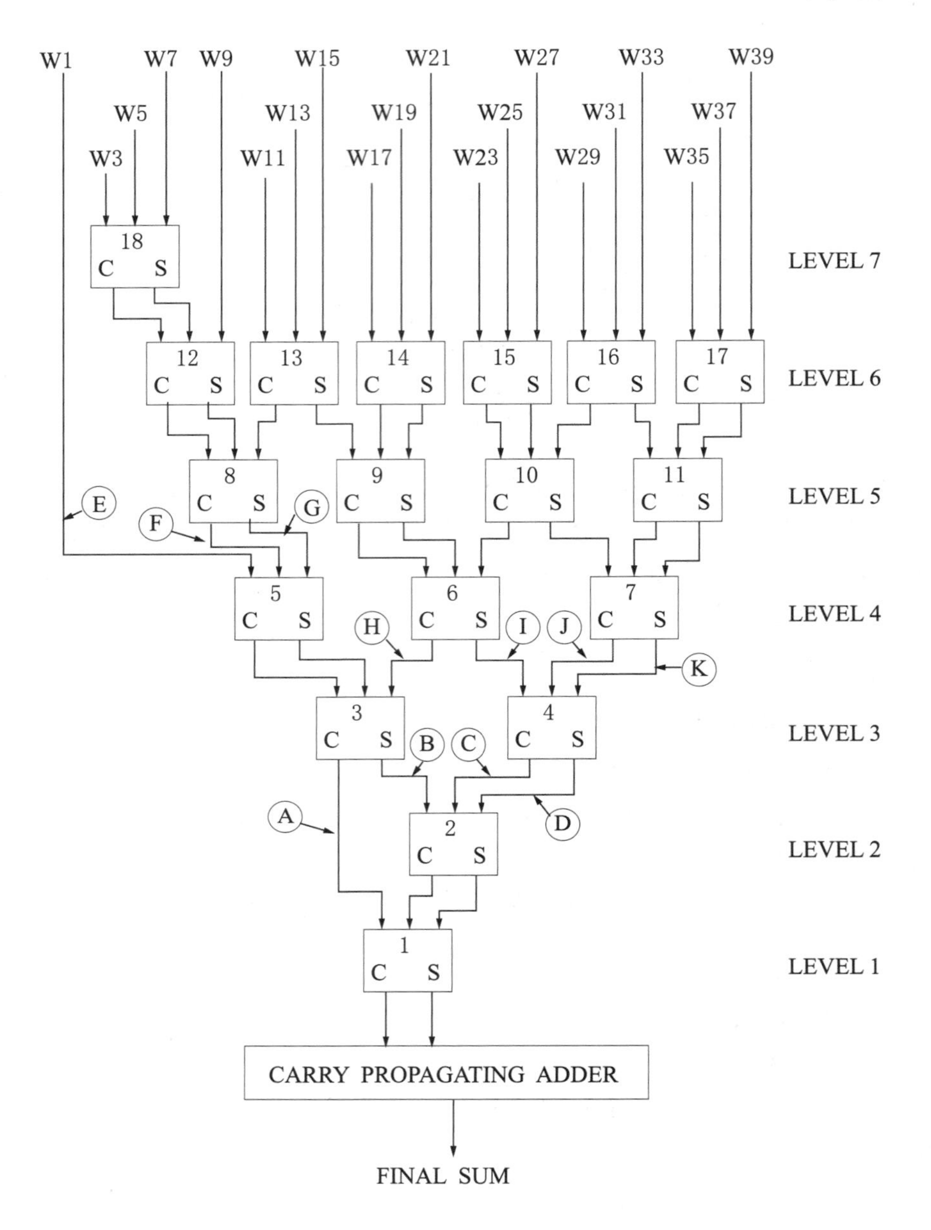

图 7.5　C.S.Wallace 提出的加法器树

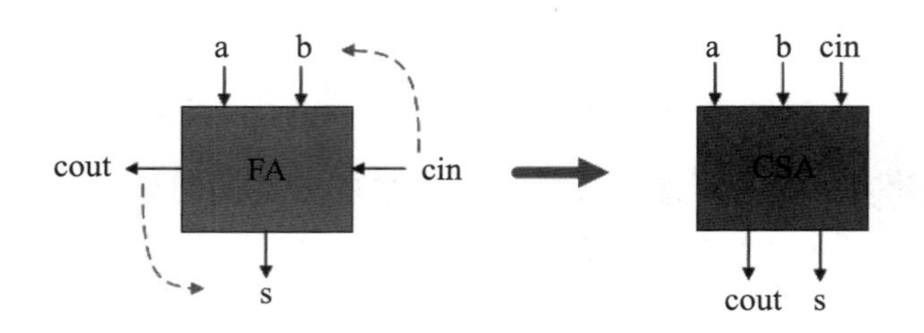

图 7.6　CSA 与 FA

我们可以使用图 7.7 所示的电路验证上述表达式的正确性。这里以 4 位运算为例,图中所有的逻辑门输入均为 4 位的。可以看到,即使发生了溢出,CSA 依然能给出正确的结果。

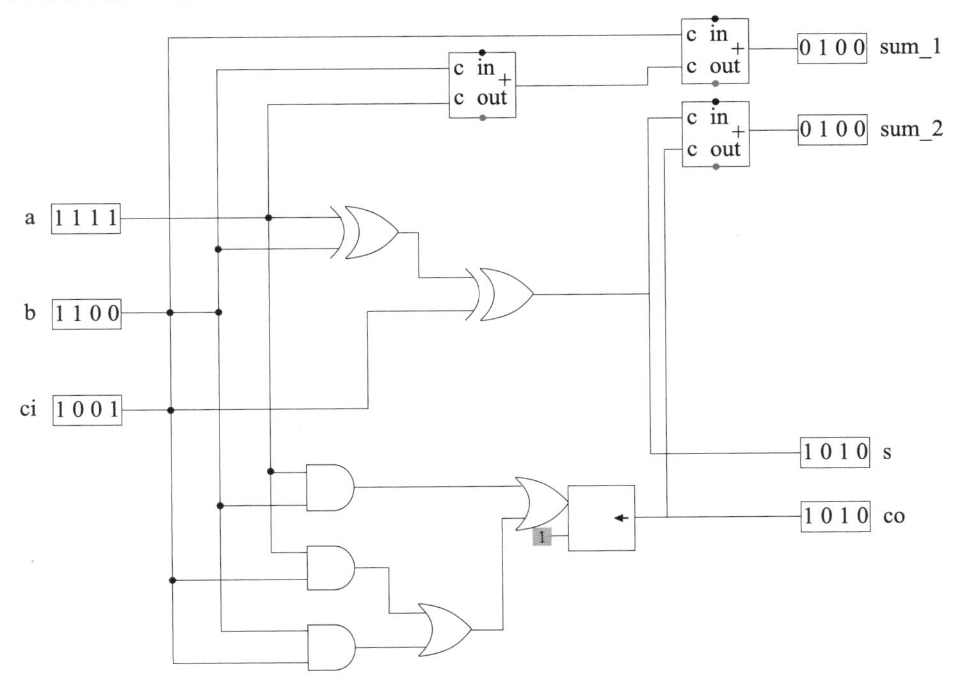

图 7.7 3-2 CSA 的结构验证

现在就可以使用保留进位加法器替代超前进位加法器了。将图 7.3 中第一层的两个加法器换成双层保留进位加法器,就得到了图 7.8 所示的 4 位华莱士树乘法器。

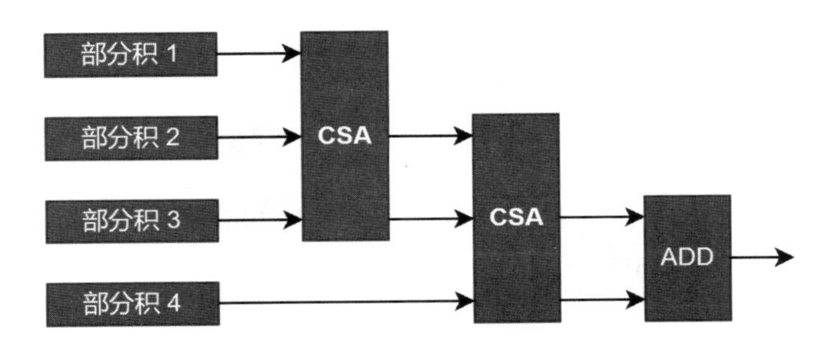

图 7.8 4 位华莱士树乘法器

现在来计算此时的电路延迟。计算得到四个部分积的延迟依然为 t_{pd},而一个 8 位保留进位加法器的延迟仅为 $2t_{\mathrm{pd}}$(假定输入的数量不影响逻辑门的延迟)。由此可见,图 7.8 所示的 4 位华莱士树乘法器总延迟为 $11t_{\mathrm{pd}}$,显著低于前面的两种设计。

同样地,我们可以堆叠使用华莱士树,使得在面对更多的输入时,华莱士树乘法器依然能够保持较高的效率。图 7.9 展示了由四层 CSA 组成的 8 位华莱士树乘法器结构。

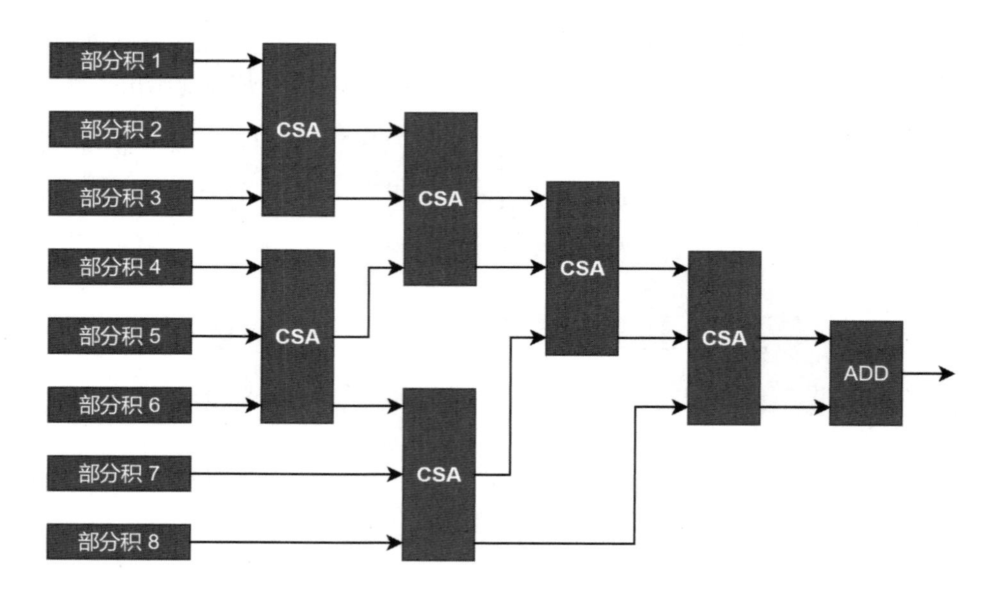

图 7.9　8 位华莱士树乘法器

✍ **练习 7.1**

参考上述内容，计算 8 位华莱士树乘法器的总延迟大小。

7.1.4　移位乘法器

与组合逻辑用牺牲电路资源换取运行效率的思路不同，时序乘法器将乘法的运算过程拆分成了多个时钟周期，因此硬件资源的开销显著减少，但乘法运算的耗时也显著增加。图 7.10 展示了一个基础的移位乘法器。

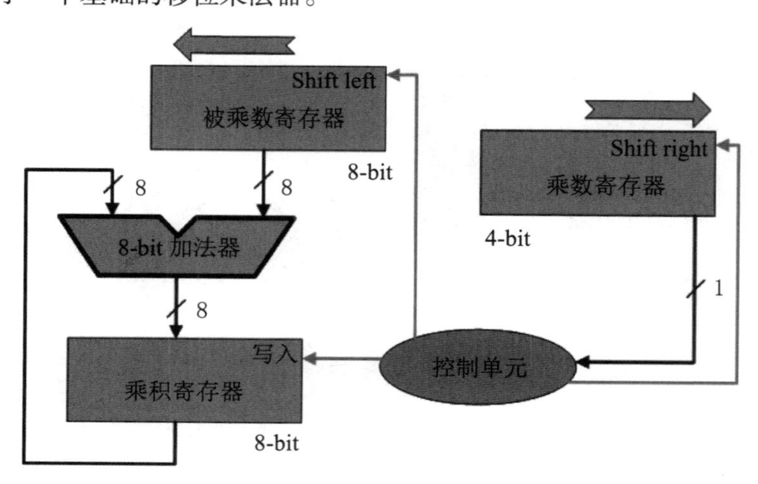

图 7.10　移位乘法器

可以看到，整个电路仅了包含三个寄存器（被乘数（multiplicand）、乘数（multiplier）、乘积（product））、一个加法器和一个控制单元。以 n 位乘法为例，其中

• 被乘数寄存器是一个 $2n$ 位的寄存器,且带有左移的功能。它接收一个左移的控制信号输入。如果外部的控制单元(control)将这个信号置为有效,那么在下一个时钟上升沿到来时,被乘数寄存器当中的内容就会向左移动一位。

• 乘积寄存器也是一个 $2n$ 位的寄存器,用来保存当前运算的结果。该寄存器包含一个写使能信号,由控制单元给出。

• 乘数寄存器是一个 n 位的寄存器,且带有右移的功能。该信号同样由外部的控制单元给出。此外,控制单元会读取乘数寄存器最低位的数值 LSB,以决定下一阶段的运算过程。

下面用个例子来介绍移位乘法器的运算过程。假定要计算 1000×1001。为此,取 $n=4$,即被乘数寄存器和乘积寄存器均为 8 位,乘数寄存器为 4 位,ALU 为 8 位。

首先,对乘法器进行初始化。在初始时刻设置被乘数寄存器为 Multiplicand = 8'B0000_1000,乘数寄存器为 Multiplier = 4'B1001,乘积寄存器为 Product = 8'B0000_0000。此时的状态如图 7.11 所示。

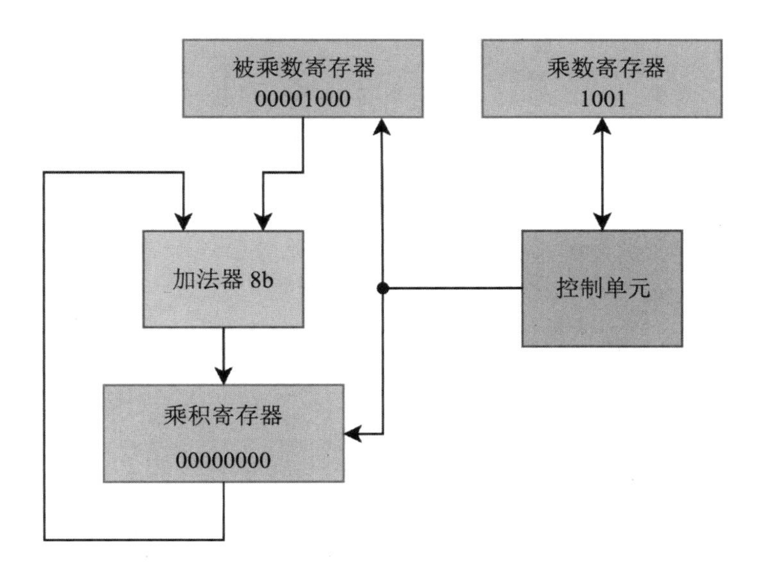

图 7.11 初始状态(第 0 步之前)

对于第 i 步,首先需要检查乘数寄存器的最低位,看其是否为 1。如果为 1,则需要在乘积寄存器中累加上乘数移位的结果;如果为 0 则不进行任何操作。完成判断之后,让乘数寄存器右移一位、被乘数寄存器左移一位。这样就完成了这一步的操作。

从电路结构来看,写入加法运算的结果需要由控制单元向乘积寄存器发出一个写使能信号 Write,移位操作则由控制单元分别给出被乘数寄存器的左移信号和乘数寄存器的右移信号。

值得注意的是,这样的一步操作同时完成了部分积的计算和累加过程。我们可以根据计算过程得到:对于第 i 步,乘数寄存器中的最低位就是乘数的第 i 位,而被乘数寄存器也被左移了 i 位。因此,第 i 步的操作的真实效果为

$$\text{Product} \leftarrow \text{Product} + [(\text{Multiplicand} \ll i)\ \&\ \text{extend}_{2n}(\text{Multiplier}_i)]$$

而在竖式乘法运算中,第 i 步运算带来的效果为

$$\text{Product} \leftarrow \text{Product} + (\text{Multiplicand} \ \& \ \text{extend}_{2n}(\text{Multiplier}_i)) \ll i$$

可以验证,上面两个式子的结果是相等的。在例子中,后续的运算过程如图 7.12 ~ 图 7.16 所示。

在第 0 步中,乘数寄存器中 4'B1001 的最低位为 1,因此需要在乘积寄存器中加上被乘数 8'B00001000,最后进行移位操作。图 7.12 所示的是写入加法运算结果的过程,但并没有体现移位的操作。

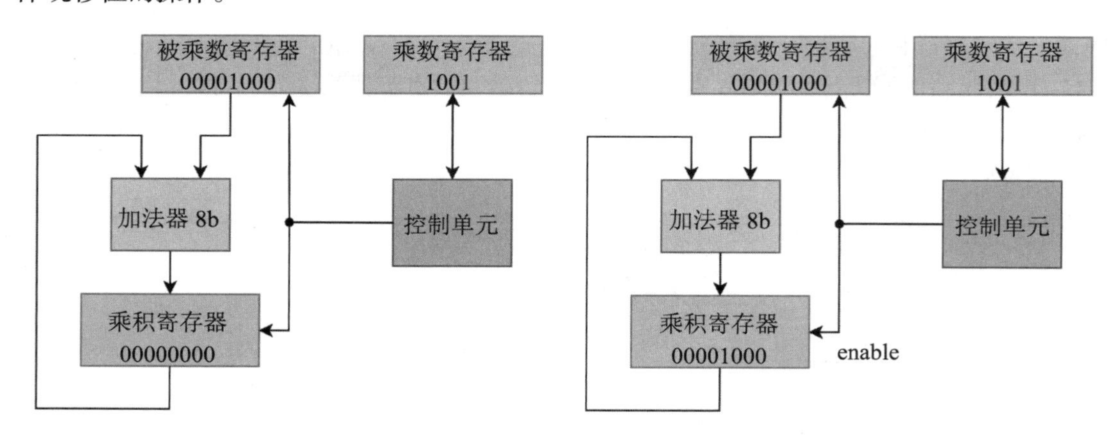

图 7.12 第 0 步:写入加法结果

在第 1 步中,可以看到,此时两个寄存器已经在上一步中被移位。现在,乘数寄存器中 4'B0100 的最低位为 0,因此乘积寄存器保持不变,直接进行移位操作。图 7.13 同样展示了移位之前的结果。

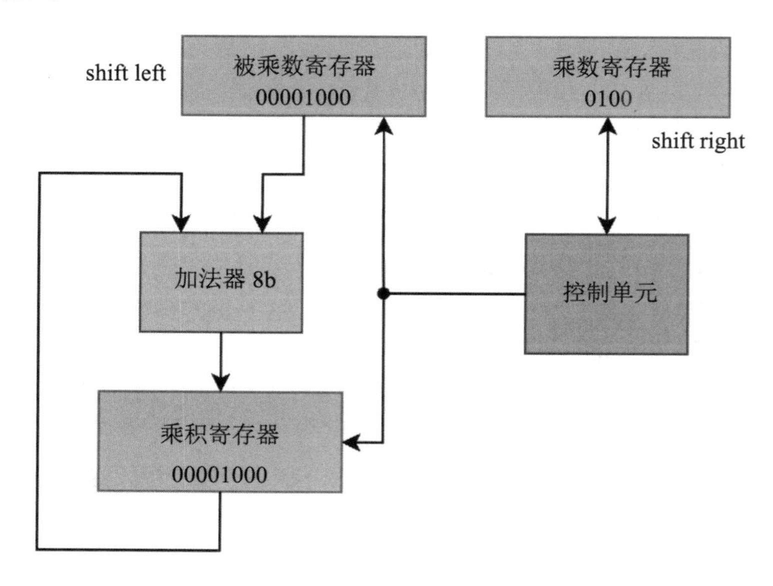

图 7.13 第 1 步

在第 2 步（图 7.14）中，乘数寄存器中 4'B0010 的最低位为 0，因此乘积寄存器保持不变，直接进行移位操作。

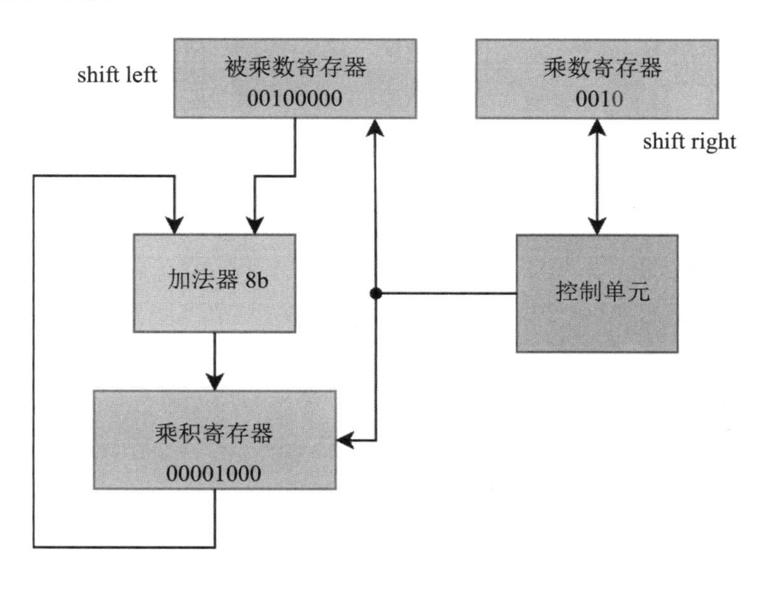

图 7.14　第 2 步

在第 3 步（图 7.15）中，乘数寄存器中 4'B0001 的最低位为 1，因此需要在乘积寄存器中加上被乘数 8'B01000000。完成后进行移位操作。

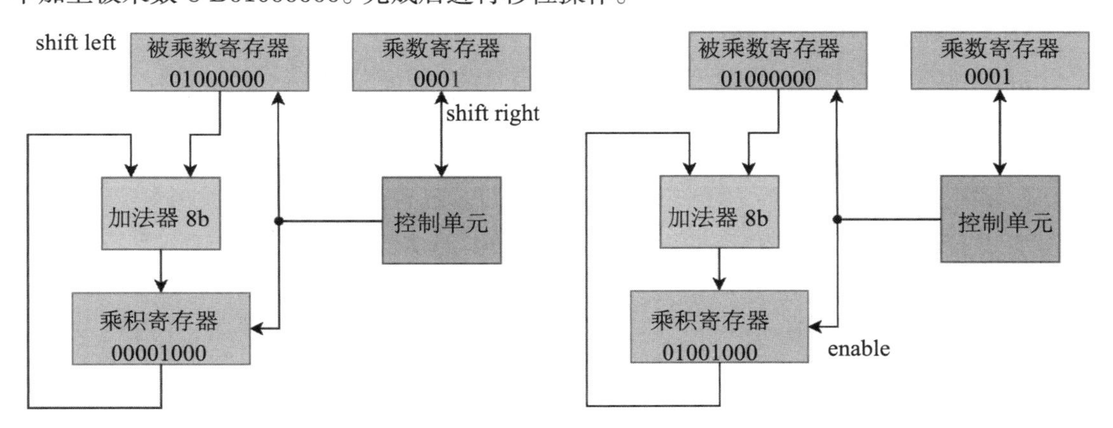

图 7.15　第 3 步：写入加法结果

现在已经进行了 4 次移位操作，乘法运算已经完成了。图 7.16 展示了第 3 步移位之后得到的最终结果。

最终，乘积寄存器中的结果为 $01001000_2 = 72$，而 $1000_2 \times 1001_2 = 8 \times 9 = 72$，表明运算过程是正确的。

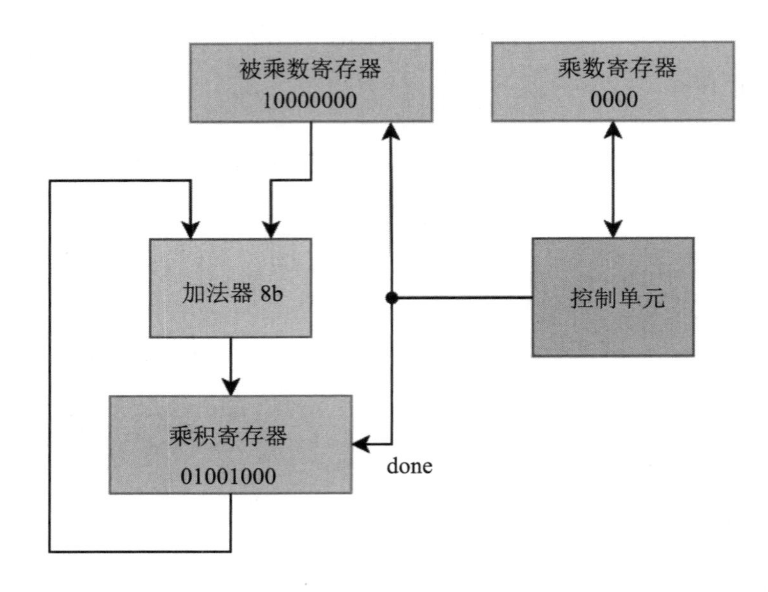

图 7.16 计算完成

7.2 除 法 器

7.2.1 基于减法的除法

现在距离实现加减乘除四则运算只剩下一个除法了。我们知道，除法和乘法互为逆运算。对于式子 $a \div b = q \cdots r$,我们称

- a 为被除数(divident);
- b 为除数(divisor);
- q 为商(quotient);
- r 为余数(remainder)。

从数学的角度,不难计算得到

$$q = \left\lfloor \frac{a}{b} \right\rfloor$$

$$r = a - b \times \left\lfloor \frac{a}{b} \right\rfloor = a - b \times q$$

为了计算除法的结果,需要从最高位 MSB 开始进行“试商”,即找到能够使得 $q_{\mathrm{h}} \times b < a_{\mathrm{h}}$ 恰好成立的 q_{h} 作为商的高位,最终剩下的结果作为余数 r。对于二进制除法,商 q 的每一位要么为 0,要么为 1,所以实际上每一次试商要么就是不做操作,要么就是当前的被除数减去除数。

以 $001011 \div 101$ 为例,图 7.17 展示了使用试商法进行竖式计算的过程。
最终,商的结果为 $q = 101$,余数的结果为 $r = 010$。

提示　如果被除数是 m 位，除数是 n 位（$n \leqslant m$），那么对于无符号除法而言，商和余数分别是多少位呢？一般而言，我们取商为 m 位，余数为 n 位。当然，在大多数情况下，$n \leqslant \frac{m}{2}$，所以也可以将商取为 n 位。

为了让计算的过程更加直观，将图 7.17 中的每一项补齐位宽，并标注上不同的颜色。图 7.18 展示了一个更为直观的计算过程。

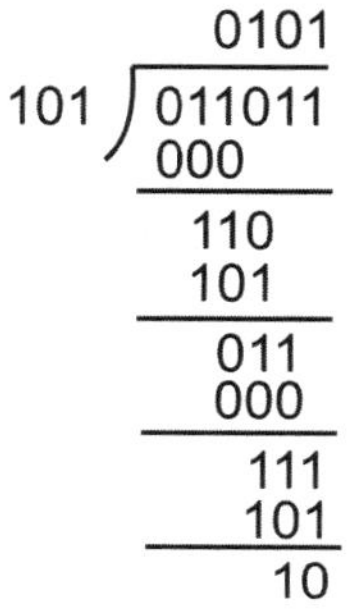

```
       0101
101 ) 011011
      000
      ------
       110
       101
      ------
        011
        000
      ------
         111
         101
      ------
          10
```

图 7.17　除法运算过程

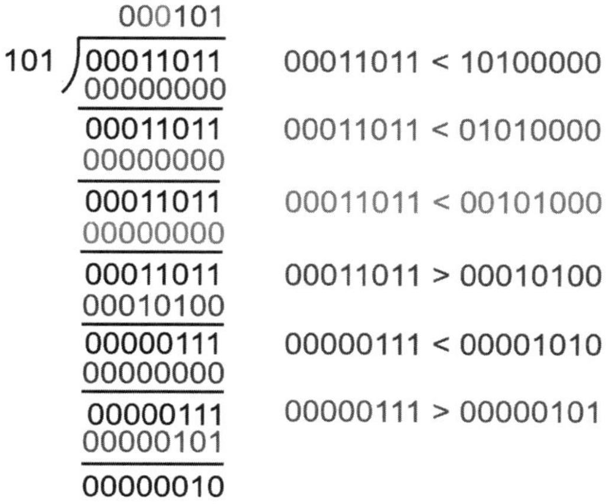

```
         000101
101 ) 00011011      00011011 < 10100000
      00000000
      --------
      00011011      00011011 < 01010000
      00000000
      --------
      00011011      00011011 < 00101000
      00000000
      --------
      00011011      00011011 > 00010100
      00010100
      --------
      00000111      00000111 < 00001010
      00000000
      --------
      00000111      00000111 > 00000101
      00000101
      --------
      00000010
```

图 7.18　除法运算过程

首先，需要将被除数零扩展至 $6+3-1=8$ 位，这是为了保证在进行试商时不会出现移位溢出的情况。接下来，我们判断被除数 00011011 与除数左移 5 位的结果 10100000 的大小关系，由于 $00011011 < 10100000$，所以我们在商的最高位写上 0；接下来，比较被除数 00011011 与除数左移 4 位的结果 01010000 的大小关系，由于 $00011011 < 01010000$，因此在商的次高位也写上 0；如果被除数大于等于除数，则将被除数减去除数之后的结果作为新的被除数。继续执行这样的步骤，在第六步之后便得到了最终的商和余数。

在 4.4.2 小节中，给出了程序 7.1 所示的 Verilog 代码用于进行 5 的倍数检测。这实际上就是长除法的原理，只是当时并没有保存商的结果。

程序 7.1　长除法倍数检测

```
module LongDivision(
    input                   [ 5 : 0]          x,
    output      reg         [ 0 : 0]          isMultipleOf5
);
reg [2 : 0] lend_1;
reg [2 : 0] lend_2;
reg [2 : 0] lend_3;
reg [2 : 0] lend_4;

always@(*) begin
    lend_1 = num[5:3] >= 3'B101 ? num[5:3] - 3'B101 : num[5:3];
    lend_2 = {lend_1, num[2]} > 3'B101 ? {lend_1, num[2]} - 3'B101 : {lend_1[1:0], num
```

```
        [2]};
    lend_3 = {lend_2, num[1]} > 3'B101 ? {lend_2, num[1]} - 3'B101 : {lend_2[1:0], num
        [1]};
    lend_4 = {lend_3, num[0]} > 3'B101 ? {lend_3, num[0]} - 3'B101 : {lend_3[1:0], num
        [0]};
    if (lend_4 == 3'B0)
        isMultipleOf5 = 1'B1;
    else
        isMultipleOf5 = 1'B0;
end
endmodule
```

现在,在此电路结构的基础上增加对于商的保存。图 7.19 展示了基础的除法器结构。可以看到,整个电路由六层结构类似的试商单元组成。对于图 7.20 所示的每个试商单元,将当前的被除数与除数分别送入一个减法器和一个比较器,并根据比较器的结果确定送入下一层的被除数。如果当前的被除数 $\geqslant$ 除数,那么表明可以在被除数中减去除数,同时置这一位的商为 1;否则,置这一位的商为 0。可以看到,商的结果就对应着比较器的输出结果。

✍ 练习 7.2

请根据除法的计算过程,在图 7.19 中写出计算 $001011 \div 101$ 时,每个减法器、选择器上对应的输入输出数值。

那么,图 7.19 所示的除法器的延迟情况又是怎样的呢? 假定所有的移位运算延迟不计,所有逻辑门的延迟均为 t_{pd}。各个组件的延迟情况如下:

- 8 位减法器可以由 8 位加法器搭建得到,如果采用超前进位加法器,那么 8 位减法器的总延迟为 $8t_{\text{pd}}$。
- 8 位比较器可以同样使用 8 位减法器得到,只需要对结果的最高位取反即可。
- 8 位的二选一选择器需要经过 1 层与门和 1 层或门的延迟。

因此,图 7.20 所示的试商单元的延迟为 $11t_{\text{pd}}$,除法器的总延迟为六层延迟之和,即 $66t_{\text{pd}}$。相较于乘法的 $17t_{\text{pd}}$,组合逻辑实现除法计算的延迟已经达到了一个十分可观的规模。

7.2.2 移位除法器

和乘法运算对应,除法器自然也有时序逻辑的版本。并且,由于组合逻辑的除法器延迟巨大,在实际使用中的除法器也更多地选择了时序逻辑的版本。如图 7.21 所示是一个 32 位的移位除法器。

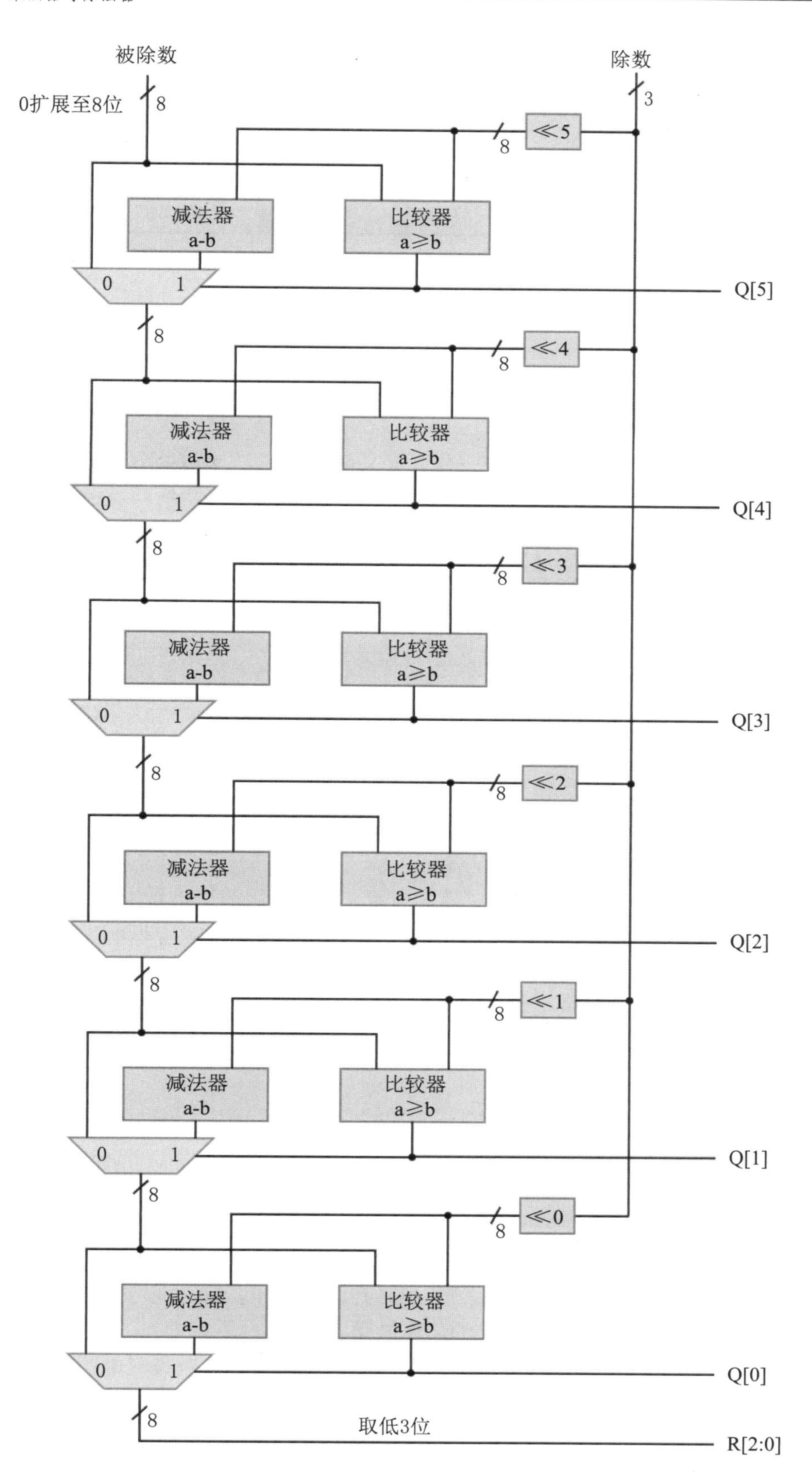

图 7.19　简易 6 位 - 3 位除法器

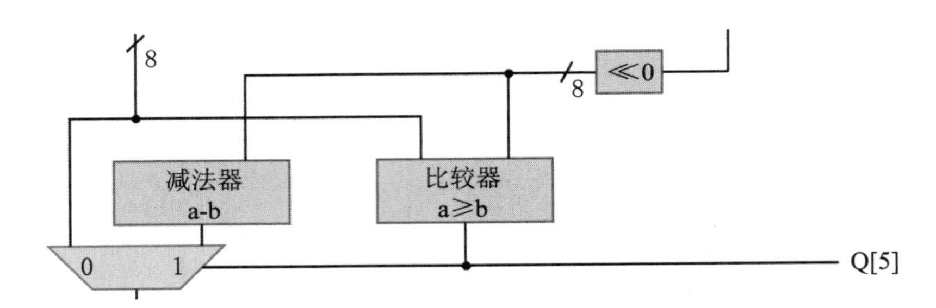

图 7.20 除法器单层结构

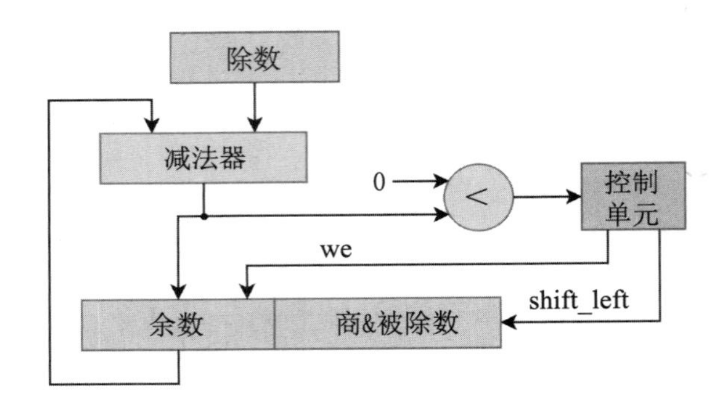

图 7.21 移位除法器

其中,余数寄存器为 33 位,减法器为 33 位,商 & 被除数寄存器(简称为 RQ 寄存器)为 32 位,除数寄存器也为 32 位。这样的设计保证了在进行有符号除法运算时结果的正确性。移位除法器的工作流程如下:

(1) 初始时,将被除数的**绝对值**放到 RQ 寄存器的低 32 位,将除数的**绝对值**放到除数寄存器中。除数的高位补 0 后连入减法器。

(2) 在每一轮操作中,不断进行试商的过程。我们采用的策略是始终在商的当前位写 1,如果当前的余数小于除数,则减法器的结果为负数。此时,RQ 寄存器的最低位写入 0,表明当前位的商为 0,其余位左移一位。如果当前的余数大于等于除数,则减法器的结果为非负数。此时,需要将减法器计算结果的低 32 位放入 RQ 寄存器的高 32 位,并将原先 RQ 寄存器的低 32 位在右端拼接上一个 1 后,写入 RQ 寄存器的低 33 位。整个过程用 Verilog 的描述如下:

```
if (sub < 0)
   RQ <= {RQ[63:0], 1'B0};
else
   RQ <= {sub[31:0], RQ[31:0], 1'B1};
```

(3) 在完成 33 轮操作后除法计算完成,此时的余数在 RQ 寄存器的最高 32 位中(而不是在次高 32 位中),商的结果在 RQ 寄存器的低 32 位中。最后,根据被除数和除数恢复商和余数的符号,就完成了有符号除法的运算过程。

提示 为什么是 33 轮呢?这是因为实际参与运算的余数和除数都是 33 位的,因此得到的商实际上位于 RQ 寄存器的低 33 位,但只有低 32 位的结果可以保证有符号运算的正确性。所以,通过计算 33 位的除法,得到了 32 位正确的有符号结果。

下面,用一个 8 位除法的例子展示除法计算的过程。假定我们需要计算 10111010 ÷ 00010010 的结果(均视作无符号数),首先如图 7.22 所示初始化各个寄存器。

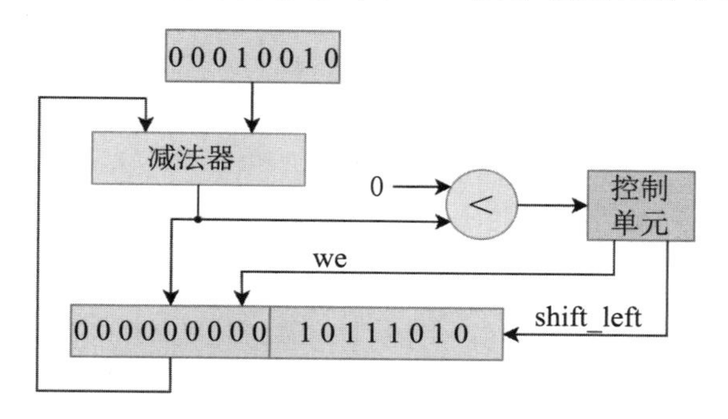

图 7.22　初始化:写入各个寄存器

下面,需要进行 9 轮循环。图 7.23 ~ 图 7.31 展示了这 9 轮循环的具体流程。

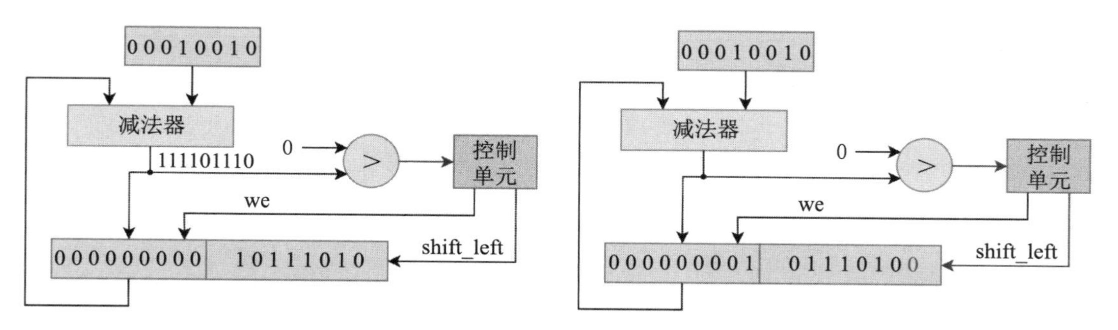

图 7.23　第 1 轮:商为 0

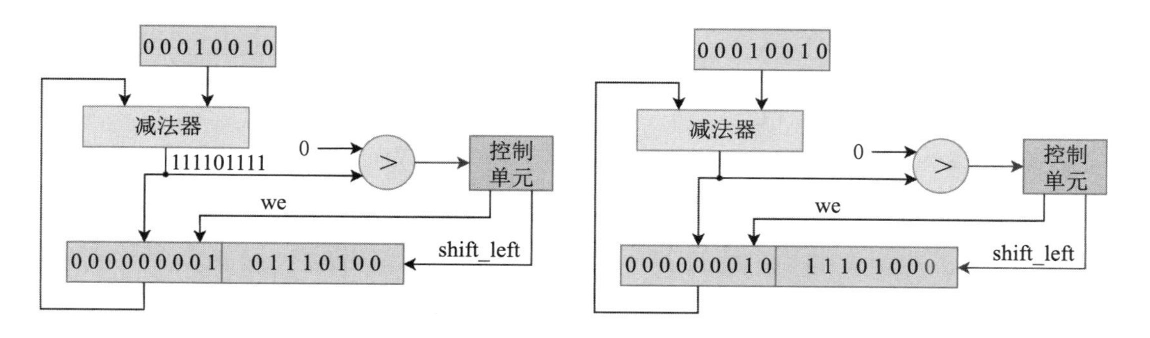

图 7.24　第 2 轮:商为 0

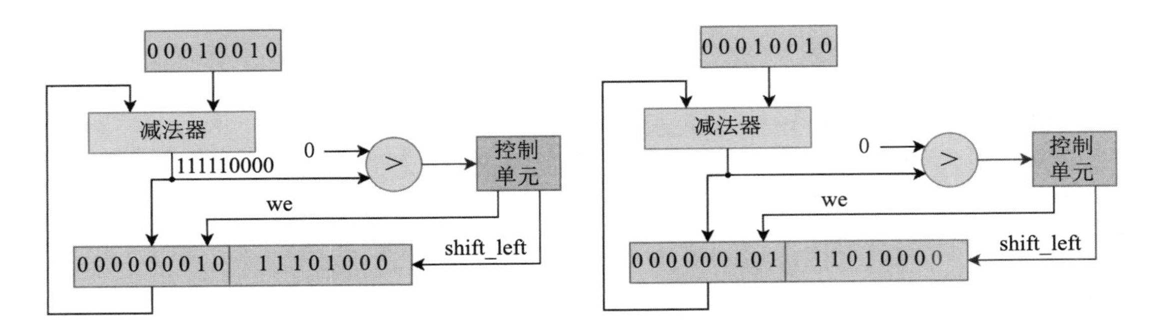

图 7.25　第 3 轮:商为 0

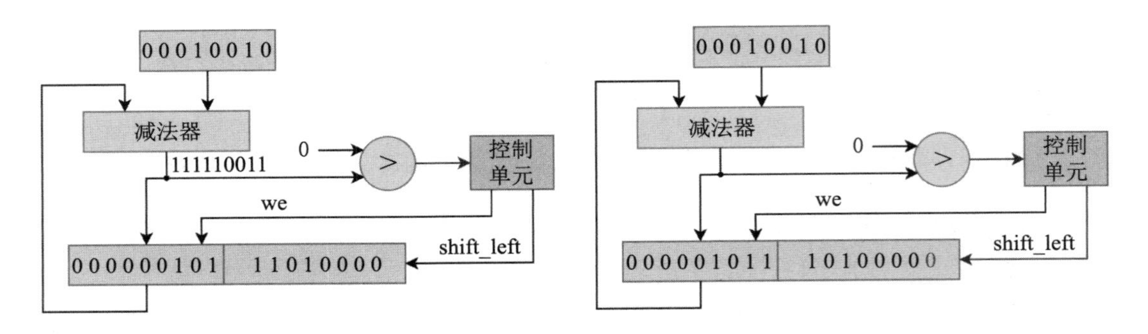

图 7.26　第 4 轮:商为 0

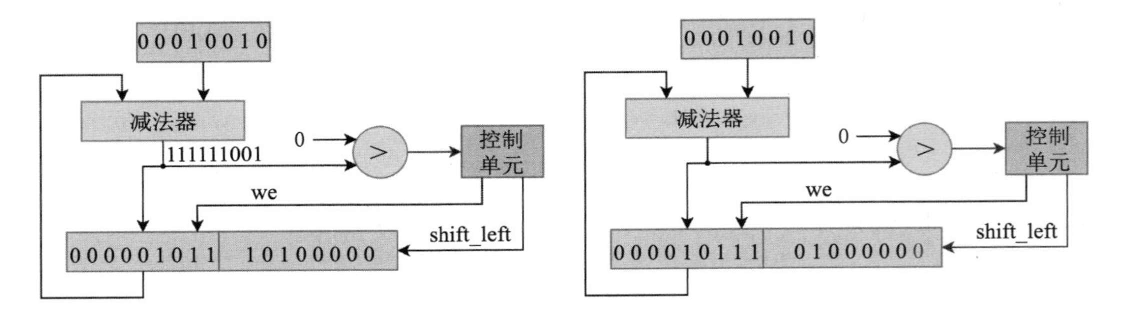

图 7.27　第 5 轮:商为 0

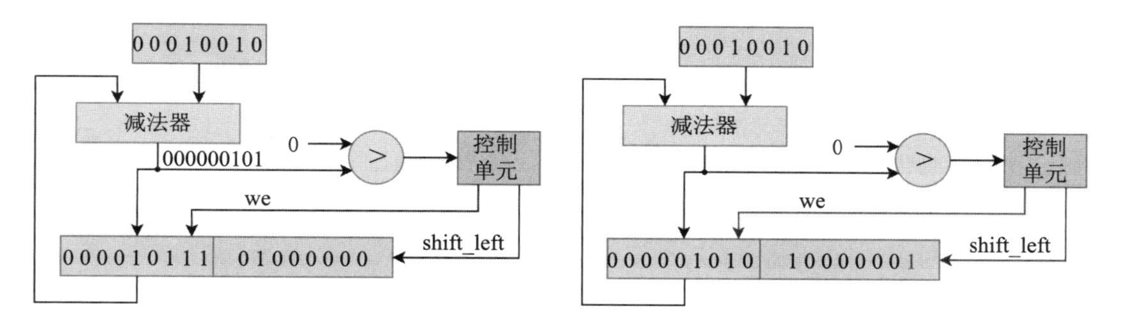

图 7.28 第 6 轮:商为 1

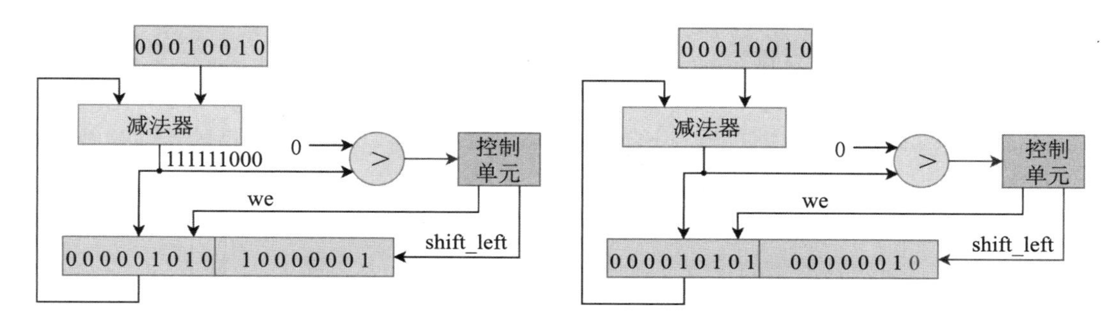

图 7.29 第 7 轮:商为 0

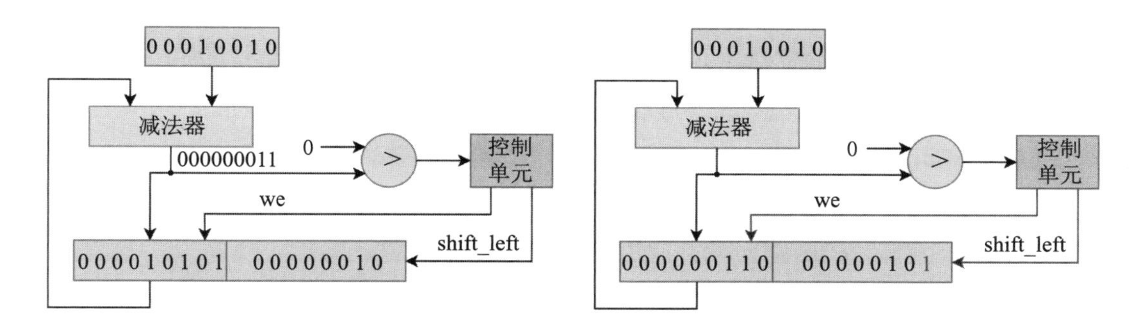

图 7.30 第 8 轮:商为 1

此时,除法运算完成。最终商的结果在 RQ 寄存器的低 8 位,为 00001010;余数的结果在 RQ 寄存器的高 8 位,为 00000110。因此,$10111010 \div 00010010 = 00001010 \cdots 00000110$,转换成十进制就是 $186 \div 18 = 10 \cdots 6$,表明结果正确。如果要实现有符号数的计算,则需要先将 10111010 转换为其绝对值,最后修正除法器结果的正负即可。

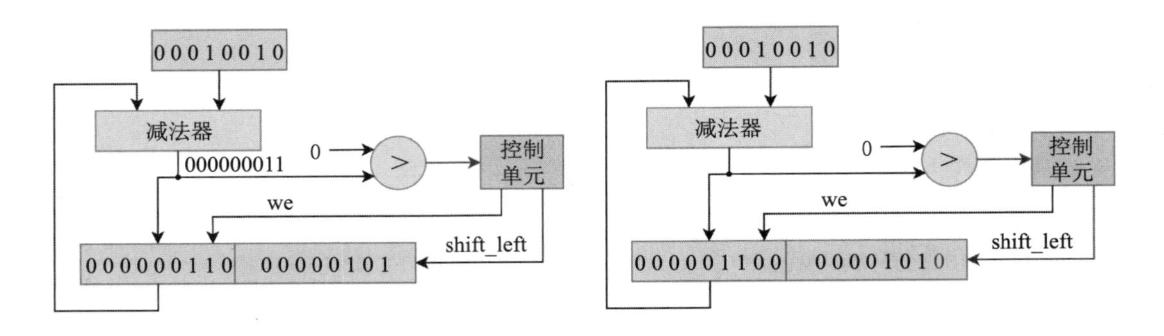

图 7.31 第 9 轮:商为 0

7.2.3 提前启动优化

在实际应用的大部分除法计算中,除数和被除数都不会很大,比如计算 $2 \div 1 = 2$,这样的式子如果也需要 33 个周期计算显然是过于冗长了。提前启动优化就是针对被除数绝对值较小的情况进行的优化,其核心思想是忽略掉被除数绝对值的所有前导零,直接从第一个非零数开始试商。换而言之,在进行最开始的初始化操作时,就将被除数左移至合适的位置,使得商 & 被除数寄存器的最高位为 1。

例 7.2 (跳过前导零) 假定数据的位宽为 8,在计算 $2 \div 1$ 时,图 7.21 所示的移位除法器会被初始化为图 7.32 所示的样子。

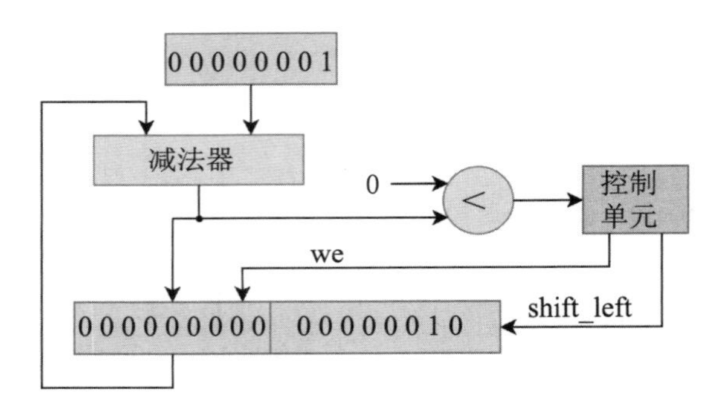

图 7.32 初始化

不难验证,前 6 轮循环 RQ 寄存器的最低位添加的数均为 0,其高 9 位始终保持为 0。

那么,如果能在初始化时,就按照图 7.33 所示的方式为寄存器赋值,就可以省略许多中间步骤。这就是提前启动优化的重要意义。

为了实现提前启动优化,一个关键的问题在于找出被除数的前导零数目。设被除数的位数为 n,前导零数目为 $k(k \leqslant n)$,那么只需要将被除数左移 k 位即可,之后再进行 $n+1-k$ 次循环就得到了最终结果。更一般地看,如果占比为 α 的除法计算中被除数的前导零数目满足 $k \geqslant \frac{1}{2}(n+1)$,那么优化后的耗时就是优化前的 η。其中一条最长路径为

$$\eta = \frac{\alpha \times (n+1-k) + (1-\alpha) \times (n+1)}{n+1} \leqslant \frac{1}{2}\alpha + 1 - \alpha = 1 - \frac{1}{2}\alpha$$

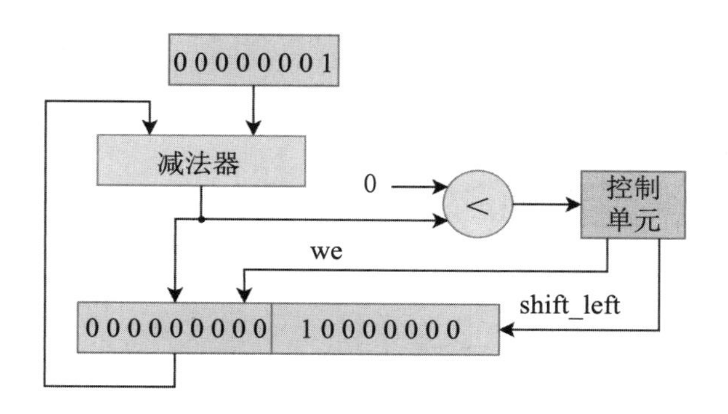

图 7.33　第 6 轮循环结束

在处理器中，α 可以近似认为是 50%，因此带有提前启动优化的除法器相对于原始版本节省了 25% 的时间开销。

先从 8 位的情况进行推导。表 7.1 展示了不同的二进制数与其前导零的对应关系。

表 7.1　前导零数目

二进制数	十进制数	前导零数目	二进制数	十进制数	前导零数目
00000001	1	7	00000010	2	6
00000100	4	5	00001000	8	4
00010000	16	3	00100000	32	2
01000000	64	1	10000000	128	0

不难归纳得出，对于 n 位二进制数 $b(b \neq 0)$，其前导零数目 k 可以表示为

$$k = n - \lfloor \log_2 b + 1 \rfloor$$

因此，现在问题的关键就在于如何在硬件层面上进行对数运算。我们可以使用二分法完成这一需求。

对于一个 32 位的数 b，可以按照下面的操作求出其对数的上整 $\lfloor \log_2 b + 1 \rfloor$：

（1）判断 b 的最高 16 位是否有 1（即 $b_{31:16}$，可以通过缩位或运算实现），这个结果就是对数第 4 位的值。如果没有 1，那么取出低 16 位进行下一步运算；如果有 1，那么取出高 16 位进行下一步运算。

（2）判断取出的 16 位数中最高 8 位是否有 1，这个结果就是对数第 3 位的值。如果没有 1，那么取出低 8 位进行下一步运算；如果有 1，那么取出高 8 位进行下一步运算。

（3）以此类推，直到最后还剩 2 位数。现在对数的最低位为 0

（4）对于最后的 2 位数，如果它的值是 3，那么需要在先前的对数结果上加 2；否则，需要在先前的对数结果上加上这个两位数。

图 7.34 展示了基于上述流程搭建的对数器。可以看到，当输入为 in = 32'B1011 时，对数器输出的结果为 out=5'B100，而 $\lfloor \log_2 11 + 1 \rfloor = 4$，因此我们的电路可以给出正确的结果。

最后，使用图 7.34 所示的组合逻辑电路得到 $\lfloor \log_2 b + 1 \rfloor$，就可以进一步计算得到前导

零数目 $k = n - \lfloor \log_2 b + 1 \rfloor$,从而实现提前启动的优化。

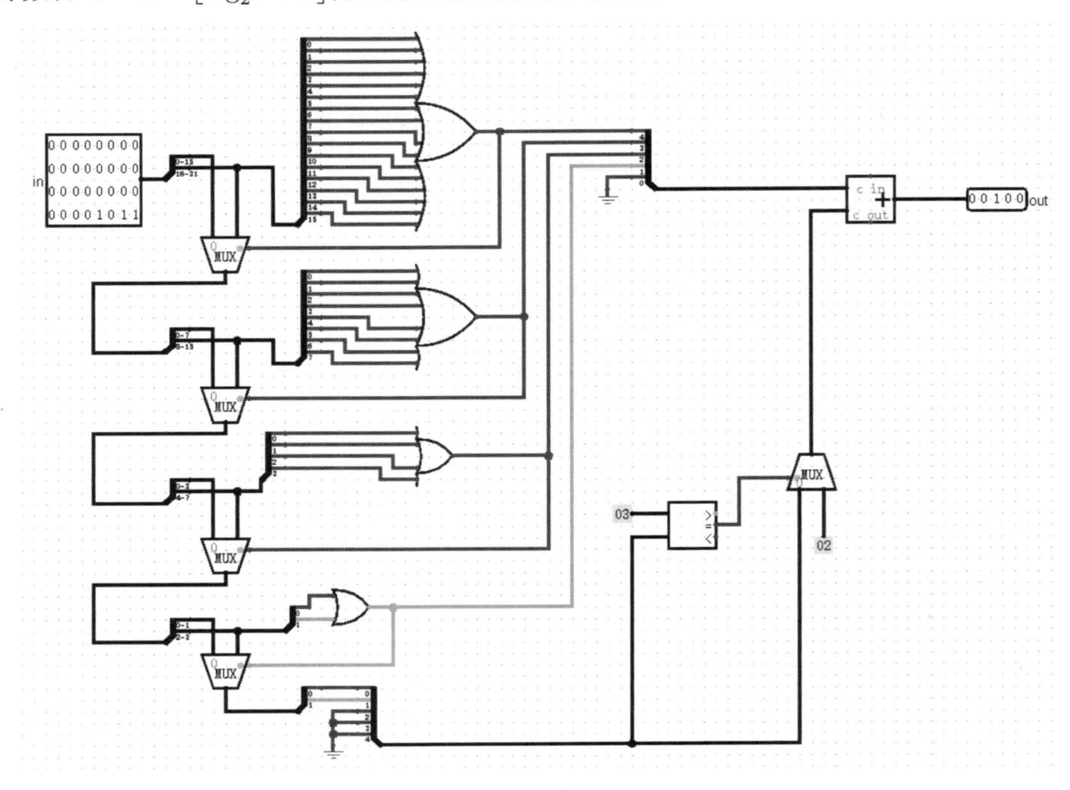

图 7.34 对数器电路示意

练 习

1. 计算下面的无符号二进制乘法结果。

(1)00010×00110;

(2)11×11;

(3)1001×0110;

(4)100×010。

2. 对于两个 n 位十进制数 $a = (a_{n-1}, \cdots, a_0)$ 和 $b = (b_{n-1}, \cdots, b_0)$,给出其相乘结果 result 的表达式。注意:你的结果中包含的乘法运算应当仅为对 1 位十进制数的操作。

3. 依据图 7.2 所示的结构,在 Logisim 中搭建一个 4 位无符号乘法器。你需要使用自己设计的 1 位全加器完成这项工作。

4. 给出图 7.2 所示的无符号乘法器累积延迟 T 与输入位宽 n 之间的函数关系式。这里我们假定每个逻辑门的传输延迟均为 t_{pd}。

5. 请结合图 7.3 介绍的内容,计算:

- 对于 n 位的乘法运算,我们需要使用多少个 $2n$ 位的加法器?

• 假定无论输入的数目为多少,每个逻辑门的传输延迟均为 t_{pd}。为了搭建一个 $2n$ 位的加法器,我们需要使用多少个 4 位超前进位加法器?对应的 $2n$ 位加法器的延迟为多少?

• 图 7.3 所示的树形乘法器累积延迟 T 与输入位宽 n 之间的函数关系式。

6. 假定逻辑门的传输延迟 τ 与输入个数 m 之间的关系为 $\tau = (m-1)t_{\mathrm{pd}}$,重新计算树形乘法器累积延迟 T 与输入位宽 n 之间的函数关系式。

7. 依据图 7.3 所示的结构,在 Logisim 中搭建一个 4 位树形乘法器。你可以直接使用 Logisim 中提供的加法器组件。

8. 在 Logisim 中,搭建图 7.7 所示的验证电路。基于此电路,验证 3-2 保留进位加法器结构的正确性。

9. 对于 n 位华莱士树乘法器,我们需要使用至少多少层的 3-2 保留进位加法器?提示:每一层 3-2 保留进位加法器可以将加数的个数减少为上一层的 $2/3$。

10. 基于上一题的结果,给出 n 位华莱士树乘法器总延迟 T 与位数 n 之间的函数关系式。其中加法器采用 4 位超前进位加法器搭建,每个逻辑门的传输延迟均为 t_{pd}。

11. 依据图 7.8 所示的结构,在 Logisim 中搭建一个 4 位华莱士树乘法器。你可以直接使用 Logisim 中提供的加法器组件,但需要自行搭建 CSA 的结构。

12. 请参考图 7.11 ~ 图 7.16 所示的流程,在表 7.2 中补充 0010×1101 在移位乘法器中的运算过程。

表 7.2　问题 12 图

Steps	Multiplicand Register	Multiplier Register	Product Register
初始状态	8'B0000_0010	4'B1101	8'B0000_0000
第 0 步完成后			
第 1 步完成后			
第 2 步完成后			
第 3 步完成后			
计算完成			

13. 移位乘法器在进行有符号数乘法时,是否可能出现溢出的情况?请结合移位乘法器的计算过程进行分析。

14. 为了实现移位乘法器,需要设计一个移位寄存器模块。该模块的输入输出端口定义如下:

```
module ShiftReg #(
    parameter                  WIDTH          = 32,
    parameter                  MODE           = 0    // 为 0 代表左移, 为 1 代表右移
)(
    input               [ 0 : 0]         clk,
    input               [ 0 : 0]         rst,
    input               [WIDTH-1: 0]     din,
    input               [ 0 : 0]         set,
    input               [ 0 : 0]         en,
```

```
    output    reg        [WIDTH-1: 0]      dout
);
```

其中,set 信号为置位信号,en 信号为移位信号。在时钟上升沿到来时,如果 set 信号为高电平,那么移位寄存器便会将 dout 的数值设置为 din;如果 en 信号为高电平,那么移位寄存器便会进行参数 MODE 指定的移位操作。相关的控制信号的优先级顺序为

$$rst > set > en$$

请根据以上内容,编写 Verilog 代码实现 ShiftReg 模块。

15. 移位乘法器的核心控制器是一个有限状态机。该模块的代码框架如下:

```
module Control (
    input                   [ 0 : 0]          clk,
    input                   [ 0 : 0]          rst,
    input                   [ 0 : 0]          start,
    input                   [ 0 : 0]          multiplier_lsb,
    output    reg           [ 0 : 0]          register_set,
    output    reg           [ 0 : 0]          multiplicand_shift,
    output    reg           [ 0 : 0]          multiplier_shift,
    output    reg           [ 0 : 0]          product_we,
    output    reg           [ 0 : 0]          finish
);
localparam IDLE = 2'b00;
localparam INIT = 2'b01;
localparam CALC = 2'b10;
localparam DONE = 2'b11;
reg [1:0] current_state, next_state;
// 在下面实现 FSM

always @(*)
    finish = (current_state == DONE);
endmodule
```

其中,有限状态机部分我们定义了四个状态。它们分别是:

• 空闲状态 IDLE。在此状态下,三个寄存器均保持原值不变。当 start 为 1 时跳转到 INIT。

• 寄存器初始化状态 INIT。在此状态下,被乘数寄存器、乘数寄存器分别写入对应的数值,乘积寄存器清零。在下个周期跳转到 CALC。

• 计算状态 CALC 。计算完成时跳转到 DONE。

• 完成状态 DONE。下个周期跳转到 IDLE。

你可以参考图 7.35 所示的状态转移图,结合乘法器的工作流程补充 Control 模块的相关代码。

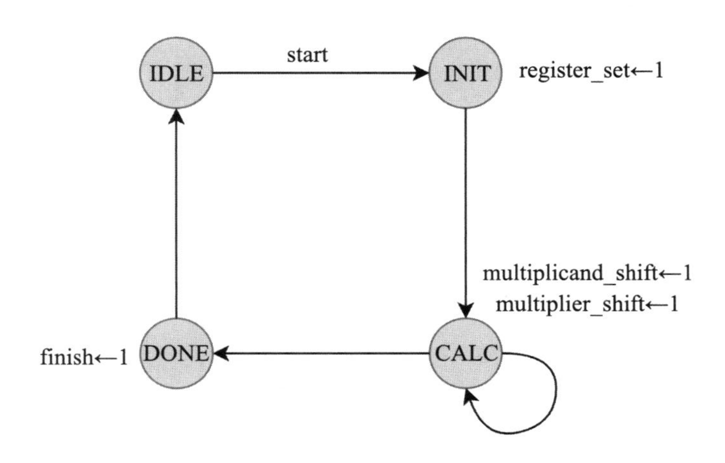

图 7.35 移位乘法器 FSM 示意图

16. 请借助问题 14 和问题 15 中设计的相关设计，编写代码实现移位寄存器模块。移位乘法器模块的端口定义如下：

```
module MUL #(
    parameter                                   WIDTH = 32
) (
    input                   [ 0 : 0]            clk,
    input                   [ 0 : 0]            rst,
    input                   [ 0 : 0]            start,
    input                   [WIDTH-1 : 0]       a,
    input                   [WIDTH-1 : 0]       b,
    output      reg         [2*WIDTH-1:0]       res,
    output      reg         [ 0 : 0]            finish
);
```

其中：

- start 为开始运算信号，默认值为 0。当 start 由 0 变为 1 时需要初始化内部的被乘数、乘数和乘积寄存器，并从下下个时钟周期开始进行乘法计算（初始化需要一个周期）。
- finish 为运算完成信号，默认值为 0。当 finish 变为 1 时，表明此时乘法器的输出端口 res 为有效的乘积结果。为了保证稳定性，finish 信号需要持续至少一个时钟周期的高电平。
- rst 为复位信号，默认值为 0。当 rst 变为 1 时，乘法器内部的被乘数、乘数和乘积寄存器清零，且状态跳转到 IDLE。
- a 和 b 为被乘数和乘数的输入，均为 WIDTH 位的变量。
- res 为最终的乘积，为 2WIDTH 位的变量。

你可以使用如下的测试文件验证自己设计的正确性：

```
module MUL_tb #(
    parameter                                   WIDTH = 32
) ();
reg [WIDTH-1 : 0]       a, b;
```

```
reg                       rst, clk, start;
wire [2*WIDTH-1 : 0]      res;
wire                      finish;
integer                   seed;

initial begin
   clk = 0;
   seed = 2023; // 随机数种子值
   forever begin
      #5 clk = ~clk;
   end
end
initial begin
   rst = 1;
   start = 0;
   #20;
   rst = 0;
   #20;
   repeat (5) begin
      a = $random(seed);
      b = $random(seed + 1);
      // $random 返回的是 32 位随机数，如果你需要得到少于 32 位的随机数，可以通过 % 运算
          得到
      // 你可以通过设置种子值改变随机数的序列
      start = 1;
      #20 start = 0;
      #380;
   end
   $finish;
end
MUL mul(
   .clk        (clk),
   .rst        (rst),
   .start      (start),
   .a          (a),
   .b          (b),
   .res        (res),
   .finish     (finish)
);
endmodule
```

17. 计算下列无符号二进制数的除法,要求写出商和余数。

(1) $101 \div 010$;

(2) $00101101 \div 0110$;

（3）110010 ÷ 01010；

（4）11100 ÷ 00101。

18. 参考图 7.18 所示的除法计算过程，列竖式计算无符号二进制除法：111000 ÷ 111。

19. 某同学认为图 7.18 所示的除法过程有些繁琐。实际上，我们并不需要将被除数扩展到 8 位，直接使用 6 位的被除数经过 4 次试商操作也能得到正确的结果。因此，图 7.19 所示的除法器可以去掉前两层，只保留后四层。相关的数据位宽也可以改为 6 位。为了证明自己，他给出了图 7.36 所示的计算过程。

请判断该同学观点的正误，并结合具体的例子加以分析。

```
          0101
101 ) 011011      011011 < 101000
      000000
      ------
      011011      011011 > 010100
      010100
      ------
      000111      000111 < 001010
      000000
      ------
      000111      000111 > 000101
      000101
      ------
      000010
```

图 7.36　除法运算过程

20. 在 Logisim 中创建项目，搭建图 7.19 所示的简易 6 位-3 位除法器。

21. 请编写 Verilog 代码，实现图 7.19 所示的简易 6 位-3 位除法器。其中，减法器和比较器可以使用第 6 章中设计的对应模块。你需要结合仿真波形验证自己设计的正确性。

22. 如果要计算 n 位除法（被除数、除数、商、余数均为 n 位），那么图 7.21 所示的电路中，各个寄存器分别是多少位的？

23. 编写 Verilog 代码，实现图 7.21 所示的 32 位移位除法器。你不必严格地例化寄存器模块，而是可以使用 reg 型变量进行描述。

24. 编写 Verilog 代码，实现图 7.34 所示的对数器电路。

25. 编写 Verilog 代码，基于问题 23 和问题 24 中设计的电路，实现带有提前启动优化的 32 位除法器。

第 8 章　串口通信协议

通信协议是一种规定通信双方在信息交换过程中所采用的语法和语义规则的约定。它定义了通信的格式、顺序、错误检测和纠正方法，以及参与通信的实体的行为。通信协议使得不同系统或设备能够有效地交换信息，确保了彼此之间通信过程的正确性、可靠性和完整性。

在日常生活中，通信协议的应用场景已经十分广泛。例如，TCP/IP 协议是互联网上最常用的通信协议，它用于定义数据在网络上的传输方式，包括数据包的格式、发送与接收方的传输控制等；以太网协议是在局域网中广泛应用的通信协议，常用于相邻设备间的高速数据传输；蓝牙协议用于设备在短距离上的无线通信，例如连接电脑与耳机、鼠标、键盘等；串口协议用于在设备之间通过串口进行数据传输，如计算机核心处理器与外部设备的连接。

本章将介绍基础的串口通信协议，并使用 Verilog 编写代码，在 Vivado 中创建项目，最终在 FPGAOL 平台上将其实现。

8.1　协 议 分 类

8.1.1　串行协议与并行协议

根据数据传送时使用的线路数和传输顺序上的差异，通信协议可以被分为串行协议与并行协议。

- 串行协议通过单一的数据线逐位顺序传输数据。在传输过程中，每一位数据按照一定的时间顺序一个接一个地在信道中传输。无论传输的数据有多少位，串行协议的单向发送都只需要一根数据线，消耗的硬件资源较少，所以串行协议被广泛用于长距离通信之中。

- 并行协议通过多根数据线同时传输多位数据。在传输过程中，每一位数据都通过一根独立的线路传输。因此，并行通信过程需要使用由多个线束组成的缆线，有着相对较高的传输带宽，但也带来了更大的硬件资源开销。

例 8.1 (串行与并行)　假定将要发送一个位宽为 8 的数据 8'H3A。如果使用并行数据传输，将采用由 8 根导线组成的通道同时传输所有的位；如果使用的是串行数据传输，我们将一位一位地传输数据的所有位。图 8.1 所示的波形图展示了二者的区别。

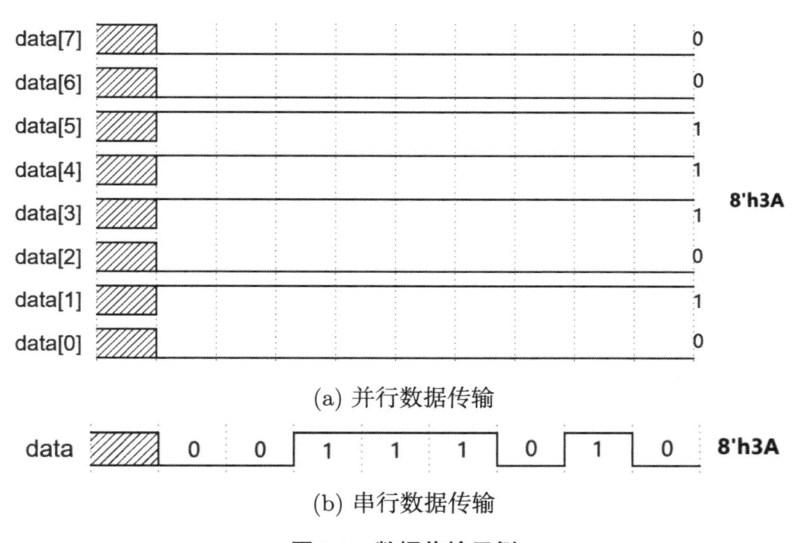

(a) 并行数据传输

(b) 串行数据传输

图 8.1　数据传输示例

图 8.1 中,波形图的横轴表示时间,图中左侧的波形比右侧的波形更早发出。

提示　图 8.1 所给的波形图仅是一个示例,图中展示的串行数据是从高位开始发送的,但不同平台上数据的发送方式可能有所不同。例如,FPGAOL 平台在浏览器端发送串行数据时是从低位开始的。

8.1.2　单工协议与双工协议

根据数据传输时的方向特征,传输协议也可以被划分为单工协议、半双工协议和全双工协议。

在整个通信过程中,如果信号只能在一个方向上传输,且无法改变信号的传输方向,那么这样的通信过程叫作单工通信;而如果信号可以双向传输,则被称为双工通信。

在单工通信过程中,接收端只能通过信号接收来自发送端的信号。如果接收端想要给予发送端反馈信息,则需要通过其他的传输渠道进行发送。单工通信往往用在具有明确信号传输方向的场景,例如电脑和打印机:数据只会从电脑流向打印机,而不会从打印机反向流向电脑。

双工通信分为两种:半双工与全双工。半双工通信允许信号在两个方向上传输,但同一时刻只允许信号在一个信道上单向传输。因此,可以将半双工通信看作可以切换方向的单工通信。为了标识单次发送的过程以腾出信道,发送方发送结束后会需要给出结束信号,用于告知接收方此时信道已经空闲;发送之前也需要给出开始信号,表明接下来即将占用信道进行发送。

全双工通信则允许数据同时在两个方向上传输。为了实现这样的效果,全双工通信有两个信道(相当于两个反向的单工信道)。此时双向的数据传输操作在两个独立的信道中进行,彼此之间互不干扰,这就实现了同时的双向传输。全双工通信效率高,控制简单,但造价相对较高。

例 8.2 (通信与铁路运输)　我们可以用铁路运输的例子展示上述三种传输方式的区别。

假定 A,B 两地之间修建了一条新的铁路,单工协议相当于修建了一条单向铁路,只允许列车从 A 地开往 B 地;半双工协议相当于修建了一条双向铁路;而全双工协议相当于修建了两条铁路,一条上行线,一条下行线。

因此,单向铁路要实现另一个方向的货物运输,就需要借助其他渠道(例如公路、航运等);双向铁路允许货物通过列车在两个城市间运输,但一次只能有一个方向的列车行驶在铁路上;两条铁路就可以有两个方向的列车同时行驶,从而达到运输效率的最大化。

然而,修建两条铁路的成本也显著高于修建一条铁路。因此在实际的修建过程中,有关部门需要衡量好修建成本与运输效率之间的关系。

8.2 UART

在嵌入式系统开发中,串口是一种必备的通信接口,在系统开发测试阶段和实际工作阶段都起着非常重要的作用。

从广义上来说,采用串行接口进行数据通信的接口都可以称为串口,如 SPI 接口、IIC 接口等,但我们日常所说的串口一般是指通用异步收发器(universal asynchronous receiver/transmitter),简称 UART。UART 是一种基础的"串行全双工"数据传输协议。本节中将介绍 UART 协议的规则,并给出对应的 Verilog 代码实现。

8.2.1 基础知识

UART 的传输信道主要包含 RX, TX, GND 三个接口信号,其中 GND 为共地信号,TX, RX 信号分别负责数据的发送和接收过程。在 Nexys4DDR 开发板中,UART 通信与 USB 烧写功能集成在了一个 microUSB 接口中,其结构如图 8.2 所示。

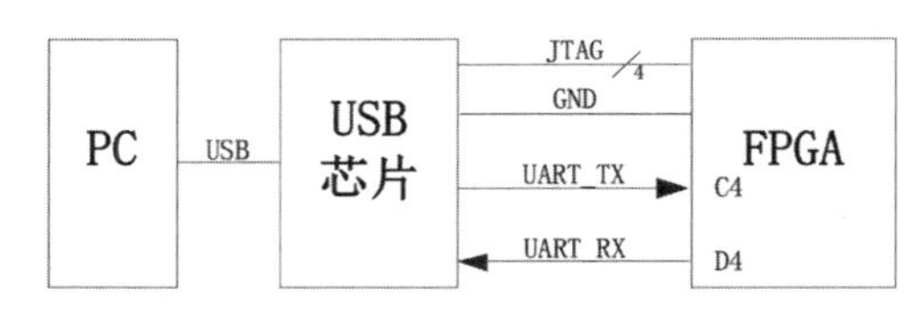

图 8.2 串口通信结构

用户将 Nexys4DDR 开发板与 PC 设备相连并连接电源之后,便可以在 PC 端的设备管理器中发现对应的串行接口。在 FPGAOL 平台上,我们已经在浏览器界面中集成了一个串口通信窗口,该窗口在浏览器端实现了串口通信协议,因此用户只需要在开发板上实现串口通信协议即可实现双向的串口通信功能。

为了规范串口的通信过程,就很自然地提出下面的问题:

• 通信双方的工作频率需要一致。因为串行数据发送时每一位占据的时间应当是固定的,如果双方工作的频率不一致,就会导致解码时出现错位,也就无法得到正确的信息。

• 需要有特定的标识位表明数据的范围。发送序列可以看作一串长长的 0-1 串,需要对该串进行正确的分割，从而获取正确的数据。这就要求我们在通信时添加一些固定格式的位用于识别。

为了解决工作频率不一致的问题，串口协议规定了一系列特定的工作频率。串口协议中支持的数据收发频率（又称波特率，单位为 bps）有多种，如 9600、19200、115200、256000 等，以 115200 为例，其表示在 1 秒的时间内单向的数据线中可以传送 115200 位的串行数据。这样就保证了通信双方可以对串行数据正确编码与解码。在 FPGAOL 平台上，我们约定使用 115200 的波特率进行串口通信过程。

串口的收发信号采用相同的数据格式称之为“数据帧”。当没有数据需要发送时，通信双方可以发送「空闲帧」。数据帧和空闲帧的格式如图 8.3 所示。

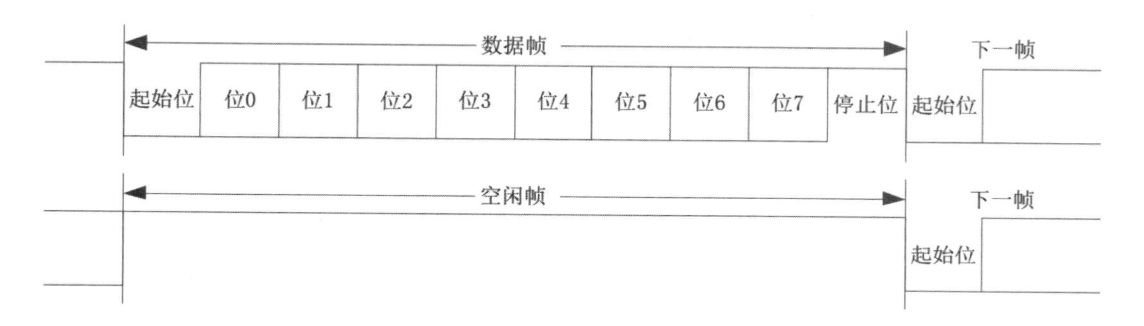

图 8.3　数据帧与空闲帧

在默认情况下，我们认为信道中始终为高电平，即一直发送空闲帧，仅在有数据传输时才会出现低电平的情况。每一个数据帧都由“起始位 + 数据位 + 停止位”三部分组成，相邻两个数据帧之间可以插入若干个空闲帧。串口通信协议规定：数据帧起始位始终为低电平、停止位始终为高电平，中间的数据位长度可选择 5 ~ 8 中的任意数字。本实验中选择“1 位起始位 + 8 位数据位 + 1 位停止位”的数据帧结构，且从低位开始发送数据。因此，8’h3A 可以转换为如图 8.4 所示的波形图。

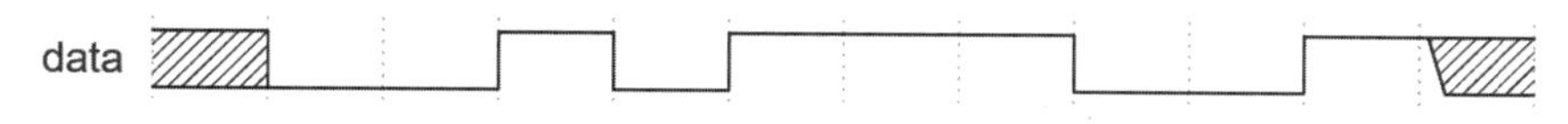

图 8.4　8’H3A 对应的数据帧

✍ **练习 8.1**

请参考上述内容，绘制 8’H7B 对应的数据帧结构。

8.2.2　串口回显

接下来，将在 Verilog 中实现串口的通信过程。首先，将借助一个简单的例子体会串口的工作流程。程序 8.1 是这个例子的示例代码。

程序 8.1 串口回显模块

```
module Uart_test (
    input               [ 0 : 0]        uart_din,
    output              [ 0 : 0]        uart_dout
);
assign uart_dout = uart_din;
endmodule
```

Uart_test 模块将来自网页端的串行数据 uart_din 原封不动地通过 uart_dout 发送回去，由网页端进行解码并显示，因而称作“串口回显”程序。你可以结合下面的约束文件，创建 Vivado 项目，在 FPGAOL 上体验串口发送与接收的流程。

```
set_property -dict { PACKAGE_PIN C4 IOSTANDARD LVCMOS33 } [get_ports { uart_din }];
set_property -dict { PACKAGE_PIN D4 IOSTANDARD LVCMOS33 } [get_ports { uart_dout }];
```

8.2.3 发送模块

串口的发送模块需要将来自开发板的 8 位数据转换成符合串口协议的数据帧。相比接收模块，发送模块需要考虑的事情更少，只需要将对应位上的信号维持一定的时间即可，而无需考虑采样等操作中的细节。

开发板的工作时钟频率为 100 MHz，因此当波特率为 115200 时，发送的每一位持续的时钟周期数约为

$$\frac{1}{115200}\Big/\frac{1}{100\times10^6}\approx 868$$

基于此，我们可以使用分频计数器在 0~867 之间进行计数，保证数据帧中的每一位都能持续 868 个时钟周期。

发送模块 Send 的端口定义如下：

```
module Send(
    input                   [ 0 : 0]        clk,
    input                   [ 0 : 0]        rst,
    output      reg         [ 0 : 0]        dout,
    input                   [ 0 : 0]        dout_vld,
    input                   [ 7 : 0]        dout_data
);
```

其中：

- dout 信号直接连接 UART 的 RX 端口，用于向用户发送来自开发板的串行数据，位宽为 1；
- dout_vld 信号用于指示当前 dout_data 是否有效，持续一个时钟周期；
- dout_data 信号用于存储即将发送的 8 位数据，位宽为 8。

例 8.3 (发送示例) 假定某时刻 dout_data 的值为 8'h3A，那么 Send 模块就需要在一定的时钟周期内给出图 8.5 所示的结果。

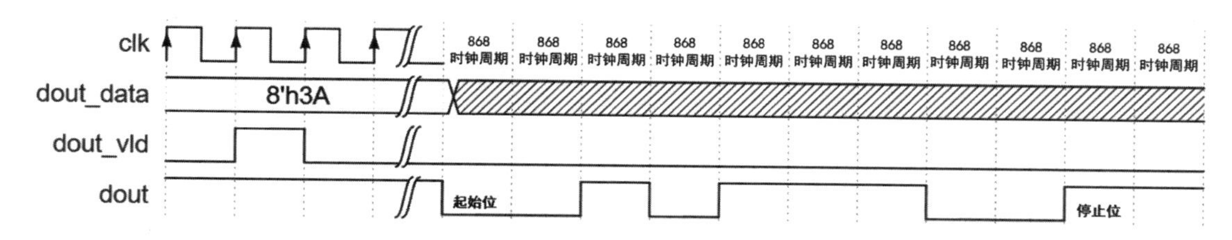

图 8.5　发送波形

图 8.5 中前半部分的间隔为 1 个时钟周期，其他模块将 dout_data 的值准备好后给出一个周期的 dout_vld 信号，随后 Send 模块开始进行转换。在转换的过程中，dout_data 的改变并不影响转换的结果，也就是说 Send 模块在接收到 dout_vld 信号后会先暂存此时 dout_data 的结果。

经过一定的时间后，Send 模块开始输出我们期待的数据帧。dout 信号最初始终为高电平，即持续发送空闲帧。随后，dout 信号变为低电平，对应数据帧的起始位。接下来，Send 模块按照从低位到高位的顺序逐位发送 8'h3A 的结果，每一位持续 868 个时钟周期。最后，以一个停止位结束该数据帧的发送过程，dout 信号继续保持高电平，持续发送空闲帧。

基于上面的过程，我们可以分析出，发送模块需要一个状态机和对应的分频计数器、位计数器。其中，分频计数器在发送状态下在 0~867 的范围内计数。位计数器用于指示当前发送的位的编号，每当分频计数器达到 867 时，位计数器就自增 1。我们一共有 $1+8+1=10$ 位数据需要发送，因此位计数器的范围为 $0\sim 9$。在发送数据时，需要根据位计数器的值确定当前发送的内容是起始位、中间数据还是终止位。

完整的 Send 模块如程序 8.2 所示。

程序 8.2　串口发送模块

```
module Send(
    input                   [ 0 : 0]        clk,
    input                   [ 0 : 0]        rst,
    output      reg         [ 0 : 0]        dout,
    input                   [ 0 : 0]        dout_vld,
    input                   [ 7 : 0]        dout_data
);
localparam FullT      = 867;
localparam TOTAL_BITS = 9;
reg [ 9 : 0] div_cnt;         // 0 ~ 867
reg [ 4 : 0] dout_cnt;        // 0 ~ 9

// Main FSM
localparam WAIT   = 0;
localparam SEND   = 1;
reg current_state, next_state;
always @(posedge clk) begin
    if (rst)
```

```
        current_state <= WAIT;
    else
        current_state <= next_state;
end
always @(*) begin
    next_state = current_state;
    case (current_state)
        WAIT:
            if (dout_vld)
                next_state = SEND;
        SEND:
            if (div_cnt == FullT && dout_cnt >= TOTAL_BITS)
                next_state = WAIT;
    endcase
end

// Counter
always @(posedge clk) begin
    if (rst)
        div_cnt <= 10'H0;
    else if (current_state == SEND) begin
        if (div_cnt < FullT)
            div_cnt <= div_cnt + 10'H1;
        else
            div_cnt <= 10'H0;
    end
    else
        div_cnt <= 10'H0;
end
always @(posedge clk) begin
    if (rst)
        dout_cnt <= 4'H0;
    else if (current_state == SEND) begin
        if (div_cnt >= FullT)
            dout_cnt <= dout_cnt + 4'H1;
    end
    else
        dout_cnt <= 4'H0;
end

reg [7 : 0] temp_data;
always @(posedge clk) begin
    if (rst)
```

```
        temp_data <= 8'H0;
    else if (current_state == WAIT && dout_vld)
        temp_data <= dout_data;
end
always @(posedge clk) begin
    if (rst)
        dout <= 1'B1;
    else if (current_state == WAIT)
        dout <= 1'B1;
    else begin
        case (dout_cnt)
            4'D0:  dout <= 1'B0; // Start bit
            4'D1:  dout <= temp_data[0];
            4'D2:  dout <= temp_data[1];
            4'D3:  dout <= temp_data[2];
            4'D4:  dout <= temp_data[3];
            4'D5:  dout <= temp_data[4];
            4'D6:  dout <= temp_data[5];
            4'D7:  dout <= temp_data[6];
            4'D8:  dout <= temp_data[7];
            4'D9:  dout <= 1'B1; // End bit
        endcase
    end
end
endmodule
```

8.2.4　接收模块

完成发送模块的设计后，将实现一个简单的数据接收模块。该模块可以将用户经过 UART_TX 发来的串行数据转换为原始的 8 位数据，供内部模块使用。Receive 模块的工作流程可通过图 8.6 所示的时序图说明。

这里额外涉及了采样的概念。在真实情况下，电平的变化是连续的，且需要一定的时间才能保持稳定。因此，为了保证转换结果的准确性，并不会在串行信号某一位的一开始就记录其结果，而是延迟一定的时间进行采样，将采样的结果视作该位信号的结果。由于在一定的时间内，电平信号已经趋于稳定，因此可以认为采样结果具有较高的准确度。

为了实现接收过程，同样可以使用分频计数器进行计数。当串行信号为低电平时，表明信道中出现了数据帧的起始位，此时分频计数器开始计数；当计数值达到 433 时（对应起始位的中间时刻），状态机从空闲状态跳转到接收状态，并正式开始采样的过程。

接下来，分频计数器将在 0~867 之间循环计数，同时启用位计数器进行位计数。从图 8.6 可以看出，当分频计数器值为 867 时，对应的就是串行接收信号某一位的最佳采样时刻（处于该位的中间时刻）。此时采样信道中的信号，并保存到输出数据（8 位）的对应位中。当位计数器达到 8 时，表明当前的 8 位数据已经接收完毕，将输出使能信号置位为高电平，并将接收到的整个字节输出出去。这样就完成了一个数据帧的接收转换过程。图 8.7 所示的状态机展示了上面叙述的流程。

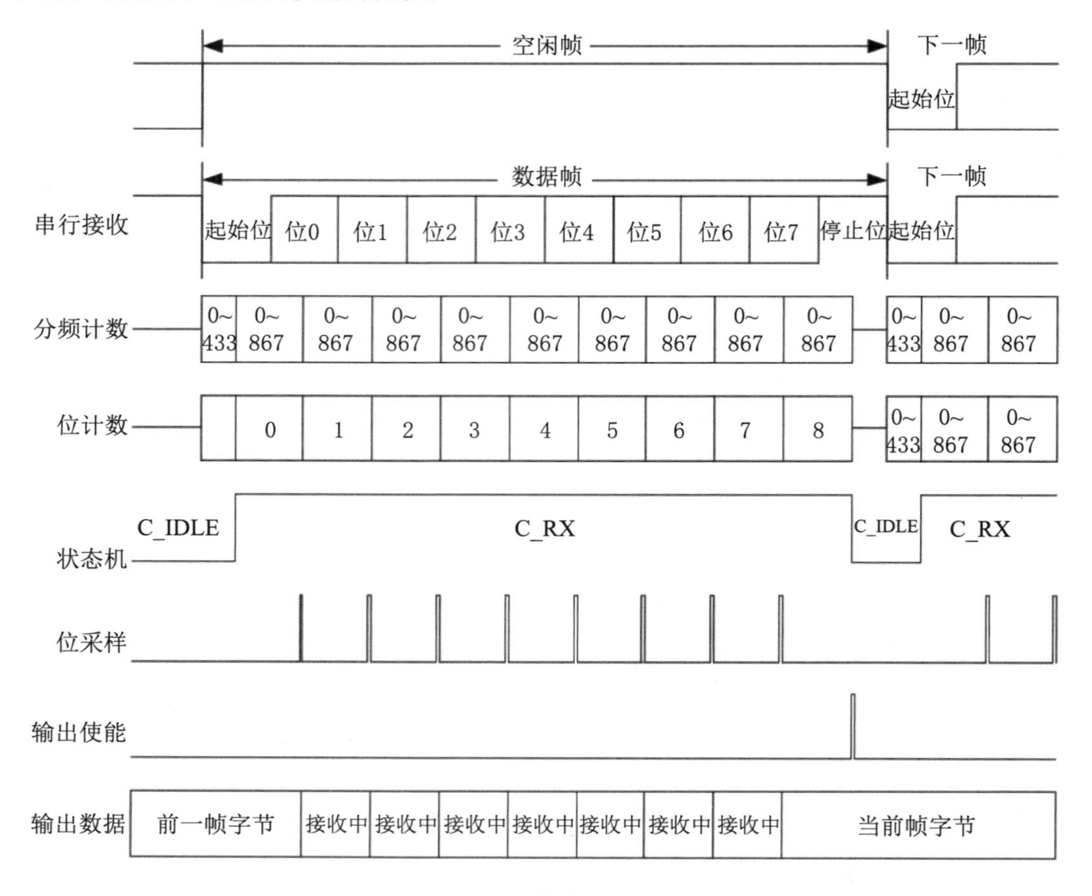

图 8.6 接收时序图

Receive 模块的输入输出端口定义如下：

```
module Receive(
input                 [ 0 : 0]      clk,
input                 [ 0 : 0]      rst,
input                 [ 0 : 0]      din,
output      reg       [ 0 : 0]      din_vld,
output      reg       [ 7 : 0]      din_data
);
```

其中：

- din 信号直接连接 UART 的 TX 端口，用于接收来自用户的串行数据；
- din_vld 信号用于指示当前 din_data 是否有效（数据帧内的 8 位数据全部解码完成），持续一个时钟周期；
- din_data 信号用于存储数据帧内的 8 位数据。

准备接收
某时刻，din信号变成低电平。在不考虑信道噪声的前提下，我们可以认为此时信道中出现了一个数据帧。此时分频计数器div_cnt开始计数。当计数值达到433时（HalfT）令状态机进入数据接收状态，并将分频计数器和位计数器din_cnt置零。

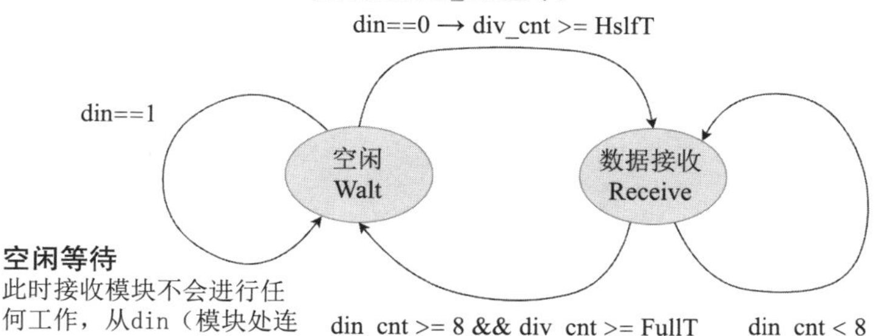

持续接收
此时，分频计数器持续在0~867之间循环计数。每当分频计数器达到867（FullT）时便发出一次采样信号，同时令位计数器自增1，表明已经接收了1 bit的输入数据。

一区需要接收8 bit的数据，最后一位数据接收完成时位计数器的值为7（即将增加为8）。为了保证时序的稳定，我们选择在停止位的中间时刻结束数据读取阶段，于是令分频计数器和位计数器继续工作。

空闲等待
此时接收模块不会进行任何工作，从din（模块处连接到uart_din）获得的信号始终为高电平，也就是说接收到的均为**空间帧**。

接收完成
在停止的中间时刻，即div_cnt==FullT且din_cnt==8时，所有数据均已经接收并处理完成。状态机进入空闲状态，同时发出一个数据接收完成信号din_vld，表明输出信号din_data[7:0]已经准备好，可供外界的模块读取。

我们不能直接根据din是否为高电平判断当前是否为停止位，因为中间的8位数据信号也可能包含高电平信号。因此，只能根据当前已经解析的位的数目判断是否已经读到停止位。

图 8.7　Receive 模块的状态机

基于图 8.6 和图 8.7 ,我们可以编写程序 8.3 所示的 Receive 模块。

程序 8.3　串口接收模块

```
module Receive(
   input              [ 0 : 0]     clk,
   input              [ 0 : 0]     rst,
   input              [ 0 : 0]     din,
   output    reg      [ 0 : 0]     din_vld,
   output    reg      [ 7 : 0]     din_data
);
localparam FullT     = 867;
localparam HalfT     = 433;
localparam TOTAL_BITS = 8;
reg [ 9 : 0] div_cnt;   // 0 ~ 867
reg [ 3 : 0] din_cnt;   // 0 ~ 8

// Main FSM
localparam WAIT   = 0;
localparam RECEIVE = 1;
reg current_state, next_state;
always @(posedge clk) begin
   if (rst)
```

```
        current_state <= WAIT;
    else
        current_state <= next_state;
end
always @(*) begin
    next_state = current_state;
    case (current_state)
        WAIT:
            if (div_cnt >= HalfT)
                next_state = RECEIVE;
        RECEIVE:
            if (din_cnt >= TOTAL_BITS && div_cnt >= FullT)
                next_state = WAIT;
    endcase
end

// Counter
always @(posedge clk) begin
    if (rst)
        div_cnt <= 10'D0;
    else if (current_state == WAIT) begin
        if (din == 1'B1)
            div_cnt <= 10'D0;
        else if (div_cnt < HalfT)
            div_cnt <= div_cnt + 10'D1;
        else
            div_cnt <= 10'D0;
    end
    else begin // RECEIVE
        if (div_cnt < FullT)
            div_cnt <= div_cnt + 10'D1;
        else
            div_cnt <= 10'D0;
    end
end
always @(posedge clk) begin
    if (rst)
        din_cnt <= 0;
    else if (current_state == WAIT)
        din_cnt <= 4'D0;
    else if (div_cnt == FullT)
        din_cnt <= din_cnt + 4'D1;
end
```

```
// Output signals
reg [ 0 : 0] accept_din;
always @(*) begin
    if (div_cnt == FullT && din_cnt < TOTAL_BITS)
        accept_din = 1'B1;
    else
        accept_din = 1'B0;
end
always @(*) begin
    if (div_cnt == FullT && din_cnt == TOTAL_BITS)
        din_vld = 1'B1;
    else
        din_vld = 1'B0;
end
always @(posedge clk) begin
    if (rst)
        din_data <= 8'B0;
    else if (current_state == WAIT)
        din_data <= 8'B0;
    else if (accept_din)
        din_data <= din_data | (din << din_cnt);
end
endmodule
```

本章的课后练习讨论了发送模块和接收模块的实际应用。

8.3 连续收发

很多情况下，在一次串口通信中要进行多个字符的收发操作。换而言之，发送的内容不仅仅是一个字节的数据，而是一系列字符串。这就需要我们支持对于串口的连续收发操作了。

8.3.1 接收状态机

假定串口输入的是由多个标准 ASCII 字符（$0 \sim 128$）组成的字符序列（图 8.8）。我们需要识别其中特定的连续子序列，并据此执行进行相应的操作。这实际上是先前介绍的状态机识别案例的进阶版本。我们同样可以通过状态机实现进一步的解码。

场景　现在我们需要通过串口控制某个时序单元的运行状态。当检测到串口输入为 start; 时模块开始运行；当检测到输入为 stop; 后模块停止运行。你的任务是设计一个命令检测单元，对串口输入的数据进行译码操作，并生成对应的控制信号。

提示 值得一提的是,分号也是输入字符序列的一部分。为什么要在输入字符串的末尾加上一个“;”呢?这是用来告诉状态机,当前的输入序列已经结束了。在 C 语言中,可以通过换行符标识一行输入的结束,串口通信自然也可以这样做。但简单起见,可以使用一个特定的非英文字符作为终结符,例如这里的“;”。

Dec	Hex	Oct	Chr	Dec	Hex	Oct	HTML	Chr	Dec	Hex	Oct	HTML	Chr	Dec	Hex	Oct	HTML	Chr
0	0	000	NULL	32	20	040		Space	64	40	100	@	@	96	60	140	`	`
1	1	001	SoH	33	21	041	!	!	65	41	101	A	A	97	61	141	a	a
2	2	002	SoTxt	34	22	042	"	"	66	42	102	B	B	98	62	142	b	b
3	3	003	EoTxt	35	23	043	#	#	67	43	103	C	C	99	63	143	c	c
4	4	004	EoT	36	24	044	$	$	68	44	104	D	D	100	64	144	d	d
5	5	005	Enq	37	25	045	%	%	69	45	105	E	E	101	65	145	e	e
6	6	006	Ack	38	26	046	&	&	70	46	106	F	F	102	66	146	f	f
7	7	007	Bell	39	27	047	'	'	71	47	107	G	G	103	67	147	g	g
8	8	010	Bsp	40	28	050	(	(	72	48	110	H	H	104	68	150	h	h
9	9	011	HTab	41	29	051	)	)	73	49	111	I	I	105	69	151	i	i
10	A	012	LFeed	42	2A	052	*	*	74	4A	112	J	J	106	6A	152	j	j
11	B	013	VTab	43	2B	053	+	+	75	4B	113	K	K	107	6B	153	k	k
12	C	014	FFeed	44	2C	054	,	,	76	4C	114	L	L	108	6C	154	l	l
13	D	015	CR	45	2D	055	-	-	77	4D	115	M	M	109	6D	155	m	m
14	E	016	SOut	46	2E	056	.	.	78	4E	116	N	N	110	6E	156	n	n
15	F	017	SIn	47	2F	057	/	/	79	4F	117	O	O	111	6F	157	o	o
16	10	020	DLE	48	30	060	0	0	80	50	120	P	P	112	70	160	p	p
17	11	021	DC1	49	31	061	1	1	81	51	121	Q	Q	113	71	161	q	q
18	12	022	DC2	50	32	062	2	2	82	52	122	R	R	114	72	162	r	r
19	13	023	DC3	51	33	063	3	3	83	53	123	S	S	115	73	163	s	s
20	14	024	DC4	52	34	064	4	4	84	54	124	T	T	116	74	164	t	t
21	15	025	NAck	53	35	065	5	5	85	55	125	U	U	117	75	165	u	u
22	16	026	Syn	54	36	066	6	6	86	56	126	V	V	118	76	166	v	v
23	17	027	EoTB	55	37	067	7	7	87	57	127	W	W	119	77	167	w	w
24	18	030	Can	56	38	070	8	8	88	58	130	X	X	120	78	170	x	x
25	19	031	EoM	57	39	071	9	9	89	59	131	Y	Y	121	79	171	y	y
26	1A	032	Sub	58	3A	072	:	:	90	5A	132	Z	Z	122	7A	172	z	z
27	1B	033	Esc	59	3B	073	;	;	91	5B	133	[	[	123	7B	173	{	{
28	1C	034	FSep	60	3C	074	<	<	92	5C	134	\	\	124	7C	174			|
29	1D	035	GSep	61	3D	075	=	=	93	5D	135	]	]	125	7D	175	}	}
30	1E	036	RSep	62	3E	076	>	>	94	5E	136	^	^	126	7E	176	~	~
31	1F	037	USep	63	3F	077	?	?	95	5F	137	_	_	127	7F	177		Delete

charstable.com

图 8.8 ASCII 编码表

为了实现上面的效果,我们可以设计如图 8.9 所示的状态机。

该状态机是一个 Moore 型状态机,因此在接受状态下会向内部模块发送对应的控制信号。每一个蓝色状态都对应着一种中间状态,这些状态以字符命名。从前一蓝色状态跳转到后一蓝色状态的过程对应串口接收了后一状态代表的字符。

例 8.4 (状态跳转) 接收 start; 的状态跳转路径是

$$\mathrm{WAIT} \to \mathrm{S} \to \mathrm{T}_1 \to \mathrm{A} \to \mathrm{R} \to \mathrm{T}_2 \to ;_1$$

这里需要注意的是状态跳转之间的判断条件。如果此时 din_vld 为 0,表明 Receive 模块并没有识别到串口的输入(或者正在识别),此时应当停留在某一状态不动。这是因为串口输入的过程并不一定是连续的,且相邻字符的间隔大于一个时钟周期;如果此时 din_vld 为 1,但输入的字符不是我们期望的字符,这表明截至目前输入的序列并不是 start; 或 stop;,此时就需要令状态机跳转到 WAIT 状态。

此外,同一字符的不同状态不应合并(例如 T_1 和 T_2),因为合并后我们无法确定该字符在序列中的位置。一种可行的解决办法是维护一个计数器,这样可以节省一部分状态空间,但带来了更为复杂的硬件逻辑开销。

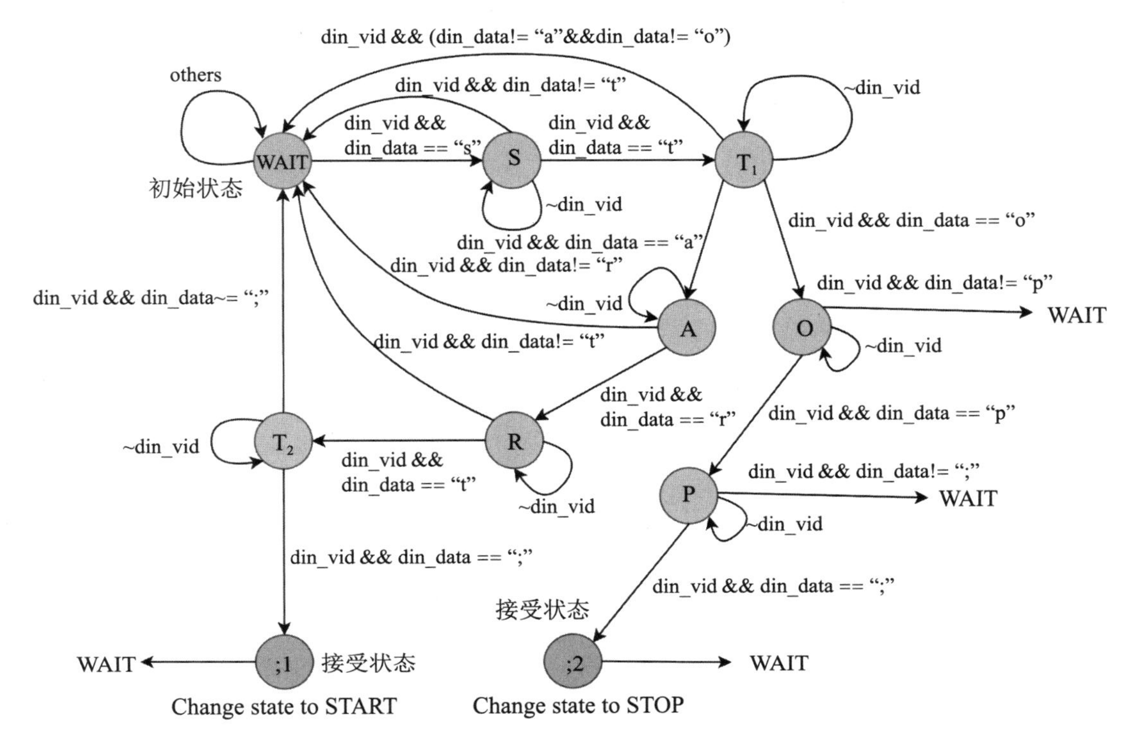

图 8.9　串口解码状态机

8.3.2　发送编码

在发送过程中，往往也不会仅输出一个字符，而是以字符串的形式进行连续输出。这就需要使用一个特定的模块，以一个数据帧对应的时间作为间隔向 Send 模块发送 dout_data 和 dout_vld 信号。这样，Send 模块便可以正确生成符合我们预期的串行数据。因此，问题的关键在于产生正确的 dout_data，以及控制合理的时间间隔。程序 8.4 展示了一种实现思路。

程序 8.4　连续发送

```
// FSM
localparam UOUT_WAIT    = 0;
localparam UOUT_PRINT   = 1;
localparam UOUT_HELLO_WORLD = 2;
reg [3 : 0] current_state, next_state;
always @(posedge clk) begin
   if (rst)
      current_state <= UOUT_WAIT;
   else
      current_state <= next_state;
end
always @(*) begin
```

```
    next_state = current_state;
    case (current_state)
        UOUT_WAIT: begin
            if (print_hello_world)
                next_state = UOUT_HELLO_WORLD;
        end
        UOUT_HELLO_WORLD: next_state = UOUT_PRINT;
        UOUT_PRINT: if (code_r1 == 0)
            next_state = UOUT_WAIT;
    endcase
end

// Counter
// 115200 bits/sec
reg [19 : 0] div_cnt;
always @(posedge clk) begin
    if (rst)
        div_cnt <= 0;
    else if (current_state == UOUT_PRINT) begin
        if (div_cnt < 20'D12000)
            div_cnt <= div_cnt + 1;
        else
            div_cnt <= 0;
    end
    else
        div_cnt <= 0;
end
reg clk_100_pos;
always @(*)
    clk_100_pos = (div_cnt == 20'd11000);

// Output
localparam _N = 8'd10;  // "\n"
localparam _R = 8'd13;  // "\r"
always @(posedge clk) begin
    if (rst) begin
        code_r1 <= 0;
        code_r2 <= 0;
        code_r3 <= 0;
        code_r4 <= 0;
        code_r5 <= 0;
        code_r6 <= 0;
        code_r7 <= 0;
```

```
        code_r8 <= 0;
        code_r9 <= 0;
        code_r10 <= 0;
        code_r11 <= 0;
        code_r12 <= 0;
        code_r13 <= 0;
        code_r14 <= 0;
        code_r15 <= 0;
        code_r16 <= 0;
        code_r17 <= 0;
        code_r18 <= 0;
        code_r19 <= 0;
        code_r20 <= 0;
    end
    else case(current_state)
        UOUT_HELLO_WORLD: begin
            code_r1 <= "H";
            code_r2 <= "e";
            code_r3 <= "l";
            code_r4 <= "l";
            code_r5 <= "o";
            code_r6 <= " ";
            code_r7 <= "w";
            code_r8 <= "o";
            code_r9 <= "r";
            code_r10 <= "l";
            code_r11 <= "d";
            code_r12 <= "!";
            code_r13 <= _N;
            code_r14 <= _R;
        end
        UOUT_PRINT: if (clk_100_pos) begin
            code_r1 <= code_r2;
            code_r2 <= code_r3;
            code_r3 <= code_r4;
            code_r4 <= code_r5;
            code_r5 <= code_r6;
            code_r6 <= code_r7;
            code_r7 <= code_r8;
            code_r8 <= code_r9;
            code_r9 <= code_r10;
            code_r10 <= code_r11;
            code_r11 <= code_r12;
```

```
            code_r12 <= code_r13;
            code_r13 <= code_r14;
            code_r14 <= code_r15;
            code_r15 <= code_r16;
            code_r16 <= code_r17;
            code_r17 <= code_r18;
            code_r18 <= code_r19;
            code_r19 <= code_r20;
            code_r20 <= 0;
        end
    endcase
end
// Uart dout
assign dout_data = code_r1;
always @(*)
    dout_vld = (div_cnt == 20'd100) && (current_state == UOUT_PRINT);
```

整段代码可以分为四个部分:

- 状态机。状态机按照输出的可能性划分为 WAIT,PRINT 以及对应的若干输出状态(例如 HELLO_WORLD)。WAIT 状态为复位和等待状态,PRINT 状态用于输出当前待输出的内容,HELLO_WORLD 状态用于向输出缓冲区载入待输出的字符。
- 分频计数器。串口输出单个字符(8 位)需要的时钟周期约为 $868 \times 10 \leqslant 9000$,因此相邻两个字符之间的输出间隔应当不低于 9000 个时钟周期。保险起见,我们令输出间隔为 12000 个时钟周期。
- 输出缓冲。输出缓冲区由 20 个 8 位寄存器组成,初始状态下均为 0。在 HELLO_WORLD 状态下,这 20 个寄存器会被同时待输出字符的 ASCII 码;在 PRINT 状态下,寄存器阵列以 12000 个时钟周期为间隔,依次向前传递待输出的内容。
- UART 输出。串口输出当前缓冲区最前面的字符(也就是 1 号寄存器的内容),并生成对应的 dout_vld 信号。我们选择在第 100 个时钟周期生成该信号,实际上也可以在任意大于 1 的时钟周期生成,只需要为后续 Send 模块的发送过程预留足够的时间。

单个字符的输出时序如图 8.10 所示。

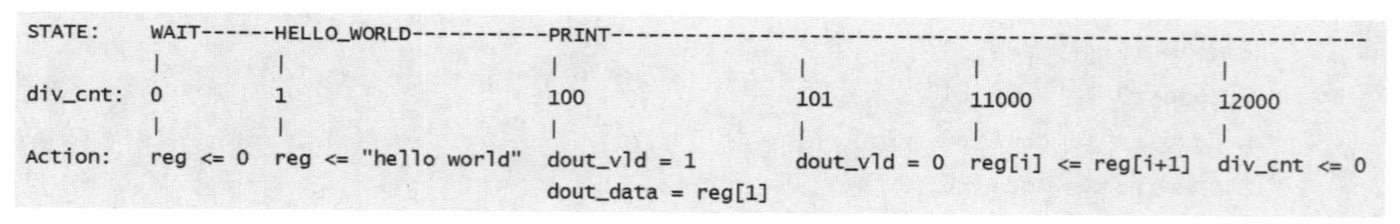

图 8.10 连续发送时序

练　　习

1. 请分别计算:在 100 MHz 的时钟频率下,当波特率为 9600,19200,256000 时,发送的每一位数据会占据多少个时钟周期?

2. 某时刻,四条串口信号线上的数据如图 8.11 所示。如果数据是从高位开始发送的,那么 data1~data4 上的数据分别是多少?如果数据是从低位开始发送的呢?

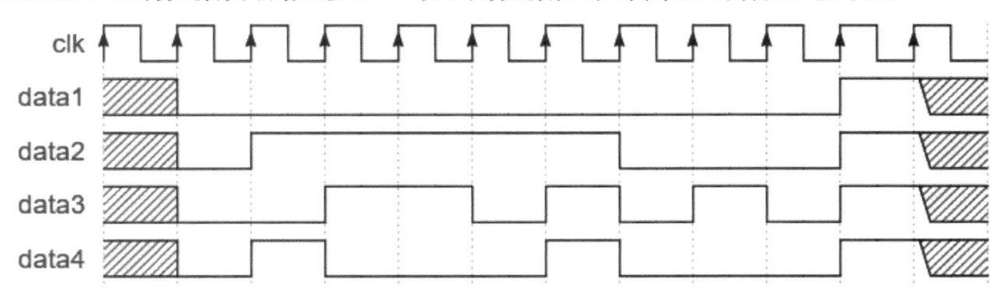

图 8.11　问题 2 图

3. 在远距离传输的过程中,由于线路长度较长,信号在传输过程中可能会出现不可预知的错误。为了保证通信的稳定性,在远距离通信时一般要引入一种校验方式供接收方检验内容的正确性。

奇偶校验是一种简单的方式。其基本原理是:在发送数据后添加一位校验位,让除起始位和停止位之外的其他位上,1 的个数为奇数/偶数。例如,如果想要发送的内容为 8'B00101011,在奇校验的情况下,添加校验位后发送的内容为 9'B00101011_1;偶校验的情况下,添加校验位后发送的内容为 9'B00101011_0。此时,数据帧的结构变为"1 位起始位 + 8 位数据位 + 1 位校验位 + 1 位停止位",空闲帧依然全部由高电平位组成,数据帧和空闲帧的长度都变为 11 位。

请结合以上内容,为下面的数据绘制对应校验方式下的发送波形。假定数据发送是从**低位**开始的。

(1)8'H3A,奇校验;

(2)8'H00,偶校验;

(3)8'HFE,奇校验;

(4)8'H7B,偶校验。

4. 问题 3 中使用的校验技术能否检验所有可能的错误情况?如果不行,请举出一个无法被奇校验检验出的错误例子。

5. 创建一个 Vivado 项目,将程序 8.1 作为设计文件。添加约束文件后,烧写比特流,并在 FPGAOL 平台上实现串口的回显流程。

6. 某同学认为串口发送模块并不需要 dout_vld 信号,只要保证在 dout_data 变化时,dout 就给出对应的串行波形即可。请评估该同学的设计中可能存在的问题。

7. 如果波特率发生了变化,应当如何修改程序 8.2,使其能够在新的波特率下正常工作?

8. 请结合 8.2.3 小节的相关内容,实现一个简易的串口发送测试程序。你需要使用下面的 Top 模块以及先前的 Segment 模块进行简单的上板测试。

```
module Top(
    input               [ 0 : 0]      clk,
    input               [ 0 : 0]      btn,
    input               [ 7 : 0]      sw,
    output              [ 3 : 0]      seg_data,
    output              [ 2 : 0]      seg_an,
    output              [ 0 : 0]      uart_dout
);
wire [ 0 : 0] rst = sw[7];
wire [ 7 : 0] dout_data;
wire [ 0 : 0] dout_vld = btn;
reg [31 : 0] output_data;
Send send (
    .clk          (clk),
    .rst          (rst),
    .dout         (uart_dout),
    .dout_vld     (dout_vld),
    .dout_data    (dout_data)
);
Segment segment (
    .clk          (clk),
    .rst          (rst),
    .output_data  (output_data),
    .seg_data     (seg_data),
    .seg_an       (seg_an)
);
always @(posedge clk) begin
    if (rst)
        output_data <= 0;
    else
        output_data <= {25'B0, sw[6:0]};
end
assign dout_data = output_data[7:0];
endmodule
```

上面的 Top 模块允许我们通过 sw[6:0] 输入数据,按下按钮后将 {25'B0, sw[6:0]} 通过串口发送回来。串口界面显示的数据为 ASCII = {25'B0, sw[6:0]} 的字符。例如:如果开关输入为 sw = 8'H30,则按下按钮后串口界面会显示一个字符 0。为了便于调试,数码管会实时显示当前开关的输入内容,sw[7] 被我们用作复位信号 rst。

Top 模块对应的约束文件如下:

```
set_property -dict { PACKAGE_PIN E3 IOSTANDARD LVCMOS33 } [get_ports { clk }];
set_property -dict { PACKAGE_PIN D14 IOSTANDARD LVCMOS33 } [get_ports { sw[0] }];
set_property -dict { PACKAGE_PIN F16 IOSTANDARD LVCMOS33 } [get_ports { sw[1] }];
```

```
set_property -dict { PACKAGE_PIN G16 IOSTANDARD LVCMOS33 } [get_ports { sw[2] }];
set_property -dict { PACKAGE_PIN H14 IOSTANDARD LVCMOS33 } [get_ports { sw[3] }];
set_property -dict { PACKAGE_PIN E16 IOSTANDARD LVCMOS33 } [get_ports { sw[4] }];
set_property -dict { PACKAGE_PIN F13 IOSTANDARD LVCMOS33 } [get_ports { sw[5] }];
set_property -dict { PACKAGE_PIN G13 IOSTANDARD LVCMOS33 } [get_ports { sw[6] }];
set_property -dict { PACKAGE_PIN H16 IOSTANDARD LVCMOS33 } [get_ports { sw[7] }];
set_property -dict { PACKAGE_PIN A14 IOSTANDARD LVCMOS33 } [get_ports { seg_data[0]
    }];
set_property -dict { PACKAGE_PIN A13 IOSTANDARD LVCMOS33 } [get_ports { seg_data[1]
    }];
set_property -dict { PACKAGE_PIN A16 IOSTANDARD LVCMOS33 } [get_ports { seg_data[2]
    }];
set_property -dict { PACKAGE_PIN A15 IOSTANDARD LVCMOS33 } [get_ports { seg_data[3]
    }];
set_property -dict { PACKAGE_PIN B17 IOSTANDARD LVCMOS33 } [get_ports { seg_an[0] }];
set_property -dict { PACKAGE_PIN B16 IOSTANDARD LVCMOS33 } [get_ports { seg_an[1] }];
set_property -dict { PACKAGE_PIN A18 IOSTANDARD LVCMOS33 } [get_ports { seg_an[2] }];
set_property -dict { PACKAGE_PIN B18 IOSTANDARD LVCMOS33 } [get_ports { btn }];
set_property -dict { PACKAGE_PIN D4 IOSTANDARD LVCMOS33 } [get_ports { uart_dout }];
```

9. 请结合 8.3.2 小节中介绍的内容，修改程序 8.2 所示的代码，实现支持奇偶校验功能的发送模块。此时，发送模块 Send_parity 的端口定义为

```
module Send_parity(
    input               [ 0 : 0]        clk,
    input               [ 0 : 0]        rst,
    output      reg     [ 0 : 0]        dout,
    input               [ 0 : 0]        is_odd,
    input               [ 0 : 0]        dout_vld,
    input               [ 7 : 0]        dout_data
);
```

其中，is_odd 信号用于指示当前采用的校验类型。如果 is_odd 信号为低电平，表明此时使用的为偶校验；如果 is_odd 信号为高电平，表明此时使用的为奇校验。

你需要自行编写仿真文件验证自己的设计。由于 FPGAOL 并不支持带有校验位的串口数据发送，因此你无法在平台上实际运行。

10. 结合 Send 模块中 dout_vld 信号的作用，讨论 Receive 模块中 din_vld 信号能否删去。

11. 如果串口协议是从高位而非低位开始发送数据的，那么应当如何修改程序 8.3 ，使其依然能够正常工作？

12. 请结合 8.2.4 小节的相关内容，实现一个简易的串口输入测试程序。你需要使用下面的 TOP 模块以及先前的 Segment 模块进行简单的上板测试。

```
module Top(
    input               [ 0 : 0]        clk,
```

```
    input            [ 0 : 0]      rst,
    output           [ 3 : 0]      seg_data,
    output           [ 2 : 0]      seg_an,
    input            [ 0 : 0]      uart_din
);
wire [ 7 : 0] din_data;
wire [ 0 : 0] din_vld;
reg  [31 : 0]  output_data;
Receive receive (
    .clk       (clk),
    .rst       (rst),
    .din       (uart_din),
    .din_vld   (din_vld),
    .din_data  (din_data)
);
Segment segment (
    .clk          (clk),
    .rst          (rst),
    .output_data  (output_data),
    .seg_data     (seg_data),
    .seg_an       (seg_an)
);
always @(posedge clk) begin
    if (rst)
        output_data <= 32'B0;
    else if (din_vld)
        output_data <= {output_data[23:0], din_data};
end
endmodule
```

上面的 Top 模块的功能是接收来自串口输入的数据,并将其以十六进制整数的形式显示在数码管上。串口每进行一次输入就将先前的内容左移 8 位。

Top 模块对应的约束文件如下:

```
set_property -dict { PACKAGE_PIN E3 IOSTANDARD LVCMOS33 } [get_ports { clk }];
set_property -dict { PACKAGE_PIN A14 IOSTANDARD LVCMOS33 } [get_ports { seg_data[0]
    }];
set_property -dict { PACKAGE_PIN A13 IOSTANDARD LVCMOS33 } [get_ports { seg_data[1]
    }];
set_property -dict { PACKAGE_PIN A16 IOSTANDARD LVCMOS33 } [get_ports { seg_data[2]
    }];
set_property -dict { PACKAGE_PIN A15 IOSTANDARD LVCMOS33 } [get_ports { seg_data[3]
    }];
set_property -dict { PACKAGE_PIN B17 IOSTANDARD LVCMOS33 } [get_ports { seg_an[0] }];
set_property -dict { PACKAGE_PIN B16 IOSTANDARD LVCMOS33 } [get_ports { seg_an[1] }];
```

```
set_property -dict { PACKAGE_PIN A18 IOSTANDARD LVCMOS33 } [get_ports { seg_an[2] }];
set_property -dict { PACKAGE_PIN B18 IOSTANDARD LVCMOS33 } [get_ports { rst }];
set_property -dict { PACKAGE_PIN C4 IOSTANDARD LVCMOS33 } [get_ports { uart_din }];
```

13. 请结合问题 3 中介绍的内容，修改程序 8.3 所示的代码，实现支持奇偶校验功能的接收模块。此时，发送模块 Receive_parity 的端口定义为

```
module Receive_parity(
    input               [ 0 : 0]    clk,
    input               [ 0 : 0]    rst,
    input               [ 0 : 0]    din,
    input               [ 0 : 0]    is_odd,
    output      reg     [ 0 : 0]    din_vld,
    output      reg     [ 7 : 0]    din_data,
    output      reg     [ 0 : 0]    error
);
```

其中，error 信号用于指示在当前的校验方式下，接收到的 din_data 信号是否有误。如果有误，则 error 信号会和 din_vld 信号同时发出，持续一个时钟周期。你同样需要自行编写仿真文件以验证自己的设计。

14. 写出图 8.9 对应状态机中，接收 stop; 的状态跳转路径。

15. 假定串口输入的命令包括以下五条：

- start;
- step;
- stop;
- reset;
- run;

请参考图 8.9，绘制此时的解码状态机。要求明确状态的跳转方向即可，不必标出完整的跳转条件。

16. 请编写 Verilog 代码，实现图 8.9 所示的接收解码状态机。你可以自行编写仿真文件，生成 din_vld 和 din_data 信号，以检验自己设计的正确性。

17. 现在，我们尝试将图 8.9 所示状态机的重复状态合并，即 T_1 和 T_2 合并成 T。为了区分 start; 中的两个不同的字母 t，需要使用一个计数器 n_bits 记录当前已经解码的位数。请基于上面的思路，在图 8.12 所示的状态转移图上填写 CONDITION1～ CONDITION5 对应的条件。

18. 请基于问题 17 中设计的状态机，编写 Verilog 代码以实现其功能。你可以自行编写仿真文件，生成 din_vld 和 din_data 信号，以检验自己设计的正确性。

19. 图 8.10 中的时序相对比较宽松，请修改连续发送过程的时序，使得相邻字符的输出间隔缩短为 10000 个时钟周期。

20. 由于串口发送时需要发送对应字符的 ASCII 编码，因此在发送变量的值之前，需要进行编码转换的工作。请使用 Verilog 设计一个 Hex2ASCII 模块，使得对于输入的 4 位信号 hex，模块的输出信号 ascii 够给出对应的 ASCII 编码结果（输出的字母均采用大写形

式)。例如:当 hex = 4'H1 时,模块的输出为 ascii = 8'H31;当 hex = 4'HA 时,模块的输出为 ascii = 8'H41。

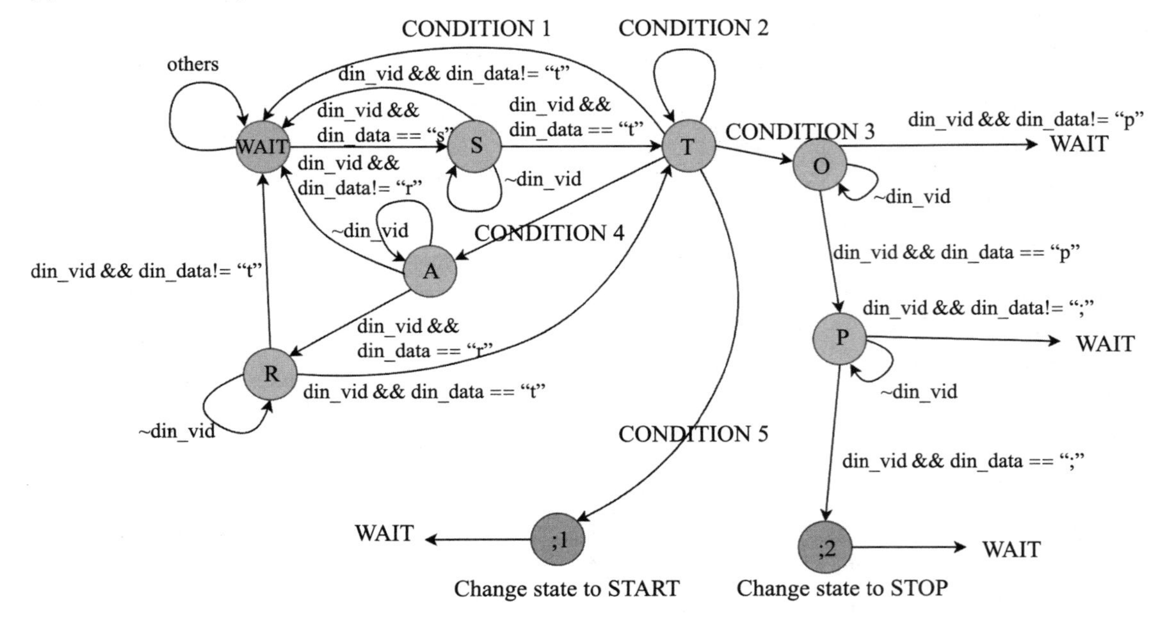

图 8.12 问题 17 图

第 9 章　设 计 案 例

9.1　数码管时钟

9.1.1　功能描述

数码管时钟是一项时序逻辑电路的基础应用。以 8 个七段数码管为例,我们将在这些数码管上实现时钟的显示效果。时钟包含小时、分钟、秒三个不同的时间单位,采用 24 小时制,并按照现实中的计时方式运行。

简单起见,令 8 个数码管的显示方案为“0-时时-分分-秒秒-0”,且均为十进制表示。例如,如果数码管显示的结果为 8’H02314280,则代表此时显示的时间是 23 时 14 分 28 秒。我们并不要求此时显示的时间与现实中的时间相同。

9.1.2　结构设计

从系统的层面来看,至少需要三个寄存器分别保存不同的时间单位数值,不妨称其为 Hour, Minute, Second。每个寄存器有自己独立的计数范围,依靠不同的信号进行驱动。与此同时,我们会将三个寄存器的数值拼接后送入数码管显示模块 Segment,实时显示当前的时钟结果。模块的数据流向如图 9.1 所示。

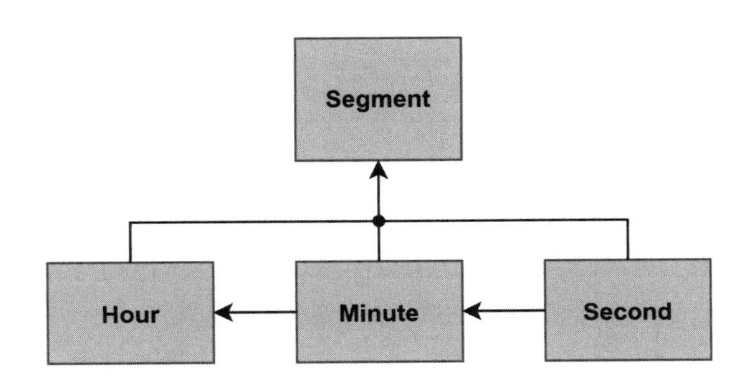

图 9.1　数码管时钟数据流向

图 9.1 中,秒计数器的范围为 0~59,每秒自增一次;分钟计数器的范围为 0~59,在秒计数器达到上限后自增一次;小时计数器的范围为 0~ 23,在分钟计数器达到上限后自增一

次。数码管显示的数据为来自三个寄存器结果的拼接,用 Verilog 的语法表示为

```
output_data = {{4'H0}, {hour}, {minute}, {second}, {4'H0}};
```

9.1.3 Logisim 搭建

首先,我们在 Logisim 中搭建上述的结构。打开 Logisim 程序,新建一个名为 Clock 的项目,并保存为 Clock.circ 文件。我们将使用计数器、十六进制数码管以及下降沿检测器完成这个项目。一个可行的搭建方案如图 9.2 所示。

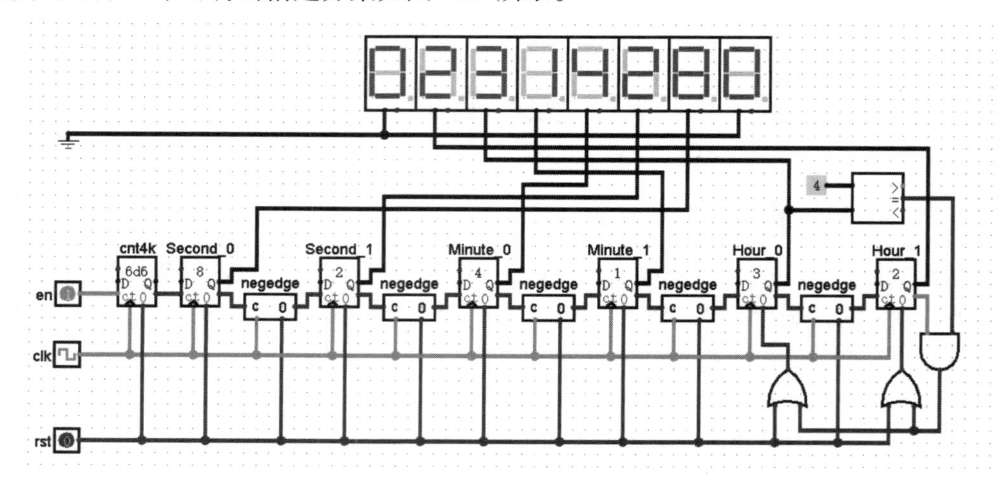

图 9.2 基于 Logisim 的数码管时钟

在这个项目里,使用了 7 个计数器,其中 6 个用于控制数码管显示,一个用于时钟分频。本项目里,分频计数器的复位值设为 2000,项目的时钟频率设置为 4 kHz。

提示 你可能会有这样的疑惑:Logisim 明明可以调整时钟频率,为什么要用分频计数器呢?

一方面,这是因为实际的项目中我们难以直接更改时钟频率,分频是一种更为常见的解决方案;另一方面,使用分频计数器可以让时钟维持高频运行,从而减少进位时的延迟。

此外,Logisim 中的时钟频率是针对高电平或低电平而言的,而不是对应整个时钟周期。1 Hz 的时钟对应的高电平低电平各占 1 秒,实际的周期为 2 秒。

控制数码管显示的计数器共 6 个,分别是 Second_0,Second_1,Minute_0,Minute_1,Hour_0 以及 Hour_1。下标为 0 的用于显示低位,下标为 1 的用于显示高位。之所以使用 6 个计数器而不是 3 个计数器是因为我们希望以 10 进制的方式进行显示。如果使用 Second[7:0] 进行记录,则显示的数值为 16 进制,不易于阅读。

例 9.1 (十六进制显示) 假定某时刻 Second[7:0] 的值是 8'D59,也就是 8'H3b,则两个七段数码管显示的数值为 0x3b。如果想让它显示 59,则需要令 Second_0[3:0] = 4'D9,Second_1[3:0] = 4'D5。

正如前文所说,Second_0 用于显示秒的低位,范围为 0~9;Second_1 用于显示秒的高位,范围为 0~5。二者之间连接了一个下降沿检测模块,用于正确处理进位的时序问题。本

章的课后习题讨论了这样做的必要性。以此类推，后续其他时间单位的寄存器也采用了相似的设置与进位策略。

电路结构中最为特殊的便是记录小时的计数器了。小时低位 Hour_0 的计数范围是 0~9 和 0~3，因此无法仅凭借计数器自身实现两段不同的计数。为此，需要检测当前的时间是否为 23 小时。如果是则需要在 Hour_0 变为 4 的一瞬间对 Hour_0 和 Hour_1 进行复位。

基于上面的思路，在 Hour_0 计数器的右上方放置了一个比较器，当 Hour_0 等于 4 时，比较器的相等端口便会输出高电平信号。而 Hour_1 计数器的进位端口仅在其计数值达到最大值 2 的时候为高电平。因此，将两个信号相与之后送入 Hour_0 和 Hour_1 的复位端口。这就是针对小时计数器的特殊设计。

在本章的课后习题中，将给出基于 Logisim 搭建的数码管时钟的一些值得思考的内容。

9.1.4 上板验证

现在，将编写 Verilog 代码，在 FPGAOL 平台上实现这一数码管时钟。同样地，使用 6 个时间计数器以及 1 个分频计数器完成上面的设计。

开发板上的时钟频率为 100 MHz，为此我们需要一个计数值为 100×10^6 的计数器实现 1 秒的分频。该计数器对应的 Verilog 代码如下：

```
reg [31 : 0] div_vnt;
localparam TIME_1S = 100_000_000;
always @(posedge clk) begin
    if (rst)
        div_cnt <= 32'B0;
    else if (div_cnt < TIME_1S)
        div_cnt <= div_cnt + 32'B1;
    else
        div_cnt <= 32'B0;
end
reg pos_1s;
always @(*)
    pos_1s = (div_cnt == TIME_1S);
```

接下来就是时间计数器了。我们自然可以参考 Logisim 章节中的那样，用例化基本的计数器模块与下降沿检测模块后，再在顶层模块中正确连接实现最终的效果。一种更为简便的方式是使用行为级描述，采用高级语言的思想实现这一功能需求。

例如，现在仅考虑秒位的数字，则 Second_0 和 Second_1 的行为级描述如下所示：

```
reg [3 : 0] second_0, second_1;
always @(posedge clk) begin
    if (rst) begin
        second_0 <= 4'B0;
        second_1 <= 4'B0;
    end
```

```
    else begin
        if (second_0 == 4'D9) begin
            second_0 <= 4'D0;
            if (second_1 == 4'D5)
                second_1 <= 4'D0;
            else
                second_1 <= second_1 + 4'D1;
        end
        else
            second_0 <= second_0 + 4'D1;
    end
end
```

上面的代码保证了秒位在 0~59 之间循环计数。那么秒到分钟之间的进位应当如何实现呢？我们可以继续嵌套这样的判断逻辑：

```
// ......
if (second_1 == 4'D5) begin
    second_1 <= 4'D0;
    if (minute_0 == 4'D9)
        minute_0 <= 4'D0;
    else
        minute_0 <= minute_0 + 4'D1;
end
else
    second_1 <= second_1 + 4'D1;
// ......
```

这样就可以通过串行的逻辑序列实现正确的计数器了。最后，给出 Segment_Clock 模块的代码框架。

```
module Segment_Clock (
    input                   [ 0 : 0]            clk,
    input                   [ 0 : 0]            rst,
    output                  [31 : 0]            output_data
);
// ......
assign output_data = {4'B0, hour_1, hour_0, minute_1, minute_0, second_1, second_0, 4'
    B0};
endmodule
```

在顶层模块中，需要将 Segment_Clock 模块与数码管显示模块 Segment 正确连接。程序 9.1 是给出的参考代码。

程序 9.1　数码管时钟顶层模块

```
module Top (
    input                   [ 0 : 0]            clk,
```

```
    input                   [ 0 : 0]          btn,
    output                  [ 3 : 0]          seg_data,
    output                  [ 2 : 0]          seg_an
);
wire rst = btn;
wire [31 : 0] data;
Segment_Clock my_clock (
    .clk          (clk),
    .rst          (rst),
    .output_data  (data)
);
Segment segment (
    .clk          (clk),
    .rst          (rst),
    .output_data  (data),
    .seg_data     (seg_data),
    .seg_an       (seg_an)
);
endmodule
```

完成代码编写工作后，就可以在 Vivado 中烧写比特流，并在 FPGAOL 平台上实际运行了。

9.2 交通信号灯

9.2.1 功能描述

这个例子是关于交通信号灯的。现在需要为一个小型路口设计一个信号灯控制器。信号灯包括红灯、黄灯和绿灯，在一个循环周期内，绿灯先保持亮起，一段时间后黄灯亮起，最终红灯保持亮起。随后在下一个周期，绿灯继续亮起。信号灯将一直按照这样的流程循环工作。我们的任务就是设计合适的逻辑电路，让交通信号灯能够按照预期正常工作。

9.2.2 Logisim 搭建

在 Logisim 程序中华新建一个项目，并将其保存为 traffic.circ。图 9.3 展示了一种简易的信号灯实现。

电路的原理十分简单。我们维护了一个计数器用于指示当前的时间，根据此时间判定现在应当亮起的 LED 灯。假定信号灯的一个周期为 30 秒，其中绿灯 15 秒，黄灯 3 秒，红灯 12 秒，我们可以使用比较器和常量输入实现对于计数值的区间判定。随后，将判定的结果连接到对应的信号灯上即可。

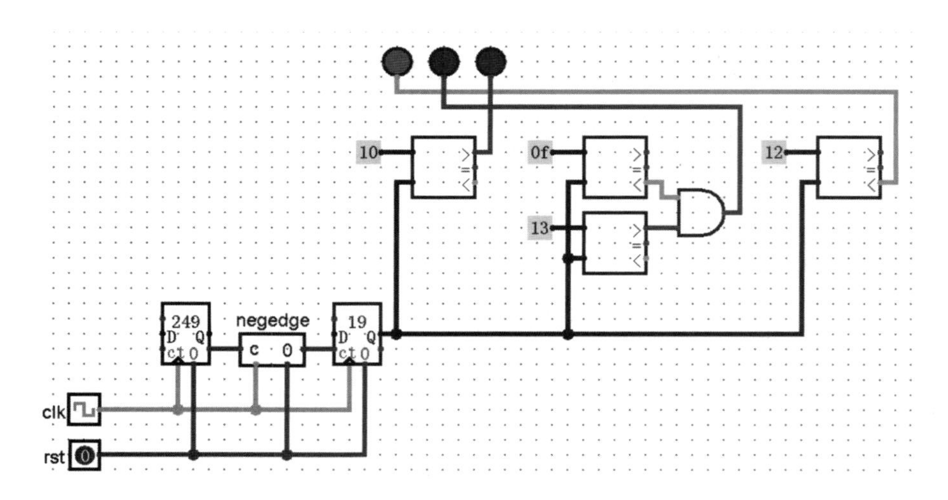

图 9.3 基于 Logisim 的简易交通信号灯

练习 9.1

结合图 9.3 ,讨论电路中用到的常量的数值是如何确定的。

提示 在这个项目中,依然使用分频计数器的方式实现 1 秒的计时。和数码管时钟一样,使用的时钟频率为 4 kHz,分频计数器的计数上限值为 2000。

在分频计数器的后面,同样使用一个下降沿检测模块,用于正确处理分频计数器的进位信号。

现在的交通灯已经可以正确实现红灯、黄灯、绿灯三种状态下的跳转了。但实际生活中的信号灯并不是这么简单。在绿灯变为黄灯之前,信号灯会进行闪烁,用于提醒司机绿灯即将变为黄灯,从而让司机能够提前减速。为此,我们设计了图 9.4 所示的电路。

与简单版本的相比,带有绿灯闪烁功能的交通信号灯只修改了绿灯亮起的逻辑。现在的绿灯包括两个阶段:持续亮起阶段和闪烁阶段,二者通过或门进行连接。持续亮起阶段时长为 12 秒,采用与先前一致的逻辑;闪烁阶段持续时长为 3 秒,使用了另一个分频计数器实现频率为 2 Hz 的闪烁效果。此外,图 9.4 中的三输入与门是为了限制闪烁的时间范围。

9.2.3 编程实现

接下来,使用 Verilog 编写代码,实现简单版本的交通信号灯。整个模块的端口定义如下:

```
module TrafficLight (
    input               [ 0 : 0]        clk,
    input               [ 0 : 0]        rst,
    output      reg     [ 0 : 0]        is_red,
    output      reg     [ 0 : 0]        is_green,
    output      reg     [ 0 : 0]        is_yellow
);
```

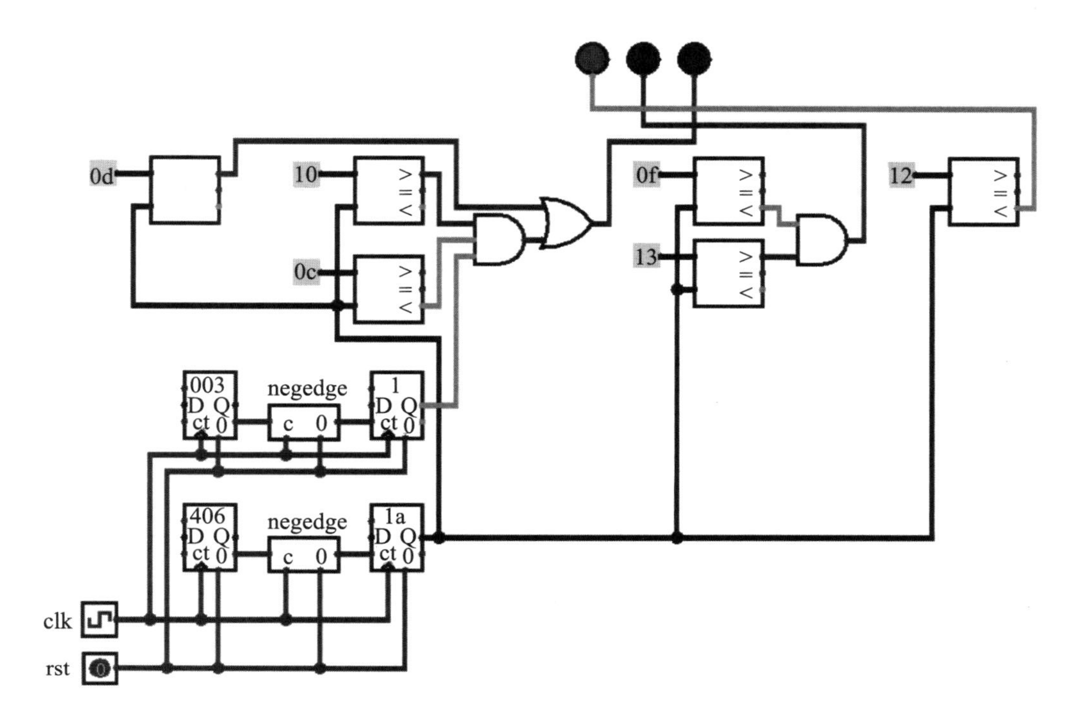

图 9.4　带有绿灯闪烁功能的交通信号灯

考虑到这是一个经典的时序逻辑电路,且包含了若干不同的阶段,我们使用三段式状态机来解决这个问题。

首先,按照题意定义状态变量以及状态名称。考虑到只有三种不同颜色的信号灯,可以设计三个不同的状态。

```
reg [1 : 0] current_state, next_state;
localparam RED    = 2'd0;
localparam YELLOW = 2'd1;
localparam GREEN  = 2'd2;
```

接下来编写第一段:当前状态更新。假定 reset 信号的效果是清除之前所有的输入,恢复初始状态。则按下 reset 后状态机应当跳转到 GREEN 状态。

```
always @(posedge clk) begin
   if (reset)
      current_state <= GREEN;
   else
      current_state <= next_state;
end
```

接下来编写状态转移的部分。交通信号灯的状态转换图是一个很简单的循环。一轮循环从绿灯开始,经过 15 秒转而亮起黄灯,再经过 3 秒亮起红灯,最后经过 12 秒再次亮起绿灯。据此,可以编写出如下的代码:

```
always @(*) begin
   next_state = current_state;
```

```
    case (current_state)
        GREEN:
            if (time >= 5'D15)
                next_state = YELLOW;
        RED:
            if (time >= 5'D30)
                next_state = GREEN;
        YELLOW:
            if (time >= 5'D18)
                next_state = RED;
    endcase
end
```

其中 time 是一个计时器变量,其范围为 0 ~ 30,每 1 秒增加 1。这样,就可以将红绿灯的跳转逻辑转化为对于秒数的判断。

最后,使用组合逻辑产生红灯、黄灯和绿灯的输出信号。

```
always @(*) begin
    is_green = current_state == GREEN;
    is_yellow = current_state == YELLOW;
    is_red = current_state == RED;
end
```

✍ 练习 9.2

请根据代码回答:这个状态机是 Mealy 型还是 Moore 型?

那么这段代码是否正确呢?本章的课后习题将给出关于交通信号灯问题的后续讨论。

9.3 汉字点阵显示

在很多情况下,需要在显示屏上显示汉字。此时就需要使用到汉字点阵显示技术了(图 9.5)。本节将在 Logisim 中实现基础的汉字点阵显示效果。

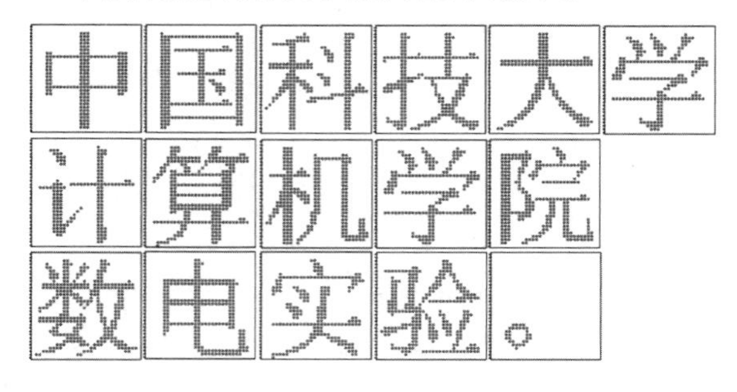

图 9.5 汉字点阵示例

9.3.1　字形码

在先前的章节中我们提到，普通的 LED 灯包括亮起和熄灭两个状态。如果输入的信号为低电平，则 LED 灯保持熄灭；如果输入的信号为高电平，则 LED 保持亮起。七段数码管可以视作由 7 个条形 LED 灯组成，根据其亮起 / 熄灭的状态不同显示不同的字符。

LED 显示屏采用了类似的原理：一块显示屏上有 $r \times c$ 个 LED 灯，以矩形的方式排列。根据不同位置上 LED 灯的亮起与熄灭不同，可以显示不同的字符形状，其中就包括了汉字。

为了规范汉字显示时的字形，采用字形码作为显示方案。字形码是点阵代码的一种。为了将汉字在显示器或打印机上输出，我们把汉字视作一个个图形符号，并将其设计成点阵图，就得到了相应的点阵代码（字形码）。无论汉字的笔画有多少，都可以将其写在同样大小的方格中。

图 9.6 展示了汉字“大”的字形编码。在一个 16×16 大小的 LED 方格矩阵中，选中合适的 LED 使其亮起（带有黑点标记），从而组成汉字“大”的字形。你可以自行验证：对于点阵的每一行，右侧的 4 位十六进制数即对应着左侧一行的 16 位“二进制数”（有黑点记为 1，否则记为 0）。

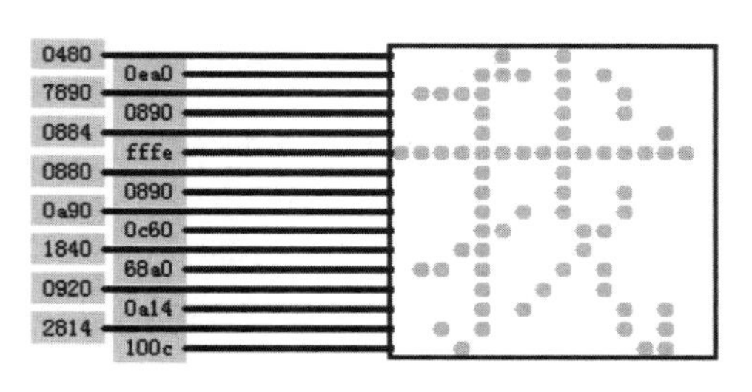

图 9.6　字形编码

在 Logisim 中，可以使用 LED Matrix 组件，设置其大小为 16×16，以同样的方式显示中文字符。图 9.7 展示了汉字“我”在 Logisim 中的显示效果。

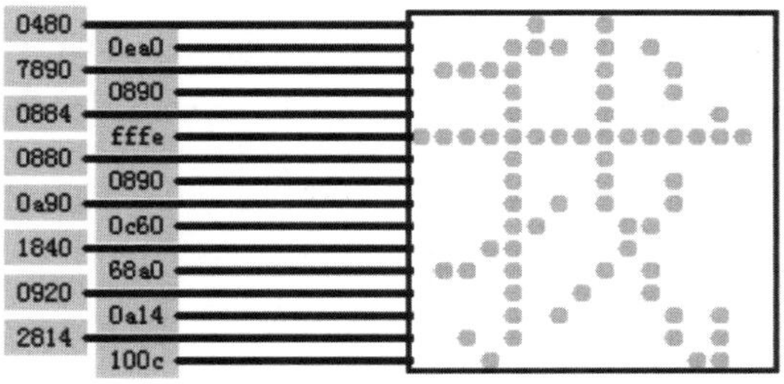

图 9.7　Logisim 中的汉字显示

✍ 练习 9.3

图 9.7 展示了每一行的十六进制数与字形的对应关系。请结合汉字“我”的字形，指出每一列对应的 4 位十六进制数应当为多少？

提示　Logisim 在复制粘贴电路结构时，所有输入引脚的状态会被清空。因此，在这里使用常量(Constant,在 Wiring 目录中)而不是输入端口来对 LED 点阵进行赋值。

那么,如何得到其他汉字的字形码呢?难道需要自己一个字一个字在方格中画出来吗?当然不需要这么麻烦。你可以访问这个网站:https://www.zhetao.com/fontarray.html 获取相应的帮助。

9.3.2 滚动显示

实际生活中,我们见到的 LED 显示屏往往具有滚动显示的功能,即用较少的 LED 屏幕显示一段较长的文本。我们也可以在 Logisim 中实现类似的功能。

与静态的字符显示不同,现在每个 LED 屏幕上显示的内容是动态的,因此不能使用常量作为数据的输入,而是选择使用只读存储器 ROM 的数据端口作为输入。这样,只需要给出确定的地址 address,ROM 便会给出对应的数据 data 显示在 LED 屏幕上了。

滚动显示的原理也十分直观:穷举每一时刻应当显示的字符即可。假定我们只在水平方向上进行移动操作,对于 LED 显示屏的某一行,某时刻其显示的数值为 0x3001。如果向左移动,则下一时刻显示的数值就是 0x6002,再下一时刻显示的数值就是 0xc004。因此,可以用一个计数器存储地址,并在 ROM 中写入如表 9.1 所示的内容。

表 9.1 横向滚动显示的 ROM 示例

Address	Data	Address	Data
0x000	0x3001	0x001	0x6002
0x002	0xc004	0x003	0x8008
0x004	0x0010	0x005	0x0020

每个时钟周期,如果 address 增加,则 LED 显示屏会呈现向左移动的效果;如果 address 变小,则 LED 显示屏会呈现向右移动的效果。如果调整 address 变化的频率,则 LED 显示屏移动的速度也会发生变化。以此类推,可以使用 16 个 ROM 控制显示屏的每一行,采用相同的地址值 address,从不同的存储器中读取不同行的数值,再接入对应的 LED 行,从而实现对于整个字形的滚动显示操作。

上面介绍的方法有些繁琐。如果我们换个思路,在水平方向滚动时,按列确定 LED 显示屏显示的内容,效果又会如何呢?假定某时刻 LED 显示屏某一列的显示内容如下:

col[0]: 0x0001
col[1]: 0x0002
col[2]: 0x0003
col[3]: 0xfffc

下一帧的显示情况变为

col[0]: 0x2345
col[1]: 0x0001
col[2]: 0x0002
col[3]: 0x0003

不难发现,假定第 0 列对应的存储器为 ROM0,第 1 列对应的存储器为 ROM1,则只需要让存储的数据满足关系 ROM0[i] = ROM1[i+1],即可在地址为 address 时正确显示此时的数据,即 col[0] = ROM0[address],col[1] = ROM1[address]。

ROM 组件位于 Memory 目录下,可定制的内容包括存储单元数目、存储单元位宽以及内部存储的数值。你可以直接点击对应的存储单元,在键盘上输入该单元存储的数值;也可以使用特定的文件进行批量导入。文件开头必须为 v2.0 raw,后面的十六进制字形码可写作任意行,只需要确保顺序正确即可。

9.4　猜数字游戏

9.4.1　游戏介绍

猜数字小游戏的基本过程是程序随机生成 3 个介于 0 ~ 5 之间的、互不相同的数码,由玩家进行猜测。玩家每次通过拨码开关(switches)输入自己猜测的数据序列,按下按钮表明输入完毕。随后,程序检查玩家最近的三次输入和生成的数码是否匹配,并通过 LED 给出对应的反馈结果。在玩家猜测的同时,数码管(segments)会显示一个倒计时,在倒计时结束之前如果匹配正确则视为用户胜利,否则会视为用户失败。

编码开关的输入方式为

- sw[0] - 输入 0;
- sw[1] - 输入 1;
- sw[2] - 输入 2;
- sw[3] - 输入 3;
- sw[4] - 输入 4;
- sw[5] - 输入 5。

开关的输入为高电平有效,在其被拨上去时视作输入了一个对应的数字,将开关从开启状态拨动到关闭状态不会触发任何输入动作。按下按钮后我们仅记录最近的三个输入作为用户的最终输入,例如:假定当前的开关状态为 sw = 8'B0011_0011,经过下面的一系列操作:

- sw = 8'B0011_0011 // 初始状态;
- sw = 8'B0010_0011 // 拨下 sw[4];
- sw = 8'B0010_1011 // 拨上 sw[3];
- sw = 8'B0010_1111 // 拨上 sw[2];
- sw = 8'B0010_1110 // 拨下 sw[0];
- sw = 8'B0011_1110 // 拨上 sw[5];
- sw = 8'B0011_1111 // 拨上 sw[0]。

随后按下按钮,则此时程序接收到的输入序列为 250。那么如果用户输入了限制范围之外的数值,例如:拨动了 sw[7] 应当怎么处理呢?这个问题我们可以之后再考虑。

匹配阶段需要比较用户猜测的结果和目标结果之间的相似程度。考虑到我们只有三位数,所有可能的结果可以拆成下面几种情况:

- 一个数字都没对;
- 只对了一个数,且位置不正确;
- 只对了一个数,但位置正确;
- 对了两个数,但位置都不正确;
- 对了两个数,但一个位置正确,一个不正确;
- 对了两个数,且位置都正确;
- 对了三个数,且位置都不正确;
- 对了三个数,且位置都正确。

我们可以使用 led[5:0] 表示上面的八种情况。对应的关系如下:

- led[2:0]:用于指示当前正确但位置不正确的数字数目。其中
  * led[2] 亮起代表 3 个数都正确但位置均不正确;
  * led[1] 亮起代表有 2 个数正确但位置均不正确;
  * led[0] 亮起代表有 1 个数正确但位置不正确。

如果均不亮起代表没有正确的数字:

- led[5:3]:用于指示当前正确且位置正确的数字数目。其中:
  * led[5] 亮起代表有 3 个数位置正确;
  * led[4] 亮起代表有 2 个数位置正确;
  * led[3] 亮起代表有 1 个数位置正确。

如果均不亮起代表没有位置正确的数字。

例 9.2 (用户输入) *如果用户输入为 023,而当前游戏的答案为 520,则 LED 灯的结果为 led[5:0] = 6'b001_001,对了两个数,但一个位置正确,一个不正确。如果用户输入为 052,则 LED 灯的结果为 led[5:0] = 6'b000_100,即 3 个数都正确但位置均不正确。*

9.4.2 系统设计

为了实现最为基础的功能,猜数字小游戏的硬件结构如图 9.8 所示。

在设计中,Top 模块与开发板的交互信号包括:

- sw 信号。用于获取开关信息,位宽为 8,与平台上的 8 个开关引脚相连。
- rst 信号。用于系统复位,位宽为 1,与 sw[7] 信号相连。
- btn 信号。用于获取按钮信息,位宽为 1,与平台上的按钮相连。
- led 信号。用于控制 LED 的亮起状态,位宽为 8,与平台上的 8 个 LED 灯相连。
- seg_an 信号。用于控制七段数码管的显示,位宽为 3,与平台上的数码管地址引脚相连。
- seg_data 信号。用于控制七段数码管的显示,位宽为 4,与平台上的数码管数据引脚相连。

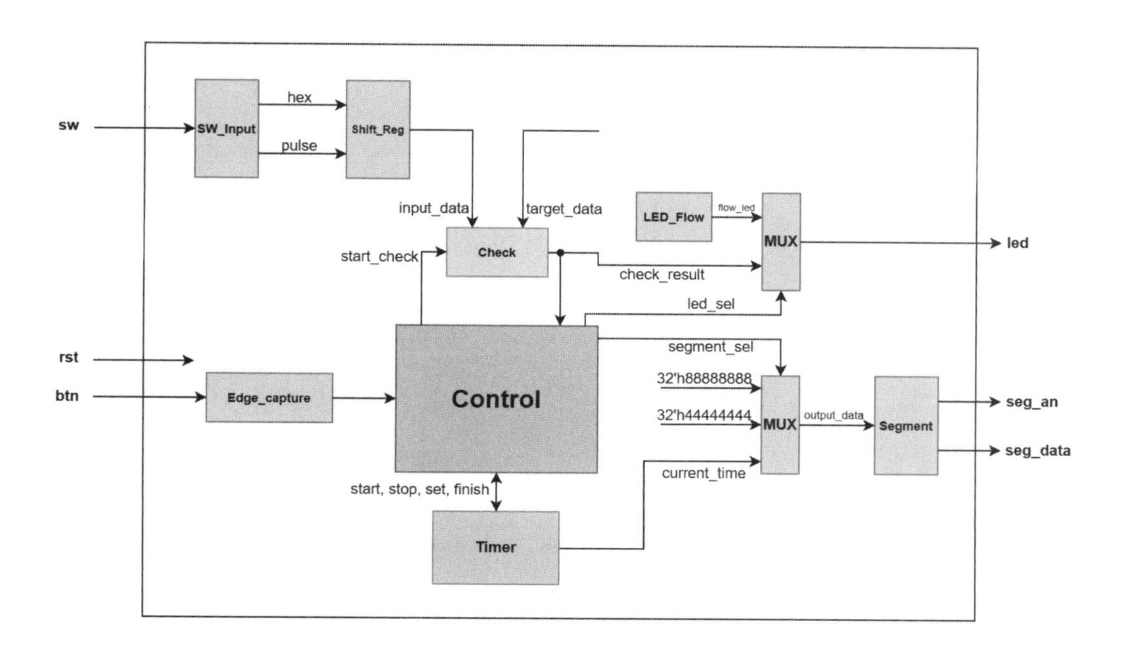

图 9.8 猜数字小游戏数据通路

提示 当 rst 信号为高电平时，系统内所有的寄存器都会被复位。

9.4.3 功能实现

9.4.3.1 用户输入

首先，需要确定用户拨动开关的时机以及对应的编号，这就是 SW_Input 模块的作用。模块的端口包括：

- 输入信号 clk，系统时钟信号；
- 输入信号 rst，系统复位信号；
- 输入信号 sw，来自平台的开关输入；
- 输出信号 hex，用于指示当前拨动的开关编号，范围是 3'd0 ~ 3'd7；
- 输出信号 pulse，为时钟同步的高电平脉冲，当某开关由关闭变为开启状态时，pulse 会发出一个时钟周期的高电平信号。

基于上面的分析，该模块的 Verilog 实现如程序 9.2 所示。

程序 9.2 开关输入处理

```
module SW_Input(
    input                  [ 0 : 0]        clk,
    input                  [ 0 : 0]        rst,
    input                  [ 7 : 0]        sw,
    output      reg        [ 2 : 0]        hex,
    output                 [ 0 : 0]        pulse
```

```
);
reg [7:0] sw_reg_1, sw_reg_2, sw_reg_3;
wire [7:0] sw_change;
always @(posedge clk) begin
   if (rst) begin
      sw_reg_1 <= 0;
      sw_reg_2 <= 0;
      sw_reg_3 <= 0;
   end
   else begin
      sw_reg_1 <= sw;
      sw_reg_2 <= sw_reg_1;
      sw_reg_3 <= sw_reg_2;
   end
end
assign sw_change = sw_reg_2 & ~sw_reg_3;

always @(*) begin
   if (sw_change[5])
      hex = 3'h5;
   else if (sw_change[4])
      hex = 3'h4;
   else if (sw_change[3])
      hex = 3'h3;
   else if (sw_change[2])
      hex = 3'h2;
   else if (sw_change[1])
      hex = 3'h1;
   else if (sw_change[0])
      hex = 3'h0;
   else
      hex = 3'h7;
end
assign pulse = |sw_change[5:0];
endmodule
```

程序 9.2 中第 10 ～ 22 行的赋值语句实现了对于输入信号 sw 的三级上升沿检测,保证了系统的工作稳定性。

```
always @(posedge clk) begin
   if (rst) begin
      sw_reg_1 <= 0;
      sw_reg_2 <= 0;
      sw_reg_3 <= 0;
   end
```

```
   else begin
      sw_reg_1 <= sw;
      sw_reg_2 <= sw_reg_1;
      sw_reg_3 <= sw_reg_2;
   end
end
assign sw_change = sw_reg_2 & ~sw_reg_3;
```

第 24 ～ 40 行的赋值语句实现了 hex 信号和 pulse 信号的生成。可以看到，如果只检测并编码 sw[5:0] 的变化情况，对于 sw[7:6] 的不合法情况则可采取忽视的策略。

```
always @(*) begin
   if (sw_change[5])
      hex = 3'h5;
   else if (sw_change[4])
      hex = 3'h4;
   else if (sw_change[3])
      hex = 3'h3;
   else if (sw_change[2])
      hex = 3'h2;
   else if (sw_change[1])
      hex = 3'h1;
   else if (sw_change[0])
      hex = 3'h0;
   else
      hex = 3'h7;
end
assign pulse = |sw_change[5:0];
```

例 9.3 (开关输入波形)　假定某时刻开关的状态为 sw=8'b0011_0001，现在拨动 1 号开关，状态变为 sw=8'b0011_0011。图 9.9 是该过程对应的示例波形图。需要指出的是，图中存在一定的误差，信号应均为时钟同步的。图中所有的数据均为十六进制。

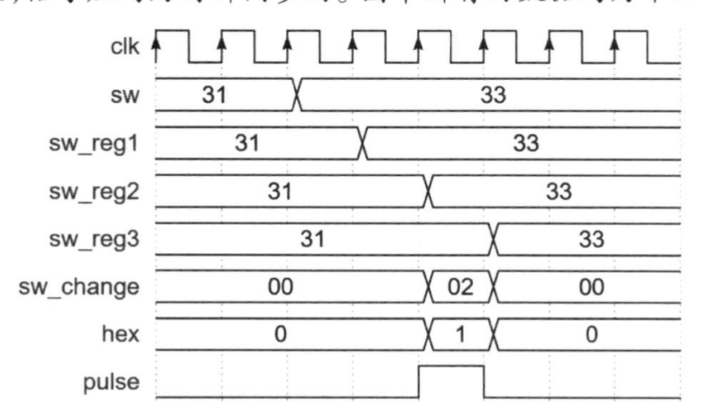

图 9.9　开关输入的示例波形

可以看到，在延迟了 2 个时钟周期后，hex 信号和 pulse 信号给出结果，表明 1 号开关被拨动。这印证了我们的输入过程。

9.4.3.2 结果比对

结果比对模块 Check 用于确定当前用户的输入是否与游戏目标相符,并给出对应的检测结果 check_result。模块的端口包括:

- input_number 为来自用户的输入,位宽为 3;
- target_number 为本局游戏的目标结果,位宽为 3;
- start_check 信号来自控制单元,为高电平时模块会给出此时对应的 check_result;
- check_result 信号为输出的比对结果。

Check 模块的 Verilog 实现如程序 9.3 所示。

程序 9.3 结果比对

```
module Check(
    input               [ 0 : 0]        clk,
    input               [ 0 : 0]        rst,
    input               [ 8 : 0]        input_number,
    input               [ 8 : 0]        target_number,
    input               [ 0 : 0]        start_check,
    output              [ 5 : 0]        check_result
);
reg [8:0] current_input_data, current_target_data;
always @(posedge clk) begin
    if (rst) begin
        current_input_data <= 0;
        current_target_data <= 0;
    end
    else if (start_check) begin
        current_input_data <= input_number;
        current_target_data <= target_number;
    end
end

wire [2:0] target_number_3, target_number_2, target_number_1;
wire [2:0] input_number_3, input_number_2, input_number_1;
assign input_number_1 = current_input_data[2:0];
assign input_number_2 = current_input_data[5:3];
assign input_number_3 = current_input_data[8:6];
assign target_number_1 = current_target_data[2:0];
assign target_number_2 = current_target_data[5:3];
assign target_number_3 = current_target_data[8:6];
reg i1t1, i1t2, i1t3, i2t1, i2t2, i2t3, i3t1, i3t2, i3t3;
always @(*) begin
```

```
    i1t1 = input_number_1 == target_number_1;
    i1t2 = input_number_1 == target_number_2;
    i1t3 = input_number_1 == target_number_3;
    i2t1 = input_number_2 == target_number_1;
    i2t2 = input_number_2 == target_number_2;
    i2t3 = input_number_2 == target_number_3;
    i3t1 = input_number_3 == target_number_1;
    i3t2 = input_number_3 == target_number_2;
    i3t3 = input_number_3 == target_number_3;
end

reg [2:0] first_part, last_part;
always @(*) begin
    first_part = 0;
    if (i1t1 && i2t2 && i3t3)
        first_part[2] = 1;
    else if (i1t1 && i2t2 || i1t1 && i3t3 || i2t2 && i3t3)
        first_part[1] = 1;
    else if (i1t1 || i2t2 || i3t3)
        first_part[0] = 1;
end
always @(*) begin
    last_part = 0;
    if ((i1t2 || i1t3) && (i2t1 || i2t3) && (i3t1 || i3t2))
        last_part[2] = 1;
    else if (((i1t2 || i1t3) && (i2t1 || i2t3)) || ((i2t1 || i2t3) && (i3t1 || i3t2))
        || ((i1t2 || i1t3) && (i3t1 || i3t2)))
        last_part[1] = 1;
    else if ((i1t2 || i1t3) || (i2t1 || i2t3) || (i3t1 || i3t2))
        last_part[0] = 1;
end
assign check_result = {{first_part}, {last_part}};
endmodule
```

程序 9.3 大致可以分为三部分: 对输入的寄存、产生中间结果以及产生最终结果。第 9 ~ 19 行在模块内部用寄存器暂存输入信号,从而避免外部信号突变带来的影响。接下来的第 21 ~ 40 行则定义了一系列中间变量。其中变量 imtn 代表用户输入的第 m 个数码与目标结果的第 n 个数码相同。

第 42 ~ 61 行给出了比对结果的产生逻辑。最终结果可以分为两部分: 基于位置的比对 first_part 和基于数码的比对 last_part。first_part 基于 imtm 型变量的结果产生,而 last_part 基于 imtn 型变量 ($m \neq n$) 的结果产生。例如,如果想要检测对了两个数字但位置均不正确的情况,可能的情况包括:

- 用户输入的第一个数字不对, 则后两个数字错位, 对应的结果为 (i2t1 || i2t3) &&

(i3t1 || i3t2);

- 用户输入的第二个数字不对,则首尾两个数字错位,对应的结果为 (i1t2 || i1t3) && (i3t1 || i3t2);
- 用户输入的第三个数字不对,则前两个数字错位,对应的结果为 (i1t2 || i1t3) && (i2t1 || i2t3)。

将以上三种情况进行汇总,就得到了此时的检测方案。

```
else if (((i1t2 || i1t3) && (i2t1 || i2t3)) || ((i2t1 || i2t3) && (i3t1 || i3t2)) ||
    ((i1t2 || i1t3) && (i3t1 || i3t2)))
  last_part[1] = 1;
```

提示 注意到我们是从三个数字均错位的情况开始,逐一向下检查的。如果仅仅使用上述逻辑而不进行前置情况的检查,则会出现错误。

9.4.3.3 计时器

计时器模块 Timer 用于控制倒计时的开启与关闭。模块的端口包括:

- set 信号来自控制单元,用于令计时器置位。有效时,内部的计时器会被设置为 01 分 00 秒 000 毫秒。
- en 信号来自控制单元。当 en 信号有效时,计时器会持续倒计时;当 en 信号为低电平时,计时器会暂停倒计时(而不是清零或复位)。
- finish 信号为计时结束信号,高电平有效,在内部计时器值为 0 分 0 秒 000 毫秒时由 Timer 模块给出。
- minute、second 和 micro_second 分别对应当前计时器的分、秒、微秒数值。

计时器内部的核心为串行计时单元和一个状态机。串行计时单元基于程序 9.4 所示的 Clock 模块实现。

程序 9.4 串行计数单元

```
module Clock # (
    parameter               WIDTH           = 32,
    parameter               MIN_VALUE       = 0,
    parameter               MAX_VALUE       = 999,
    parameter               SET_VALUE       = 500
) (
    input                   [ 0 : 0]        clk,
    input                   [ 0 : 0]        rst,

    input                   [ 0 : 0]        set,
    input                   [ 0 : 0]        carry_in,
    output      reg         [ 0 : 0]        carry_out,
    output      reg         [WIDTH-1: 0]    value
);

always @(posedge clk) begin
```

```
    if (rst)
        value = 0;
    else if (set)
        value = SET_VALUE;
    else if (carry_in) begin
        if (value <= MIN_VALUE)
            value <= MAX_VALUE;
        else
            value <= value - 1;
    end
end
always @(*)
    carry_out = (carry_in) && (value == MIN_VALUE);

endmodule
```

Clock 模块是串行计数器的基本模块。其中，carry_in 是来自低位的进位信号，carry_out 是向高位的进位信号。Clock 模块仅在 carry_in 有效时倒计时一次，仅在倒计时达到下限 MIN_VALUE 时发出一次 carry_out 信号。图 9.10 展示了串行计时器的基本结构。

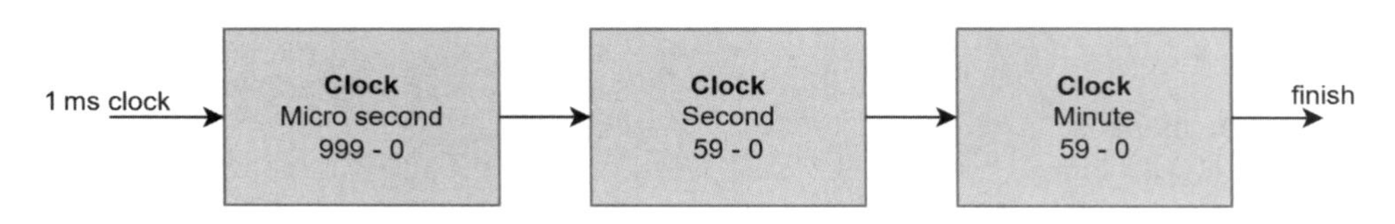

图 9.10　串行计时器结构

毫秒计数器每 1 ms 跳动一次，当减少到 0 时触发秒计数器跳动一次；秒计数器为 0 时触发分计数器跳动一次，以此类推就实现了串行的计数。

计时器内部的状态机则比较简单，仅有计时和停止两个状态。模块内部的计时器在计时状态下才会启动毫秒计时器，用于产生 micro_second_clock 的 carry_in 信号；在停止状态下，该信号将保持为 0。

基于上述的分析，给出如程序 9.5 所示的 Verilog 代码。

程序 9.5　计时器

```
module Timer(
    input           [ 0 : 0]        clk,
    input           [ 0 : 0]        rst,
    input           [ 0 : 0]        set,
    input           [ 0 : 0]        en,
    output          [ 7 : 0]        minute,
    output          [ 7 : 0]        second,
    output          [11 : 0]        micro_second,
    output          [ 0 : 0]        finish
```

```
);

reg current_state, next_state;
localparam ON = 1;
localparam OFF = 0;
always @(posedge clk) begin
    if (rst)
        current_state <= OFF;
    else
        current_state <= next_state;
end
always @(*) begin
    next_state = current_state;
    case (current_state)
        ON: if (~en | finish)
            next_state = OFF;
        OFF: if (en)
            next_state = ON;
    endcase
end

localparam TIME_1MS = 100_000_000 / 1000;
reg [31 : 0] counter_1ms;
always @(posedge clk) begin
    if (rst)
        counter_1ms <= 0;
    else if (counter_1ms < TIME_1MS)
        counter_1ms <= counter_1ms + 1;
    else
        counter_1ms <= 0;
end

wire carry_in[2:0];
assign carry_in[0] = (counter_1ms == TIME_1MS) && (current_state == ON);
Clock # (
    .WIDTH          (8)   ,
    .MIN_VALUE      (0)   ,
    .MAX_VALUE      (59)  ,
    .SET_VALUE      (1)
) minute_clock (
    .clk                (clk),
    .rst                (rst),
    .set                (set),
```

```
    .carry_in               (carry_in[2]),
    .carry_out              (finish),
    .value                  (minute)
);
Clock # (
    .WIDTH             (8)   ,
    .MIN_VALUE         (0)   ,
    .MAX_VALUE         (59)  ,
    .SET_VALUE         (0)
) second_clock (
    .clk                    (clk),
    .rst                    (rst),
    .set                    (set),
    .carry_in               (carry_in[1]),
    .carry_out              (carry_in[2]),
    .value                  (second)
);
Clock # (
    .WIDTH             (12)  ,
    .MIN_VALUE         (0)   ,
    .MAX_VALUE         (999) ,
    .SET_VALUE         (0)
) micro_second_clock (
    .clk                    (clk),
    .rst                    (rst),
    .set                    (set),
    .carry_in               (carry_in[0]),
    .carry_out              (carry_in[1]),
    .value                  (micro_second)
);
endmodule
```

9.4.3.4 控制单元

最后,来看核心控制器的设计。控制单元的 Verilog 实现如程序 9.6 所示。

程序 9.6　控制单元

```
module Control (
    input               [ 0 : 0]        clk,
    input               [ 0 : 0]        rst,
    input               [ 0 : 0]        btn,
    input               [ 5 : 0]        check_result,
    output      reg     [ 0 : 0]        check_start,
    output      reg     [ 0 : 0]        timer_en,
```

```
    output    reg        [ 0 : 0]        timer_set,
    input                [ 0 : 0]        timer_finish,
    output    reg        [ 1 : 0]        led_sel,
    output    reg        [ 1 : 0]        seg_sel
);

reg [3 : 0] current_state, next_state;
localparam IDLE = 0;
localparam INIT = 1;
localparam RUN = 2;
localparam CHECK = 3;
localparam WIN = 4;
localparam LOSE = 5;
always @(posedge clk) begin
    if (rst)
        current_state <= IDLE;
    else
        current_state <= next_state;
end

always @(*) begin
    next_state = current_state;
    case (current_state)
        IDLE: next_state = INIT;
        INIT: next_state = RUN;
        RUN:
            if (btn)
                next_state = CHECK;
            else if (timer_finish)
                next_state = LOSE;
        CHECK:
            if (btn)
                next_state = RUN;
            else if (check_result == 6'B100_000)
                next_state = WIN;
            else if (timer_finish)
                next_state = LOSE;
        LOSE:
            if (btn)
                next_state = INIT;
        WIN:
            if (btn)
                next_state = INIT;
```

```
    endcase
end

always @(*) begin
    check_start = 0;
    timer_set = 0;
    timer_en = 0;
    led_sel = 0;
    seg_sel = 0;
    case (current_state)
        IDLE: begin
            check_start = 0;
            timer_set = 0;
            timer_en = 0;
            led_sel = 0;
            seg_sel = 0;
        end
        INIT: begin
            timer_set = 1;
        end
        RUN: begin
            timer_set = 0;
            timer_en = 1;
            check_start = 0;
        end
        CHECK: begin
            check_start = 1;
            led_sel = 2'B01;
        end
        WIN: begin
            timer_en = 0;
            seg_sel = 2'B01;
            led_sel = 2'B10;
        end
        LOSE: begin
            timer_en = 0;
            seg_sel = 2'B10;
            led_sel = 2'B10;
        end
    endcase
end
endmodule
```

9.4.4 改进

9.4.4.1 BCD 码显示

你可能已经注意到了,目前数码管的倒计时是十六进制的格式。这是由于我们从 Timer 模块直接将结果 current_time 连到了数码管的输出上, 而 Segment 模块是直接将 output_data 的某几位作为 seg_data 输出的。

现在,需要让数码管的倒计时显示为 8421BCD 编码的格式。为此需要在 Timer 模块和 Segment 模块之间添加一个 Hex2BCD 模块。该模块可以将输入的十六进制(其实也就是二进制)数据转换为对应的十进制 BCD 码。

例 9.4 (8421BCD 码)

- 十六进制数 0x0A 的十进制表示为 10,对应 BCD 码为 8'B0001_0000;
- 十六进制数 0x1C 的十进制表示为 28,对应 BCD 码为 8'B0010_1000;
- 十六进制数 0x20 的十进制表示为 32,对应 BCD 码为 8'B0011_0010。

9.4.4.2 闪烁的倒计时

先前设计了一个带有掩码功能的 Segment 模块。现在,我们希望基于该模块添加倒计时闪烁的功能。描述如下:

- 剩余时间大于 10 s:不闪烁;
- 剩余时间大于 3 s 且不超过 10 s:以 1 Hz 的频率闪烁(数码管亮起 0.5 s,熄灭 0.5 s);
- 剩余时间不超过 3 s:以 2 Hz 的频率闪烁(数码管亮起 0.25 s,熄灭 0.25 s);
- 胜利或失败界面:不闪烁。

9.4.4.3 随机数生成

现在的猜数字游戏只有一道题目,因此玩过一次后就无法再玩了。为了支持更为多元的游戏模式,我们希望每一局游戏的答案都能"随机"产生。这就是随机数生成器的作用了。

首先,需要明确题目可能的数目。对于六个数码组成的无重复数值,总共有 $6 \times 5 \times 4 = 120$ 种不同的结果。可以使用一个 reg 型数组 target 进行存储:

```
reg [8:0] targets [0: 119];
```

这样,每一局游戏只需要随机生成一个范围在 $0 \sim 119$ 之间的下标 index,即可得到对应的游戏目标 targets[index] 了。Random 模块的端口代码如下所示:

```
module Random(
    input               [ 0 : 0]          clk,
    input               [ 0 : 0]          rst,
    input               [ 0 : 0]          generate_random,
    output              [11 : 0]          random_data
);
```

其中 generate_random 信号来自控制模块,高电平有效。在时钟上升沿,如果发现 generate_random 信号为 1,则需要给出一个新的 9 位随机数 random_data。一个最为简单的递增实现如下：

```
reg [7 : 0] index;
always @(posedge clk) begin
    if (rst)
        index <= 0;
    else if (generate_random) begin
        if (index < 119)
            index <= index + 1;
        else
            index <= 0;
    end
end
assign random_data = target[index];
```

这样，每一局游戏的答案以 120 为周期进行循环。你可以在为 target 初始化时将数据随机排序（而不是现在的顺序排序），从而得到更加随机的结果。

接下来，需要引入更为真实的伪随机。一个直观的思路就是将上一次的 index、用户输入 sw 以及当前系统运行的时间（可以维护一个计数器）作为因变量，控制 index 的产生逻辑。现在，由于每一次用户的输入序列不同，以及对应的游戏时间不同，游戏仅有 rst 后的第一次答案固定，之后的答案都将随机产生。

9.4.4.4 串口命令

我们希望为猜数字小游戏增加一些串口交互。例如添加如下的内容：

- a;：在串口界面输出当前游戏的答案 target_number。此时通过开关输入答案后游戏可以正常进入胜利状态。
- n;：开始新的游戏。此时游戏的答案需要发生变化，计时器及状态机也需要重置。
- p;：暂停计时器。输入后游戏的计时器暂停工作，其他模块则正常进行。再次输入后计时器则会继续工作。

你可以参考串口通信的教程完成本部分设计。

练　　习

1. 请结合 9.1.3 小节的内容以及结合所学知识，在 Logisim 中搭建 Clock 项目并实现其功能。

2. 本题探究下降沿检测器的作用。请打开 Logisim，在问题 1 中搭建的 Clock 项目里分别执行如下的操作：

（1）删除下降沿检测器，直接连线；

（2）将下降沿检测器换成上升沿检测器。

观察两种情况下相邻两个计数器的进位情况，并基于此讨论下降沿检测的必要性和正确性。

3. 你可能已经注意到了，Clock 项目的电路里存在一个 rst 信号。当该信号有效时，时钟会被复位成 0 时 0 分 0 秒的状态。请修改电路结构，使得复位后的时间变为 01 时 23 分 45 秒。

4. Clock 项目采用的时钟频率为 4 kHz。现在，请修改分频计数器的计数上限值，使得该项目可以在 16 Hz 的时钟频率下正常运行。要求每间隔 1 秒秒计数器低位 Second_0 就会自增 1。观察在这个时钟频率下进位时数码管的变化情况，并讨论造成这一现象的原因。

5. 请结合 9.1.4 小节的内容，在 Vivado 中创建名为 Segment_Clock 的项目，添加设计文件和约束文件。你需要通过自己设计的仿真测试，并在 FPGAOL 平台上验证设计的正确性。

6. 假定我们选择了一种新的计时方式：1 天有 100 小时，1 小时有 10 分钟，1 分钟有 20 秒。请修改问题 5 的代码，以支持该计时方式下时间的正确显示。

7. 在问题 5 的基础上，我们希望增加调整时钟速度的功能。此时时钟可以按照变量 speed 指定的速度运行，规则为时钟的每 1 秒对应现实中的 1/speed 秒。speed 的位宽为 4，由开关 sw[3:0] 指定。例如，当 sw[3:0] = 4'D10 时，时钟会以现实速度的十倍运行。

8. 请结合 9.2.2 小节的内容，在 Logisim 中搭建 Traffic 项目并正确实现其功能。

9. 请修改图 9.3 所示的电路结构，使得红灯持续的时间变为 20 秒，而绿灯持续的时间变为 10 秒。

10. 请修改图 9.4 所示的电路结构，使得当红灯变为绿灯时也会有同样的闪烁效果。

11. 请结合 9.2.3 小节的内容，在 Vivado 中创建项目，添加 TrafficLight 模块的完整代码，并自行添加仿真文件以验证设计的正确性。

12. 在问题 11 修改代码，增加从绿灯变为黄灯时的闪烁效果。

13. 请结合 9.4.4.1 小节的内容以及所学知识，将猜数字小游戏的倒计时更改为基于 8421BCD 码的显示。

14. 请结合 9.4.4.2 小节的内容以及所学知识，为猜数字小游戏添加倒计时闪烁的功能。

15. 请结合 9.4.4.3 小节的内容编写代码，在 targets 数组中存储所有 120 种可能的结果。

16. 请结合 9.4.4.3 小节的内容，为猜数字小游戏添加基于用户输入和游戏时间的随机游戏目标功能。

17. 请结合 9.4.4.4 小节的内容，为猜数字小游戏添加串口的交互功能。